Ruissellement et formation des sites préhistoriques

Référentiel actualiste et exemples d'application au fossile

Arnaud Lenoble

BAR International Series 1363
2005

Published in 2019 by
BAR Publishing, Oxford

BAR International Series 1363

Ruissellement et formation des sites préhistoriques
© A Lenoble and the Publisher 2005

The author's moral rights under the 1988 UK Copyright, Designs and Patents Act are hereby expressly asserted.

All rights reserved. No part of this work may be copied, reproduced, stored, sold, distributed, scanned, saved in any form of digital format or transmitted in any form digitally, without the written permission of the Publisher.

ISBN 9781841713991 paperback
ISBN 9781407327945 e-book
DOI https://doi.org/10.30861/9781841713991

BAR Publishing is the trading name of British Archaeological Reports (Oxford) Ltd. British Archaeological Reports was first incorporated in 1974 to publish the BAR Series, International and British. In 1992 Hadrian Books Ltd became part of the BAR group. This volume was originally published by John and Erica Hedges Ltd in conjunction with British Archaeological Reports (Oxford) Ltd / Hadrian Books Ltd, the Series principal publisher, in 2005. This present volume is published by BAR Publishing, 2016.

BAR titles are available from:

BAR Publishing
122 Banbury Rd, Oxford, OX2 7BP, UK
EMAIL info@barpublishing.com
PHONE +44 (0)1865 310431
FAX +44 (0)1865 316916
www.barpublishing.com

PREFACE

Comprendre la genèse des sites a toujours constitué l'une des préoccupations majeures des préhistoriens. Dès l'avènement de la préhistoire en tant que discipline, vers le milieu du XIXe siècle, cette problématique s'est située au cœur du débat sur l'ancienneté de l'Homme : les industries recueillies étaient-elles, ou non, contemporaines des faunes disparues auxquelles elles étaient associées ? Bien entendu, la réponse à cette question résidait dans l'identification des mécanismes de mise en place des dépôts archéologiques.
Il faut cependant attendre les années 60 et les travaux de G. Isaac à Olorgesailie en Afrique pour que ce thème prenne l'acception moderne que nous lui connaissons. À la suite des recherches de cet auteur, on assiste à une prise de conscience de l'importance du problème et une école, essentiellement anglo-américaine, traitant de cette thématique voit le jour dans les années 70 et 80.
De fait, la caractérisation des processus de formation des gisements se situe en amont des autres problématiques de la préhistoire et sa connaissance conditionne largement les interprétations susceptibles d'être déduites des études archéologiques. Les enjeux scientifiques liés à cette thématique sont d'importance puisqu'il s'agit, entre autres, d'évaluer le degré d'intégrité des ensembles archéologiques, de déterminer le type d'informations susceptibles d'être fournis par ces ensembles et de définir le niveau de résolution temporelle des enregistrements archéologiques.
Les paradigmes relatifs à cette thématique et les outils méthodologiques permettant de l'aborder ont déjà été largement formalisés et exposés dans de nombreuses publications. Cependant, il reste encore beaucoup à faire pour comprendre les modes d'action des différents processus naturels susceptibles d'intervenir en milieu archéologique et pour identifier correctement les modifications qu'ils ont occasionnées.
Dans cet ouvrage, Arnaud Lenoble s'attaque au difficile problème de l'impact du ruissellement sur les assemblages archéologiques. La question est en soi particulièrement intéressante car elle a une portée très vaste. En effet, ce processus sédimentaire, fortement ubiquiste, se manifeste dans quasiment toutes les zones climatiques et son action a été constatée ou pressentie dans la plupart des sites préhistoriques, en plein air comme dans les entrées de grottes ou les abris sous roche.
Pour aborder cette recherche, il était tout d'abord nécessaire d'avoir une compréhension approfondie de ce mécanisme extrêmement complexe. Or, Arnaud Lenoble présente ici une synthèse tout à fait remarquable des connaissances acquises sur ce type d'écoulement, sur les modes de transport qu'il implique, ainsi que sur les formes et les faciès qu'il génère.
Il était également indispensable de s'appuyer sur une méthodologie irréprochable et c'est bien le cas de celle mise en œuvre par Arnaud Lenoble. Son choix, très argumenté, s'est porté sur une démarche qu'il dénomme «confrontation au modèle géoarchéologique». De nature itérative, elle prend en compte à la fois les caractéristiques des objets archéologiques et celles des sédiments auxquels ils sont associés.
L'essentiel de l'ouvrage est consacré à l'approche expérimentale de la problématique et à l'élaboration d'un référentiel actualiste. Cette étude, conduite de manière très minutieuse, repose sur la collecte d'une documentation particulièrement riche et diversifiée. Elle a consisté non seulement à suivre l'évolution de silex taillés soumis aux divers types de ruissellement et aux processus qui lui sont associés (e.g. effet de splash), mais aussi à analyser les différents faciès et microfaciès générés par ce processus dans des milieux sédimentaires actuels.
L'ensemble des données ainsi recueillies a abouti à la mise en place des bases interprétatives et des outils méthodologiques nécessaires à l'analyse des sites paléolithiques. Certains des résultats obtenus méritent d'être plus particulièrement soulignés. Ainsi, on relèvera qu'ont été mis en évidence de nouveaux critères sédimentologiques permettant de reconnaître l'action du ruissellement en contexte fossile. Les analyses de fabriques ont été notablement affinées et rendues plus efficaces. Grâce à l'élaboration d'un nouvel outil analytique fondé sur la granulométrie des objets archéologiques («triangle CD»), il est désormais possible non seulement de diagnostiquer avec sécurité l'intervention du ruissellement mais aussi de définir, dans une certaine mesure, le milieu sédimentaire spécifique (zone d'accumulation, de transit , de résidualisation,...) dans lequel se trouvaient les vestiges au moment de leur enfouissement. Enfin, un modèle général de dégradation des ensembles archéologiques soumis au ruissellement nous est proposé.

Pour tester la valeur prédictive de ce modèle et l'efficience des outils analytiques mis au point, sont ensuite présentées des études de cas pris délibérément dans des environnements très différents : milieu endokarstique pour le site paléolithique supérieur d'Isturitz dans les Pyrénées atlantiques, abri sous roche quartzitique pour le site MSA («Middle Stone Age») de Diepkloof en Afrique du Sud, abri sous roche calcaire pour le site moustérien et aurignacien de Caminade en Dordogne, site moustérien et paléolithique supérieur de plein air de Toutifaut en Dordogne. Ces études géoarchéologiques, particulièrement exemplaires par la rigueur de l'approche utilisée, ont pleinement confirmé la validité du modèle proposé et laissent entrevoir l'important potentiel scientifique des résultats obtenus.
Il faut enfin souligner que l'ouvrage, servi par une structure claire et logique ainsi que par une iconographie abondante, pertinente et de qualité, est particulièrement attrayant et facile à lire. Ses qualités scientifiques et didactiques en font un document de référence qui, sans nul doute, devrait susciter des vocations et marquer de son empreinte l'histoire de la géoarchéologie.

Jean-Pierre TEXIER
Directeur de Recherche au CNRS

INTRODUCTION

L'établissement des cadres chrono-culturels, l'identification de la fonction des sites et la reconstitution des modes de vie sont les principales voies d'accès à la connaissance des cultures préhistoriques. Elles reposent sur l'étude du contenu des sites archéologiques : vestiges lithiques ou osseux, objets d'art, fraction biologique, anthropique ou naturelle du sédiment, regroupés en ensembles stratigraphiques (couches, niveaux, sols, etc.) ou spatiaux (structure, concentration, unité d'habitation, etc.).
La lecture et l'interprétation de ces deux catégories d'ensembles archéologiques prennent appuis sur la compréhension de la formation des sites et, pour cette raison, se heurtent à deux difficultés. La première est que ces ensembles représentent le plus souvent le bilan de plusieurs épisodes de création, de sédimentation ou de modifications post-dépositionnelles, naturels ou anthropiques. La seconde tient à l'insuffisance de nos connaissances sur le rôle tenu par les processus, en particulier naturels, dans la genèse des sites. Les processus naturels jouent un rôle primordial : ils sont en grande partie responsables de l'enfouissement qui conduit à la fossilisation des vestiges préhistoriques. Ce travail concerne un processus peu étudié de ce point de vue, le ruissellement. C'est en géoarchéologue que nous avons fait le choix de nous y intéresser. Cette discipline, *sensu* Butzer (1982), contribue à résoudre les problèmes archéologiques à l'aide des techniques et méthodes des Sciences de la Terre. Elle forme un cadre conceptuel, méthodologique et technique où se rejoignent les deux approches sur lesquelles se fonde l'interprétation de la formation des sites : l'étude des vestiges archéologiques par recours à des référentiels actualistes spécifiques et la lecture du message sédimentaire.

Ainsi, notre principal objectif a été l'élaboration d'un référentiel qui fasse le lien entre les dynamiques sédimentaires et la constitution des ensembles de vestiges. *De facto*, ce travail représente une étape préliminaire, méthodologique, d'acquisition des outils analytiques et des bases interprétatives qui permettent l'identification du rôle du ruissellement dans la formation des sites préhistoriques.

Les résultats obtenus ont été mis à l'épreuve par l'étude de quatre sites (figure 1).

> Trois de ces sites représentent les différentes situations qui peuvent se rencontrer dans le Sud-Ouest de la France : les dépôts à industries aurignaciennes de Caminade et d'Isturitz et les dépôts à industrie moustérienne de Toutifaut se sont respectivement édifiés en abri-sous-roche, en grotte et en plein air. Les dépôts à industrie du Middle Stone Age de l'abri de Diepkloof (Province du Cap, Afrique du Sud) complètent cette sélection en offrant l'exemple d'un site formé dans un environnement méditerranéen semi-aride.

Aucun site de plein air composé d'une unique nappe de vestiges n'est abordé dans ce travail. Ce choix ne préjuge en rien de l'intérêt à étudier la formation de tels sites et nous avons eu l'occasion de nous y intéresser par ailleurs (Lenoble *et al.*, 2000).

Ce mémoire s'articule en quatre chapitres.
Le premier chapitre expose les connaissances à partir desquelles a été élaboré ce travail. Il débute par l'exposé du cadre théorique de l'étude de la formation des sites, se poursuit par la présentation des notions essentielles concernant le ruissellement et s'achève par la revue des connaissances existantes sur le rôle de cet agent de sédimentation dans la formation des sites.

Le deuxième chapitre regroupe les connaissances du ruissellement sur la formation des sites que nous avons acquis par expérimentation ou par observation du milieu naturel. Ces connaissances concernent les faciès sédimentaires qui permettent le diagnostic de dépôts fossiles, d'une part, et les dégradations des ensembles de vestiges enfouis dans des dépôts de ruissellement, d'autre part.

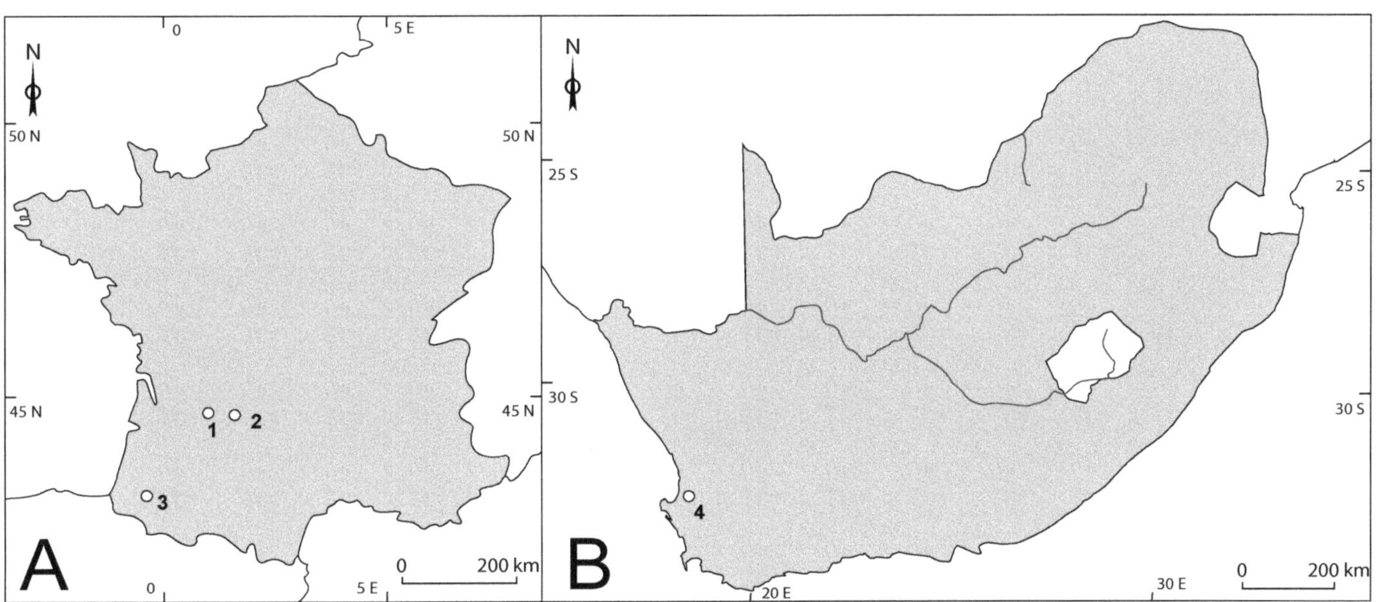

figure 1 : localisation des gisements étudiés.
A - France ; B - Afrique du Sud. 1 : Toutifaut ; 2 : Abri Caminade ; 3 : Isturitz ; 4 : Abri de Diepkloof.

Le troisième chapitre est consacré à l'étude de sites archéologiques. Pour chaque site, l'étude vise à diagnostiquer les modalités de la sédimentation par ruissellement ainsi que leurs ses conséquences sur la constitution des ensembles de vestiges.

Le quatrième chapitre est la synthèse de nos résultats, méthodologiques et archéologiques.

PREMIÈRE PARTIE :

ÉTAT DES CONNAISSANCES

SOMMAIRE

1. OBJECTIFS

En abordant le rôle du ruissellement dans la formation des sites, deux questions se posent :

a. Comment reconnaître le ruissellement en milieu fossile ?
b. Quelles caractéristiques l'étude des dépôts et des ensembles archéologiques doit mettre en évidence pour apprécier l'action de cet agent de sédimentation dans la formation des sites ?

Ce chapitre a donc pour objectif de faire le bilan des critères diagnostiques du ruissellement dans les dépôts fossiles. Pour cela, l'analyse bibliographique est organisée en trois parties :

1. Nous nous attachons d'abord à cerner la place que tiennent les agents naturels de formation des sites paléolithiques, ainsi que les méthodes et techniques d'étude ;
2. puis, le processus de ruissellement en tant que tel est présenté, ainsi que ses principales caractéristiques ;
3. enfin, la revue est faite des connaissances qui sont utilisées pour apprécier son rôle dans la constitution des sites archéologiques, aussi bien à partir de l'étude des sédiments que des ensembles de vestiges. Cette revue s'efforce, en particulier, de dégager les connaissances actualistes qui forment les bases interprétatives de ces études.

2. PROCESSUS NATURELS DE FORMATION DES SITES

2.1. Cadre théorique

2.1.1. Paradigmes

Les paradigmes de l'étude de formation des sites ont été exposés par Schiffer (1972). Le principe théorique qui fonde cette approche est emprunté à la notion « d'entropie » appliquée aux sites archéologiques selon Ascher (1968) : une fois formés, les sites archéologiques ne peuvent que perdre de l'information. La conception de la formation des sites archéologiques tient alors à deux prémisses qui dérivent de ce principe.

La première prémisse indique que tous les sites archéologiques ont subi l'action du temps depuis leur création. Cela s'exprime par une perte plus ou moins importante de la qualité et de la quantité des témoignages archéologiques (Schiffer, 1983). Cette hypothèse est corroborée par l'observation de sites plus ou moins bien préservés (*e. g.* Schick, 1986 ; Kaufulu, 1987 ; Petraglia et Potts, 1994).

Historiquement, cette inférence s'inscrit en faux vis-à-vis des conceptions sur lesquelles se sont appuyées les interprétations des vestiges archéologiques :

> « what the archaeologist digs up is not « the remains of a once living community stopped, as it where, at a point of time » ; such an « erroneous notion, often implicit in archaeological litterature, might be called the Pompéi premise » (Binford, 1981 : 196, citant Ascher, 1961)[1].

La principale conséquence de cette hypothèse porte donc sur l'interprétation qui peut être faite des sites archéologiques :

> « ... the archaeologist cannot read behavior and organization directly from patterns discovered in the archaeological record » (Schiffer, 1983 : 677)[2].

La seconde prémisse considère l'origine de ces dégradations : les modifications que subissent les sites au cours du temps sont provoquées par des processus liés à l'action humaine ou à des agents naturels. Cette hypothèse a deux principales conséquences :

- Chaque site a son histoire propre en fonction des processus qui sont à l'origine de sa fossilisation (Schiffer, 1983) ;
- Les effets de leur transformation peuvent être recherchés, car ils suivent des modèles spécifiques au processus qui les crée (Schiffer, 1975) :

> « However, because formation processes themselves exhibit patterning [...] the distortions can be rectified by using appropriate analytic and inferential tools built upon our knowledge of the laws governing these processes » (Schiffer, 1983 : 677)[3].

Par ailleurs, Schiffer (1972) détaille les deux grandes catégories de processus qui sont à l'origine de ces modifications :

1. Les processus qui correspondent à l'activité des préhistoriques eux-mêmes engendrent des transformations dites « culturelles ». Ces transformations sont déterminées par le mode de vie des préhistoriques. Plus encore, elles sont une des composantes intrinsèques du « fait archéologique » ; autrement dit, le fait archéologique ne peut être pensé que comme résultant de nombreuses modifications issues de la gestion des productions et des déchets humains, et c'est d'abord à ce titre qu'il reflète les modes de vie passés (Binford, 1981). C'est pourquoi est appelé « contexte systémique » l'ensemble des propriétés d'un ensemble de vestiges archéologiques (forme, emplacement, ...) qui sont produites par ces transformations culturelles, et sur lequel peut s'appuyer l'étude des cultures du passé.
2. Les processus qui correspondent à l'action d'agents naturels après abandon des vestiges donnent lieu à des transformations naturelles. Ces transformations modifient le contexte systémique au cours de sa fossilisation. Elles déterminent les qualités des ensembles de vestiges retrouvés à la fouille (figure 2). Les nombreux travaux expérimentaux dédiés à ce sujet ont confirmé l'importance des processus naturels dans la modification de l'enregistrement archéologique (*e. g.* Rick, 1976 ; Nash et Petraglia, 1987 ; Nash, 1991 ; Armour-Chelu et Andrews, 1994 ; Andrews, 1995 et *cf.* § 2.2.2). Tous viennent corroborer la seconde prémisse.

[1] *« Ce que l'archéologue exhume n'est pas "les témoins figés d'une communauté qui a vécu et au moment où elle a existé" ; une telle "notion erronée, souvent implicite dans la littérature, devrait être appelée le syndrome de Pompei ».*

[2] *« L'archéologue ne peut lire directement les comportements et organisations [préhistoriques] des organisations livrées par la fouille ».*

[3] *« Toutefois, parce que les processus de formation [des sites] eux-mêmes suivent des modèles [...], les distorsions peuvent être corrigées en utilisant des outils analytiques et des inférences issus de notre connaissance des lois gouvernant l'action de ces processus ».*

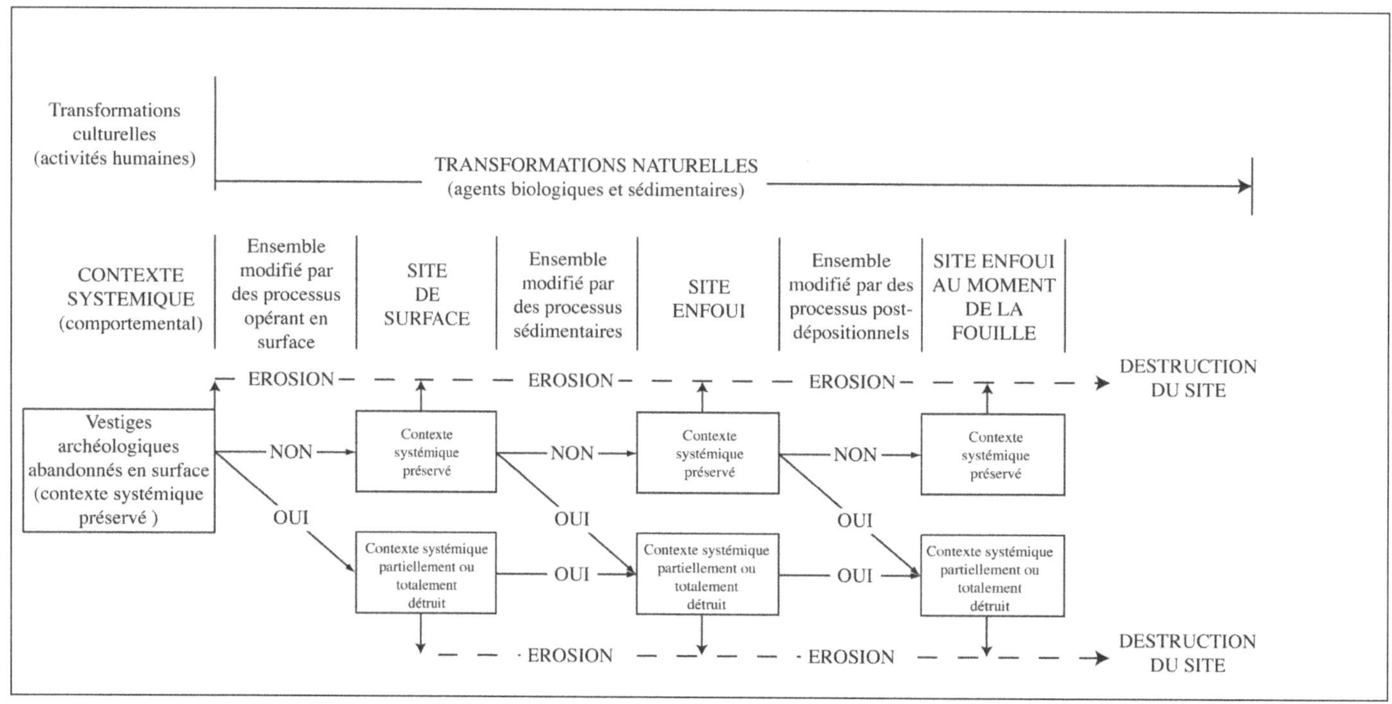

figure 2 : place des transformations naturelles dans la conception de la formation d'un site (selon Waters, 1992, fig. 2.37).

En faisant une large place aux processus naturels qui contrôlent la fossilisation des vestiges, cette conception des sites archéologiques répond seulement, comme le rappelle Farrand (2001), à l'évidence que l'information archéologique est de nature géologique et impose l'identification préalable des transformations naturelles à toute interprétation du contexte dans lequel sont retrouvés les vestiges (*e. g.* Binford, 1977 et 1981; Schiffer, 1987 ; Bertran, 1994 ; Bracco, 1994 ; Rigaud, 1994 ; Brochier, 1999 ; Texier, 2000).

2.1.2. Terminologie

Plusieurs terminologies ont été proposées pour classer les processus naturels qui participent à la création et à la fossilisation d'un site (tableau 1). Toutes prennent appui sur la distinction entre processus naturels et processus culturels de Schiffer (1972).

Ces terminologies ont en commun une catégorisation qui suit les étapes de la formation des sites. Gifford-Gonzales (1978) rappelle la limite de telles classifications, à savoir qu'un même agent de modification peut appartenir à différentes catégories. Pour rependre l'exemple que donne l'auteur, des perturbations animales peuvent être observées aussi durant l'occupation, après l'occupation lorsque les vestiges sont exposés en surface, ou encore après que les vestiges aient été enfouis (Gifford, *op. cit.* : 79).

Une remarque doit être faite sur la terminologie proposée par Butzer. En apparence, l'auteur n'identifie pas de déformation accompagnant l'enfouissement. Toutefois, les exemples qu'il donne, tel celui d'objets réorganisés sur une pente par solifluxion (Butzer, 1982 : 104), montrent que ces modifications sont incluses dans les « perturbations précédant l'enfouissement ». Ces dernières regroupent, pour l'auteur, toutes les modifications engendrées par le milieu sédimentaire actif, alors que les autres auteurs distinguent les processus qui précèdent l'enfouissement de ceux qui en sont à l'origine - les processus syn-sédimentaires -.

Un consensus existe, en revanche, sur les processus post-dépositionels : ce sont les transformations qui affectent les vestiges une fois que ces derniers ont été enfouis. La bioturbation, lorsqu'elle affecte la distribution verticale et l'intégrité des nappes de vestiges (Johnson, 1989, 1990 et 2002), en est un exemple. En outre, Butzer distingue les perturbations qui s'accompagnent d'un déplacement des vestiges au sein du dépôt - « *post-depositional disturbance* » - des transformations diagénétiques (« *geobiochemical modification* »).

Les processus qui enfouissent les vestiges donnent naissance au dépôt (Stein, 1990). Texier (2000) les qualifie de processus dynamiques. Leur caractère particulier tient à ce que ces processus impriment leurs signatures dans le sédiment. Leur reconnaissance se base sur la lecture des sédiments et constitue un des objectifs de la géoarchéologie (Butzer, 1982 ; Watters, 1992).

L'étude des modifications des ensembles de vestiges par les processus naturels regroupe donc l'identification des processus qui accompagnent l'enfouissement et des processus post-dépositionels, que les agents soient de nature biologique ou géologique (Texier, 2000). Ces études sont également qualifiées de « **taphonomie** des ensembles de vestiges », bien qu'originellement, le terme de taphonomie désigne « l'étude de la transition du matériel paléontologique de la biosphère à la lithosphère » (Efremov, 1940). Certains auteurs ont en effet remarqué que, dans le cas des sites archéologiques, une distinction entre « étude des processus de formation des sites » et « taphonomie » ne se baserait que sur la nature des différentes catégories de vestiges, mais non sur les mécanismes de transformation, ni sur les outils d'étude (Dibble *et al.*, 1997). C'est pourquoi le terme de taphonomie est étendu à l'étude de l'ensemble des modifications qui succèdent à l'occupation. Ainsi, la taphonomie des sites -ou taphonomie inter-site- est l'étude des processus qui contrôlent la fossilisation des gisements dans une région (*e. g.* Schuldenrein, 1986 ; Waters et Kuehn, 1996 ; Brochier, 1997 ; Brochier, 1999 ; Buck *et al.*,

<table>
<tr><th></th><th colspan="2">Schiffer, 1972 & 1987</th><th colspan="2">Gifford, 1978</th><th>Butzer, 1982</th><th>Rapp & Hill, 1998</th></tr>
<tr><td rowspan="3">Création</td><td rowspan="3">Processus culturels</td><td>production</td><td colspan="2" rowspan="3">-</td><td>dépôts culturels primaires</td><td rowspan="3">-</td></tr>
<tr><td>gestion & abandon</td><td>dépôts culturels secondaires</td></tr>
<tr><td>perturbation</td><td>perturbation culturelles</td></tr>
<tr><td rowspan="3">Fossilisation</td><td colspan="2" rowspan="3">Processus naturels</td><td rowspan="5">"Postoccupation processes"</td><td>processus précédant l'enfouissement</td><td rowspan="2">perturbation précédant l'enfouissement :
- partiel : distorsion
- totale : destruction</td><td>processus précédant l'enfouissement</td></tr>
<tr><td>processus syn-sédimentaire</td><td>processus syn-sédimentaire</td></tr>
<tr><td rowspan="2">processus post-dépositionels</td><td>perturbation succédant à l'enfouissement et modifications diagénétiques</td><td>processus post-enfouissement</td></tr>
<tr><td rowspan="2">Destruction</td><td colspan="2" rowspan="2">-</td><td>destruction du site et dispersion des vestiges</td><td rowspan="2">-</td></tr>
<tr><td>Fouille et conservation</td><td>-</td></tr>
</table>

tableau 1 : terminologie des processus de formation et de destruction d'un site.

1999 ; Pappu, 1999), tandis que la taphonomie des nappes de vestiges -ou taphonomie intra-site- considère la transformation des ensembles archéologiques au sein d'un même site (*e. g.* Chase *et al.*, 1994 ; Kluskens, 1995 ; Dibble *et al.*, 1997).

2.2. Méthode

Trois démarches sont à la disposition de l'arché ologue pour déterminer la part des processus naturels dans l'enregistrement archéologique.

2.2.1. Evaluation contextuelle

La première est une « **évaluation contextuelle** » (Rigaud, 1994). Elle consiste à inférer, à partir des agents de sédimentation reconnus, les possibilités de préservation des ensembles archéologiques. L'avantage de cette démarche est qu'elle ne nécessite pas d'investigation sur le matériel archéologique. Le raisonnement est probabiliste : la probabilité de préservation d'un ensemble de vestiges connue pour un milieu sédimentaire donné est appliquée au site retrouvé dans ce milieu (*e. g.* Waters et Kuehn, 1996).
Suivant Isaac (1967 : 33), cette démarche est adaptée aux cas extrêmes, à l'exemple des milieux fluviatiles à forte énergie de transport ou, au contraire, des dépôts de décantation de plaine d'inondation. En revanche, elle est inadaptée aux situations intermédiaires, qui, selon l'auteur, correspondent à la majorité des sites.
En effet, dans le cas des sites placés dans un environnement sédimentaire pour lesquels la probabilité de dégradation est moyenne, en particulier parce que les dégradations modifient partiellement l'ensemble de vestiges, cette seule évaluation n'identifie pas le degré effectif de modification. C'est pourquoi cette démarche est jugée insatisfaisante par les auteurs travaillant sur les processus de formation des sites (Wymer, 1976 ; Schick, 1992 ; Petraglia et Potts, 1994) : elle ne répond pas à la première prémisse de la formation des sites qui pose la question de la préservation d'un gisement en termes de degré de préservation - perturbation (*cf. supra*, § cadre théorique).
De plus, il faut donc garder à l'esprit que la fiabilité des résultats obtenus dépendra de la pertinence des connaissances qui permettent d'inférer une probabilité de préservation à un milieu de dépôt. Enfin, la préservation - ou la dégradation - de l'ensemble des vestiges n'est pas démontrée ; elle n'est que conjecturée. En conséquence, les résultats obtenus par cette démarche ne peuvent être tenus pour certains, même pour les milieux où la probabilité d'une conservation ou d'une destruction du site est forte. Un exemple est donné par le site de FC *West Floor*, des Gorges d'Olduvai, retrouvé dans un contexte de paléosol. Le contexte *a priori* favorable, la faible dispersion verticale des vestiges, le nombre important de pièces composant le site et leur concentration conduisent M. Leakey (1971) à identifier un sol d'habitat. La prise en compte de l'émoussé des pièces et de la distribution de taille des vestiges, en revanche, montre qu'il s'agit d'un des sites les moins bien préservés de cette région (Petraglia et Potts, 1994).

Pour autant, l'évaluation contextuelle peut être d'un intérêt indéniable, en particulier lorsque cette démarche constitue la première étape d'une étude des transformations naturelles, par la reconnaissance des agents de sédimentation et des modifications post-dépositionnels à partir de l'étude des sédiments. Des hypothèses de modification de l'ensemble de vestiges peuvent être dérivées des agents naturels reconnus (Texier, 2000), hypothèses que testera l'étude des vestiges archéologiques dans le cadre d'une « confrontation au modèle sédimentaire » (*cf. infra*).

2.2.2. Confrontation au modèle archéologique

La deuxième démarche est une «**confrontation au modèle archéologique**» (« *Top down approach* » de Yellen, 1996). L'hypothèse à tester est celle d'une absence de modification des propriétés des ensembles de vestiges par les processus naturels. Un modèle est proposé à partir de données archéologiques, ethno-archéologiques ou expérimentales ; il permet d'identifier les implications vérifiables de l'hypothèse (Yellen, 1996). La mise à l'épreuve de l'hypothèse consiste alors en une comparaison entre les caractéristiques de l'ensemble de vestiges (orientation des remontages, états de surfaces, ...) et celle du modèle. La mise en évidence d'une différence entre la réalité archéologique et le modèle proposé permet de suspecter l'action de processus naturels (*e. g.* Kroll et Isaac, 1984 ; Petraglia, 1995 ; Yellen, 1996 ; Villa et Soressi, 2000). Cette démarche a l'avantage de ne nécessiter aucun diagnostic des agents de sédimentation.

Trois remarques sont à considérer pour apprécier la portée de cette démarche. La première est que l'agent naturel qui est à l'origine de la dégradation de l'ensemble de vestige n'est que rarement déterminable par la seule prise en compte des vestiges. En conséquence, l'identification des modifications est limitée aux seules perturbations évidentes. Comme elles ne sont pas déduites de la connaissance de l'action du processus naturel, les dégradations qui ne se traduisent pas par des signatures manifestes ne sont pas identifiées.

La deuxième est l'absence de modèle archéologique pour les périodes anciennes de la préhistoire. Les modèles actualistes ou issus de sites bien préservés des périodes récentes ne peuvent être appliqués sans nier *a priori* la dimension historique des processus culturels à l'origine des ensembles de vestiges archéologiques (Binford, 1977). Ce point concerne en particulier la structuration spatiale des sites du Pléistocène ancien (Kroll et Isaac, 1984).

La troisième et principale limite est d'ordre méthodologique. En comparant les caractéristiques d'un ensemble de vestiges à un modèle ethnographique ou archéologique, cette démarche fait appel à une hypothèse implicite, qui est que les modèles archéologiques et ethnographiques connus rendent compte de tous les cas de figures d'occupations préhistoriques. Or, cette hypothèse n'est pas démontrée. En conséquence, un ensemble de vestiges qui n'aurait subi aucune modification, mais qui ne correspondrait à aucun modèle connu, serait identifié comme dégradé. D'un point de vue épistémologique, cela revient à dire que cette prémisse additionnelle ne répond pas au critère de testabilité : elle ne peut pas être mise à l'épreuve par une nouvelle observation (Hempel, 1996).

Les modèles expérimentaux font exception, puisque leur validité peut être testée par expérimentation. Un exemple est donné par le modèle de distribution géométrique décroissante de la dimension des produits de la taille d'un bloc de roche dure que propose Schick (1986). Toute expérience de taille est une mise à l'épreuve de ce modèle. La pertinence de ce modèle peut alors être établie pour chaque ensemble de vestiges étudié (*cf.* § présentation des expériences, p. 35).

2.2.3. Confrontation au modèle géoarchéologique

La troisième démarche est une « **confrontation au modèle géoarchéologique** » (« *Bottom up approach* » de Yellen, 1996). L'hypothèse à tester est celle d'une modification des propriétés des vestiges par un ou plusieurs processus naturels. Tout comme pour la démarche précédente, la mise à l'épreuve de l'hypothèse consiste en une comparaison entre les caractéristiques de l'ensemble de vestiges et celles que produit l'agent naturel inféré.

Deux procédures existent pour dériver de l'hypothèse à tester des implications vérifiables sur l'ensemble de vestiges. La première consiste à tester la dépendance entre vestiges archéologiques et particules naturelles, en comparant les caractéristiques des deux catégories (orientation des objets ou distribution de taille par exemple ; *e. g.* Dibble *et al.*, 1997). La seconde est une recherche des critères diagnostiques de l'action du processus naturel dans l'ensemble archéologique (*e. g.* tri granulométrique longitudinal ou vertical). Ces critères diagnostics sont issus d'un modèle de l'action du processus sur les ensembles de vestiges. Le modèle est inféré de la connaissance de l'action du processus sur les particules naturelles (*e. g.* Wood et Johnson, 1978 ; Texier, 1997) ou construit à partir d'observations actualistes ou expérimentales de modifications d'ensembles archéologiques (*e. g.* Moeyersons, 1978 ; Rolfsen, 1980 ; Bowers *et al.*, 1983 ; Kaufulu, 1987 ; Texier *et al.*, 1998). Deux raisons font préférer à Isaac (1967) cette seconde méthode :

> « While some of the data compiled by hydrologists and geomorphologist are very pertinent to these problems, it seems clear that the anormal morphology and unusual composition of occupation debris coupled with the exacting demands of the archaeologist necessitate specially designed experiments and measurements » (Isaac, *op. cit.* : 34)[4].

Toutefois, si l'on ne considère que les agents abiotiques de sédimentation, les séries d'expériences suffisamment documentées pour autoriser une modélisation de l'action d'un processus sont peu nombreuses (tableau 2).

Une alternative à cette carence est d'emprunter au domaine des Sciences de la Terre les connaissances utiles pour tester l'hypothèse d'une modification par des agents naturels (*e. g.* Rick, 1976 ; Fuchs *et al.* 1977). L'hypothèse est alors faite que le comportement des particules naturelles et celui des vestiges archéologiques sont comparables.

Le modèle peut être choisi à partir de la connaissance des agents naturels de formation du site. Cette connaissance repose sur l'identification de la dynamique sédimentaire et des transformations pédologiques qui ont donné naissance aux dépôts fossilisant le site (*cf. supra*, *Évaluation contextuelle*). Lorsque ces agents naturels ne sont pas diagnostiqués, le modèle pertinent peut être inféré à partir des caractéristiques de l'ensemble de vestiges. Toutefois, Colcutt et collaborateurs (1990) soulignent la difficulté d'apprécier le modèle pertinent à partir de la seule prise en compte des vestiges. En effet, ce choix nécessite une identification des processus naturels

---

[4] *« Sans nier la pertinence des données recueillies par les hydrologues ou les géomorphologues pour traiter ces problèmes, il semble clair que les formes anormales et les compositions inhabituelles des vestiges archéologiques combinées avec les besoins précis de l'archéologue nécessitent des expérimentations et des séries de mesures conçues à cette fin ».*

Processus	Origine des connaissances	Références
Reptation par aiguilles de glaces en milieu périglaciaire	Expérimentations en milieu naturel et simulations informatiques	Bowers *et al.*, 1983
Déplacement en milieu fluviatile à fonctionnement éphémère	Expérimentations en milieu naturel et en enceinte	Schick, 1986
Déplacement par coulées de solifluxion front pierreux	Expérimentations en milieu naturel	Texier *et al.*, 1998

tableau 2 : exemples de modèles de modifications des ensembles de vestiges par des processus sédimentaires basés sur une observation de vestiges.

de formation, qui repose sur une étude préalable des nappes de vestiges. Or, cette étude préalable des vestiges doit elle-même être guidée par un modèle taphonomique qui désigne, par exemple, les caractères significatifs à prendre en compte. Face à cette contradiction, les auteurs proposent une démarche qualifiée d'« *iterative approach* ». Le modèle choisi est d'abord général. Puis, il est précisé à chaque étape de l'étude, en fonction des résultats obtenus.

Les modalités de cette approche sont les suivantes :

> « Arguments, as independant as possible of the taphonomic models to be used later, serve as a preliminary evaluation of assemblage integrity. Using this hypothesis as a starting point, a plausible taphonomic model is proposed, eventually resulting in a prediction of what the site should look like in the present. Several iterations may be necessary before the prediction is acceptably close to the real, observed situation. If no acceptable model can be found, doubt is cast upon the initial hypothesis of integrity » (Colcutt *et al.*, 1990, p. 221)[5]

La grande qualité de la confrontation au modèle sédimentaire est que seule cette démarche, au-delà de l'identification d'une absence de modification ou d'une dégradation de l'ensemble de vestiges, permet une estimation du degré de modification. Cette estimation est possible tant que le modèle testé rend compte d'étapes dans la transformation du site, qui sont autant d'hypothèses à tester sur l'assemblage.

2.3. Techniques

Les techniques utilisées peuvent différer largement suivant qu'elles sont utilisées pour diagnostiquer l'action des processus culturels ou celle des processus naturels de formation des sites (Schiffer, 1983). Eu égard aux objectifs de cette revue bibliographique, nous limitons la suite de notre exposé à la seconde catégorie.

2.3.1. Caractères pertinents

Schiffer (1983) fait l'inventaire des critères qui peuvent être utilisés dans les études de formation de sites (tableau 3). Il les classe en deux catégories. Les « propriétés simples » correspondent à une qualité de l'objet seul, et les « propriétés complexes » expriment une relation entre plusieurs vestiges. Texier (2000) ajoute à cette liste de critères la cohérence des assemblages. Cette propriété est par exemple utilisée dans le cas de matériau osseux, lorsque l'intégrité des assemblages est évaluée par la représentation des parties squelettiques (Behrensmeyer, 1991 ; Lyman, 1994).

Catégorie	Simple	Complexe
Propriétés	Taille	Quantité de vestiges
	Densité	Distribution verticale
	Forme	Distribution horizontale
	Orientation et pendage	Diversité des catégories de vestiges
	Etats de surface	Concentration en vestiges
	Accrétion de matière	Raccords et remontages

tableau 3 : propriétés des vestiges utilisées pour la mise en évidence de transformations naturelles des ensembles pléistocènes (adapté de Schiffer, 1983). L'accrétion de matière désigne des dépôts de matière sur les objets (colorant par ex.)

2.3.2. Traitements des données

Techniques issues de l'archéologie

Plusieurs techniques de traitements des données existent pour rechercher les effets des processus naturels. Lorsqu'elle entrent dans le cadre d'une confrontation au modèle archéologique, ces procédures sont celles habituellement utilisées en archéologie (tableau 4).

[5] *« Des arguments, aussi indépendants que possible des modèles taphonomiques à tester, permettent une évaluation préliminaire de l'intégrité de l'ensemble de vestiges. Sur la base de cette évaluation, un modèle est choisi, qui rend éventuellement compte des caractéristiques observées du site. Plusieurs itérations peuvent être nécessaires avant que l'interprétation soit en conformité avec les données. L'impossibilité de trouver un modèle qui saccorde avec les données porte le doute sur l'évaluation initiale de l'intégrité de l'ensemble de vestiges ».*

Propriété utilisée	Technique de traitement des données	Exemples
Taille des vestiges	Distribution horizontale Distribution horizontale et verticale des poids moyens Proportion de catégorie	Petraglia, 1995 Kluskens, 1990 Villa et Soressi, 2000
Densité des vestiges	Plans catégoriels	Chase *et al.*, 1994
Orientation et pendage	Diagramme en roses Diagramme en roses et traitement statistique	Petraglia, 1995 Kluskens, 1990 ; Chase et al., 1994 Fourment, 2002 ; Bordes, 2000
États de surface lithique os	Proportion de catégories Localisation sur les pièces et cohérence de l'assemblage mesure de l'émoussé Stade de « *weathering* »	Villa et Soressi, 2000 Dibble *et al.*, 1997 Chase *et al.*, 1994 Byers, 2002
Quantité de vestiges	Mesure du nombre de vestiges par volume	Petraglia et Potts, 1994 ; Mc Pherron *et al.*, 1999
Distribution verticale	Projection Projection par catégories remarquables Dispersion verticale des marqueurs culturels Dispersion verticale par catégories de taille ou de poids Micro-stratigraphie des amas	Villa, 1977 ; Hofman, 1986 ; LeGrand, 1994 Dibble *et al.*, 1997 Erlandson, 1984 Barton et Bergman, 1982 ; Chadelle, 2000 ; Fourment, 2002 Chadelle, 2000
Distribution horizontale	Par catégorie Par catégories remarquables (pièces brûlées, matériaux rares) Par marqueurs culturels Identification de structures anthropiques	Dibble *et al.*, 1997 Petraglia, 1995 Bordes, 2000 Bracco, 1994
Variété des catégories	Proportion de catégories technologiques	Villa et Soressi, 2000
Raccords et remontages *Silex*	 Répartition spatiale Liaisons stratigraphiques Distribution verticale des « liaisons stratigraphiques » Raccords de lames Projection stéréographique et traitement statistique	 Colcutt et al., 1990 ; Petraglia, 1995 ; Chadelle, 2000 Barton et Bergman, 1982 Cahen et Moeyersons, 1977 ; Villa, 1977 ; Van Noten *et al.* 1978 ; Hofman, 1986 ; Le Grand, 1994 Bordes, 2000 *Idem*
Silex & os	Proportions Répartition spatiale (horizontale et verticale)	Chase *et al.*, 1994 Kroll et Isaac, 1984 Le Grand, 1994

tableau 4 : exemples de traitements de données utilisées dans des études de formation de sites préhistoriques. Ces exemples sont limités aux sites pléistocènes français. Toutes ces études rentrent dans le cadre d'une « confrontation au modèle archéologique ».

Techniques spécifiques

Certaines méthodes originales ont été proposées pour étudier l'action des processus naturels de formation des sites :

- Colcutt *et alii* (1990) repositionnent les objets en laboratoire, conformément à la position (inclinaison) qu'ils avaient dans les dépôts, pour mesurer leur surface projetée sur un plan horizontal. Cette mesure permet de calculer la « pression effective » de chaque vestige (rapport entre l'aire projetée et le poids). Un test de corrélation entre cette valeur et la profondeur des objets permet aux auteurs de tester l'hypothèse d'un enfoncement progressif des pièces dans un contexte où le sédiment fin est soustrait par bioturbation.
- Chase *et alli* (1994) proposent de quantifier l'émoussé des os par une mesure de la largeur des bords des esquilles osseuses. Cette procédure est une adaptation de la proposition de Shackley (1974) sur la mesure de la largeur des arêtes abrasées d'éclats de silex. Puisqu'il s'agit de quantifications, ces deux approches se différencient des autres estimations de l'émoussé qui sont de simples estimations de stades d'usure (Singer *et al.*, 1973 ; Clark et Kleindienst, 1974 ; Shackley, 1974 ; Wymer, 1976 ; Stein, 1987 ; Shea, 1999). Toutefois, l'intérêt de ces mesures n'a pas à notre connaissance été démontré puisque, pour être exploitées, les données sont affectées à des classes d'intervalles ; au final, cela revient à identifier des stades d'usure.
- Bordes (2000) propose une quantification des raccords inter-couches par la méthode des raccords de lames. Cette méthode est adaptée aux sites de grottes et d'abris-sous-roche, où la recherche classique des remontages est souvent infructueuse. Les fragments de lames sont sélectionnés, et une confrontation systématique entre

fragments est réalisée. Cette méthode permet une recherche exhaustive, nécessaire à une comparaison intra-site ou inter-sites sur des bases quantifiées.

- L'identification de matériaux lithiques remarquables, c'est-à-dire représentés par peu de d'objets, et pour lesquels peut être posé l'hypothèse d'un débitage depuis un même bloc, est utilisée par plusieurs auteurs en complément des remontages. Ces rapprochements de matériaux rares ont reçu plusieurs noms : remontages de 2nd ordre de Petraglia (1992) ; matériaux rares de Bordes (2000) ou « remontages potentiels » de Mercader *et alli* (2002). Leur distribution stratigraphique ou spatiale est traitée à l'identique des remontages.

Techniques adaptées à la confrontation au modèle géoarchéologique

Selon Bertran et Texier (1997), trois critères en particulier permettent la comparaison avec les données acquises sur les dépôts de pente : le tri granulométrique, l'orientation des remontages et les fabriques. À ces trois techniques s'ajoutent la recherche d'organisations remarquables de vestiges et la confrontation entre distribution spatiale des vestiges et la paléotopographie.

Tri granulométrique

La recherche de tris granulométriques au sein des vestiges archéologiques est un outil efficace pour tester la dépendance entre distribution des vestiges et agent de sédimentation. Ainsi, Dibble *et alii* (1997), lors de l'étude de « sol d'habitat » du site acheuléen de Cagny-l'Epinette, confrontent la distribution de taille des vestiges lithiques à celle de la fraction naturelle déposée par des écoulements fluviatiles. La mise en évidence d'une distribution de taille identique entre fraction naturelle et anthropique permet aux auteurs d'argumenter en faveur d'un ensemble de vestiges déposés par les écoulements.
La recherche d'une corrélation entre les indices de ségrégation granulométrique des vestiges et la valeur de la pente est une autre procédure qui permet de tester l'hypothèse d'un tri. L'indice le plus simple à mettre en oeuvre est le poids moyen d'une catégorie d'objets. C'est par exemple ce que fait Rick (1976) pour mettre en évidence un tri longitudinal où les plus gros vestiges se trouvent au bas de la pente, et ainsi confirmer l'hypothèse d'un transport gravitaire le long d'un talus.

Distribution des orientations de remontages

Les remontages de silex ou d'os sont un outil privilégié pour identifier l'impact des processus naturels de la formation des sites (tableau 4). La distribution des pièces remontées est utilisée pour tester l'hypothèse d'une redistribution verticale des vestiges par bioturbation (*e. g.* Cahen et Moeyersons, 1977 ; Van Noten *et al.*, 1978 ; Bunn *et al.*, 1980 ; Barton et Bergman, 1982 ; Hofman, 1986 ; Colcutt, 1990 ; Mercader *et al.*, 2002). Elle est également utilisée pour tester une redistribution des vestiges dans la pente au cours de l'enfouissement (Le Grand, 1994 ; Bertran et Texier, 1997 ; Bordes, 2000). C'est l'identification d'une orientation préférentielle conforme à la pente qui est jugée probante par les auteurs (*ibid.*). Bordes (2000) emprunte à la méthode des fabriques (*cf. infra*) le calcul de l'intensité d'orientation de Curray (1956) pour mettre en évidence cette orientation préférentielle des liaisons.
Toujours pour tester cette hypothèse d'une redistribution latérale des objets, la distribution des remontages peut être confrontée à d'autres caractéristiques de l'ensemble archéologique. Ainsi, la concordance entre l'orientation préférentielle des remontages et celle des fabriques a été utilisée par Schick (1987) pour identifier une redistribution des vestiges dans le contexte d'occupation de berge de cours d'eau éphémère du site de FxJj 50 (Est Turkana, Kenya).

Lecture topographique

La lecture de la paléotopographie, seule, apporte peu d'information sur l'action des processus naturels de formation des sites. En revanche, sa confrontation à d'autres propriétés, telle la dispersion verticale des nappes de vestiges ou leur orientation, apporte des arguments pour évaluer le degré de préservation des sites.
Ainsi, un profil établi du fond vers l'extérieur de l'abri de la Roche à Tavernat (Haute-Loire) fait apparaître une dispersion verticale et une diminution de densité de vestiges dès que la pente s'accroît en avant de l'abri, zone où les objets témoignent d'une orientation préférentielle. Cette convergence de caractères s'accorde avec une reprise des vestiges par solifluxion à l'avant du site, qui est l'agent de sédimentation dans cette partie du gisement (Bertran, 1994 ; Bracco, 1994).

Fabriques

La fabrique d'un ensemble d'objets est la distribution de l'attitude des vestiges (*i. e.* orientation et inclinaison). Cette caractéristique est un des critères les plus utilisés dans l'estimation du degré de perturbation des sites par les processus naturels qui concourent à leur formation (tableau 4).
Bertran et Texier (1995) proposent un traitement spécifique qui permet de comparer les orientations de vestiges à ceux qui sont produits par les agents d'enfouissement. La direction d'un objet allongé est décrite par deux grandeurs, mesurées à l'aide d'une boussole-clinomètre : l'orientation, ou déclinaison, mesurée dans le plan horizontal, et le pendage, ou inclinaison, mesuré dans le plan vertical. Un mode de représentation graphique de cette fabrique est la projection cyclosphérique sur canevas de Schmidt (Nicolas, 1989). Cette représentation permet de distinguer les trois principaux modes de distributions :

1/ **Fabrique planaire** (ou fabrique de type groupé) : les axes d'allongements des objets se regroupent autour d'une même direction. Cette fabrique correspond à une orientation préférentielle des vestiges.

2/ **Fabrique planaire** (ou fabrique de type ceinture) : les axes d'allongements des objets se distribuent au voisinage ou dans un plan. Cette fabrique correspond à une distribution aléatoire des directions dans un plan (plan de stratification par exemple).

3/ **Fabrique isotrope** : les directions des axes d'allongements des objets se distribuent aléatoirement. Cette fabrique traduit une disposition désordonnée des objets.

Plusieurs traitements statistiques peuvent alors être utilisés.

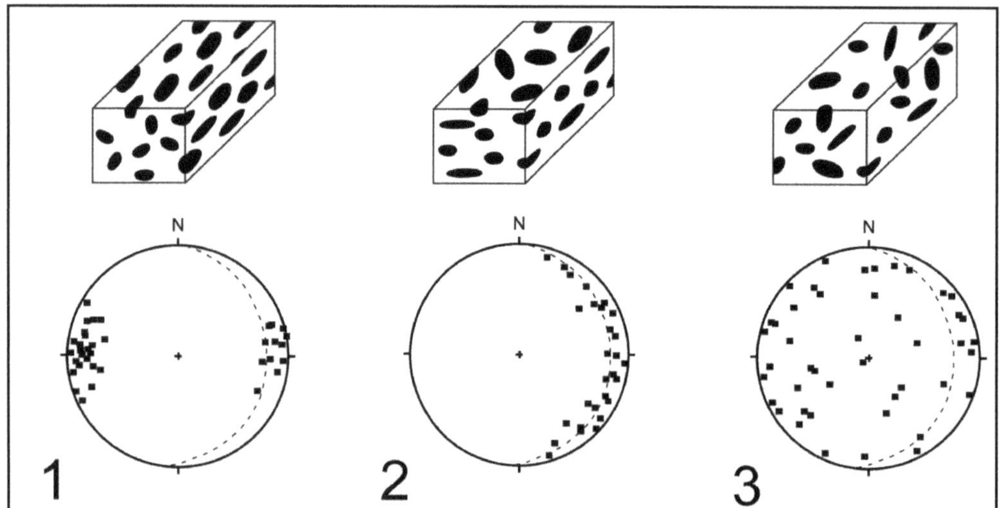

figure 3 : représentation des trois modes principaux de fabriques et projection stéréographique correspondante. 1 : fabrique lineaire, 2 : fabrique planaire, 3 : fabrique isotrope. Sur les projections stéréographiques, la ligne en tirés représente le plan de stratification.

Le premier est proposé par Curray (1956). Il prend en compte la distribution des orientations pour tester une orientation préférentielle des objets. Pour cela, l'intensité d'orientation préférentielle, L, est calculée. Cette grandeur est définie telle que :

$$L = 100 \cdot r / n$$

où n est le nombre de mesures
et $r = \sqrt{[(\Sigma^n \sin 2\alpha)^2 + (\Sigma^n \cos 2\alpha)^2]}$
α *étant l'orientation mesurée, de 0 à 180°.*

L varie de 0 à 100 ; cette valeur est d'autant plus élevée que l'orientation est forte. Le test de Rayleigh établit la probabilité p d'obtenir une même valeur d'intensité d'orientation par échantillonnage d'une distribution aléatoire des orientations :

$$p = \exp[(-L^2 \cdot n) / 10\ 000]$$

Lorsque p est inférieur à la valeur seuil fixée (0,05 *in* Bertran et Texier, 1995), l'hypothèse d'une distribution aléatoire des orientations est rejetée.

Le second traitement statistique est la méthode des valeurs propres, proposée par Woodcock (1977). Elle prend en compte l'orientation et l'inclinaison des objets. E1, E2 et E3 sont les valeurs propres normalisées dans les trois directions de l'espace qui caractérisent chaque distribution des directions (Woodcock, *op. cit.).* Ces trois valeurs sont calculées à l'aide d'un logiciel spécifique (Stereo™ ; McEachran, 1990). Des paramètres qui décrivent l'allongement et l'aplatissement de la distribution sont alors calculés.
Ces paramètres permettent une construction graphique. Par exemple, le diagramme triangulaire de Benn (1994) reporte les indices d'isotropie IS et d'allongement EL, tel que :

$$IS = E3 / E1,$$

et $$EL = 1 - (E2 / E1).$$

Cette construction graphique permet de confronter la fabrique des vestiges archéologiques à celles qui sont connues pour les dépôts de pente actuels (Bertran et Lenoble, 2002). Il est ainsi possible de tester l'hypothèse d'une distribution des vestiges liée à l'agent de sédimentation. Si les vestiges archéologiques ont été déplacés par l'agent sédimentaire responsable de l'enfouissement, leur fabrique doit être conforme à celles qui sont connues pour cet agent de sédimentation (*e. g.* Bertran *et al.*, 1998).

Organisations remarquables

Bertran (1994) recommande l'observation des figures sédimentaires pour identifier les processus sédimentaires à l'origine de l'enfouissement des vestiges. Stein (1987) reprend à Reineck et Singh (1980) la définition de ces figures :

> « structures are small-scale variations in either grain-size, grain shape, composition or pore space ... The kinds of structures that result from depositional events are called sedimentary structures » (Stein, *op. cit.* : 373)[6].

Lorsque de telles figures se composent d'objets archéologiques, elles offrent l'évidence d'une dégradation de l'ensemble de vestiges par les agents de sédimentation. Ainsi, Butzer (1982 : 104) décrit un ensemble de vestiges qui, lorsqu'ils ont été repris sur la pente, dessinent des fronts de coulées. Ou encore Kaufulu (1987) rapporte, pour le site FxJj 37 de la formation de Koobi Fora (Est Turkana, Kenya), le cas de vestiges piégés dans les affouillements d'un petit chenal fluviatile. La reconnaissance de ces figures permet à l'auteur de conclure à un dépôt d'objets transportés par le courant dans les pièges de la morphologie du fond de lit.

Toutefois, à notre connaissance, peu d'organisations mettant en jeu des vestiges archéologiques ont été documentés en milieu actuel, essentiellement par Schick (1986 ; *cf.* § 4.2.2). Mais la reconnaissance de ces figures peut être extrapolée de celles qui sont connues à partir de l'observation de particules naturelles (*e. g.* Reineck et Singh 1980).

---

[6] *« Les structures sont des variations, à petite échelle, soit de taille de grain, de forme de grain, de nature ou de porosité... Les structures qui sont produites au cours des épisodes de sédimentation sont appelées structures sédimentaires ».*

2.4. Bilan sur les études de l'action des processus de formation des sites

L'étude des processus naturels de formation des sites a été reconnue dès la formalisation d'une démarche scientifique en archéologie. Dans la pratique, cependant, un certain nombre de difficultés s'oppose à une prise en compte efficace de cet aspect de l'enregistrement archéologique.

La première difficulté est la nécessité d'un dialogue efficace entre géoarchéologie et archéologie. D'une part, la seule prise en compte des agents de sédimentation ne conduit qu'à des conjectures ; la démonstration de la préservation d'un site ne peut venir que d'une étude des vestiges archéologiques eux-mêmes. D'autre part, la prise en compte du matériel archéologique seul se heurte à la nécessité d'émettre des hypothèses qui engagent l'interprétation de l'ensemble de vestiges archéologiques. Aussi, la démarche adaptée est celle d'une confrontation au modèle géoarchéologique (figure 4). Elle implique que l'étude des sédiments offre une reconnaissance des agents de sédimentation, ainsi que des hypothèses de perturbation liées à chaque processus.

La seconde difficulté est la nécessité de disposer de référentiels actualistes adaptés. Peu de référentiels de l'action des processus naturels sur les ensembles de vestiges existent. Les modèles établis sont pourtant à l'origine de progrès significatifs dans la compréhension des faits archéologiques (*e. g.* Balek, 2002 à propos des modifications par activité de la faune du sol). Par ailleurs, la constitution de référentiels adaptés aux sites archéologiques répond à deux objectifs : la capacité d'en dériver des hypothèses de modifications qui puissent être testées sur le matériel archéologique, d'une part, et l'identification de techniques spécifiques pour tester les-dites hypothèses, d'autre part. Ce dernier objectif, en particulier, détermine l'information significative à enregistrer lors de la fouille. Les implications méthodologiques de cette élaboration de référentiels dépassent donc le seul cadre de la pratique géoarchéologique.

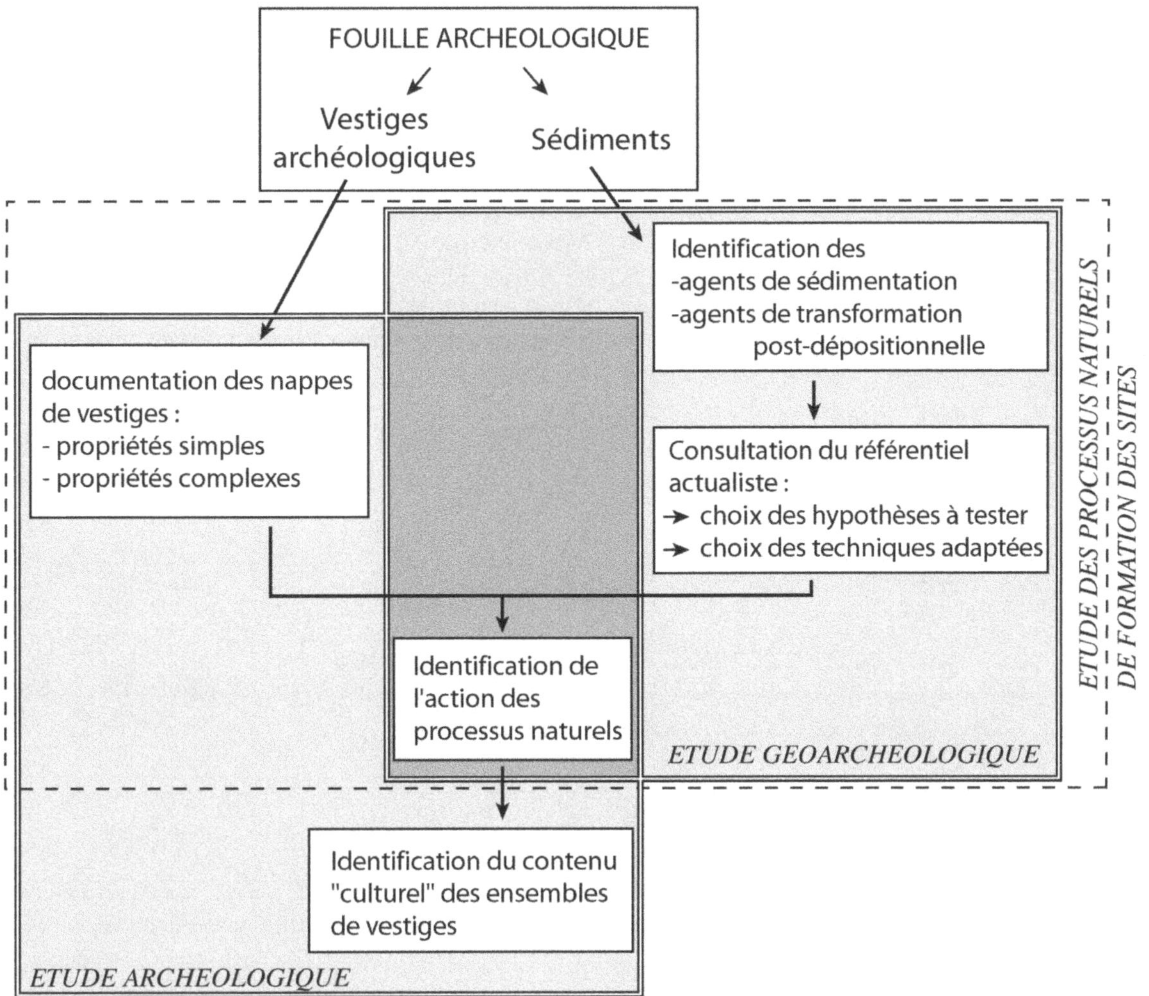

figure 4 : modalité du dialogue entre l'étude des sédiment et l'étude des vestiges pour l'identification des processus naturels de formation des sites.

3. PROCESSUS ET FACIÈS DE RUISSELLEMENT

Il ne s'agit pas ici de faire le point des connaissances sur le ruissellement, mais seulement de présenter les notions essentielles auxquelles nous faisons appel dans la suite de ce travail.

3.1. Définitions

3.1.1. Qu'est-ce que le ruissellement ?

D'un point de vue sédimentologique, le ruissellement est un agent d'érosion, de transport et de dépôt des sédiments à l'échelle du versant qui se caractérise par un écoulement dilué de particules sédimentaires dans de l'eau (Bertran et Texier, 1999).

Comme pour tout écoulement dilué, le déplacement des particules est contrôlé par leur seuil de mise en mouvement, c'est-à-dire la force de traction nécessaire à la mise en mouvement d'un objet de poids et taille donnés ; les particules se déplacent alors soit en charge de fond, par roulement ou saltation, soit en suspension.

La concentration en sédiment contrôle le comportement rhéologique de l'écoulement. De ce point de vue, le ruissellement est un écoulement liquide de type newtonien, c'est-à-dire un écoulement où la déformation est une réponse instantanée à la contrainte exercée, la relation entre déformation et contrainte étant linéaire (Pierson et Costa, 1987). Ce comportement le distingue des écoulements hyperconcentrés de matériau fins (argiles), qui sont des écoulements en apparence liquides, mais présentant une valeur mesurable de contrainte exercée avant déformation (écoulements plastiques). Il les distingue également des écoulements hyperconcentrés de sédiments grossiers (sables), où la vitesse de déformation s'accroît avec l'augmentation de la contrainte (écoulements dilatants).

La valeur-seuil de la concentration en sédiment entre les deux modes de transport (dilué *vs* hyperconcentré) varie en fonction de la granulométrie et de la nature du matériau transporté : 3 % du volume du liquide dans le cas d'argiles gonflantes, et 50 % dans le cas de sédiments non-cohésifs, *i. e.* sans argile (Pierson et Costa, *op. cit.*). La valeur moyenne communément admise est de 15 % du volume du liquide, ce qui représente une charge transportée de 400 g/l (*e. g.* Ooswoud Wijdenes et Ergenzinger, 1998).

Il faut cependant garder à l'esprit le caractère arbitraire de ces valeurs-seuils. Par ailleurs, des « épisodes » d'écoulements hyperconcentrés de matériaux cohésifs peuvent être observés parmi les écoulements rapportés au ruissellement (*cf. infra* p. 18). De plus, la transition entre un écoulement dilué et un écoulement hyperconcentré de matériau non cohésif, ou **charriage hyperconcentré,** est progressive et donne lieu à des formes intermédiaires de transport. Ainsi, des expériences en enceinte ont montré que si le transport par charriage hyperconcentré se rencontre pour des pentes supérieures à 11° (figure 5c ; Franzi, 2002), ce mode de transport peut se produire dès que la pente dépasse 4 à 5° (Meunier et Bertran, sous presse). Il prend alors la forme d'une sous-couche dans l'écoulement (figure 5b), appelée **couche rhéologique** par Moss et Walker (1978). Le déplacement des éléments dans cette sous-couche est contrôlé par les nombreuses collisions entre particules, et de ce point de vue, correspond effectivement à un transport par charriage hyperconcentré (Coussot et Ancey, 1999). Wan et Wang (1994, cités par Franzi et Bianco, 2000) classent pourtant ce type d'écoulement dans les transports de charge de fond, la charge transportée dans cette sous-couche étant séparée de la charge en suspension.

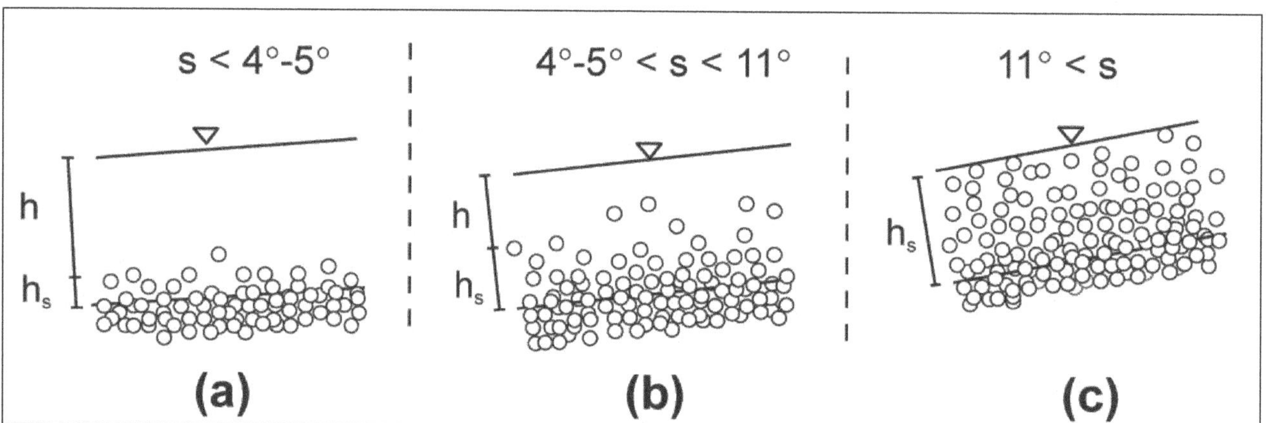

figure 5 : mode de charriage en fonction de la pente (d'après Franzi 2002, modifié). hs : épaisseur de la couche de transport des matériaux ; h : épaisseur de l'écoulement. (a) - écoulement dilué ; (b) - sous-couche de charriage hyperconcentré ; (c) - charriage hyperconcentré.

Enfin, d'un point de vue hydrologique, la caractéristique principale du ruissellement est la faible épaisseur de la tranche d'eau - quelques millimètres à un centimètre -. Elle détermine en grande partie le comportement hydraulique de ces écoulements (Scoging, 1989 ; Selby, 1994 ; Bryan, 2000), et les distingue des écoulements dilués que l'on rencontre en milieu fluviatile (*cf.* infra, § 3.2)

3.1.2. Processus

La partie de l'écoulement qui emprunte la porosité du sol est appelée ruissellement hypodermique. Mais l'essentiel du transport et de l'érosion correspond à l'écoulement superficiel.

Lorsqu'il est d'origine pluviale, le ruissellement s'accompagne de l'action de l'impact des gouttes de pluies - « *splash* » -. Sur sol nu, ces impacts ont un rôle majeur, car ils provoquent :

- La rupture des agrégats de sol et le rejaillissement des fragments. Cette action a deux conséquences : l'arrachement des particules de sol ensuite transporté par ruissellement diffus d'une part, et le déplacement de ces particules, par rejaillissement (saltation par *splash*) ou glissement successifs (reptation par *splash*), d'autre part (De Ploey et Poesen, 1985 ; Poesen, 1985).
- La modification de la surface du sol qui donne naissance à une croûte de battance. Dans le cas du *splash*, cette croûte est de type structural (Valentin et Bresson, 1992). Elle est provoquée par l'effondrement de structure du sommet du sol qui n'est pas couvert par l'écoulement (effet de compaction). Cette modification de la surface a une influence complexe sur la susceptibilité du sol à l'érosion. L'impact des gouttes sur le sommet du sol provoque une compaction qui s'oppose à la prise en charge des particules de sédiment par les rejaillissements. Mais cette croûte de battance abaisse également la perméabilité du sol, et ce faisant, favorise l'écoulement en surface, l'augmentation du débit de l'écoulement ayant pour corollaire une augmentation de sa capacité d'érosion ;
- La modification du régime d'écoulement qui tient principalement à une diminution de la vitesse et une augmentation de la turbulence de l'écoulement (Scoging, 1989). Le transport en suspension et donc la charge transportée en sont augmentées en conséquence (Scoging, 1989 ; Selby, 1994).

Ce rôle majeur du *splash* donne lieu à la distinction entre le ruissellement pluvial - « *rainwash* » - où l'action du ruissellement se combine à celle du *splash*, et le ruissellement sans splash - « *afterflow* » -. Ce dernier regroupe le ruissellement nival, provoqué par la fonte de neige ou de glace, et le ruissellement résiduel, qui persiste à la fin d'une averse lorsque la pluie a cessé.

3.1.3. Conditions de déclenchement

La condition d'une quantité de pluie dépassant la capacité d'infiltration du sol est rencontrée dans deux cas de figures (Scoging, 1989).

Le premier, décrit par Horton (1933), est celui d'un ruissellement provoqué par une pluie dont l'intensité dépasse la vitesse d'infiltration de l'eau dans le sol. Ce ruissellement est appelé ruissellement hortonien. Il y a écoulement en surface sans que le sol ne soit saturé. La perméabilité des horizons de surface est le facteur qui contrôle l'apparition et l'importance du ruissellement. Ce fonctionnement est celui des épisodes de ruissellement observés sur sol préalablement sec, à la suite de pluies de courte durée et de forte intensité. Pour cette raison, il est souvent observé dans les régions semi-arides.

Le second cas de figure correspond à des pluies de faible intensité qui s'abattent sur un sol préalablement imbibé ou après des pluies de longue durée (Hewlett, 1961). Ce ruissellement est appelé ruissellement de saturation. La teneur en eau du sol est le principal facteur qui contrôle l'apparition et l'importance du ruissellement. Ce fonctionnement s'observe en particulier dans les régions tempérées où la saison pluvieuse est également la saison froide où l'évapotranspiration est faible (Whipkey et Kirkby, 1979).

Toutefois, les deux mécanismes ne sont pas exclusifs (Kirkby, 1978). Ils peuvent se succéder sur un même site au gré des saisons, voire lors d'un même événement pluvieux (*e. g.* Puigdefabregas *et al.*, 1998).

Tous les épisodes de ruissellement n'engendrent pas d'érosion et l'identification des causes de l'érosion par ruissellement est un exercice difficile. Les nombreux travaux consacrés à ce sujet s'accordent sur un point : le déclenchement de l'érosion par ruissellement est provoqué par un jeu complexe de facteurs interdépendants (*cf.* Bryan, 2000). Un facteur, toutefois, prime sur la production de sédiment : la végétation. Son influence est multiple. Elle tient à son rôle protecteur du sol par interception des gouttes, à l'obstacle qu'elle forme face aux écoulements, au rôle stabilisateur qu'elle a sur les particules du sol, à son influence sur le comportement mécanique du sol par enrichissement en matière organique, et enfin à son influence sur la perméabilité du sol par l'entretien d'une macroporosité (Bertran *et al.*, sous presse). Ainsi, les taux d'érosion, à climat constant, varient d'un à deux ordres de grandeur (tableau 5). C'est pourquoi, bien que le ruissellement soit un processus azonal, les formes d'érosion de ruissellement se rencontrent le plus souvent dans les climats à végétation discontinue à l'exemple des régions de climats méditerranéens à tendance aride ou des régions semi-arides (Poesen et Hooke, 1997).

Des transports de sédiments sont rapportés cependant sous tous les climats, et les disparitions accidentelles du couvert végétal, à la suite d'un incendie par exemple, sont toujours suivies d'une augmentation significative du taux d'érosion et de transport (*e. g.* Martin *et al.*, 1997 ; Rubio *et al.*, 1997 ; Inbar *et al.*, 1998).

Type de sol	Apport de sédiment (t km^{-2} an^{-1})	Érosion relative (Forêt = 1)
Forêt	8,5	1
Prairie	85	10
Carrière abandonnée	850	100
Terre cultivée	1700	200
Sites en construction	17000	2000

tableau 5 : taux d'érosion de différents types d'utilisation des sols, d'après l'Agence américaine de protection de l'environnement (1973), rapporté par Selby (1994).

3.2. Particularités de l'écoulement

L'épaisseur de l'écoulement détermine en grande partie son comportement hydrologique. Comme le rappelle Scoging (1989), la rugosité des éléments qui composent la surface du sol (micro-topographie, cailloux, brindilles, etc.) est bien souvent supérieure à la hauteur de la tranche d'eau. Par voie de conséquence, l'écoulement est irrégulier et les régimes d'écoulements varient sur de très courtes distances. À cette première cause de perturbation s'ajoute celle de l'impact des gouttes (*cf. supra*).

Il a ainsi été montré que les seuils classiquement utilisés en hydraulique pour caractériser les écoulements ne s'appliquent pas au ruissellement (*cf.* Scoging, *op. cit.*). Par exemple, le nombre de Reynolds est utilisé en contexte fluviatile pour distinguer les écoulements laminaires des écoulements turbulents, les régimes de transition correspondant à des valeurs comprises entre 500 et 1000. Scoging (*ibid.*) rapporte que, dans le cas du ruissellement, des écoulements turbulents ont été reconnus pour des valeurs du nombre de Reynolds particulièrement basses (< 100). En conséquence, les modèles classiques d'érosion et de transport hydraulique, qui s'appliquent aux milieux marins et fluviatiles, ne peuvent êtres extrapolés au transport des particules par ruissellement.

3.3. Formes de ruissellement

3.3.1. Formes et modalités d'érosion

D'un point de vue géomorphologique, une distinction majeure est faite entre les formes d'érosion linéaires liées au ravinement (« *gullying* ») et l'érosion superficielle liée à l'« *overland flow* », ou ruissellement superficiel (Selby, 1994). Cette dernière regroupe plusieurs mécanismes. Trois types de transport sont reconnus : l'érosion inter-rigoles, l'érosion en rigoles, et l'érosion subsuperficielle par conduits souterrains (Poesen et Hooke, 1997 ; Bryan, 2000).

L'érosion subsuperficielle par entraînement de particules donnant naissance à des conduits souterrains est appelé suffosion. Elle se rencontre essentiellement sur sols argileux ou lorsque des différences importantes de conductivité hydraulique existe entre les différentes couches de sol (Bertran *et al.*, sous presse). Bryan (2000) la distingue de l'érosion en tunnel, qui correspond à un écoulement empruntant une macroporosité préexistante du sol (terriers, par exemple). Les auteurs considèrent que ces deux processus contribuent de façon secondaire au transport des sédiments par ruissellement (*e. g.* Selby, 1994), bien que des exemples d'érosion par suffosion soient connus (*e. g.* Zhu *et al.*, 2002).

Au sein des écoulements superficiels, une distinction fondamentale est faite entre l'érosion inter-rigoles et l'érosion en rigoles.
Dans le domaine de l'érosion inter-rigoles, l'écoulement d'eau se fait sous une forme pelliculaire appelée ruissellement diffus[7]. Cet écoulement peut prendre la forme d'une multitude de filets sinueux, anastomosés et au tracé instable. Il peut également prendre la forme d'une mince pellicule d'eau, lorsque ces filets s'étalent et fusionnent - ruissellement en nappe -. La capacité de transport du ruissellement diffus est limitée aux particules les plus fines (Govers, 1985 ; Govers et Rauws, 1986 ; Parsons *et al.*, 1991). L'érosion s'y fait essentiellement par *splash* : fragmentation des agrégats, saltation des petites particules jusqu'aux sables moyens et reptation des sables grossiers et des graviers inférieurs à 2 cm (Moeyersons, 1975 ; Moeyersons et De Ploey, 1976 ; Poesen *et al.*, 1994). Les plus gros objets restent immobiles et protègent le sol. Sur sol cohésif, un monticule se forme. ; l'effondrement des micro-cheminées de fées ainsi formées permet aux éléments plus gros de se déplacer épisodiquement (Poesen *et al.*, *op. cit.*). Des glissements peuvent également se produire à la faveur des affouillements que provoque l'érosion régressive des rigoles, comme l'ont observés De Ploey et Moeyersons (1975). Ces mêmes auteurs rapportent un déplacement global vers l'aval des gros objets sur sol sableux peu cohésif, par glissement à la suite de la liquéfaction du substrat. La reptation pluviale, sensu De Ploey et Moeyersons (*op. cit.*), désigne le déplacement de cette fraction supérieure à 2 cm par l'ensemble de ces processus.

Tout comme pour le ravinement, l'érosion en rigoles correspond à un transport de sédiment par ruissellement concentré. La tranche d'eau, plus épaisse, protège le sol de l'impact des gouttes. Pour un substrat donné, la mise en mouvement des particules est conditionnée par le régime d'écoulement. La capacité d'érosion et de transport du ruissellement concentré est beaucoup plus importante que celle du ruissellement diffus. Des cailloux jusqu'à 10 cm de largeur peuvent être pris en charge par cet agent de transport (Poesen, 1987).
Des quantifications de la taille minimale des rigoles ont été proposées, mais les auteurs ne s'accordent pas entre-eux. Cela tient vraisemblablement aux conditions très variables de texture ou de micro-topographies qui peuvent exister entre deux sites ou deux expériences. Ainsi, pour Torri et collaborateurs (1987), une rigole est identifiée lorsque l'érosion linéaire dépasse 50 cm de long, 5 mm de profondeur et 1 à 2 cm de large. Poesen et Bryan (1989-1990) appellent rigole toute incision, et distinguent les rigoles peu profondes (profondeur < 3 mm) des rigoles encaissées (profondeur > 3 mm). Par ailleurs, deux formes de rigoles sont à prendre en compte. Les rigoles rectilignes et encaissées caractérisent les zones d'érosion et de transport, tandis que les rigoles sinueuses et peu profondes se rencontrent typiquement dans les zones de dépôt (Moss et Walker, 1978).

La distinction entre rigoles et ravins tient à la pérennité des formes. Les rigoles sont éphémères. Elles disparaissent suite aux labours (Bauer, 1952 *in* Savat et De Ploey, 1982) ou au cours du cycle saisonnier de sédimentation-érosion (Schumm, 1956). À l'inverse, les ravins sont pérennes. Certains auteurs ont proposé des valeurs-seuils pour distinguer ces formes. Ainsi, un ravin est une forme d'incision linéaire dont la largeur et la profondeur sont supérieures à 30 cm et 60 cm, respectivement, selon Ebisemiju (1989), dont la section dépasse 900 cm^2 selon Poesen et Hooke (1997) et 930 cm^2 selon Vandekerckhove et *alli* (1998). Pour Planchon et collaborateurs (1987), une profondeur de 15 cm permet de différencier les rigoles des ravineaux, tandis que la profondeur des ravins est supérieure à 1 m.

3.3.2. Formes de dépôts

Les accumulations de sédiments transportés par ruissellement se font sous deux formes, le plus souvent localisées en pied des versants (Selby, 1994). Le ruissellement concentré, en ravins ou en rigoles, donne naissance à des petits cônes détritiques, de quelques décimètres à quelques dizaines de mètres d'extension. Le ruissellement diffus et le *splash* sont à l'origine des nappes de sédiment qui adoucissent le bas des versants (figure 6).

Des accumulations peuvent également se rencontrer sur les versants, à la faveur d'irrégularités topographiques. Ce

[7] *Le terme de ruissellement diffus est parfois utilisé dans une acception plus large, synonyme d'« overland flow » (cf. Derruau, 1988 ; Mietton et al., 1998). Toutefois, cette acception ne recouvre pas la distinction entre ruissellement en rigoles et ruisellement inter-rigoles qui, selon les auteurs, s'avère fondamentale dans l'identification des processus d'érosion et la caractérisation hydrologique des écoulements. C'est pourquoi, dans ce travail, nous limitons l'emploi du terme « ruissellement diffus » aux seuls « écoulements pelliculaires de l'eau entre rigoles ».*

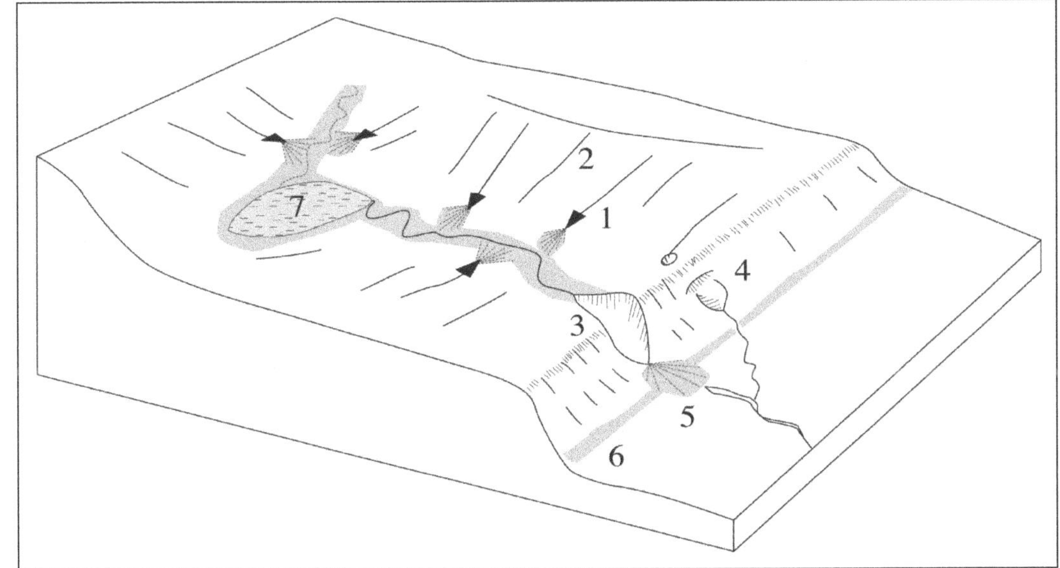

figure 6 : formes d'érosion et de dépôts par ruissellement, d'après Poesen et Hooke (1998), modifié. 1 - érosion en rigoles, 2 - érosion inter-rigoles, 3 - ravin, 4 - érosion en tunnel, 5 - micro-cône de déjection, 6 - dépôts en nappe, 7 - dépôts de décantation.

peuvent être des cônes s'édifiant sur des replats (Selby, 1994) ou des dépôts piégés dans des petites dépressions ou des zones à contre-pente. Texier et Mereiles (2003) rapportent ainsi des dépôts de ruissellement concentré piégés sur des versants aussi pentu que 26°.

3.4. Lithofaciès

A la différence des travaux qui portent sur l'hydraulique et la capacité d'érosion et de transport des écoulements minces, peu d'attention a été portée aux faciès de dépôts formés par ruissellement, au point que la place de ce processus dans l'enregistrement sédimentaire des périodes froides du Quaternaire reste une question débattue (Mercier, 2001 ; André, 2001).

3.4.1. Liens entre mode de transport et faciès

Les liens entre la nature de l'écoulement et les faciès sédimentaires ont été abordés par Moss et Walker (1978) dans le cas du ruissellement concentré. Ces auteurs se basent sur l'observation du transport de particules sédimentaires en

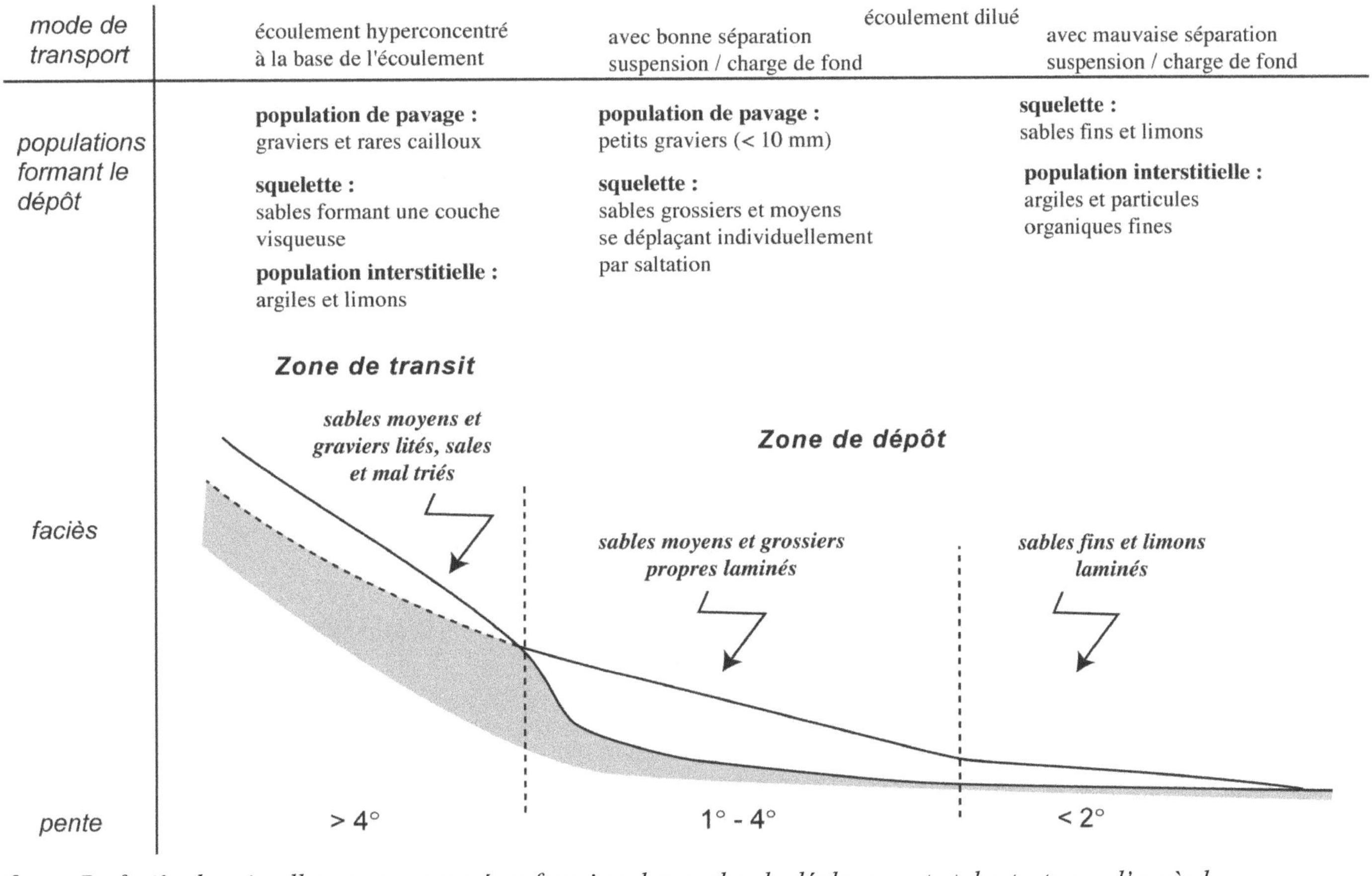

		écoulement dilué	
mode de transport	écoulement hyperconcentré à la base de l'écoulement	avec bonne séparation suspension / charge de fond	avec mauvaise séparation suspension / charge de fond
populations formant le dépôt	**population de pavage :** graviers et rares cailloux **squelette :** sables formant une couche visqueuse **population interstitielle :** argiles et limons	**population de pavage :** petits graviers (< 10 mm) **squelette :** sables grossiers et moyens se déplaçant individuellement par saltation	**squelette :** sables fins et limons **population interstitielle :** argiles et particules organiques fines
faciès	**Zone de transit** ***sables moyens et graviers lités, sales et mal triés***	**Zone de dépôt** ***sables moyens et grossiers propres laminés***	***sables fins et limons laminés***
pente	> 4°	1° - 4°	< 2°

figure 7 : faciès de ruissellement concentré en fonction des modes de déplacement et des textures, d'après les observations et expérimentions de Moss et Walker (1978).

milieu naturel et au cours d'expériences pour distinguer trois populations dans la charge solide transportée :

- la fraction qui se déplace par roulement forme une **population de pavage** (« *clogged contact population* »). Les particules qui composent cette population s'immobilisent en entrant en contact des unes des autres, donnant naissance à des pavages ;
- les particules qui se déplacent par saltation forment le **squelette** (« *framework population* ») ;
- les particules transportées en suspension constituent la **population interstitielle** (« *interstitial population* ») qui est susceptible d'être piégée par infiltration entre les grains du squelette.

Le contrôle de la pente sur les modes de transport et les populations de charge solide associée conduit les auteurs à distinguer trois mode de dépôts.
Pour des pentes supérieures à 4-5°, le squelette se déplace sous la forme d'un charriage hyperconcentré au sein d'une sous-couche de l'écoulement, appelée couche rhéologique (*cf.* p. 14). La forte concentration en éléments au sein de cette couche inhibe la séparation entre charge de fond et suspension, d'une part, et favorise l'interaction entre les particules au cours du transport et del'immobilisation, d'autre part. Les éléments du suelette se logent entre les éléments des pavages qui s'individualisent et donnent naissance à des dépôts plurimodaux. Le litage qui peut être observé correspond à la succession de dépôtsavec ou sans formation de pavages. Ces dépôts se rencontrent dans les zones de transit de sédimentation, en fond de rigoles incisées, par exemple.
Pour des pentes comprises entre 1° et 4-5°, le transport en saltation ne prend pas la forme d'écoulements hyperconcentrés. La charge en suspension est alors bien séparée du transport par charriage. L'arrêt des particules de chacune de ces deux populations donne naissance à des dépôts bien lavés. Ces pentes sont typiquement celles des zones de dépôt. Elles correspondent aux micro-cônes qui se développent aux débouchés des rigoles incisées.

Lorsque la pente est très faible (inférieure à 2°), la granulométrie de la charge de fond est moindre : sables fins et limons. La sédimentation prend la forme d'une juxtaposition de petits lobes très aplatis et peu épais (1 à 2 mm). La diminution de la turbulence de l'écoulement autorise la sédimentation de la fraction transportée en suspension, argiles et fine matière organique

Ce schéma offre une trame interprétative à la formation des faciès de ruissellement. Ainsi, pour les pentes supérieures à 4-5°, l'alternance de pavages et de dépôts de sables transportés par charriage hyperconcentré à la base de l'écoulement conduirait à des sables et graviers lités sales et mal triés. Entre 1 et 4-5°, l'alternance de pavages et de dépôts de grains transportés individuellement en saltation donnerait naissance à des sables propres laminés et graviers dispersés. Pour les pentes plus faibles, les sédiments prendraient la forme de sables fins argileux et limons laminés. Ce modèle est en accord avec les observations de dépôts de ruissellement en milieu naturel, à l'exemple du travail de Schumm (1962) selon lequel les dépôts laminés de ruissellement se rencontrent typiquement lorsque les pentes sont inférieures à 6°[8].
Toutefois, plusieurs aspects ne sont pas pris en compte par cette approche, comme l'influence du *splash* sur la nature des écoulements. Cette influence a été abordée par Mücher et De Ploey (1977) à partir d'expériences sous simulateur de pluies et dans lesquelles les valeurs de pentes sont inférieures à 4°. Ces expériences ont montré que les dépôts laminés bien triés étaient produits par des écoulements en l'absence de *splash*, tandis que les écoulements plus turbulents générés par un ruissellement pluvial conduisent à des dépôts laminés à tri granulométrique moyen (tableau 6). Les auteurs décrivent également les dépôts formés par l'action du *splash* seul. Ces derniers se distinguent des précédents par l'absence de tri.

Processus	Structure des dépôts	Tri granulométrique	Entassement
Ruissellement pluvial	Dépôt laminé	moyen	Entassement dense 40 % de porosité
Afterflow	Dépôt très bien laminé	excellent	Entassement lâche 55 % de porosité
Splash	Dépôts massif	Nul ; granulométrie tronquée, limitée par la capacité de transport du *splash*	Entassement dense -

tableau 6 : caractères des dépôts en fonction des processus de transport, selon Mücher et De Ploey (1977).

Au cours de leurs expériences, Mücher et de Ploey (*op. cit.*) ont aussi abordé l'influence de la turbidité (quantité de charge solide transportée). Ils rapportent ainsi des dépôts d'*afterflow* massifs pour une concentration de 150 g/l. Ce caractère massif par forte charge solide est bien documenté pour des écoulements plus turbides, à l'exemple des écoulements hyperconcentrés (Bertran et Texier, 1999).
Ces écoulements turbides peuvent provenir, par exemple, de la dilution de coulées de boue qui atteignent les rigoles (Harvey, 1974) ou des effondrements de bords de rigoles ou de ravins (Gerits *et al.*, 1987 ; Govers, 1987). La moindre turbulence de ces écoulements et le caractère soudain du dépôt sont mis en avant pour expliquer l'absence de tri (*e. g.* Blikra et Nemec, 1998).

3.4.2. Influence du matériau

Comme pour tous les processus de versant où le sédiment est transporté sur une faible distance, les faciès de dépôts sont fortement influencés par la nature du matériau parent (Selby, 1994). Par exemple, la redistribution d'agrégats de sol donne naissance à des dépôts massifs, que cette agrégation

[8] *Schumm (1962) considère que les faciès laminés de dépôts de ruissellement se rencontrent typiquement lorsque la pente est comprise entre 2 et 10 %. Traduit en pourcentage, la valeur limite de 5° de Moss et Walker vaut 8,7. On voit voit qu'à l'arrondi près, cette valeur est comparable à celle donnée par Schumm.*

provienne de l'action de la pédofaune (Mücher *et al.*, 1972) ou d'alternances d'humectation/dessiccation (Alberts *et al.*, 1980) ou encore d'une succession de gels et dégels (Van Vliet-Lanoë, 1987). Ces dépôts peuvent se former par ruissellement concentré (Poesen, 1987) ou par *splash* (Kwaad, 1977). Le faciès est alors identique :

> « a loose, non-stratified, non or ill-sorted, heterogenous mixture of various size grades, found on the lower parts or at the base of slopes ; if it contains rock fragments, these are angular. » (Kwaad et Mücher, 1979 : 174)[9]

Selon Poesen (1987), la présence de cailloux dans de tels dépôts signe une redistribution des particules grossières par ruissellement concentré.

3.4.3. Lien entre formes et faciès

À l'influence du mode de transport et du matériau parent s'ajoute celle des transformations postérieures au dépôt (bioturbation, gel, compaction, pédogenèse, etc.), susceptibles d'effacer l'organisation primaire des sédiments (Mücher, 1974 ; Selby, 1994 ; Bertran et Texier, 1999). C'est pourquoi, les faciès laminés sont plus fréquemment rapportés au sein des cônes d'accumulations construits au débouché des ravins. La forte accrétion sédimentaire associée à ces formes de dépôts permet un enfouissement rapide qui soustrait les sédiments aux perturbations superficielles. À l'inverse, les dépôts qui nappent la base des versants sont des lieux à faible accrétion et livrent le plus souvent des faciès massifs.

3.5. Agencement des dépôts en abri-sous-roche et porche de grottes

Les différents faciès reconnus sont susceptibles de s'organiser en séquences latérales, à l'exemple des dépôts décrits par Moss et Walker (1978). À l'échelle du versant, cette séquence a été décrite d'abord par Milne (1936), à partir de l'exemple de la région des plateaux du centre de l'Australie (figure 8). À une zone de d'érosion qui met progressivement à nu le substratum rocheux succède une zone de sédimentation où les dépôts s'organisent des plus grossiers aux plus fins d'amont en aval.

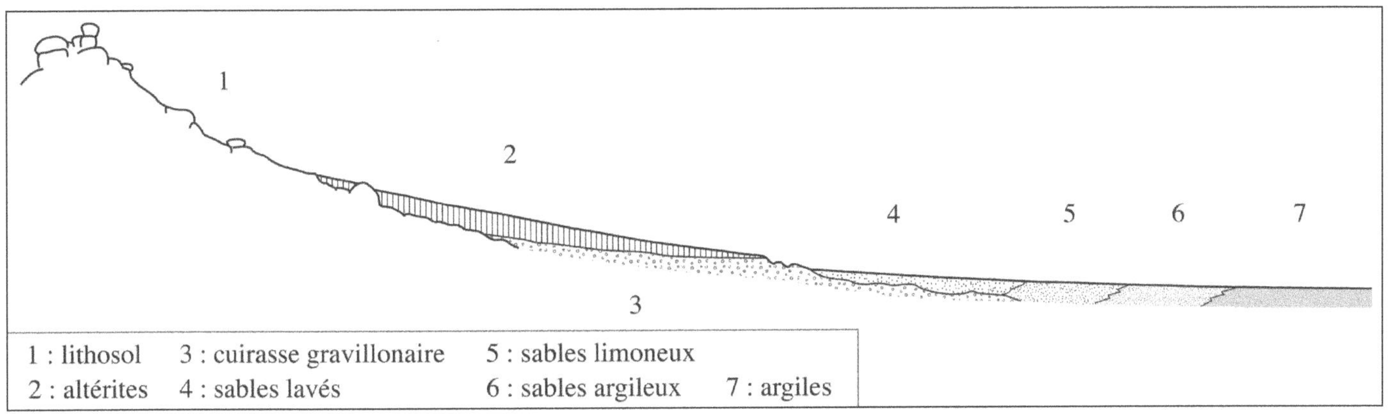

figure 8 : enchaînement latéral de dépôts de ruissellement sur un versant, d'après Milne (1936), modifié.

Cet agencement latéral peut s'observer, contracté, dans l'espace d'un site archéologique, abris-sous-roche ou entrée de karst fossile. Les dépôts ainsi formés participent à la forte variation latérale de faciès qui caractérisent ces milieux. Plusieurs exemples d'agencements sont ainsi décrits.

En comparant les grottes du Levant à remplissage pléistocène, Goldberg et Bar-Yosef (1998) mettent en évidence la séquence latérale suivante :

- l'entrée des grottes est le principal lieu d'accumulation des débris d'origine naturelle. Ils proviennent de la redistribution des sols d'altération de plateau (*terra rossa*), essentiellement par ruissellement, auxquels peuvent s'ajouter des apports éoliens. L'entrée est également une zone favorable des produits de désagrégation du porche, sous la forme de blocs calcaires de taille métrique. L'accumulation de ces différents produits donne naissance à des prismes détritiques à l'aplomb de l'auvent.
- En progressant dans la grotte se rencontrent des limons argileux laminés. Ils correspondent aux dépôts fins de ruissellement qui sédimentent au-delà du prisme. Ces dépôts de limons laminés sont localement interrompus par des érosions en chenal. Les blocs calcaires qui s'y rencontrent, sont de taille modeste et dispersés.
- Les zones les plus profondes des cavités se caractérisent par la présence de matière organique au sein des dépôts.

La séquence d'enchaînement de dépôts peut également refléter l'association du ruissellement avec les autres processus participant à la sédimentation de ces milieux particuliers que sont les abris-sous-roche et les entrées de grottes. Ferrier et Kervazo (2001) rapportent ainsi, pour la grotte du Placard, des éboulis colmatés de sédiments laminés déposés par ruissellement.

Cette association de processus peut également contrôler l'emplacement et l'importance des dépôts. Ainsi, Donahue et Adovasio (1990) considèrent quatre processus participant à la sédimentation des abris-sous-roche creusés dans des grès du centre et du nord-est des Etats-Unis d'Amérique : la désagrégation et l'éboulisation de l'encaissant, des apports fluviatiles et le ruissellement. Les rythmes de sédimentation et les relations entre ces différents processus sont abordés à partir des dépôts de l'abri de Meadowcroft, qui montrent

[9] *« Un dépôt hétérogène, meuble, non stratifié, mal ou pas trié, composé d'éléments de taille variée, présent dans la partie inférieure ou à la base des pentes ; les cailloux qu'il peut contenir sont anguleux. »*

que les effondrements de l'auvent contrôlent doublement les périodes de sédimentation par ruissellement. D'une part, ces effondrements forment des entailles qui permettent aux eaux de ruissellement de pénétrer dans l'abri. D'autre part, ces blocs déterminent une paléotopographie irrégulière où prennent place les cônes construits par ces apports localisés de ruissellement. Chaque épisode d'effondrement d'auvent est suivi d'une période de forte activité sédimentaire. Au cours de ces périodes, la sédimentation se fait essentiellement par ruissellement, les taux de sédimentation variant de 38 à 75 cm par siècle. Ces valeurs sont inégales, les taux plus forts étant liés à l'accrétion des prismes détritiques.

L'association du ruissellement à d'autres processus sédimentaires est fréquemment observée en milieu périglaciaire (Bertran *et al*, 1993 ; Bertran *et al.*, 1995 ; Van Steijn *et al.*, 1995). Une telle association a été retrouvée à l'échelle des abris-sous-roche (Texier, 2001). La percolation et le lessivage latéral des sables et argiles au sein d'éboulis peut conduire à une association latérale de faciès originale (figure 9).

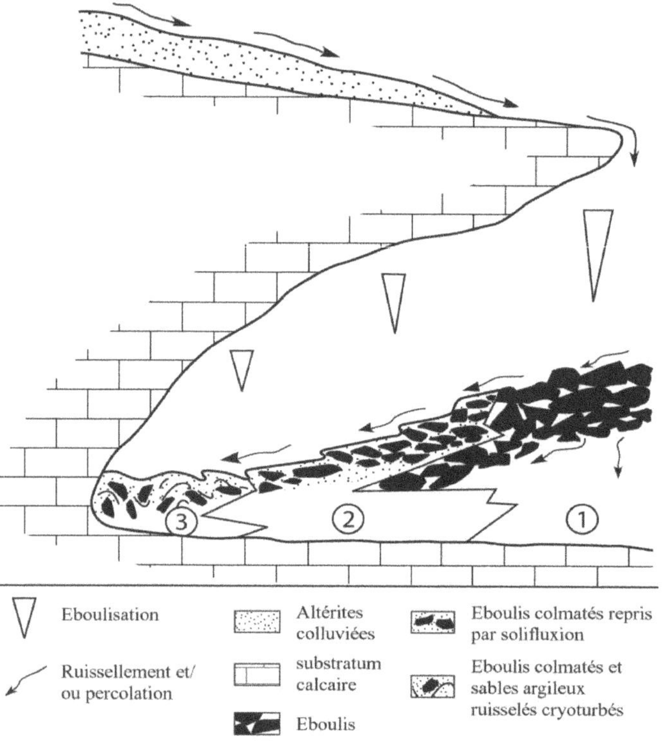

figure 9 : agencement latéral des faciès lithologiques observés dans l'unité 3 de la Ferrassie, d'après Texier (2001). 1 - zone dominée par l'éboulisation, le ruissellement et les percolations ; 2 - zone dominée par la solifluxion et le ruissellement ; 3 - zone dominée par la cryoturbation et le ruissellement.

3.6. Bilan

La particularité du ruissellement, en tant qu'agent d'érosion, de transport et de sédimentation tient d'abord à la nature des écoulements, contrôlée par la faible tranche d'eau mise en jeu. Elle s'exprime en particulier par la variation de dynamique et de capacité de transport sur une très courte distance.
À cette première cause de variation s'ajoute celle qu'autorise la combinaison des différents processus qui participe à l'érosion, au transport et au dépôt (ruissellement, impact des gouttes) et des nombreux paramètres qui les influencent.
Toutefois, sur la base du mode de transport et des faciès associés, une distinction majeure peut être faite entre :

- le **ruissellement en milieu inter-rigoles** ; il combine l'action du ruissellement diffus et du *splash*. Les écoulements sont peu compétents et une grande partie du transport sédimentaire est provoquée par l'impact des gouttes. Les dépôts associés sont massifs. Leur accrétion est lente.
- le **ruissellement concentré** ; il correspond à la concentration des écoulements en rigoles, voire en ravins. Ce type de ruissellement est susceptible de transporter des quantités importantes de sédiments et des débris de taille élevée. Les taux d'érosion et d'accrétion peuvent être forts et permettrent la préservation de dépôts laminés au sein de petits cônes détritiques.

Cette distinction étant faite, la variété de faciès peut être appréciée suivant deux perspectives. La première est l'agencement latéral des faciès contrôlé par la topographie. La seconde est la combinaison avec d'autres agents de sédimentation. Dans les deux cas, cette variété est fortement influencée par des facteurs stationnels.

4. EFFETS DU RUISSELLEMENT SUR LES ENSEMBLES DE VESTIGES ARCHÉOLOGIQUES

Les approches qui traitent des effets du ruissellement sur la genèse des sites archéologiques entrent dans le cadre des démarches utilisées dans les études de formation de sites. Ainsi, elles reposent soit sur l'étude des sédiments et conduisent à une évaluation contextuelle, soit sur l'étude du matériel archéologique par confrontation aux modèles archéologiques ou géoarchéologiques.

4.1. Connaissance du rôle du ruissellement par l'étude des sédiments

Le principal apport de l'étude des sédiments est l'identification de l'agent de sédimentation. Cette reconnaissance peut donner lieu à un diagnostic des modifications qui accompagnent l'enfouissement. L'étude des sédiments peut également conduire à l'observation de sédiments anthropiques redistribués. Ceux-ci témoignent alors directement des dégradations synsédimentaires. Les études que nous passons en revue sont l'occasion de faire le point des connaissances utilisées dans les deux cas.

4.1.1. Evaluation contextuelle

L'évaluation contextuelle de vestiges enfouis dans des dépôts de ruissellement repose soit sur la distinction entre zone d'érosion et zone de dépôts, soit sur une estimation de l'énergie de transport des écoulements.

L'étude réalisée par Schuldenrein (1986) sur les paléosols des cordons dunaires qui bordent la plaine côtière palestinienne offre l'exemple d'un diagnostic basé sur l'identification d'un milieu érosif. L'auteur reconnaît, entre les occupations des premiers temps du Kébarien et celles du Kébarien géométrique, une phase d'érosion par ruissellement qui conduit à la formation de colluvions au pied des dunes. Les premières industries retrouvées sur des replats du cordon de dunes reposent sur une surface d'érosion enfouie. L'auteur en déduit qu'elles ont, pour la plus grande partie, pu être redistribuées au cours de cette phase d'érosion (Schuldenrein, *op. cit.* : 79).

Le plus souvent, l'évaluation contextuelle des ensembles de vestiges retrouvés dans des sédiments déposés par ruissellement repose sur l'identification de l'énergie de transport des écoulements.
Ainsi, Mercader *et alii* (2002) infèrent une faible énergie aux écoulements qui ont conduit à la formation de la ligne de cailloux contenant l'industrie du Paléolithique moyen du site de Mosumu (Guinée équatoriale). Les arguments sur lesquels les auteurs se basent sont l'absence ou la rareté d'une lamination des sédiments et d'une orientation préférentielle des éléments grossiers, ainsi que l'absence d'une fraction naturelle de taille équivalente à celle des vestiges archéologiques.
L'étude de Vallverdu *et alli* (2001) est un autre exemple de diagnostic contextuel basé sur une évaluation de l'énergie de transport. Les auteurs étudient les dépôts endokarstiques du site de *Gran Dolina* (Espagne). La séquence étudiée est formée de graviers, sables, limons et argiles lités. Les restes archéologiques et fauniques sont associés à des séquences décimétriques composées de sables et graviers granoclassés surmontés de limons sableux laminés. Ces sédiments sont interprétés comme mis en place dans un milieu de faible énergie, que les auteurs jugent favorable à la préservation de sols d'habitat (Vallverdu *et al.*, *op. cit.* : 63 et 65).
Cette estimation peut être qualifiée d'optimiste par comparaison avec celles qui ont été proposées sur d'autres sites, pour des faciès comparables ou de moindre énergie. Ainsi, l'unité inférieure des dépôts du site préhistorique de Shum Laka Cave (Cameroun) livre des sables limoneux laminés à cailloux épars. Selon Moeyersons (1997), ces sédiments sont composés de dépôts de ruissellement et de produits de démantèlement de l'encaissant. L'auteur se base sur l'absence d'imbrication des cailloux pour identifier la taille maximale des débris déplacés, en l'occurrence 3 cm de longueur (Moeyersons, *op. cit.* : p. 106). À Zhoukoudian (Chine), la présence d'os dispersés au sein des limons et argiles laminés des couches 4 et 10 permet aux auteurs de proposer l'hypothèse d'un apport par ruissellement des restes de macrofaune (Weiner *et al.*, 1998 : 252). Dans leur étude du site d'Aetokremnos (Chypre), Mandel et Simmons (1997) observent des dépôts de sables limoneux et limons laminés comblant un chenal qui longe la paroi de l'abri. Sur la base de la dispersion des vestiges et du faciès sédimentaire, les auteurs considèrent que les os d'hippopotames pygmées contenus dans ces dépôts sont en position secondaire (Mandel et Simmons, *op. cit.* : 587).
Ces exemples d'estimations qui, pour des faciès comparables, vont d'une préservation excellente à une dégradation avancée, soulignent l'absence de consensus qui existe sur le lien entre faciès sédimentaires et préservation des ensembles de vestiges.

4.1.2. Mise en évidence d'une dégradation

Selon Stein (1987), un sédiment est qualifié d'anthropique lorsqu'une activité humaine est à l'origine soit des particules qui composent le sédiment (déchets de taille, cendres, etc.), soit de leur association (remblais, torchis, etc.). Ces deux catégories sont appelées respectivement sédiments anthropiques primaires et secondaires par Butzer (1982). Cet auteur les distingue des sédiments anthropiques tertiaires, qui sont des sédiments anthropiques transportés et déposés par une activité humaine ou naturelle (Butzer, *op. cit.* : 78). L'identification de sédiments anthropiques tertiaires déposés par ruissellement témoigne donc d'une dégradation des ensembles archéologiques au cours de l'enfouissement.
Deux critères macroscopiques permettent ce diagnostic. Le premier critère diagnostique est la présence de signatures sédimentaires de ruissellement (*cf.* § 3.4) dans des dépôts anthropiques. Ainsi, la transition entre les niveaux de cendres rouges et blanches qui forment le sommet de la séquence de Shum Laka Cave prend la forme de dépôts laminés, à lamines de cendres tantôt rouges, grises ou blanches (Moeyersons, 1997 : 109). Ce faciès permet à l'auteur d'identifier la reprise des sédiments par ruissellement. Un autre exemple est donné par Goldberg et Laville (1991), qui rapportent le cas de cendres redistribuées sous la forme de « petits agrégats » ou « corpuscules de couleur blanche » qui sont « localement stratifiés, disposés dans le sens du pendage » (Goldberg et Laville, *op. cit.* : 34).

Le second critère diagnostique est la dispersion de particules anthropiques au sein d'un sédiment naturel déposé par ruissellement. Par exemple, la présence de charbons au sein de sables grossièrement lités témoigne de la redistribution du contenu des structures de combustion moustériennes de la grotte de Vanguard (Gibraltar) au cours des épisodes de ruissellement qui ont déposé les sables (Macphail et Goldberg, 2000).

L'observation des sédiments en lames minces permet la reconnaissance du caractère anthropique de particules de la taille des limons et des sables. Les critères diagnostiques restent les mêmes : lamination, tri ou granoclassement d'un sédiment anthropique (Courty *et al.*, 1989) et dispersion de particules anthropiques au sein d'un sédiment naturel. L'identification de particules anthropiques dispersées au sein d'un sédiment naturel est illustrée par l'observation de micro-charbons au sein de dépôts de ruissellement de la grotte de Die Kelder (Afrique du Sud), qui traduisent la reprise et la dispersion du contenu des structures de combustion (Goldberg, 2000 : 85). Dans le cas du repère d'hyène de la grotte de Bois-Roche (Charente) (Bartram et Villa, 1998), ce sont des lamines constituées de grains triés de quartz et de fragments arrondis de coprolithes qui attestent de l'action du ruissellement (Goldberg, 2001). La succession de lamines de grains triés contenant des cristaux rhomboédriques de cendres et des esquilles d'os brûlés permet d'identifier, au sein des niveaux épipaléolithiques de la grotte des Pigeons (Maroc), des cendres déposées par ruissellement (Courty *et al.*, *op. cit.* : 223-226). Un exemple de cendres en position secondaire est également donné par le site Paléoindien final à Archaïque de Dust Cave (Goldberg et Sherwood, 1994).
L'observation de lames de sédiment non perturbé sous le microscope permet également la reconnaissance d'organisations sédimentaires qui ne sont pas visibles à l'œil nu. Un exemple est donné par les épaisses accumulations de cendres massives déposées dans la partie reculée de la grotte de Kébara. Leur observation en lames minces a permis de décrire leur litage et l'intercalation de micro-lits d'agrégats argileux, d'os et de charbons au sein des cendres qui témoignent en faveur de la participation du ruissellement à la formation de ce dépôt polyphasé (Goldberg, 2001 : 168-169).
Enfin, un critère spécifique à l'observation en lames minces est l'arrondi des os et des charbons de bois. Ce critère permet à Goldberg *et alii* (2001 : 510) d'argumenter en faveur d'une redistribution naturelle des sédiments anthropiques à Zhoukoudian.

4.2. Connaissances utiles à l'étude des vestiges

Les connaissances utiles à la mise en évidence du rôle du ruissellement par l'étude des vestiges archéologiques ont trois origines :

- les Sciences de la Terre,
- les expériences « spécifiques », c'est-à-dire qui prennent en compte la spécificité des constituants des sites archéologiques (matériau et forme). Ces expériences sont réalisées en laboratoire (essais en enceinte) ou en milieu naturel.
- les observations de vestiges archéologiques en milieu actif. Celles-ci sont rares. À notre connaissance, seul Butzer (1982) fait état de telles observations.

4.2.1. Connaissances issues des Sciences de la Terre

Le recours aux connaissances acquises en Sciences de la Terre (sédimentologie, géomorphologie, etc.) permet d'aborder la constitution des ensembles archéologiques par le biais du tri granulométrique, de l'attitude des objets et des structures sédimentaires constituées, au moins pour partie, de vestiges archéologiques.

Tri granulométrique

Le déplacement des débris (graviers : diamètre supérieur à 2 mm et cailloux : diamètre supérieur à 2 cm) a été étudié aussi bien en rigoles qu'en milieu inter-rigole. Trois points en particulier se dégagent de ces études (*cf.* Bertran *et al.*, sous presse).
Tout d'abord, le déplacement en milieu inter-rigoles est d'un à deux ordres de grandeur plus faible qu'en rigoles (Poesen, 1987).
Ensuite, le déplacement est fonction de la pente et inversement proportionnel à la taille des particules (Kirkby et Kirkby, 1974 ; Abrahams, 1987 ; Poesen *et al.*, 1994). Il en résulte un tri granulométrique où la taille des objets diminue le long de la zone de dépôt (Milne, 1936 ; Moss et Walker, 1978). Font exception les déplacements sur fortes pentes où les débris les plus gros sont les plus mobiles (Frostick et Reid, 1982). La distance de déplacement y est contrôlée par l'énergie cinétique que les débris acquièrent lors du transport. C'est donc que l'action directe de la gravité prime sur celle du transport hydraulique. Le tri granulométrique longitudinal est alors identique à celui d'un éboulis gravitaire : la taille des débris augmente de l'amont vers l'aval du talus (Statham, 1976 ; Francou, 1991).
Enfin, ces déplacements de particules sont de nature stochastique, aussi bien pour le ruissellement concentré (Poesen, 1987) que pour le ruissellement en milieu inter-rigoles (Torri et Poesen, 1988). En conséquence, la mise en évidence du tri nécessite le recours à des mesures statistiques (Poesen *et al.*, 1998 ; Abrahams *et al.* 1987).

Ces travaux ont été pris en compte dans le raisonnement archéologique. Ainsi, Poesen (1987) étudie le déplacement des cailloux en rigoles sur un site expérimental de la région à couverture lœssique du Luxembourg. L'auteur observe que des cailloux jusqu'à 10 cm de diamètre se déplacent en rigoles. Ce transport est contrôlé par la forme de la rigole : des cailloux sont mobilisés lorsque le débit est important et que ces débris font obstacle à l'écoulement, ces conditions se rencontrant lorsque les rigoles sont encaissées[10]. Sur sol nu, de telles morphologies de rigole se développent lorsque la pente est supérieure à 3-4° (De Ploey, 1977 ; Moss et Walker, 1978 ; Reid et Frostick, 1985 ; Poesen, 1987). Ces observations permettent à l'auteur

[10] *En hydraulique, cette notion d'obstacles à l'écoulement est exprimée par la "concentration de rugosité", qui est définie comme le rapport de la projection de la surface des éléments grossiers dans le sens de l'écoulement à la surface du lit (Koulinski, 1994 : 1994). En rigole encaissée, l'écoulement est contraint et, par conséquent, la surface du lit est pratiquement maintenue constante. Aussi, cet effet d'obstacle augmente avec la taille des objets et devient maximal pour les objets dont la taille est de l'ordre de la largeur et de la hauteur de la rigole.*

d'attribuer à l'érosion en rigole le transfert des débris sur les pentes et, ainsi, d'expliquer l'absence systématique de sites mésolithiques dans cette région.

En milieu inter-rigoles, l'entraînement sélectif des particules conduit à la formation de pavages résiduels (Shaw, 1929 ; Ruhe, 1959). De tels pavages, qui se caractérisent par une corrélation entre la pente et le diamètre des particules qui la couvrent, sont connus en milieu semi-aride (Simanton *et al.*, 1998) et aride (Abrahams *et al.* 1985 ; Abrahams, 1987). Poesen *et alli* (1998) en ont étudiés au sud-est de l'Espagne. Ce travail établit que le taux de couverture du sol par les cailloux augmente avec la pente. Les auteurs montrent également que la taille moyenne des cailloux supérieurs à 5 mm varie avec la pente. Cette variation est due à une exportation de particules dont le diamètre est d'autant plus gros que la pente est forte. Cette relation entre taille des cailloux et pente peut être exprimée sous la forme :

$$D_{50} = f(s)$$

où :
D_{50} = moyenne du l'axe b des cailloux,
s = pente,
et *f est une fonction linéaire positive.*

Cette propriété a été exploitée par Fanning et Holdaway (2001) pour évaluer l'intégrité des ensembles de vestiges retrouvés en surface dans un paysage semi-aride australien. Les auteurs testent l'hypothèse d'une redistribution des vestiges accompagnant la formation d'un pavage résiduel. La corrélation statistiquement très significative entre la taille moyenne des vestiges et la pente y signe l'appauvrissement en vestiges de petite taille par ruissellement (Fanning et Holdaway, *op. cit.*).

Fabriques

On trouve différents points de vue sur l'orientation des vestiges déplacés par ruissellement.
Cailleux et Tricart (1963) considèrent que le transport par ruissellement concentré oriente les objets de la même façon que le transport fluviatile, c'est-à-dire avec le plus grand axe disposé perpendiculairement à la direction l'écoulement. Les mesures faites en milieu actuel ne supportent pas ce point de vue. Ainsi, Benedict (1976) rapporte plusieurs cas de colluvions édifiées par ruissellement où l'orientation préférentielle est celle de la pente. Abrahams *et alli* (1990) obtiennent un résultat semblable dans le cas de pavages formés en milieu inter-rigoles pour des pentes variant de 11 à 33°. Ils observent des orientations préférentielles moyennement marquées, conformes à la plus grande pente. Pour Bertran *et alli* (1997), la fabrique des objets transportés par ruissellement, qu'il soit concentré ou diffus, est planaire tant que la pente est inférieure à 20°, et linéaire lorsque la pente est supérieure à 30°. Les objets sont alors orientés dans le sens de la pente.

Les approches quantitatives de Curray (1956) et de Woodcock (1977) ont été appliquées aux sites archéologiques par Bertran et Texier (1995). Les auteurs décrivent la fabrique des nappes de vestiges non redistribués. Ils se basent pour cela sur l'exemple de sites où l'observation de structures anthropiques atteste de l'absence de modifications par les processus naturels, à l'exemple de Pincevent. La distribution des orientations de ces nappes de vestiges est uniforme (Bertran et Texier, *op. cit.*). Sur un diagramme de Benn, les fabriques des vestiges des sites

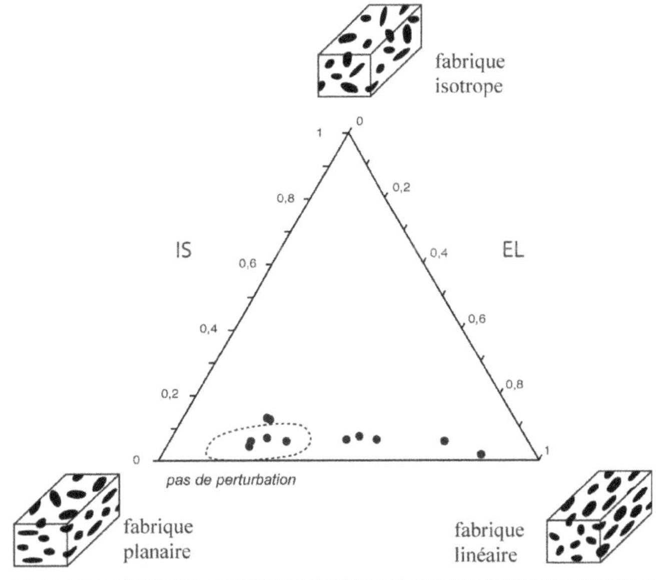

figure 10 : fabriques d'objets transportés par ruissellement en milieu naturel (selon Bertran et al., 1997) et enveloppe des sites non perturbés (d'après Bertran et Lenoble, 2002).

Organisations remarquables de vestiges

Des organisations particulières de vestiges peuvent être généré par ruissellement.
Ainsi, les pavages de fond de chenaux (« *lag deposits* ») représentent des accumulations linéaires de graviers et de cailloux difficilement transportés par l'écoulement. Ils se rencontrent en fond de rigoles (Poesen, 1987) ou de ravins (Faury, 1990). En section, ces accumulations donnent lieu à des lentilles caillouteuses concaves (Allen, 1992).
Des structures similaires ont été décrites dans des sites archéologiques. Dans l'étude de la formation du site de Lunel-Viel 1, Le Grand (1994) rapporte des pavages au sein du cône de sédiment recelant les vestiges archéologiques et rappelle, en citant Bonifay (1981), que « les galets jointifs répartis sur une seule épaisseur ont été interprétés comme constituant une rigole remplie de sables varvés déposés par ruissellement » (Le Grand, *op. cit.* : 221). Ces structures peuvent mettre en jeu du matériel archéologique, à l'exemple de l'amas de vestiges trouvé au Flageolet (Rigaud, 1982). Cet amas a été interprété comme une concentration secondaire de matériel grossier dans une rigole, sur la base de plusieurs arguments : forme allongée de la concentration, absence d'éléments fins, densité décroissante vers l'aval, absence de micro-stratification et orientation systématique des remontages (Bertran et Texier, 1997).
Des pavages légèrement différents et contenant des vestiges archéologiques sont rapportés par Allen (1992) dans les dépôts subactuels de Strawberry Hill (Royaume-Uni). Ces accumulations correspondent aux épandages de graviers et cailloux dans les cônes construits aux débouchés des rigoles. Ces pavages se caractérisent par de nombreuses digitations qui, en plan, donnent une forme en éventail et, en section verticale, des accumulations lenticulaires plano-convexes, tantôt vers le haut, tantôt vers le bas (Allen, *op. cit.* : 43-44 et fig. 4.4).

Bilan sur les connaissances du ruissellement issues de l'étude de dépôts naturels

La revue des connaissances issues des sciences de la Terre à l'étude de l'action du ruissellement sur la constitution des ensembles de vestiges archéologiques permet de souligner deux points :

- Le recours à ces connaissances nécessite l'identification, d'une part, de l'environnement dynamique dans lequel est intervenu le ruissellement (concentré, diffus) et, d'autre part, de la topographie (pente). Outre que les sections dégagées par la fouille sont souvent insuffisantes pour reconstituer les paléotopographies, le peu de documentation sur le lien entre faciès sédimentaire et micro-environnement dynamique explique que les études ayant recours à ce référentiel se limitent aux ensembles de vestiges retrouvés en surface, pour lesquels le diagnostic de l'environnement et l'appréciation des pentes sont aisés.
- Dans tous les cas, cette approche fait l'hypothèse que les propriétés des matériaux archéologiques (nature et forme des vestiges, distribution spatiale) ne diffèrent pas sensiblement de celles de sédiments naturels et n'ont pas d'incidence sur leur comportement lorsqu'ils sont soumis au ruissellement. La robustesse de cette hypothèse est examiné dans le paragraphe suivant.

4.2.2. Référentiel géoarchéologique

Le « référentiel géoarchéologique » regroupe les connaissances adaptées aux particularités des sites archéologiques. Il est essentiellement constitué d'expériences qui décrivent des situations conformes à celles des sites archéologiques (nature, forme, disposition des vestiges).

Cependant, la plus grande partie des travaux qui traitent des modifications d'ensembles de vestiges sous l'action d'un écoulement d'eau ne distingue pas les écoulements fluviatiles du ruissellement ; ces deux formes sont regroupées sous le terme générique de « *water flow modification* » (*e. g.* Petraglia et Nash, 1987). À l'extrême, cette confusion conduit à utiliser des connaissances acquises en milieu fluviatile pour expliquer des dégradations provoquées par ruissellement (*e g.* Kluskens, 1995, Petraglia et Potts, 1994). Dans la suite de cet exposé, nous avons distingué ces deux catégories d'environnement dynamique. Lorsque l'agent de transport n'est pas spécifié, nous avons utilisé la submersion relative (hauteur de l'objet / épaisseur de l'écoulement) comme critère, puisque ce paramètre contrôle en grande partie l'hydrologie des écoulements (*cf.* § 3.2). Nous disposons ainsi d'une base de comparaison pour juger de l'état des connaissances qui traitent en particulier de l'action du ruissellement (tableau 7).

Dynamique	Contexte	Critère	Matériau	Auteur
Fluviatile	Enceinte	Tri dimensionnel	Os de mammifères	Voorhies, 1969
				Hanson, 1980 ; Coard et Dennel, 1995 ; Coard, 1999
			Os humains	Boaz et Behrensmeyer, 1976
			Os de mammouth	Frison et Todd, 1986
			Os de microvertébrés	Dodson, 1973
			Os de tortue	Blob, 1997
			Os d'oiseaux	Trapani, 1998
			Coprolithes de Hyènes	Larkin *et al.*, 2000
			Silex	Schick, 1986
	Tambour	États de surfaces	Os de mammifères	Behrensmeyer, 1975 ; Shipman et Rose, 1983
			Os de microvertébrés	Korth, 1979
			Os d'amphibiens	Pinto Llona et Andrews, 1999
	Rivière	Tri dimensionnel	Os mammifères	Aslan et Behrensmeyer, 1996
		États de surfaces	Silex	Harding *et al.* 1987
	Cours d'eau éphémère	Tri dimensionnel et orientation	Silex et os	Isaac, 1967 Schick, 1986, 1987
Lacustre	Plages	Tri dimensionnel et orientation	Silex et os	Schick, 1986
Ruissellement	Enceinte	Tri dimensionnel	Silex et céramique	Wainwright et Thornes, 1991
	Versant	Tri dimensionnel	Roches siliceuses	Petraglia et Nash, 1987
			Silex et os	Frostick et Reid, 1983

tableau 7 : expériences sur l'action de déplacement d'objets archéologiques par des écoulements liquides. Le rattachement des expériences à une dynamique propre, si elle n'est pas précisée par les expérimentateurs, a été fait sur la base de la submersion relative.

Dégradation d'ensembles archéologiques en milieu fluviatile

Déplacement des vestiges osseux

La plupart des expériences qui décrivent l'action des écoulements sur les ensembles de vestiges portent sur le déplacement des os en milieu fluviatile (tableau 7). Ces expériences mettent en jeu différentes catégories dimensionnelles d'os (Voorhies, 1969 ; Boaz et Behrensmeyer, 1976 ; Dodson, 1973 ; Frison et Todd, 1986 ; Blob, 1997 ; Trapani, 1998). Les résultats obtenus sont globalement concordants (Lyman, 1994). Toutes montrent que la forme et la densité très variables de ces vestiges influencent

significativement leur comportement dans un écoulement, au point de rendre difficile l'application des approches analytiques développées par la sédimentologie ou l'hydrologie (Hanson, 1980).
Le second résultat apporté par ces expériences est une modélisation du transport des os en rivière. Les différentes catégories d'os sont empiriquement regroupées en classes d'égale aptitude au transport (Voorhies, 1969 ; Boaz et Behrensmeyer, 1976), ou ordonnées selon un indice de mobilité (Korth, 1979 ; Frison et Todd, 1986). Hanson (1980) considère ainsi trois configurations de vestiges qui peuvent se former à la suite d'un transport hydraulique :

- un **dépôt résiduel** se caractérise par sur-représentation de la fraction la moins mobile, les autres vestiges étant exportés (1B de la figure 11) ;
- une **accumulation** de tous les vestiges déplacés conduit à un ensemble appauvri en éléments peu mobiles (2A de la figure 11) ;
- une accumulation des vestiges moyennement mobiles conduit à un **tri modal** (2B de la figure 11).

Des expériences récentes ont par ailleurs souligné les limites de ce modèle. Ainsi, l'aptitude au transport dépend plus de paramètres tels que l'état d'humectation préalable (Coard,

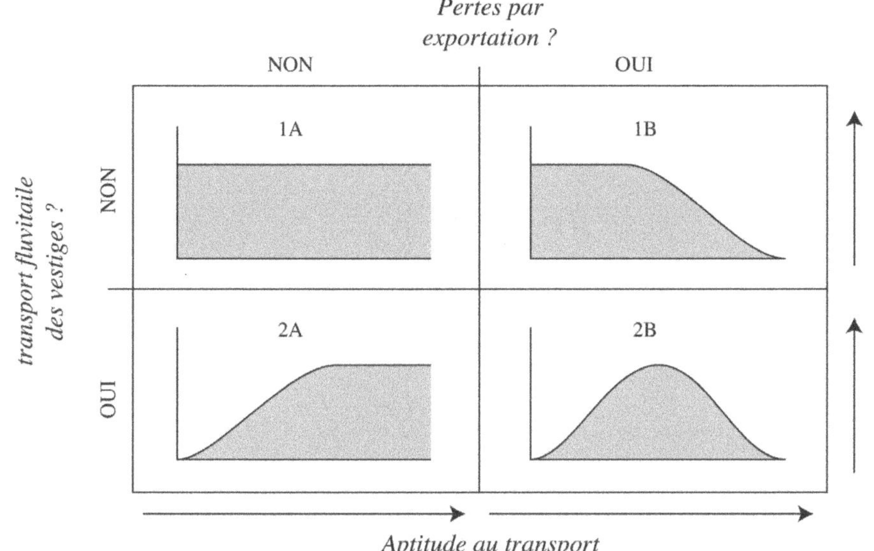

figure 11 : ensembles archéologique produits par tri hydraulique, selon Hanson (1980, fig. 9.3). 1 : matériel non déplacé, a - aucun tri hydraulique ; b - dépôt résiduel (exportation de la fraction mobile) ; 2 : matériel déplacé, a - dépôt non sélectif ; b - dépôt sélectif ou exportation secondaire des éléments les plus mobiles.

1999) ou l'articulation des os (Coard et Dennel, 1995) que de leur forme. De plus, les écoulements recréés en enceinte ignorent certaines composantes du fonctionnement en milieu naturel, comme les formes de fond du lit. Ainsi, l'expérience en rivière dont rendent compte Aslan et Behrensmeyer (1996) montre que les modalités de déplacement des vestiges diffèrent entre les seuils et les mouilles au point de contrôler le tri final des assemblages. Les essais de Trapani (1998) mettent également en évidence la capacité des rides de courants à immobiliser certaines formes et taille d'ossements plutôt que d'autres, indépendamment de leur indice de mobilité.

Modèle de la soustraction progressive

Par comparaison, peu d'expériences concernent le transport des objets de pierre taillée par des écoulements fluviatiles. La quasi-totalité des connaissances sur ce sujet provient du travail de Schick (1986). L'auteur rend compte d'une série d'expériences en enceinte et en milieu naturel.
Les expériences menées en enceinte illustrent l'influence de la forme des vestiges lithiques sur leur modalité de déplacement. Ainsi, lorsque l'écoulement est faible et ne met en mouvement qu'une partie des vestiges, seuls les plus petits se déplacent. Mais, dès que l'écoulement est assez puissant pour transporter en continu l'ensemble des vestiges, les objets les plus gros et à faible aplatissement (en l'occurrence des *choppers*) se déplacent à la même vitesse que les éclats d'un à deux centimètres de longs.
Ces expériences montrent aussi l'influence des rides de courant, qui piègent et enfouissent les petits vestiges (Schick, *op. cit.*, p. 53). À l'inverse, les affouillements favorisent l'immobilisation et l'enfouissement des gros objets sur substrat meuble (Schick, *op. cit.*, p. 55). À l'aval de ces éléments grossiers se situe une zone de vitesse réduite dans laquelle peuvent se piéger des petits objets, formant ainsi une figure d'ombre (« *Shadow effect* »). Une autre configuration remarquable que mettent en évidence ces expériences est celle des regroupements de vestiges de dimension comparable (« *clusters* »), qui sont immobilisés suite à leur mise en contact ou à leur simple rapprochement (Schick, *op. cit.*, p. 55).
Schick (*op. cit.*) réalise également une trentaine d'expériences en milieu naturel. Des amas de silex et des os sont placés dans des cours d'eau à fonctionnement éphémère et sur des rives de lacs, dans un environnement semi-aride d'Afrique de l'Est. Cette série d'expériences montre que, malgré les nombreux facteurs qui interviennent dans le déplacement des vestiges, les modifications peuvent être mises en évidence par le tri granulométrique, la fabrique et la reconnaissance d'organisations remarquables. Cette constatation permet à l'auteur de proposer un modèle de dégradation des ensembles, dénommé « modèle de la soustraction progressive » (figure 12).

Le principal critère sur lequel s'appuie la reconnaissance du degré de modification des ensembles de vestiges est le tri granulométrique. Il concerne aussi bien les objets redistribués que la fraction résiduelle (configuration 1b de Hanson, *cf.* figure 11). Selon ce modèle, l'évolution des ensembles de vestiges est contrôlée par la compétence et la durée de l'événement engendrant la déformation (Schick, *op. cit.*, p. 88). Aussi, le lien entre les modifications et la durée d'exposition n'est qu'indirecte ; il découle de la probabilité d'événements de forte compétence qui augmente avec la durée d'exposition.

Par ailleurs, ce modèle appelle deux remarques :

- Il rend compte d'écoulements fluviatiles de cours d'eau à fonctionnement éphémère pouvant connaître des écoulements hydrauliques supercritiques susceptibles de redistribuer la totalité des vestiges archéologiques ;
- Les macro-vestiges (> 0,5 cm de longueur) se déplacent de la même façon, par roulement ou glissement.

Il en résulte une bonne expression du tri granulométrique des objets. Seul fait exception à cette règle le cas des pertes brutales de compétence, qui génèrent des regroupements d'objets mal triés, raison pour laquelle ces ensembles peuvent facilement être confondus avec des sites non perturbés.

Ces expériences montrent également que la redistribution des vestiges s'accompagne de leur réorientation. L'auteur vérifie que la fabrique des vestiges redistribués est identique à celle décrite pour la fraction naturelle, c'est-à-dire que les directions de l'axe d'allongement des objets suivent une orientation préférentielle perpendiculaire à la direction d'écoulement. Une partie des objets peut toutefois être orienté dans le sens de l'écoulement, en particulier les vestiges de petites dimensions (Schick, *op. cit.* : 53). Par ailleurs, sur substrat meuble, l'enfouissement des vestiges suite à des d'affouillements conduit à une disposition relevante des plus gros éléments, d'autant plus que le régime d'écoulement est élevé (Schick, *op. cit.* : 55).

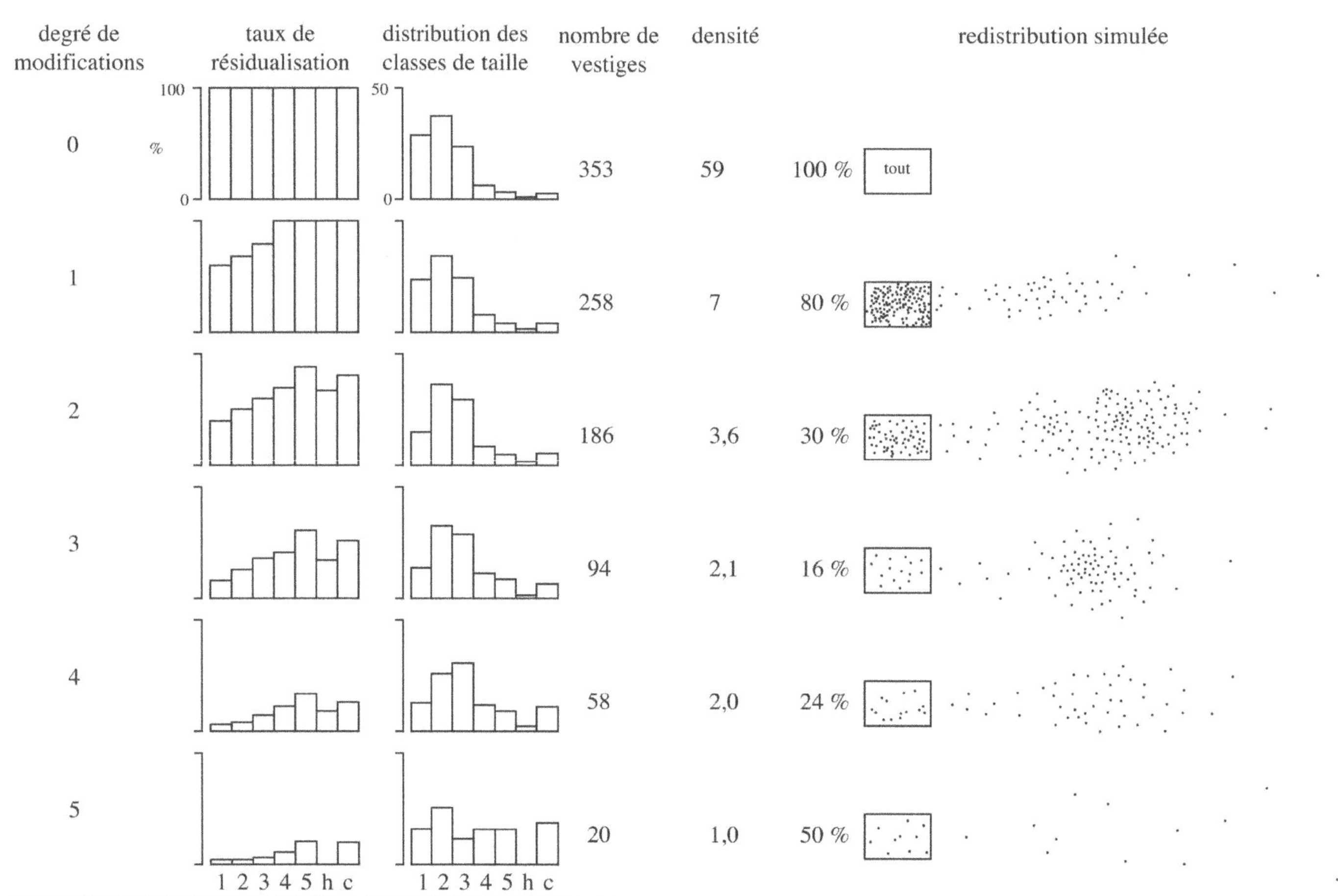

figure 12 : modèle de modification des assemblages en contexte fluviatile par soustraction progressive. Ce modèle est extrait de Schick (1986, p. 89). Il synthétise les données expérimentales réalisées en milieu fluviatile à écoulements éphémères. La distribution des classes de taille sans modification est celle des débitages expérimentaux utilisés par l'auteur [*1 à 5 : classes dimensionnelles croissantes ; c = « cobble » ; h = « hammerstone »*]. *Le pourcentage porté dans la redistribution simulée exprime le nombre d'objets récupérés à l'emplacement initial des répliques par rapport au nombre d'objet récupérés.*

Abrasion des vestiges

Le temps relativement long nécessaire au développement de l'abrasion a conduit les auteurs à aborder l'usure des os en milieu fluviatile par le truchement d'expériences en tambour[11]. Ces expériences décrivent le développement de l'abrasion et la dégradation concomitante des os (Korth, 1979 ; Pinto Llona et Andrews, 1999) ou la disparition des états de surface originels, et en particulier les stries de découpe (Shipman et Rose, 1983).

Une expérience a été réalisée en rivière pour estimer le développement de l'émoussé des silex en fonction de la distance de déplacement des objets (Harding *et al.*, 1987). Dans cette expérience, des répliques de bifaces sont abandonnées pendant plusieurs mois dans le lit d'un cours d'eau à charge de fond constituée de galets. La première modification que subissent les objets n'est pas un émoussé, mais une perte de poids imputable au détachement d'éclats par les chocs répétés avec les particules naturelles de masse équivalente.

[11] *Le tambour dont il est question est un appareil utilisé en sédimentologie pour homogénéiser les sédiments. Il fait tourner un contenant à une vitesse choisie, permettant le brassage du contenu.*

Ce n'est que lorsque ces enlèvements répétés confèrent aux objets une forme plus ronde qu'un émoussé se développe. Cette expérience montre combien l'influence de la forme et du matériau est primordiale dans les modifications observées. De plus, en démontrant que l'absence d'émoussé n'implique pas une absence de transport, elle souligne les limites des études qui se basent sur l'identification de stades d'abrasion (Singer *et al.*, 1973 ; Clark et Kleindienst, 1974 ; Shackley, 1974 ; Wymer, 1976 ; Stein, 1987 ; Shea, 1999).

Il apparaît donc nécessaire de considérer la granulométrie du matériau transportée par l'écoulement. Ainsi, lorsqu'ils proposent un modèle de développement de l'abrasion des vestiges, Petraglia et Potts (1994 : 234-235) envisagent trois scénarios (figure 13). Le premier est celui d'une fraction grossière composée par les seuls vestiges archéologiques, comme l'a reproduit Isaac (1967), par exemple. En se déplaçant, les objets sont soumis à de nombreuses collisions avec les particules sédimentaires, d'où leur abrasion. Le deuxième est celui d'objets immobiles sur le lit dans un contexte de sédiment fin et qui correspond par exemple aux sites de berges sableuses (*e. g.* Bunn *et al.*, 1980). Le sédiment fin transporté par l'écoulement entre en collision avec les pièces et agit comme abrasif. Le troisième met en jeu des objets se déplaçant en charge de fond dans un contexte de sédiment grossier. Les chocs entre particules transportées sont dans un premier temps à l'origine d'une fracturation des bords des pièces, puis d'une abrasion.

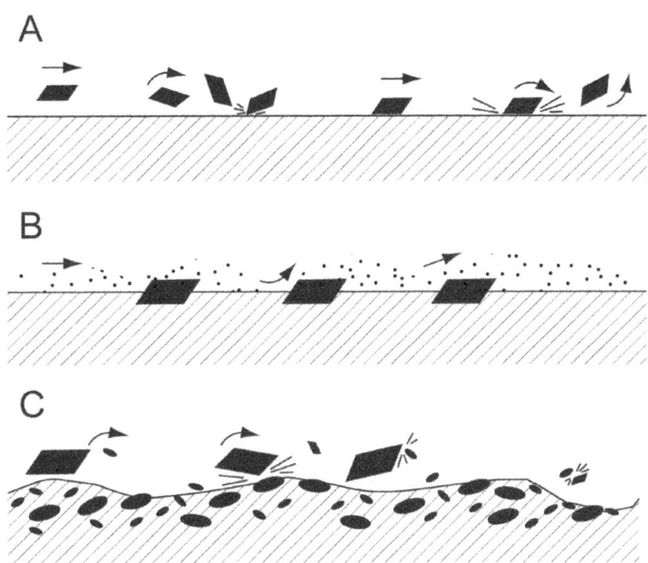

figure 13 : modèle de développement de l'abrasion des silex en contexte fluviatile, selon Petraglia et Potts (1994, modifié). Les auteurs envisagent trois scénario (A, B et C) de formation de l'abrasion (explications dans le texte).

Expériences spécifiques au ruissellement

Les expériences qui ont cherché à détailler les modifications des ensembles de vestiges sous l'action du ruissellement sont, par comparaison, peu nombreuses.

Elles abordent en particulier l'influence de la forme des vestiges sur l'expression du tri granulométrique. Ainsi, Frostick et Reid (1983 ; Reid et Frostick, 1985) placent des galets taillés de basalte et des os sur une pente dans les badlands est-africains (Kenya). Les déplacements moyens mesurés montrent que les objets arrondis se déplacent au moins trois fois plus vite que les objets aplatis. Cette influence est telle qu'elle prime sur la densité du matériau (os ou basalte). Ainsi, il apparaît qu'en quelques années, l'ensemble initial est sensiblement appauvri en galets taillés, qui sont parmi les vestiges les plus ronds (Frostick et Reid, 1983 : 192). Cette expérience appelle cependant une remarque. La pente du site expérimental est élevée: 30°. C'est sur ce même site que les auteurs rapportent un déplacement des débris naturels d'autant plus important que les débris sont gros (Frostick et Reid, 1982). La dynamique qui conduit à la redistribution des artefacts est celle d'un déplacement gravitaire assisté par ruissellement (*cf.* supra, § 4.2.1). C'est pourquoi, les résultats qu'obtiennent les auteurs ne sauraient rendre compte des déplacements sur pentes plus faibles.

Le tri des vestiges lithiques produit en milieu inter-rigoles a été abordé par Petraglia et Nash (1987) dans deux des expériences réalisées dans un environnement semi-aride du Nouveau-Mexique (station B et G). Les objets sont placés en milieu inter-rigole et leur poids varie de 1 à plus de 20 g. Les déplacements moyens varient de 1,9 à 7,6 cm . an^{-1} pour des pentes inférieures à 6°. La corrélation entre le déplacement des objets et leur poids est établi pour la première des deux expériences ; il est très faible ($0,3 < r < 0,5$), bien qu'une opposition nette apparaisse à la fin des trois années d'observations entre les vestiges mobiles, de moins de 15 g, et les vestiges plus lourds, immobiles. Toutefois, la mobilité des objets est vite contrôlée par les gravillons qui couvrent le sol et entre lesquels se bloquent les vestiges. L'absence de redistribution de la totalité des plus petits objets conduit les auteurs à souligner la difficulté à mettre en évidence un tri des ensembles résiduels sur la base d'observations qualitatives.

Une particularité des modifications que provoque le ruissellement tient aux influences combinées de la forme des objets et de l'épaisseur de l'écoulement. Cette spécificité a été mise en évidence par Wainwright et Thornes (1991) en soumettant en enceinte des éclats de silex et des tessons à des écoulements minces. Pour chaque objet, les auteurs mesurent la force du courant au début du déplacement[12]. Ils observent ainsi que pour des écoulements transitoires (écoulement intermédiaire entre un écoulement laminaire et un écoulement turbulent), la force du courant nécessaire à la mise en mouvement n'est plus en rapport avec la valeur prédite par les modèles hydrologiques[13] adaptés aux écoulements minces. Pour des submersions relatives variant de 1 à 3, cette force de courant nécessaire à l'initiation du transport varie de façon beaucoup plus importante avec les vestiges archéologiques qu'avec des particules sphériques, les submersions les plus faibles favorisant la mise en mouvement des vestiges. Cette force de courant serait encore moins en rapport avec celle prédite par les modèles hydrologiques si l'expérience avait été réalisée en milieu naturel, puisque l'épaisseur de l'écoulement est fluctuante au cours des épisodes de ruissellement (*cf.* § 3.2). C'est pourquoi, cette expérience montre combien les approches analytiques développées pour décrire la mise en mouvement et le déplacement de particules naturelles de formes simples

[12] *La force du courant est caractérisée par la contrainte adimensionnelle de cisaillement.*
[13] *La valeur théorique retenue est le critère de Shield adapté aux écoulements minces.*

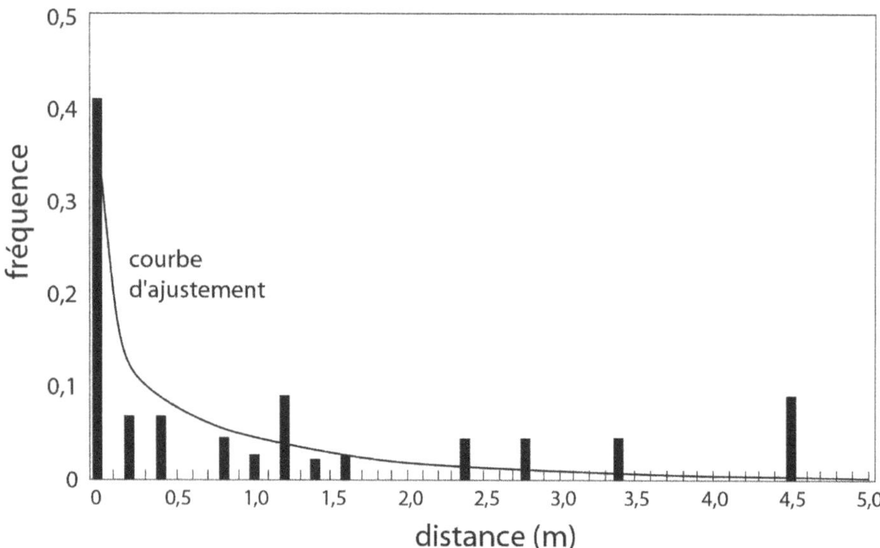

figure 14 : identification des probabilités de déplacement à partir d'essais en enceinte, selon Wainwright et Thornes (1991, fig. 27.8). L'identification des fonctions est faite par ajustement à une distribution de type gamma par la méthode des moments. Les valeurs correspondent au déplacement des particules inférieures à 2 cm soumis à des écoulements minces turbulents reproduisant ceux attendus pour des orages.

sont peu pertinentes pour apprécier l'action des processus qui contribuent à la formation des sites archéologiques.

Face à l'inadéquation de l'approche déterministe pour décrire les conditions d'initiation du transport et l'importance des déplacements des vestiges, les auteurs préconisent une approche stochastique (Wainwright et Thornes, *op. cit.* ; Wainwright, 1994). Quatre variables sont prises en compte :

- la durée qui sépare l'initialisation de l'écoulement de la mise en mouvement de l'objet,
- la distance de déplacement parcourue une fois le mouvement initié,
- l'angle du déplacement par rapport à la pente,
- la probabilité de mise en mouvement en fonction du nombre d'événements. Cette dernière variable rend compte de la diminution de déplacement des objets au cours du temps, comme l'ont observé Petraglia et Nash (1987).

Pour chaque variable, une fonction de probabilité est déduite des résultats expérimentaux (figure 14). La probabilité ainsi calculée rend compte de la variabilité inhérente d'une part au matériau (densité et forme) et d'autre part aux écoulements minces.

Cette approche a été développée pour simuler les modifications par ruissellement d'un site néolithique du sud-est de la France (Wainwright, 1992). Une telle simulation suppose de connaître la topographie du site, la nature du sol et le climat local lors de l'occupation et de l'abandon du site (importance et fréquence des pluies). Sur cette base, un modèle de modifications des sites protohistoriques a été proposé (Wainwright, 1994).

Plusieurs considérations sont à prendre en compte pour apprécier la portée de ce modèle.

La première intéresse l'estimation des climats du passé. Le modèle reproduit les conditions climatiques actuelles. Ce choix se base sur l'hypothèse que l'importance et la fréquence des précipitations n'ont pas varié dans l'ouest de la Méditerranée pour les six derniers millénaires (Wainwright, 1992 : 234). Les résultats sont ainsi appliqués au site protohistorique du Larouet - Aude - (Wainwright, *op. cit.*). Cette hypothèse ne saurait, en aucun cas, être appliquée aux périodes plus anciennes ou à des régions à climat différents.

La deuxième concerne la connaissance des déplacements de vestiges. Cette connaissance est issue d'expériences en enceinte qui montrent la particularité du ruissellement vis-à-vis de la dynamique fluviatile dans le déplacement des vestiges. Mais, certaines caractéristiques du milieu naturel, comme l'influence du déplacement préférentiel des vestiges en rigole (*cf.* § 4.2.1), ne sont pas prises en compte. Aussi, il n'est pas garanti que les estimations réalisées à partir de déplacements en enceinte s'applique au milieu naturel.

La troisième porte sur l'estimation de la perméabilité du sol qui permet le calcul du taux de ruissellement. Cette perméabilité est estimée sur le site par la mesure de la perméabilité à saturation, à l'aide d'un infiltromètre à simple anneau (Wainwright, 1992). Or, il a été montré que ces mesures ne prennent pas en compte l'influence de l'état de surface du sol, en particulier la présence de croûtes de battance. C'est pourquoi, les perméabilités ainsi mesurées peuvent différer d'un ordre de grandeur de celles mesurées par pluies simulées (Casenave et Valentin, 1989). Le modèle proposé peut donc être appliqué aux sites à sols très peu battants et où les vestiges sont déplacés par ruissellement en nappe, et non pas par ruissellement concentré.

Finalement, les hypothèses posées et les paramètres stationnels pris en compte sont trop nombreux pour que ce modèle puisse être appliqué en dehors du site pour lequel il a été développé;

Bilan sur les connaissances du ruissellement issues d'expériences spécifiques

L'effet du transport hydraulique sur la formation des sites archéologiques est complexe.

La première difficulté vient de l'influence primordiale de la nature (forme et matériau) des vestiges archéologiques. Elle ne permet pas de faire l'hypothèse que les connaissances acquises à partir de l'étude de particules naturelles sont toujours pertinentes pour décrire l'évolution des ensembles de vestiges. En revanche, les nombreux travaux qui portent sur le transport fluviatile, en servant de support à une modélisation dans ce milieu, montrent que l'influence des paramètres de forme et de nature propres aux composants archéologiques ne s'oppose pas à une connaissance empirique des modifications liées aux agents naturels de formation des sites.

La seconde difficulté est celle de la variété des configurations en milieu naturel, dont ne rend que très médiocrement compte les expériences en enceinte. En conséquence, les modèles proposés doivent être validés par des expériences de contrôle (*e. g.* Aslan et Behrensmeyer, 1996) ou être établis à partir d'expériences réalisées en milieu naturel (*e. g.* Schick, 1986). Cette seconde démarche semble d'autant plus pertinente, dans le cas du ruissellement, que les expériences de Wainwright et Thornes (1991) montrent la nature stochastique des modifications par cet agent de transport. L'intérêt d'une quantification des paramètres qu'autorisent les expériences en enceinte ne semble dans ce cas pas déterminant.

Enfin, les situations diverses du milieu naturel et leurs influences sur les modifications des ensembles de vestiges imposent une analogie entre les processus qui sont à l'origine des dégradations observées au cours des expériences de référence et ceux qui ont formé les dépôts archéologiques auxquels elles sont appliquées. Pour vérifier cette correspondance, la caractérisation du milieu sédimentaire est nécessaire aussi bien à la réalisation des expériences qu'à l'étude des dépôts fossiles.
En conséquence de la nécessité d'une analogie rigoureuse entre expériences et domaine d'application vient l'impossibilité d'appliquer le référentiel de modifications par transport fluviatile à d'autres environnements morphodynamiques. Ce faisant, il nous faut admettre que les quelques expériences qui traitent en particulier des dégradations des ensembles archéologiques par ruissellement montrent le peu de connaissance des effets de cet agent sédimentaire sur l'enregistrement archéologique. Si ces expériences s'accordent sur la spécificité de cet agent de sédimentation, elles sont insuffisantes pour constituer un référentiel propre.

4.3. Bilan de la mise en évidence du rôle du ruissellement dans la constitution des ensembles de vestiges

Deux critères sont utilisés par l'étude des sédiments pour mettre en évidence une dégradation des dépôts archéologiques au cours de l'enfouissement :

1/ la présence de signatures sédimentaires dans des sédiments anthropiques (*e. g.* lamination de cendres),

2/ la dispersion de particules anthropiques au sein d'un sédiment naturel déposé par ruissellement.

Ces critères sont utilisés aux échelles macro- et microscopiques. S'y ajoute l'émoussé des fragments d'os et de charbons de bois observé sous le microscope.

L'appréciation des conséquences de cette dégradation sur les ensembles de vestiges recueillis à la fouille nécessite une « confrontation au modèle géoarchéologique ». Deux points rendent cet exercice périlleux dans le cas de vestiges archéologiques enfouis par des dépôts de ruissellement.
Le premier est l'absence de référentiel géoarchéologique spécifique. Elle conduit à recourir aux référentiels de processus considérés comme proches, tels ceux établis pour le milieu fluviatile, ou à emprunter des connaissances au domaine des Sciences de la Terre. Dans les deux cas, les hypothèses auxquelles il est nécessaire de recourir limitent la pertinence des résultats obtenus.
Le second est que le terme ruissellement regroupe des processus morphogéniques différents qui sont peu documentés en termes de faciès sédimentaires. Cette insuffisance rend délicate l'identification, à partir des dépôts livrés par la fouille, des références actualistes adéquates.

DEUXIÈME PARTIE : RÉFÉFENTIEL EXPÉRIMENTAL ET ACTUALISTE

SOMMAIRE

Ce chapitre regroupe les connaissances acquises par expérimentation ou par observation du milieu naturel. Il répond au besoin de disposer d'un référentiel actualiste qui, d'une part, documente les différents environnements dynamiques regroupés sous le terme ruissellement et qui, d'autre part, puisse être appliqué aux sites archéologiques pléistocènes.

Pour mener à bien ce travail, nous nous sommes concentrés sur le même site expérimental. En y réalisant une série d'expériences, il nous a été possible de tester différentes dynamiques relevant du ruissellement dans un cadre sédimentaire et morpho-dynamique bien défini. Selon Wandsnider (1987, p. 153), cette démarche peut être qualifiée de « *laboratory-type experimentation* » : les résultats recherchés ne visent pas à fournir un contre-exemple, ou vérifier une hypothèse, mais à documenter les différentes et principales configurations attendues dans le fossile. La présentation de ces observations et expériences forme le premier volet de ce chapitre.

Des informations qui complètent cette série d'expériences ont été recueillies en milieu naturel. Leur présentation constitue le deuxième volet de ce chapitre.

Le troisième volet rend compte d'expériences mises en œuvre pour tester une hypothèse ou détailler une situation particulière. Elles relèvent d'une « *buckshot approach* » (Wandsnider, *op. cit.*, p. 152). Nous nous sommes ainsi intéressé aux effets du ruissellement diffus dans le cas de la superposition de nappes de vestiges archéologiques, ou encore aux états de surface que créé l'abrasion de pièces taillées en silex.

Finalement, nous proposons un bilan de nos résultats. Il nous permet d'établir un modèle d'évolution des modifications d'ensembles de vestiges sous l'action du ruissellement et d'identifier les critères diagnostiques.

1. UNE SÉRIE D'EXPÉRIENCE DANS UN MÊME SITE : LE TIPLE

1.1. Présentation du site expérimental

1.1.1. Choix du site

Le site expérimental retenu pour réaliser une série d'expériences qui forme la base de notre référentiel actualiste est la carrière du Tiple, à Fumel, Lot-et-Garonne (figure 15).
Trois exigences ont guidé ce choix. La première est de disposer d'un site unique, où les variables locales, comme le climat et la nature des dépôts, sont constantes. Sa fréquentation régulière autorise une bonne connaissance du fonctionnement du système sédimentaire, ce qui impose que le site se trouve à une distance raisonnable de notre base (IPGQ, Talence).
La deuxième est la bonne expression du ruissellement, aussi bien par la variété des formes d'érosion (ruissellement diffus, ruissellement concentré ou ravinement) que par l'étendue du site.
La troisième est la forte activité du système sédimentaire, qui compense un temps expérimental limité.
Nous avons également gardé à l'esprit la nécessité d'une relative sécurité face aux risques de destruction des expériences.

La recherche d'un tel site a rapidement montré la difficulté de l'entreprise :

- Si le ruissellement est un processus commun en milieu tempéré, il y est le plus souvent associé à d'autres dynamiques sédimentaires sur les versants naturels (*e. g.* Kwaad, 1977 ; Hazelholf *et al.*, 1981), à l'exception de courtes périodes, suite à des incendies par exemple (*e. g.* Martin *et al.*, 1997). Les situations de bonne expression et forte activité se limitent alors à quelques cas liés à de fortes énergies de relief, comme les « roubines » des piémonts des Alpes (Chodzko et Lecompte, 1992).

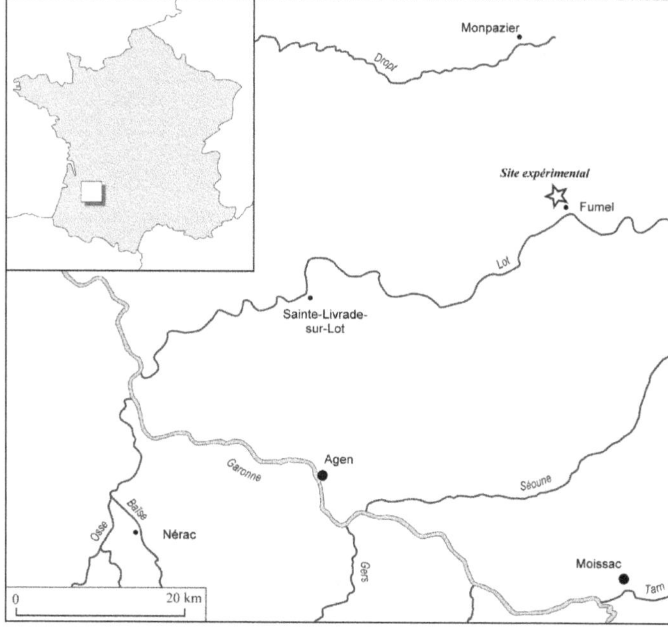

figure 15 : localisation du site expérimental.

- Dans notre région, en particulier dans le Périgord méridional ou aux abords du Quercy, les cicatrices de l'érosion par ruissellement sont rares. Elles correspondent essentiellement aux anciens vignobles en cours de reboisement et n'y ne sont représentées que par quelques ravins peu profonds sur fortes pentes.

Finalement, et à l'exemple de Schumm (1956), ce sont les déblais à l'abandon de carrière d'exploitation de roches meubles qui offrent la meilleure expression de formes d'érosion par ruissellement. Dans le nord du Bassin d'Aquitaine, les altérites et apports détritiques tertiaires ont été largement exploités. Mais ces carrières sont le plus souvent de petite taille et la majorité a été abandonnée depuis plusieurs décennies. Si elles n'ont pas disparu sous le couvert végétal, la reprise de végétation y limite l'érosion. C'est pourquoi seuls quelques sites ont été sélectionnés. Parmi eux, la carrière du Tiple répondait le mieux aux critères énoncés.

1.1.1. Géologie et géométrie

La colline du Tiple est tronquée par une carrière à ciel ouvert, exploitée au siècle dernier pour les minerais de fer et, aujourd'hui, pour ses argiles réfractaires. La zone d'extraction porte à l'affleurement une séquence haute d'une soixantaine de mètres, constituée pour l'essentiel d'alluvions éocènes. Ces dépôts sont formés de l'alternance de sables lités versicolores et de lentilles argileuses. Ils supportent à leur sommet une cuirasse ferrugineuse gravillonaire. L'ensemble est coiffé par un banc de calcaire lacustre miocène
Les sables sont quasi exclusivement composés de quartz. Le cortège des argiles est dominé par la kaolinite, à laquelle s'ajoutent quelques smectites, illites, attapulgites et sépiolites (Platel, 1983). Deux types de paléoaltérations ont été identifiées : une grésification et le développement de sols ferrallitiques (Trauth *et al.*, 1985).
Les déblais de l'excavation sont disposés sur les flancs de la colline, agencés en gradins que relient des talus d'une dizaine de mètres de hauteur. Les replats ont une extension de plusieurs centaines de mètres carrés. Ils sont soumis à l'action du ruissellement diffus tandis que de nombreux ravins entaillent les talus et donnent naissance à des séries de cônes détritiques plurimétriques.
Les secteurs laissés à l'abandon supportent une végétation d'algues et de mousses, d'ajoncs et de bruyères, de peupliers noirs et de pins maritimes. L'emprise de cette végétation est inégale. La forte activité sédimentaire des secteurs soumis au ruissellement concentré inhibe le développement de cette flore. Seuls quelques buissons et arbustes épars s'y rencontrent (figure 16).

1.1.2. Climat

Le site expérimental se trouve à proximité de la ville de Fumel, dans la partie nord-est du Lot-et-Garonne. Ce département se place à la jonction de deux zones climatiques : océanique à l'ouest, et semi-continentale à tendance méditerranéenne à l'est (Viers et Vigneau, 1990). C'est pourquoi les caractéristiques

figure 16 : secteur 2, talus entaillé de ravins et cônes coalescents associés.

climatiques sont mixtes, avec des étés tantôt secs, tantôt humides, suivant que prédomine l'influence méditerranéenne ou atlantique (Salvayre, 2002). Dans les grandes lignes, on peut retenir que ce département est peu pluvieux (730 mm/an à la station départementale d'Agen, soit à 40 km au sud-ouest du site) et que l'été y est bien ensoleillé. La température moyenne annuelle est de 12,5° C. L'hiver est doux avec un nombre de jours de gel peu important (44 jours à Agen selon Kessler et Chambraud, 1990).
Les précipitations sont réparties de façon égale dans l'année (figure 17). Le secteur de Fumel connaît 160 jours de pluie par an dont une cinquantaine de jours de pluies importantes (précipitations supérieures à 5 mm), elles aussi régulièrement distribuées dans l'année.
Vingt-cinq à trente de ces journées, en moyenne, correspondent à des orages, printaniers ou estivaux, parfois violents (Kessler et Chambraud, *op. cit.*). Les autres journées de précipitations importantes sont le fait de fortes averses ou des pluies modérées mais persistantes de l'hiver (Salvayre, 2002).

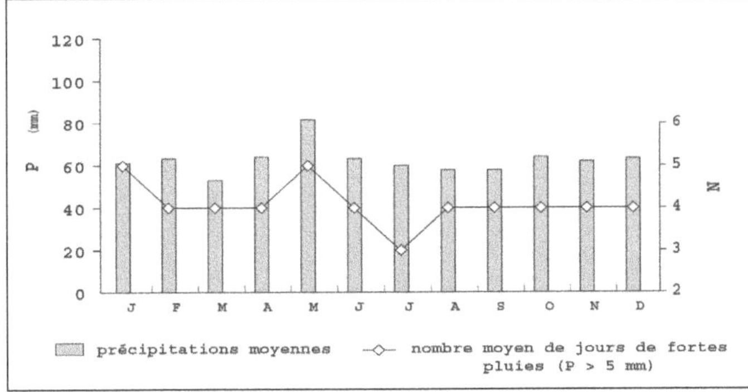

figure 17 : diagramme des précipitations à Agen-La Garenne. Période 1971-2000 [source : http://www.meteofrance.fr, modifié].

1.2. Présentation des expériences

Les mesures et observations réalisées au Tiple reposent sur une série d'expériences s'échelonnant de novembre 1997 à septembre 2001. Le plus gros du corpus expérimental consiste en des séries de répliques de vestiges archéologiques abandonnées au fonctionnement naturel du site. Huit « cellules expérimentales » ont été placées en différents endroits du site.

Un tel programme expérimental n'est pas allé sans soulever quelques difficultés. L'une d'elles n'a pas été résolue ; il s'agit des velléités d'un amateur de curiosités qui a prélevé certains de nos artefacts expérimentaux. Cinq des huit cellules expérimentales ont ainsi eu à souffrir de dégradations. Ces prélèvements constatés, nous nous sommes assuré qu'ils n'interféraient pas avec le fonctionnement naturel des cellules. Toutefois, dans l'un des cas, une redistribution des vestiges a été constatée ; l'expérience a été abandonnée. Aussi, seules 7 des 8 expériences entreprises sont exploitées dans ce travail. Ce sont les expériences 1 à 7 « de répliques de vestiges ».
Des expériences complémentaires ont été réalisées. Elles visent à obtenir des mesures de fabriques en contexte de ruissellement. Ce sont les expériences 8 à 11 « de mesures de fabriques ».

1.2.1. Expérience 1 à 7

Constitution des cellules

Les choix de matériel, de disposition et de distribution de taille des vestiges ont été réalisés en gardant à l'esprit la nécessité d'approcher au plus près les situations archéologiques.

Matériau

Les répliques de vestiges archéologiques utilisées sont des silex taillés. Nous ignorons ainsi les vestiges d'origine organique comme, par exemple, les os, les coprolithes, les cendres, qui peuvent être retrouvés dans les sites paléolithiques.

Plusieurs raisons motivent ce choix :

- Les pièces lithiques sont l'évidence d'un comportement humain (Schick, 1986) ;
- Ces vestiges sont plus souvent rencontrés dans les sites archéologiques que les autres catégories de vestiges (Schick, *op. cit.*) ;
- Les autres matériaux offrent des réponses complexes et variables, conditionnées entre-autres par l'altération qu'ils ont subi avant l'enfouissement (*e. g.* Coard, 1999 ; Larkin *et al.*, 2000). Cette variable supplémentaire limite les cas d'application de chaque expérience et n'est pas toujours déterminable dans le fossile.
- Ce choix est celui de la majorité des précédentes expérimentations concernant les processus naturels de formation des sites (Isaac, 1967 ; Bowers *et al.*, 1983 ; Schick, 1986 ; Harding *et al.*, 1987 ; Petraglia et Nash, 1987 ; Nash, 1991 ; Wainwright et Thornes, 1991). Il rend donc possible la comparaison des résultats avec ceux des autres expérimentations.

Les matériaux utilisés pour la confection des répliques sont des blocs de silex du Bergeracois ou du Dogger de Charente (Séronie-Vivien et Séronie-Vivien, 1987). La taille de ces objets suit le schéma de débitage aurignacien décrit par Tixier et Réduron (1991). Elle inclut un débitage laminaire unipolaire et la production d'une série de lamelles issues d'un grattoir caréné. L'ensemble est réalisé à partir d'un même bloc. Ce schéma nous permet de disposer d'un nombre suffisant d'objets allongés de différents modules de taille pour autoriser des mesures de fabriques. Par ailleurs, ce schéma est peu ou prou celui des industries de nos principaux sites d'application au fossile (*cf.* 3ème partie).

Disposition des vestiges

Les vestiges expérimentaux sont disposés sous la forme d'un amas de taille. Cette disposition présente plusieurs propriétés remarquables :

- La distribution spatiale, la composition granulométrique (*cf. infra* : distribution de taille des vestiges) et l'état de surface des vestiges sont connues. Seule l'orientation des vestiges qui la composent n'a pas fait l'objet d'investigations *ad hoc*.
- De telles organisations sont fréquemment reconnues sur les sites archéologiques peu ou pas perturbés (Schmider et Croisset, 1985 ; Kroll et Isaac, 1984 ; Pigeot, 1987 ; Yar et Dubois, 1999).
- C'est la forme de structure primaire la plus souvent retenue par les expérimentateurs travaillant sur les processus de formation des sites (Bordes et Bourdon, 1951 ; Bowers *et al.*, 1983 ; Schick, 1986 ; Sellami *et al.*, 2001).

Nous avons retenu le modèle de l'amas bilobé produit par un tailleur en position assise sur siège, parmi les différentes formes d'amas de taille qui ont été reconnues expérimentalement (Newcomer et Sieveking, 1980 ; Hansen et Madsen, 1983 ; Boëda et Pelegrin, 1985 ; Schick, 1986). Cette forme se compose d'une concentration dense d'éclats d'une cinquantaine de centimètres de diamètre et de vestiges de petite taille éparpillés en éventail devant le tailleur. La concentration principale regroupe deux sous-amas. Les éclats qui s'accumulent entre les jambes du tailleur forment le sous-amas central. Les éclats qui tombent de l'autre côté de la jambe sur lequel le tailleur pose son bloc forment le sous-amas latéral. Les deux sous-amas ont des tailles comparables et le sous-amas central est le plus dense. Les transformations de chacune de ces composantes permettent de décrire précisément les modifications de la structure par les agents naturels.

Distribution de taille des vestiges

Une propriété des éclats produits par la taille d'un bloc est que la dimension des débris suit une distribution particulière, les débris étant d'autant plus nombreux qu'ils sont petits. Cette distribution est grossièrement géométrique décroissante (Schick, *op. cit.*), plus exactement de type Weibull, c'est-à-dire qu'elle se distingue d'une distribution exponentielle par son caractère asymptotique (Stahle et Dunn, 1982).
Un ensemble de débris de taille a été réservé (bloc de contrôle) ; il permet de vérifier que les séries expérimentales utilisées s'ajustent à cette distribution théorique géométrique décroissante (figure 18 et tableau 8). Par comparaison avec les données de Schick (*op. cit.*, p. 26), le schéma opératoire retenu génère une proportion un peu plus importante de petits éclats, arrêtés par le tamis de 2 mm de maille (figure 18). Nous attribuons cette proportion plus grande de petits éclats à la préparation des talons qui accompagne le débitage de lames au

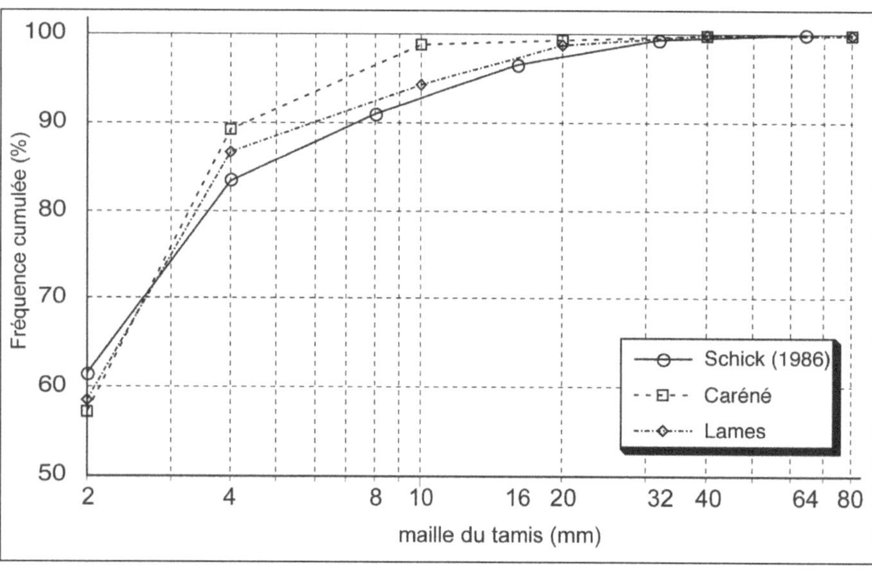

figure 18 : distribution granulométrique du bloc de contrôle comparé aux données de Schick (1986, p. 26). Les vestiges sont décomptés après avoir été séparés en classes dimensionnelles à l'aide d'une colonne de tamis.

percuteur tendre et à l'entretien des bords du grattoir caréné au cours de la production des lamelles. Toutefois, ces variations ne remettent pas en cause la distribution des classes de taille, qui reste celle d'une série géométrique décroissante.

Enregistrement des données

Mise en place des cellules

L'enregistrement initial concerne l'orientation des pièces allongées, la disposition des vestiges et la distribution des classes de taille. Le choix d'un amas de débitage comme modèle de distribution spatiale ne va pas sans soulever quelques difficultés :

- le nombre de vestiges expérimentaux produits devient rapidement très important, au risque de grever lourdement le temps consacré à l'enregistrement des données ;
- l'imbrication des éclats taillés, surtout s'ils sont nombreux, rend impossible une observation de tous les fragments sans perturber l'amas. Le gain d'une production *in situ*, au plus près possible d'une structure primaire, s'oppose alors à un enregistrement complet de l'état initial.

Ces limitations nous ont conduit à adapter notre protocole. Seuls quelques amas ont été taillés sur place ; les autres ont été reconstitués.

Les amas reconstitués

Le premier intérêt des amas reconstitués est de maîtriser la quantité d'artefacts expérimentaux mis en place. Le deuxième est de caractériser des répliques avant qu'elles ne soient placées sur le site expérimental. Le troisième est de permettre l'enregistrement de la position initiale de tous les vestiges.

Les produits de débitage sont d'abord échantillonnés. Pour cela, les différentes fractions d'un bloc taillé sont séparées suivant la méthode proposée par Stahle et Dunn (1982) : les éclats sont passés dans une colonne de tamis. Les mailles retenues sont 2, 4, 5 10 et 20 mm. Puis, une série de lames et lamelles est isolée. Celles-ci sont mesurées et numérotées. Mille cinq cent à trois mille éléments passant à travers le tamis de maille 20 mm sont ensuite récupérés, en proportion équivalente à celle produite par le schéma de débitage considéré (tableau 8). Pour chacune des fractions granulométriques, les pièces sont peintes et décomptées. La couleur est différente pour chaque fraction. Ce procédé facilite l'observation du comportement des fractions granulométriques lors des visites du site.

Les vestiges sont disposés sur le site, en respectant la forme et la structure d'un amas bilobé. Pour chaque fraction granulométrique, les éclats sont éparpillés et décomptés selon une grille de 10 x 10 cm. L'opération débute par la plus petite fraction et se répète pour chaque fraction. La disposition exacte de tous les vestiges est ainsi connue, même s'ils sont recouverts par des objets plus gros. Les lames et lamelles préalablement sélectionnées sont finalement mises en place. Leur position est relevée au 1/2 cm près, et leur orientation et leur pendage sont mesurés.
Ce protocole présente l'avantage de contrôler le nombre de vestiges de chaque expérience, tout en étant rapide et simple à mettre en oeuvre. Certaines remarques s'imposent toutefois quant à l'usage de tamis pour caractériser la dimension des vestiges :

- L'arrêt des éclats dans un tamis est déterminé par leur largeur. Le taux d'allongement des objets étant très variable, la corrélation entre les classes dimensionnelles ainsi définies et la longueur des vestiges est médiocre.
- Cette largeur « morphologique » représente la plus grande mesure faite dans un plan orthogonal à la longueur de l'objet. Elle peut donc différer sensiblement de la largeur habituellement mesurée en archéologie, puisque cette dernière est mesurée en orientant l'objet selon son axe de débitage (Tixier et *al.*, 1980).
- A moins que leur section ne soit circulaire, la largeur des objets passant au travers du tamis est sensiblement plus importante que la maille du tamis. En particulier, dans le cas d'objets aplatis comme le sont les éclats de taille de silex, la largeur maximale des objets qui traversent le tamis est fixée par la diagonale de la maille :

$$\text{Largeur maximale} \approx \text{maille} \cdot \sqrt{2}$$

La relation entre les dimensions des objets (longueur et largeur) et la maille de tamis qui les arrête est illustrée par l'exemple de quelques vestiges de la série aurignacienne du site de Caminade (figure 19). La corrélation entre la longueur et les classes dimensionnelles des vestiges est médiocre. En revanche, la diagonale de la maille du tamis est une bonne approximation des limites des classes dimensionnelles.
L'amalgame entre la valeur de la maille de tamis et la largeur des vestiges aurait pour conséquence de sous-estimer sensiblement les dimensions de l'objet. Pour éviter toute confusion, nous employons, dans la suite de ce travail, le terme de **largeur de maille** pour désigner la valeur de la maille de tamis qui arrête l'objet désigné, la relation entre cette dimension et la largeur de l'objet étant :

$$\text{Largeur de l'objet} > \text{largeur de maille} \cdot \sqrt{2}$$

Classe de taille (mm)	*2-4*	*4-5*	*5-10*	*10-20*	*> 20*	***Total***	*Lamelles*	*Lames*
Expérience 1	1768	296	370	115	21	**2619**	*49*	*21*
Expérience 2	1815	333	201	36	23	**2458**	*50*	*22*
Expérience 3	833	234	243	53	52	**1464**	*49*	*50*
Expérience 5		437		91	103	**658**	*27*	*36*
Bloc de contrôle	1289	198	223	83	50	**1843**	-	*25*

tableau 8 : distribution de la taille des vestiges des amas reconstitués et du débitage de contrôle.

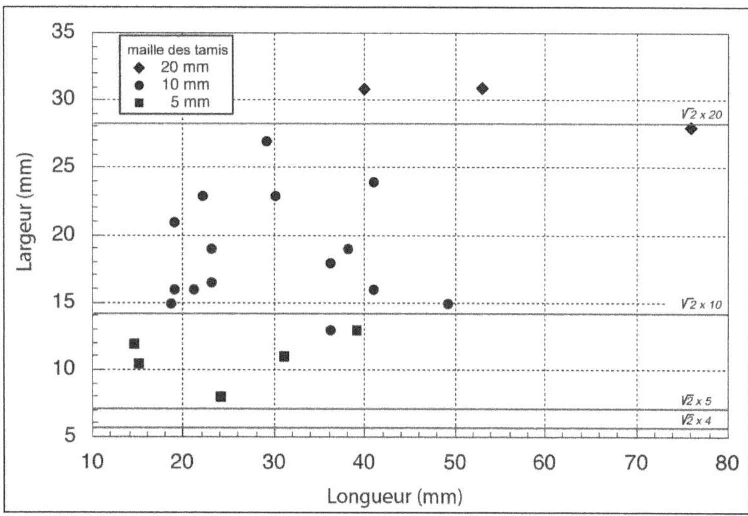

figure 19 : relation entre les dimensions des vestiges (longueur et largeur) et les classes dimensionnelles associées à la méthode de la colonne de tamis. Les valeurs des diagonales de la maille des tamis 4, 5, 10 et 20 mm sont indiquées. Les vestiges mesurés sont les vestiges côtés en silex du Fumélois, majoritairement des outils, de la série aurignacienne de Caminade, fouille B. Mortureux et D. de Sonneville-Bordes.

Les amas taillés in situ

Les expériences 1 et 7 correspondent à des blocs taillés sur place. L'enregistrement a été porté aussi loin que possible dans le cas de la première expérience. Pour cela, nous avons réalisé :

- la topographie du sol avant débitage du bloc,
- le plan du cône sur lequel est taillé le bloc,
- la numérotation et le positionnement au centimètre près de tous les vestiges dont la largeur de maille est supérieure à 2 cm,
- le décompte, selon un carroyage de 10 x 10 cm, de tous les autres vestiges visibles dont la largeur de maille supérieure à 2 cm,
- la mesure de l'orientation des objets allongés de largeur de maille supérieure à 1 cm.

L'enregistrement initial de l'expérience 7 s'est limité à une couverture photographique.

Suivi des expériences

Des observations ont été réalisées à chaque visite du site expérimental. Elles permettent de décrire les principales étapes de fonctionnement des cellules. Le parti a été pris d'éviter, au cours de ces visites, toute interférence avec le fonctionnement naturel du site. C'est pourquoi aucune mesure n'a été faite. Les piétinements aux abords des cellules qu'auraient nécessités de telles mesures n'auraient pas manqué de modifier la micro-topographie et les états de surface du sol.

Arrêt des expériences

L'expérience s'achève par la récupération des répliques. Ce démontage s'organise afin d'enregistrer leur position et leur attitude.

Une partie des vestiges étant systématiquement enfouie, cette opération nécessite une fouille. Nous avons procédé de la même façon que pour une fouille de site archéologique : les objets initialement numérotés sont côtés et le sédiment est recueilli et tamisé à l'eau pour récupérer les éclats plus petits. Une adaptation a toutefois été apportée ; elle concerne la maille de carroyage employée pour récupérer le sédiment. Cette maille est comprise entre 25 cm et 1 m dans le cas de fouille archéologiques (Lévêque, 2002). Dans notre cas, le décompte des vestiges retrouvés au tamisage donne lieu à l'établissement de graphes en courbes de niveau (Chenorkian, 1996). Ces figures sont établies pour identifier des concentrations de

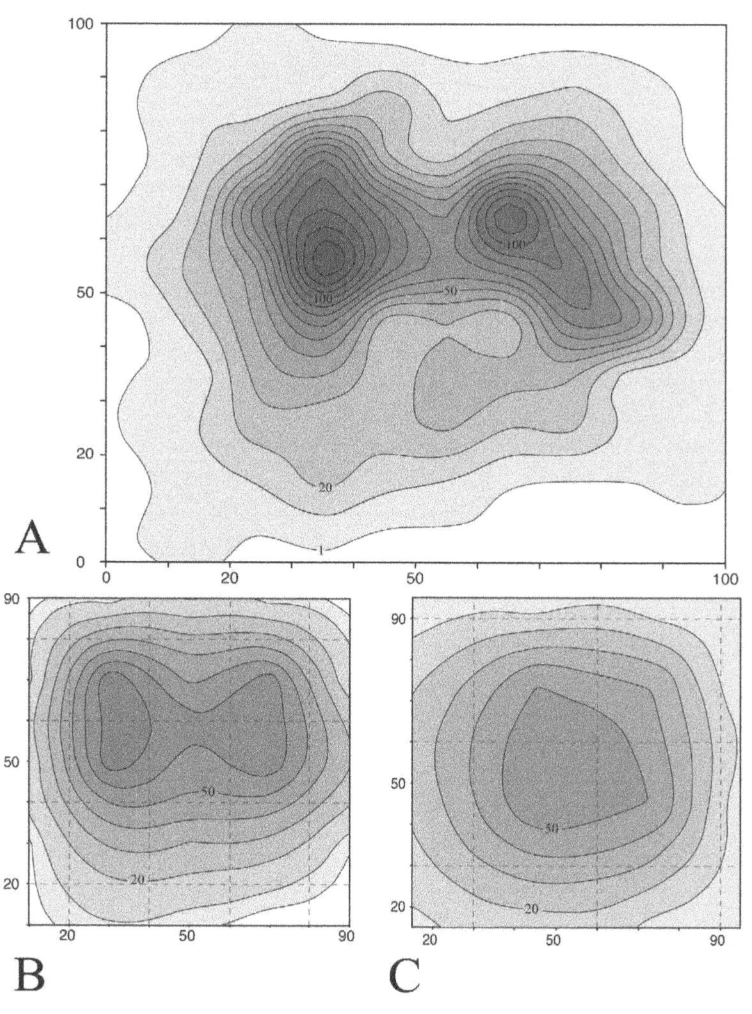

figure 20 : illustration du théorème de Shannon La figure illustre la perception d'un amas de taille en fonction de différentes mailles simulées de tamisage. Les données sont celles de l'amas reconstitué de l'expérience 2. A - maille de 10 x 10 cm ; B - maille de 20 x 20 cm ; C - maille de 30 x 30 cm. La méthode et la grille d'extrapolation sont identiques dans les trois cas.

quelques décimètre-carrés, à l'image des sous-concentrations d'un amas de taille bilobé. Or le théorème de Shannon fixe la taille minimale d'une structure détectable au double de la maille utilisée (Dabas, 1999).

La figure 20 est une illustration de ce théorème dans le cas de la lecture graphique du modèle d'amas de taille que nous avons reproduit. Elle témoigne de la perte d'information qui accompagne l'augmentation de la taille de la maille de tamisage simulée. Aussi, pour éviter cette perte d'information, le sédiment a été récupéré selon une grille de 10 x 10 cm.

1.2.2. Expériences 8 à 11 de mesures de fabrique

Nous avons mis à profit nos nombreuses visites du site pour obtenir des mesures de fabriques en contexte de ruissellement.
L'absence d'éléments naturels allongés au sein de la fraction grossière des sédiments a été compensée en disposant des baguettes de Flysch. Ces baguettes mesurent de 5 à 15 cm de long, le rapport longueur / largeur variant de 2 à 10 et la section étant le plus souvent quadrangulaire. Ce matériau a été choisi pour l'homologie de forme, de dimension et de densité de ces artefacts et des vestiges archéologiques. En outre, ceci nous a permis de disposer d'un nombre important de vestiges. Au total, ce sont plusieurs centaines de baguettes que nous avons disposées en divers lieux du site expérimental.

Deux types d'expériences ont été conçues pour disposer de données sur l'orientation de vestiges déplacés par ruissellement :

- Le premier type d'expérience met en jeu un nombre limité d'artefacts, qui sont plusieurs fois mesurés. Cette procédure permet de suivre l'évolution de la fabrique suite aux différents épisodes de fonctionnement. Ce sont les expériences 8 à 10.
- Le second type d'expérience met en jeu une quantité importante de débris à seule fin de disposer d'un grand nombre de mesures. C'est le cas de l'expérience 11.

Emplacement des cellules

Deux secteurs de la partie nord-ouest de la carrière ont été retenus pour placer les cellules expérimentales. Ils ont été choisis dans les anciennes zones de déblais abandonnées à l'érosion depuis quelques décennies ; le ruissellement diffus y côtoie le ruissellement concentré sous la forme de ravins et de rigoles entaillant les replats (figure 16).

Les sédiments livrés à l'érosion sont des sables argileux. Les quelques éléments grossiers qui s'y rencontrent sont des galets d'argiles et de rares fragments de grès ou de cuirasse ferrugineuse.
Les caractéristiques de ces dépôts les rendent favorables à l'érosion par ruissellement (tableau 9) :

- le rapport sables / argiles est celui de matériau susceptibles à la battance (Poesen et Bryan, 1989-90) ; le ruissellement en est d'autant augmenté ;
- La faible limite de liquidité en fait un matériau érodible ;
- la plasticité des sédiments est quasi-nulle à nulle ; la place tenue par les mouvements en masse lents est donc limitée.

Secteur 1

Le premier secteur est constitué d'une série de ravins parallèles entaillant un talus d'une dizaine de mètres de hauteur. Ces ravins donnent naissance à une série de lobes juxtaposés sur lesquels ont été placés les vestiges des expériences 1 à 3 (figure 21). La surface disséquée par les ravins a été retenue pour accueillir les expériences 6 et 7 (tableau 10).

Secteur 2

Les ravins profonds et nombreux du secteur 2 donnent naissance à un tablier de cônes coalescents (figure 22). Les dépôts soumis à l'érosion sont constitués de sables argileux blancs. Les répliques de pièces archéologiques de l'expérience 4 (E4) ont été placées sur un des cônes de sortie de ravin, tandis que celles de l'expérience 5 (E5) ont été installées sur la surface en cours de dissection (tableau 10).

Echantillon	Secteur	Matériau prélevé	Expérience correspondante	Clastes (%)	Fraction < 2 mm			Limites d'Atterberg	
					argiles	limons	sables	Wl	Ip
02.1		Ravin d'alimentation	1	9,0	8,4	8,1	83,5	20	6
02.2			1	8,6	13,3	10,8	75,9	20	8
02.3			2	6,7	9,5	8,2	82,3	21	< 5
02.4	1		2	7,5	9,0	7,9	83,1	20	5
02.5			2	5,8	11,8	10,5	77,6	19	5
02.6		Cône de sortie de ravin	1	5,1	1,7	1,9	96,4		
02.7			2	2,7	2,5	3,1	94,4		
Ra1		Ravin d'alimentation	4	7,9	8,9	8,5	82,6	21	< 5
Ra2			4	12,4	12,8	9,4	77,8	21	8
02.8	2	Substratum	5	8,1	10,5	11,5	78,2	20	6
Co1		Cône de sortie de ravin	4	9,2	3,1	5,3	91,6		
Co2			4	2,2	1,6	2,8	95,6		
00.1		Sables ruisselés	5	5,9	3,6	6,0	90,4		

tableau 9 : site expérimental du Tiple, composition granulométrique et propriétés mécaniques des sédiments des secteurs 1 et 2.

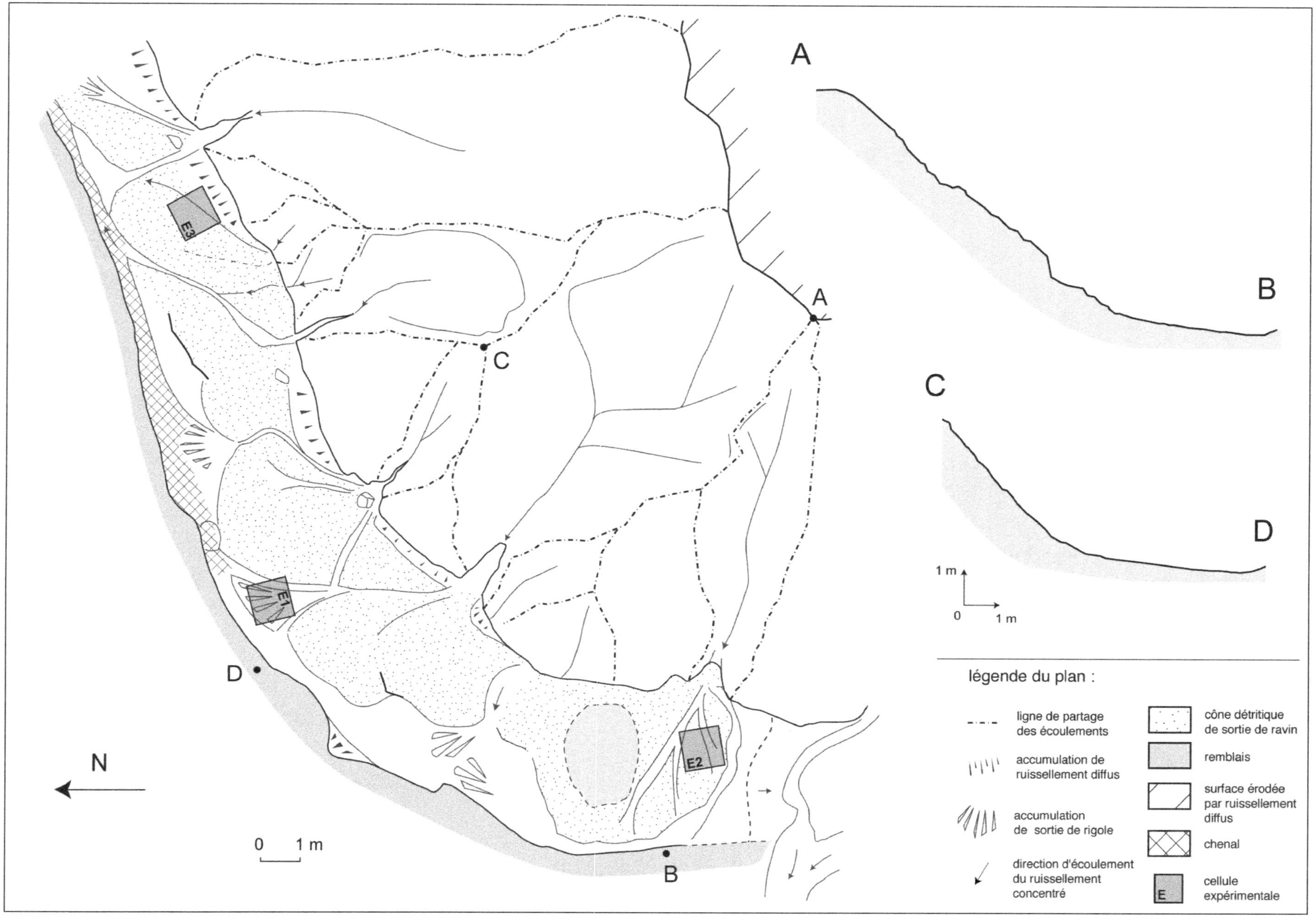

figure 21 : site expérimental du Tiple, plan des ravins et cônes juxtaposés du secteur 1. E1, E2 et E3 : emplacements des expériences 1 à 3. Les vestiges des expériences 6 et 7 sont placés sur la surface disséquée par les ravins, au-delà de la zone couverte par ce levé.

	Cône de sortie de ravin	*Domaine inter-rigole*	*Chenal ou rigole*
Bloc taillé in situ	E4	E6	E7
Amas reconstitué	E1, E2, E3	E5	
Exp. de mesures de fabriques	E 11		E8, E9, E11

tableau 10 : site expérimental du Tiple, répartition des expériences selon les différents environnements dynamiques.

Durée de fonctionnement des expériences

Les durées de fonctionnement ont été fixées de façon à rendre possible l'observation d'une progression dans la modification des ensembles de vestiges (tableau 11). Les expériences 1 et 2 ont été arrêtées dès que sont apparues des modifications. À l'inverse, les expériences 4 et 5 ont été abandonnées au fonctionnement de la carrière aussi longtemps que le permet le calendrier de ce travail. Les autres expériences correspondent à des durées intermédiaires.

Expérience	*Mise en place*	*Durée*
1	05/01	3 mois
2	07/99	1 mois
3	07/99	1 an 1 mois
4	11/97	3 ans 1/2
5	03/98	3 ans 5 mois
6	07/99	2 ans et 1 mois
7	07/99	2 ans et 1 mois

tableau 11 : site expérimental du Tiple, durée de fonctionnement des expériences de répliques de vestiges.

Climat au cours du programme d'expérimentation

Nous avons précédemment énoncé les tendances du climat départemental (*cf. 1.1 : présentation du site expérimental*). Nous vérifions ici que le climat qui a accompagné les différentes expériences est bien décrit par ces tendances.
La comparaison entre le climat enregistré au cours du programme d'expérimentations et le climat régional (station Météo France d'Estillac-La-Garenne) fait apparaître quelques différences (figure 23). Les précipitations marquent les plus grands écarts à la « norme régionale ». Mais, aucune des cellules de courte durée n'est affectée par des écarts à la norme importants.

Dans la plupart des cas, ces écarts se compensent sur une période de quelques mois. Seuls les printemps ont été un peu plus humides que ne le laissent supposer les tendances climatiques régionales.

En l'absence d'enregistrement des intensités de pluies à proximité du site, l'identification des jours de fortes pluies repose sur les cumuls quotidiens de précipitations de la station de Fumel (figure 24). Ainsi, l'année 1999 se distingue par l'importance des fortes pluies, notamment estivales. La journée qui a connu le plus de précipitations est celle du 12/07/99, avec un cumul journalier de 55,8 mm. Elle correspond à un orage de récurrence pluriannuelle. Cet événement est intervenu peu après la mise en place des expériences 1, 2, 3 et 6. Il est à l'origine d'un ruissellement important et d'une sédimentation sensible sur le site (*cf. infra : expérience 2-fonctionnement de la cellule*).

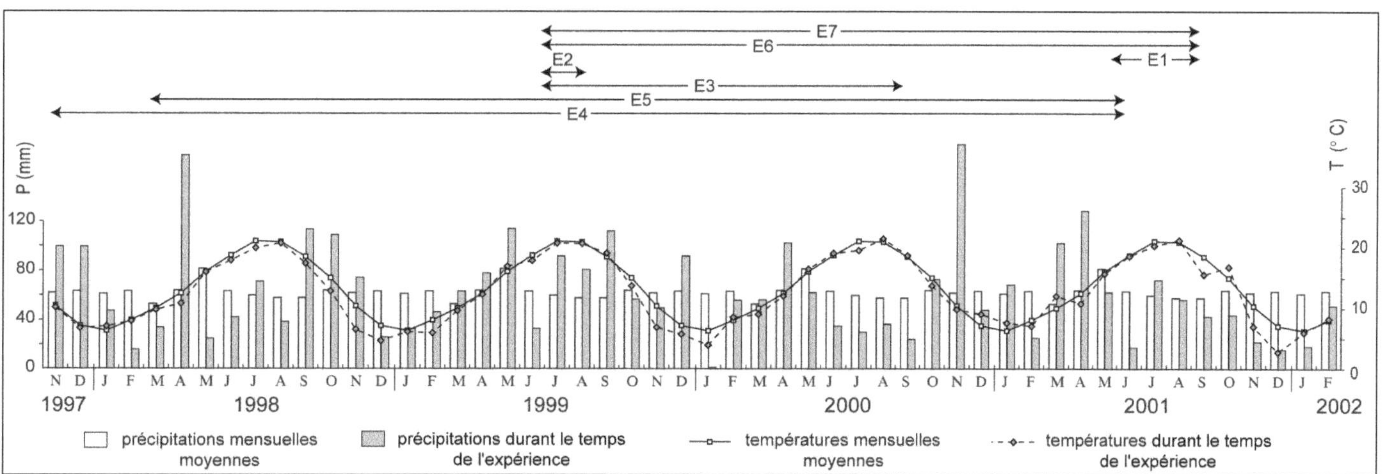

figure 23 : confrontation entre l'échelonnement des expériences et les écarts de température et précipitation à la norme climatique. Données Météo-France, station d'Estillac-La-Garenne. La comparaison est faite sur la base des moyennes mensuelles de précipitation et température. La durée de fonctionnement des différentes cellules est indiquée.

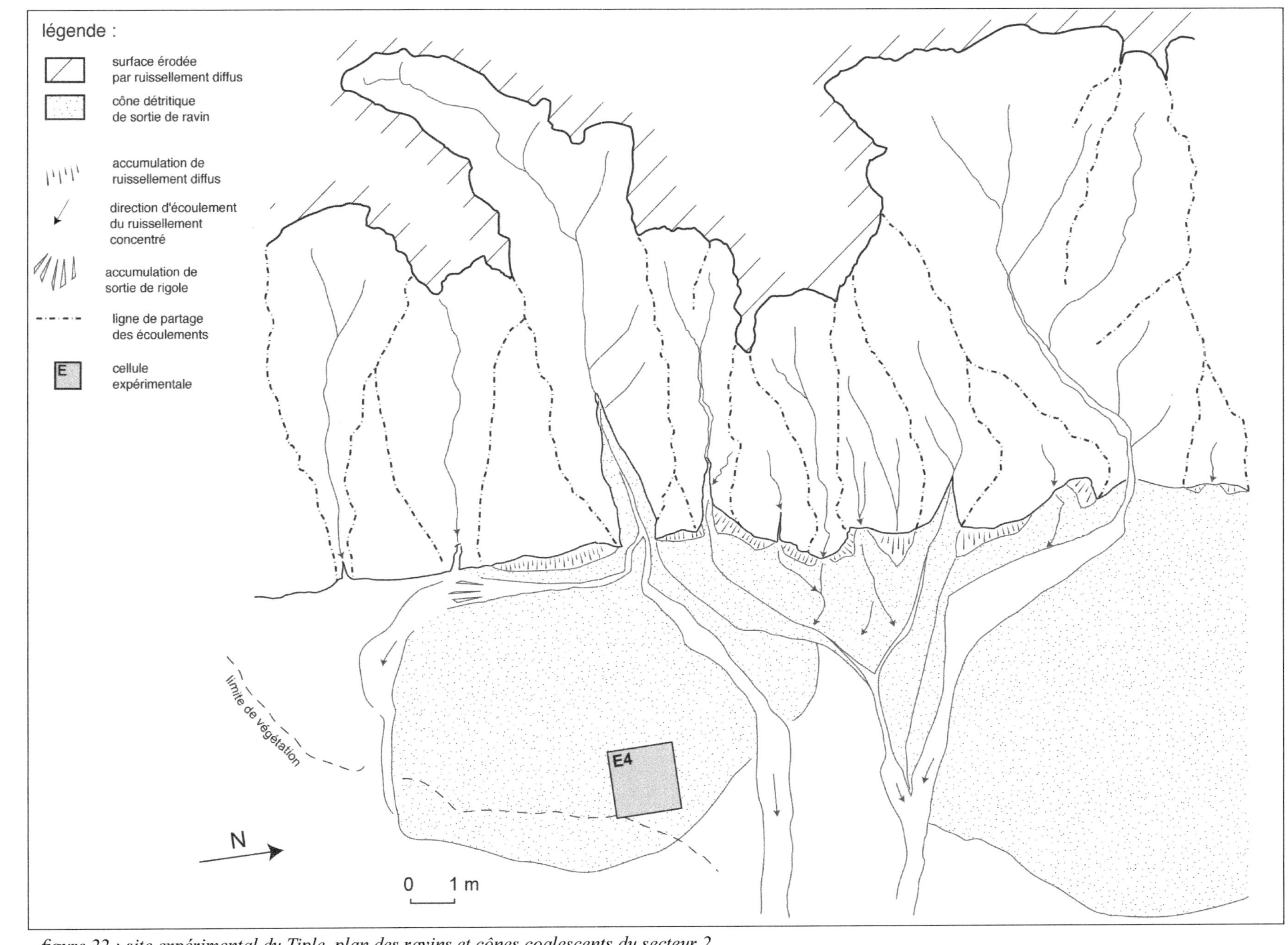

figure 22 : site expérimental du Tiple, plan des ravins et cônes coalescents du secteur 2.
E4 : emplacement de l'expérience 4. L'expérience 2 est placée sur la surface disséquée par les ravins, au-delà de la zone couverte par ce relevé.

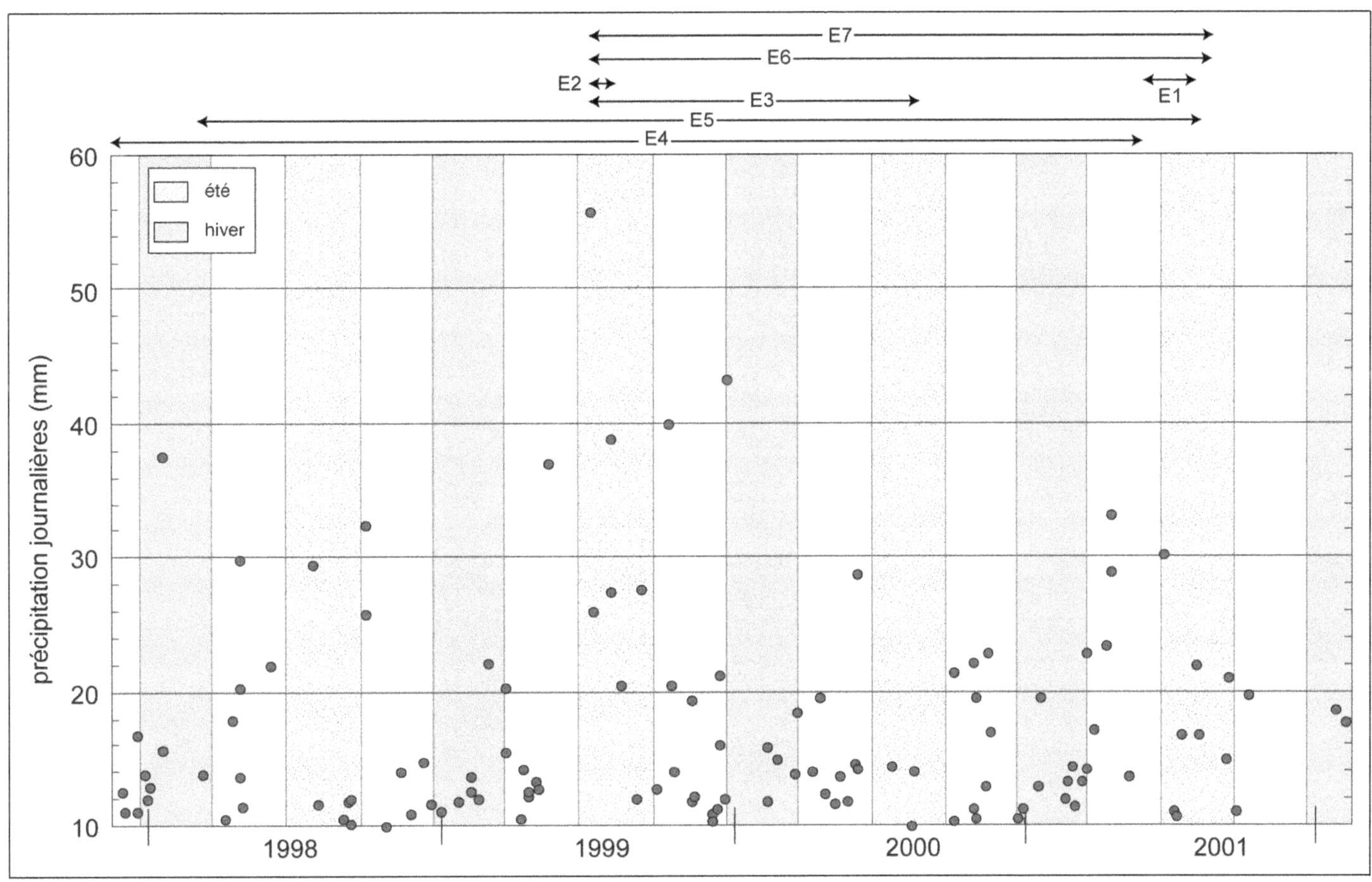

figure 24 : distribution des jours de précipitations importantes au cours du programme expérimental. Données Météo-France, station de Fumel. Les précipitations importantes sont celles dont le cumul quotidien est supérieur à 10 mm. La durée de fonctionnement des différentes cellules est également portée.

En moyenne, les hivers ont été un peu plus doux au cours des expériences que ne le laissait prévoir la norme départementale de 44 jours de gel / an (tableau 12).

Mois	*Nov.*	*Déc.*	*Jan.*	*Fév.*	*Mars*	*Avril*	***Total***
1997/98	2	7	8	4	4	-	**25**
1998/99	8	11	6	8	2	-	**35**
1999/2000	5	10	17	7	5	1	**45**
2000/01	-	1	2	9	-	-	**12**
2001/02	4	20	9	3	-	-	**36**

tableau 12 : site expérimental du Tiple, nombre de jours de gel par hiver au cours des expériences. Données Météo-France, station d'Agen-La garenne.

1.3. Fonctionnement naturel du site expérimental

L'étude du fonctionnement naturel a pour objectif de reconnaître les processus qui construisent les différentes formes de ruissellement et qui sont à l'origine des dégradations de vestiges.
Elle vise également à identifier les faciès sédimentaires associés, puisque c'est à partir de ces derniers que repose la caractérisation des environnements de dépôt dans le fossile.

1.3.1. Cycle annuel de fonctionnement du site

Les descriptions du ruissellement en milieu naturel mettent en évidence le rôle du cycle annuel de production-évacuation des sédiments qui se structure autour des oppositions hiver-été (Schumm, 1956 et 1964 ; Harvey, 1987 ; Faury, 1990 ; Chodzo et Lecompte, 1992). Nous avons pu constater cette prééminence du cycle annuel dans le fonctionnement sédimentaire du site. Ainsi, la production de sédiment par érosion du substrat a essentiellement lieu l'hiver, sous l'influence du gel. Même si les jours de gels sont peu nombreux (tableau 12), leur importance est primordiale puisqu'ils provoquent :

- l'ameublissement du substratum par suite du développement d'une porosité fissurale lamellaire, sur un centimètre d'épaisseur environ ;
- la fragmentation des clastes argileux ;
- la fissuration de la croûte de battance par cryo-dessication,
- le soulèvement et la fragmentation de la croûte de battance par les aiguilles de glace. En bord de ravins, cet « émiettement » de la croûte donne naissance, au dégel, à de petites coulées sèches d'agrégats (figure 25).
- le maintien d'un fort taux d'humectation des sédiments dans les secteurs à drainage modéré. L'eau libérée au dégel est piégée par la porosité que créent la fragmentation et la fissuration de l'horizon superficiel du sol. Cette humidité conduit à de nombreux mouvements en masse de type coulée de boue sur les flancs de ravins, à la suite des averses, car la limite de liquidité est alors facilement franchie (figure 26).

Ce gel n'est cependant pas assez efficace, ni la susceptibilité au gel[14] du substrat assez importante, pour être à l'origine d'une reptation généralisée du sol comme a pu l'observer Schumm (1964 et 1967). Cela se lit, en particulier dans les secteurs peu pentus, par la pérennité des micro-cheminées de fées qui survivent à plusieurs hivers. Les coulées de boue persistent jusqu'au milieu du printemps. Elles cèdent ensuite la place à quelques effondrements des bords sub-verticaux des flancs de ravins, fragilisés par l'apparition de fentes de dessiccation (tableau 13).

Au cours de la période hivernale, la porosité fissurale importante et le maintien d'un fort taux d'humidité en sub-surface des zones moyennement drainées rendent le sol peu sensible à un ruissellement de type hortonien. Ainsi un ruissellement de saturation prédomine l'hiver et au début du printemps. Ce ruissellement n'a pas la capacité d'évacuer les matériaux sédimentés aux pieds des talus ou dans les ravins.
En revanche, la présence d'une croûte de battance rend le site très sensible au ruissellement hortonien au cours de l'été, même pour de faibles intensités de pluie. Les sédiments en transit dans les drains sont alors évacués. Cette efficacité persiste jusqu'à ce que les premiers gels hivernaux fragmentent la croûte de battance.

1.3.2. Toposéquence et signatures sédimentaires de surface

La succession des dynamiques sédimentaires dans les secteurs où sont installées les cellules expérimentales est contrôlée par la géométrie en gradins des déblais. Les vastes replats sont soumis à l'action du ruissellement diffus et du *splash*. Ils sont bordés de talus à profil convexo-concave (figure 21). Dans la partie haute, convexe, quelques rigoles peu profondes représentent les premières manifestations du ruissellement concentré. La partie médiane, rectiligne, est fortement

figure 25 : émiettement de la croûte de battance au dégel provoquant des coulées sèches d'agrégats.

figure 26 : rigoles encombrées de débris à la fin de l'hiver et au printemps.

[14] *La susceptibilité au gel d'un matériau est définie comme le gonflement provoqué par le gel de ce matériau (cf. Van Vliet-Lanoë, 1988).*

	Hiver	Printemps	Été	Automne
État de Surface	Fissuration par cryo-dessiccation et fragmentation par les aiguilles de glace.	Formation de la croûte de battance	Fissuration par thermo-dessiccation	Stabilisation de la croûte de battance
Érosion du substratum	♦ Micro-éboulisation et coulées sèches sur les parois des ravins ♦ Coulées de boue.		♦ Effondrement des parois de ravins. ♦ Ruissellement	
Cycle sédimentaire	Encombrement des fonds de ravins et des rigoles		Vidange des rigoles et ravins	

tableau 13 : site expérimental du Tiple, expression saisonnière de l'activité sédimentaire.

entaillée de ravins. Le passage des rigoles aux ravins est brutal et prend le plus souvent la forme d'un seuil. La partie basse, concave, est formée par les cônes détritiques plurimétriques de sortie de ravins. Ils forment une transition entre le talus et le replat suivant.

Au-delà des cônes, les écoulements se concentrent sous la forme de chenaux peu profonds, d'une cinquantaine de centimètres de large. Ces chenaux débouchent dans des dépressions fermées, comme des mares, où ils édifient des micro-deltas. Ils peuvent aussi bien conduire jusqu'à un nouveau talus où ils donnent naissance à un ravin.

Des petites « facettes » triangulaires des talus sont préservées entre les ravins (figure 21). Tout comme les parois de ravins, elles peuvent être incisées de rigoles, ou tout aussi bien n'être soumise qu'à l'action du *splash* et du ruissellement diffus.

Plusieurs types de signatures sédimentaires de ruissellement concentré ont pu être observées. Leur dénomination suit la terminologie proposée par Reineck et Singh (1980).

Les **rides** sont assez rares. Elles se rencontrent dans les chenaux à faible pente (2-3°), à la suite des pluies importantes de la fin de l'hiver. Leur développement saisonnier est lié à la présence de sédiments qui encombrent les drains à ce moment de l'année. Elles se rencontrent également au toit des cônes sous-aquatiques plurimétriques. Les **marques d'obstacle** sont fréquentes dans les chenaux (figure 27). Ce sont des affouillements en croissant générés par la présence de cailloux ou de petits blocs (Boyer et Roy, 1991). Des **affouillements en dos de cuillère** ont également été observés dans les chenaux. Les ravins et rigoles à forte pente (> 10°) livrent des profils en marches d'escalier, où des affouillements accompagnent les seuils. Un obstacle (bloc, débris végétal) détermine fréquemment la localisation des seuils. Dans les ravins, les blocs libérés par le recul des parois se concentrent jusqu'à former des **pavages de fond de chenaux** (figure 28).

Sur les cônes de sortie de ravin, le dépôt de sédiment prend la forme de **langues d'accumulation** (Reineck et Singh, *op. cit.* : 70). Sur ces mêmes cônes, et dans les chenaux, les écoulements qui incisent les sédiments nouvellement déposés donnent naissance à des **petites rigoles méandriformes**.

Les zones soumises au ruissellement diffus livrent systématiquement des **croûtes de battance**. Elles sont de type algaire (Coventry *et al.*, 1988) si l'érosion est peu importante, de type érosif sinon. Des **micro-cheminées de fées** supportent les cailloux et les graviers. Les monticules sont hauts de plusieurs centimètres lorsque la pente atteint

figure 27 : affouillement en fer-à-cheval associé à un bloc (au centre) et en dos de cuillère (en haut à gauche).

figure 28 : ravin encombré de blocs résidualisés.

une dizaine de degrés. C'est le cas des parties hautes des talus qui bordent les replats. Les particules détachées par le *splash* y sont aisément évacuées. Le développement remarquable des micro-cheminées témoigne d'une part du taux d'érosion élevé de ces zones et d'autre part du déplacement faible ou nulle des graviers et cailloux. La concentration de cette fraction grossière conduit à des **pavages résiduels** (« *erosion pavement* » des auteurs anglo-saxons ; Shaw, 1929).

Les cônes de sortie de ravin forment un milieu particulier. Ces constructions de ruissellement concentré sont soumises au ruissellement diffus lorsque les intempéries sont faibles ou que le déplacement des zones d'accrétion conduit à l'abandon temporaire d'un secteur du cône. On rencontre alors et successivement des **marques d'impact de goutte** puis des croûtes de battance de type croûtes structurales triées (*cf. infra* faciès et micro-faciès).

Des marques d'impacts de gouttes se rencontrent également dans le cas des flaques asséchées. Elles s'impriment dans les argiles décantées encore plastiques. Des **fentes de retrait** apparaissent lorsque l'assèchement se poursuit ; leur développement d'accompagnent d'un détachement et d'un **rebroussement** des lamines en bordures des polygones.

La figure 29 replace ces signatures au sein de la toposéquence du site expérimental.

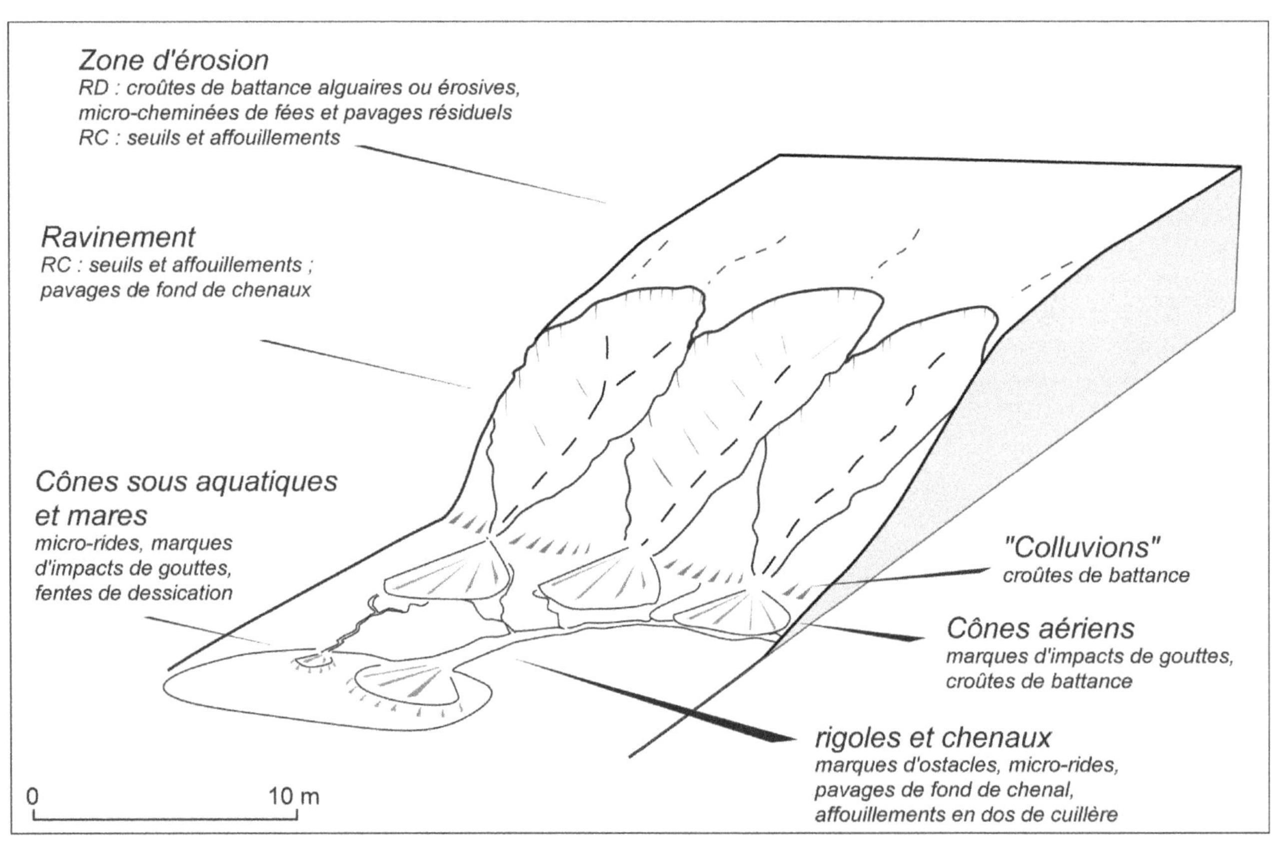

figure 29 : site expérimental du Tiple distribution des signatures sédimentaires de surface dans la toposéquence.

1.3.3. Faciès et micro-faciès sédimentaires

Description

Les sédiments des différentes formes d'accumulation de la toposéquence ont été observés aux échelles macro- et microscopiques. La description des relations entre ces microfaciès, les faciès et les formes est réalisée pour les différents milieux de dépôts. Huit microfaciès sont distingués (tableau 14).

Accumulations liées au ruissellement concentré

Cônes aériens

Le cône de l'expérience 2 - secteur 1 - permet de détailler les accumulations de ruissellement concentré. La pente sur le cône est de 5°. Un chenal le prolonge et donne naissance, quelques mètres plus loin, à des accumulations distales de comblement de flaque (figure 30).

La sédimentation sur le cône se fait de deux façons :

- La sédimentation dans les rigoles prend la forme de « barres » longitudinales ou latérales. Ces corps sédimentaires sont plutôt présents dans la moitié distale du cône, où les rigoles deviennent sinueuses ;
- La sédimentation « hors-rigoles » prend la forme de langues d'accumulation. Ce sont des « langues de débordement » dans la partie proximale et des « langues d'intersection » dans la partie distale. Ces dernières se forment lorsque les rigoles recoupent la surface du cône. Ces langues peuvent être digitées ; elles présentent des granoclassements latéraux où la taille des grains augmente de l'amont vers l'aval.

	Texture	*Structure*	*Tri de la fraction grossière*	*Proportion C/F et distribution relative*	*Milieu de dépôt*
F'	Sables fins argileux	Sables fins et micro-agrégats argileux ou limoneux partiellement effondrés à support matriciel ; entassement dense ; contact inférieur progressif, contact supérieur net. Epaisseur 0,5 à 2 mm	Faible à Modéré	7/3 à 6/4, argiles limoneuses ponctuées distribution géfurique à porphyrique	Toutes les accumulations aériennes
F1	Sables propres	Alternance de lamines (ép. 1-10 mm) de sables mal triés fin à grossiers, à entassement dense et grains propres.	Modéré à bon	19/1, argiles ponctuées, et distribution monique	Cône aérien et chenaux.
F2	Sables légèrement argileux laminés	Alternance de lamines de sables fins argileux (1 mm)et de sables moyens à grossiers bien triés (1-10 mm). Présence de granoclassement verticaux positifs des lamines de sables moyens à grossiers. Entassement dense.	Bon à excellent	lamines de sables grossiers : 9/1 et distribution monique ; lamines sables fins : 8/2 à 7/3, argiles limoneuses ponctuées à distribution énaulique à géfurique à la base ; argiles limpides à distribution géfurique au sommet.	Cône de sortie de ravin
F3	Sables grossiers et graviers	Entassement de graviers et sables grossiers. Colmatage plus ou moins important de sables limono-argileux à distribution porphyrique et vides polyconcaves. Coiffes de sables limono-argileux massives ou à granoclassement inverse mal exprimé dans les plages propres	Modéré à bon	Variable : 8/2 à 9/1 Argiles limoneuses ponctuées	• Interface cône-flaque • Pied de talus
F4	Sables non triés argileux	Entassement dense de sables de toutes tailles à coiffes de limons argileux massifs irréguliers et plages colmatés de limons argileux.	Nul	7/3, argiles limoneuses ponctuées, distribution *chitonique à géfurique*	Pied de talus
F5	Sables argileux	Entassement lâche et revêtements argileux isopaques plus ou moins développés selon les plages : a. revêtements fins discontinus b. revêtement de pores épais, massifs ou constitués de la superposition de quelques micro-lits.	Faible à modéré	a. 9/1 à 8/2, argiles limpides et distribution chitonique. b. 7/3 à 6/4 ; argiles limpides et distribution géfurique	a. microdelta b. Comblement de flaque et toit de microdelta
F6	Sables fins	Lits massifs ou granoclassés de sables fins triés	Excellent	7/3 ; distribution monique ou chitonique	Cône sous-aquatique
F7	Limons et argiles triées	Limons et argiles triés plus ou moins laminés, à lamination conforme au plan de stratification ; deux faciès : a. Lits d'argiles et limons mal triés massifs ou faiblement laminés, b. Lits laminés de limons et argiles granoclassés	a. Modéré à bon, b. excellent	7/3 à 6/4 a. distribution porphyrique, b. distribution monique.	microdelta et flaque

tableau 14 : site expérimental du Tiple, description des microfaciès de ruissellement. L'association au milieu de dépôt est faite soit par observation directe en surface, soit par déduction de la genèse des faciès. La terminologie employée pour décrire la distribution relative C/F est celle de Bullock et al. (1985).

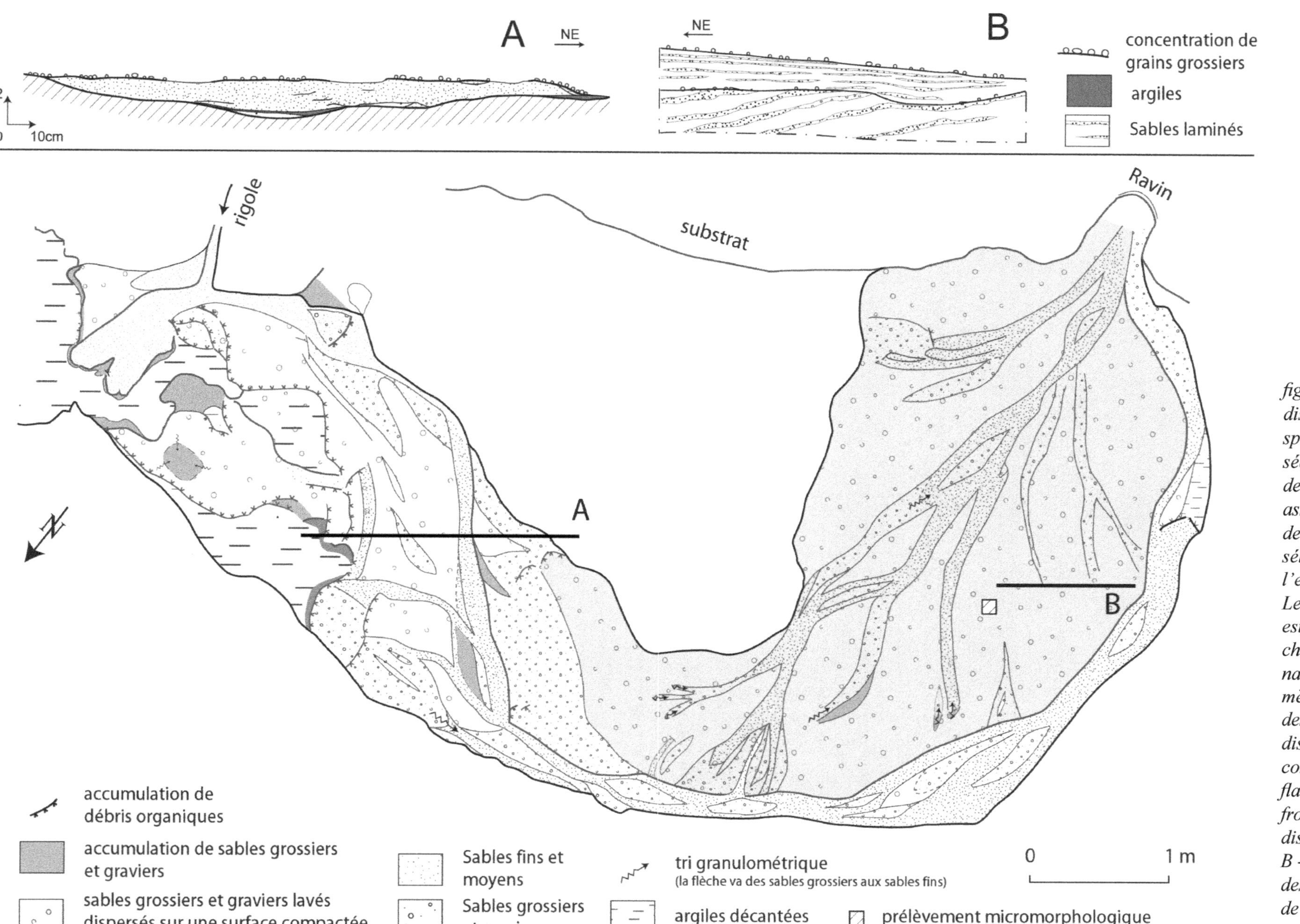

figure 30 : distribution spatiale des corps sédimentaires et des états de surface associés au cône de sortie de ravin sélectionné pour l'expérience 2. Le cône (grisé) est prolongé d'un chenal qui donne naissance, quelques mètres plus loin, à des accumulations distales de comblement de flaque. A - coupe frontale des dépôts distaux du chenal ; B - coupe oblique des dépôts du cône de sortie de ravin.

Trois états de surface sont observés, liés à la fraîcheur des accumulations sédimentaires :

- Les formes actives sont formées des sables fins et moyens et présentent en surface des marques d'impact de gouttes ;
- Les dépôts récents, mais non liés au dernier état de fonctionnement, présentent une surface enrichie en sables grossiers et graviers, qui peut être interprétée comme le développement d'une croûte structurale triée[15] ;
- Les dépôts plus anciens livrent, en surface, un horizon compacté, d'épaisseur millimétrique, enrichi en « fines » et recouvert de sables grossiers lavés en plus ou moins grande abondance. De telles surfaces sont fréquentes dans le domaine inter-rigoles (*e. g.* Coventry et *al.*, 1988 ; Puigdefabregas et *al.*, 1998). L'horizon compacté enrichi en fines est appelé plasmique par Valentin et Bresson (1992) ; son affleurement permet d'identifier une croûte érosive, sur laquelle se concentrent les grains trop grossiers pour être pris en charge par les écoulements.

Le cône est formé, pour l'essentiel, de lits épais de 3 à 5 centimètres de sables laminés (figure 25B). Les contacts entre lits sont non-conformes, soulignés par des horizons compactés enfouis enrichis en fines (microfaciès F'), sur lesquels sont concentrés des sables grossiers et graviers, ainsi que des débris végétaux.

En lames minces, ces horizons compactés enrichis en fines se distinguent par un entassement dense et un comblement des espaces inter-grains par des limons argileux massifs, identiques à ceux qui composent les agrégats présents parmi les sables. Ces horizons comportent, dans leur moitié supérieure, des accumulations de revêtements isopaques massifs (planche 1C) ; quelques revêtements micro-laminés en croissant sont présents.

Les lamines sont parallèles entre-elles, le plus souvent planes et parfois légèrement concaves. Elles sont sub-horizontales ou obliques faiblement inclinées, suivant les lits. Sur la base des constituants et du tri granulométrique, deux microfaciès sont distingués :

1/ lamination grossière par alternance de lamines de sables lavés de granulométrie différente, tantôt fins, moyens ou grossiers (microfaciès F1).

En lames minces, les lamines de sables moyens ont une distribution relative de type monique. Leur épaisseur est plurimillimétrique. Le tri granulométrique est le plus souvent modéré, localement bon. L'entassement et dense. Des grains très grossiers et graviers sont dispersés parmi les autres constituants.

2/ lamination assez régulière par alternance de lamines de sables moyens ou grossiers lavés et de lamines de sables fins légèrement argileux (microfaciès F2). Ce faciès s'observe plutôt au sommet des dépôts, où il prend la forme d'une lamination plane plutôt régulière (figure 31).

En lames minces, les lamines de sables moyens ont une distribution relative de type monique, Le tri granulométrique est bon. L'entassement et dense.

La distribution relative des lamines de sables fins est énaulique (planche 1A). Les agrégats interstitiels sont des micro-agrégats limoneux et des revêtements fragmentés d'argile. La partie supérieure de ces lamines peut présenter un entassement dense. L'effondrement des micro-agrégats de limons conduit à un comblement de la porosité. Ces lamines sont surmontées de revêtements massifs (planche 1C). Ces revêtements présentent une dérive granulométrique : ils sont argileux la base des dépôts, et limoneux au sommet.

Le caractère régulier de la lamination du microfaciès F2 n'est que relatif ; il tient à la régularité d'épaisseur des lamines de sables fins. Dans les deux cas, les lamines présentent une variation latérale d'épaisseur importante. Par ailleurs, l'épaisseur des lamines de sables propres peut être de plusieurs millimètres.

A la base du cône, des lits lenticulaires de sables grossiers et graviers (microfaciès F3) sont présents.

Les sables grossiers et graviers livrent une microstructure d'entassement lâche ; des accumulations de sables fins forment des coiffes à tri granulométrique inverse mal exprimé sur les graviers (planche 1B).

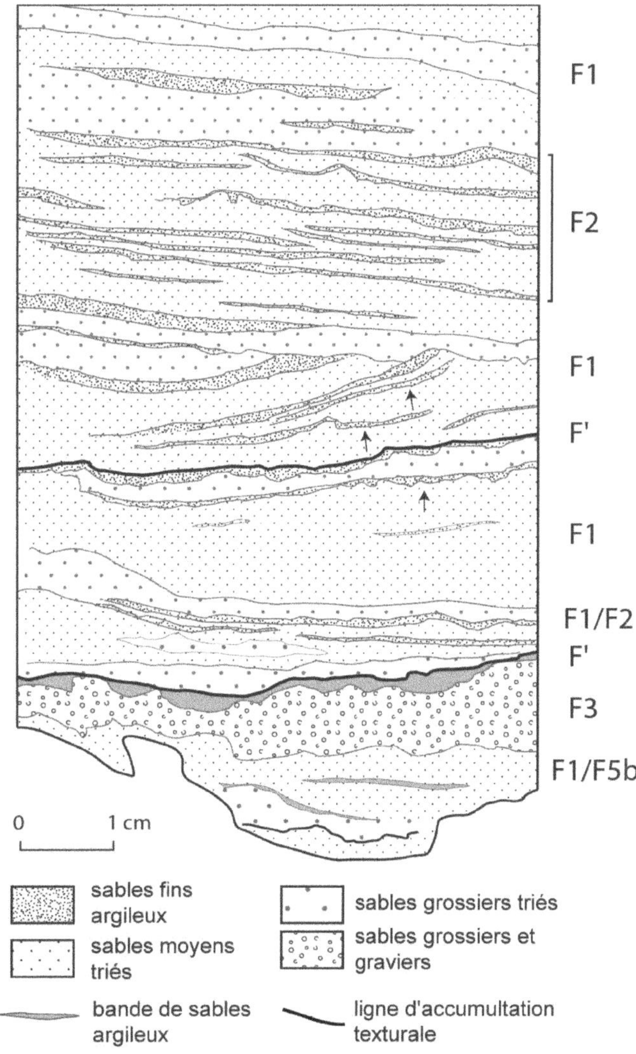

figure 31 : agencement de microfaciès de ruissellement concentré, vue frontale. Cet agencement est celui que livre la lame mince prélevée aux dépens du cône de sortie de ravin de l'expérience 2. Le prélèvement est situé sur la figure 30.

[15] *Une croûte de battance structurale est une croûte de battance formée par la seule réorganisation de la partie supérieure du sol sous l'effet du* splash. *Dans le cas d'une croûte structurale triée, cette réorganisation prend la forme d'un tri granulométrique des composants sur quelques millimètres d'épaisseur. Un horizon compacté enrichi en fines - l'horizon plasmique - est surmonté de sables sans cohésion à tri granulométrique inverse (Valentin et Bresson, 1992).*

Les lits de sables propres grossièrement laminés qui s'y s'intercalent présentent de fines bandes partiellement colmatées d'argiles (microfaciès F5b).

L'épaisseur de ces bandes est inframillimétrique à millimétrique. Elles sont sub-horizontales. Leur distribution relative est de type chitonique ; les revêtements sont épais, typiques, formés essentiellement d'argiles et parfois de limons (planche 2A).

Localisé dans le secteur 2, le cône de sortie de ravin retenu pour l'expérience 4 montre des caractères similaires. Les écoulements se dispersent sur le cône ; la sédimentation de fait dans les rigoles et par langues d'épandage. Les parties inactives présentent également une croûte de battance où des grains grossiers surmontent un mince horizon plasmique.

En section, les sables qui constituent le cône sont lités (figure 32).

Les lits sont épais de 2 à 3 cm. Ils sont plans, faiblement inclinés (4°) en section longitudinale, et sub-horizontaux lenticulaires en section transverse. Les contacts entre lits sont le plus souvent conformes, soulignés par de minces horizons de sables argileux-limoneux compactés (microfaciès F') ; dans la partie aval du cône, des restes végétaux, le plus souvent des feuilles, s'y superposent.

Ces sables sont fins, moyens ou grossiers, grossièrement laminés (microfaciès F1).

La plupart des sables présentent un entassement lâche. La distribution relative de type monique. Le tri granulométrique est le plus souvent modéré. Certaines plages livrent une microstructure vésiculaire ; l'entassement des grains entre les vésicules est alors dense. Ces vésicules sont millimétriques et se distribuent en bandes d'épaisseur pluri-millimétrique conforme au plan de stratification.

Certains lits livrent une proportion importante d'agrégats de limons. En partie distale du cône, en limite de la zone d'extension de végétation, la base de ces lits est soulignée par la présence de restes de feuilles en cours de décomposition (planche 1D).

Les lits s'achèvent par des horizons infra-millimétriques compactés enrichis en fines (microfaciès F'), qui soulignent les contacts entre lits.

Ces horizons enrichis en fines se distinguent par un entassement dense et un comblement des espaces inter-grains par des limons sales massifs. Ces limons sont identiques à ceux qui composent les agrégats présents parmi les sables. Ces horizons colmatés supportent des accumulations de revêtements micro-laminés en croissant de limons poussiéreux (planche 1E).

Les cônes de sortie de ravins livrent donc un même faciès de sables lités. L'essentiel des dépôts est représenté par deux microfaciès : des lits de sables de toute taille grossièrement laminés et à tri modéré (microfaciès F1) ou des lits de sables légèrement argileux bien laminés faisant montre d'un bon tri granulométrique (microfaciès F2). Trois autres microfaciès sont présents. Les contacts non conformes entre lits sont soulignés par des horizons infra-millimétriques à millimétriques, compactés et enrichis en fines (microfaciès F'). La base des édifices livre localement des lits de graviers (microfaciès F3) et des sables colmatés d'argiles (microfaciès F5).

Accumulations en ravin

Une accumulation de sédiment a été prélevée dans l'un des départs de ravin qui encadrent les vestiges de l'expérience 5, secteur 2. Un seuil provoque l'accumulation de débris végétaux et les sédiments comblent la dépression formée en arrière (*cf. 1.4.2,* expérience 5)

Ces sédiments sont des sables argileux à litage plan sub-horizontal. Leurs caractères sont pour l'essentiel identiques à ceux des précédentes accumulations : sables propres moyennement à bien triés et grossièrement laminés (microfaciès F1) et accumulations texturales en lignes surmontant de minces horizons à structure effondrée (microfaciès F'). En revanche, la microstructure vésiculaire qui peut y être observée est remarquable (planche 2B).

Les vésicules atteignent 5 mm et se distribuent en bandes centimétriques conformes au litage. Ces vésicules sont rondes. A la base des bandes, on observe des formes de transition vers des pores lenticulaires. La porosité de ces bandes peut représenter jusqu'à 50 % du volume. Le sommet des bandes est fréquemment limité par des horizons millimétriques à entassement dense et porosité colmatée (microfaciès F'). La transition entre les deux microfaciès est graduelle ; elle prend la forme d'un horizon millimétrique à vides millimétrIques à plurimillimétriques polyconcaves.

Cône sous-aquatique

Les micro-deltas sont un cas particulier des édifices de sédimentation par ruissellement concentré. Ils se forment lorsqu'une rigole ou un chenal se jette dans une dépression fermée, telle une flaque ou une mare.

Un premier exemple est donné par les dépôts distaux de comblement de mare qui prolonge le cône de l'expérience 2 (figure 30) :

Dans la dépression qui fonctionne en flaque lors des intempéries, les sédiments s'accumulent sous la forme de micro-deltas progradant à fronts obliques de quelques centimètres d'épaisseur. L'instabilité des rigoles dans les zones

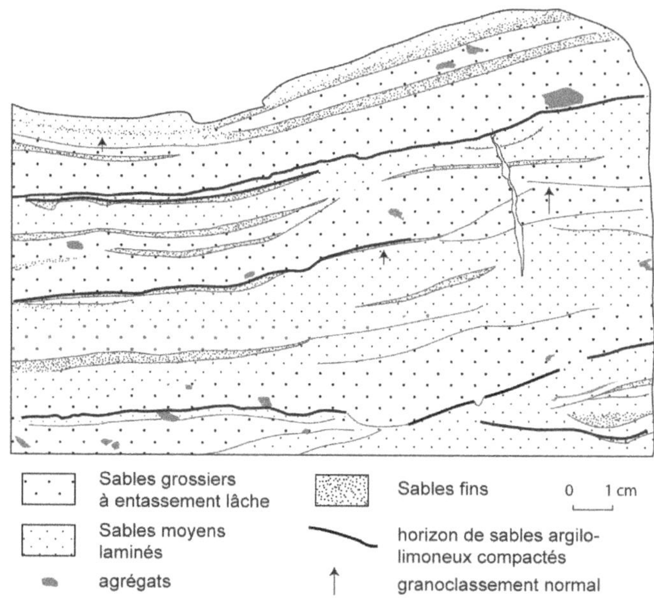

figure 32 : agencement de microfaciès de ruissellement concentré, vue longitudinale. Cet agencement est celui que livre une lame mince prélevée aux dépens du cône de sortie de ravin de l'expérience 4.

de dépôts conduit fréquemment à une juxtaposition, voire un emboîtement des différents micro-deltas. Lorsque les corps ne sont plus alimentés, des croûtes érosives se développent tandis que des sables grossiers et graviers s'accumulent à la faveur des dépressions et au bas des fronts inactifs ; ces derniers sont autrement couverts d'un film argileux et de débris végétaux flottés (figure 30).
En section, les dépôts associés à la progression des micro-deltas sont constitués de sables triés massifs. Ils contiennent quelques lentilles décimétriques de sables grossiers et graviers et surmontent des bandes de quelques millimètres d'épaisseur d'argiles décantées (figure 30A).

On a pu observer, sur le terrain, que les caractères plus typiques de ces corps sédimentaires (fort pendage de leur front : 25° et granoclassement des matériaux, *cf.* Reineck & Sing, 1980) apparaissaient lorsque leur épaisseur dépassait 5 cm.
En section longitudinale, ces édifices montrent alors (figure 33) :

- des sables laminés à stratification plane à sigmoïde parallèle,
- des granoclassements latéraux associés aux lamines obliques, les particules les plus grosses étant disposées à l'aval,
- des dépôts d'argiles et de limons qui soulignent les contacts conformes. Ces lits diminuent d'épaisseur vers le sommet de l'édifice.

En section transverse, la stratification est horizontale, interrompue par des figures d'emboîtement des dépôts. Il est possible d'observer la formation de ces structures d'érosion / comblement au cours des pluies estivales. À ce moment de l'année, les mares présentent un niveau d'eau bas ou sont à sec. L'érosion du lobe est provoquée en début d'intempérie par ajustement au niveau de base : une rigole entaille les dépôts de la précédente phase de fonctionnement et un nouveau micro-delta se forme à son extrémité. Cette rigole évolue rapidement. Elle s'élargit par affouillement des berges, tandis que son comblement accompagne le remplissage progressif de la dépression au cours de l'événement pluvieux.

Les dépôts sont essentiellement composés de sables argileux lités, à lits centimétriques à pluri-centimétriques. Sous le microscope, ces sables argileux présentent une distribution relative chitonique. Des différences s'observent entre le toit et le corps du lobe.

Le toit du cône est formé de lits de sables fins à grossiers argileux mal triés (microfaciès F5b).

> Les revêtements sont isopaques et peuvent être épais. Les lits sont limités par de bandes millimétriques de sables fins, limons et argiles, organisés en deux termes (planche 2C). D'une part, au sommet des lits est présent un matériel fin granoclassé (sables fins, fragments de revêtements argileux, micro-agrégats limoneux). D'autre part, la base du lit successif est partiellement à complètement colmatée d'argile massive. Ce colmatage affecte une bande de quelques millimètres d'épaisseur et laisse progressivement place aux sables argileux à distribution chitonique.

Le corps du cône est constitué de lits de sables fins à grossiers grossièrement laminés (microfaciès F5a).

> Les lits sont composés tantôt de sables fins, tantôt de sables et pseudo-sables grossiers, sans ordre apparent de succession. L'entassement est lâche. Des revêtements fins et discontinus sont plus ou moins abondants, selon les plages (planche 2D).

Des lits de sables fins bien triés, massifs ou granoclassés, peuvent également y être observés (microfaciès F6).
Dans les deux cas, des lits de sables fins, limons et argiles (microfaciès F7) achèvent les séquences.

> Ces accumulations sont épaisses de plusieurs centimètres. Elles sont polyphasées. Deux cas de figures sont observés :
> • le premier cas est la superposition de deux lits de matériel trié. Le premier lit est constitué de sables fins et limons ; il est surmonté d'un second lit de limons et d'argiles (F7a).
> • le second cas correspond à l'alternance de lamines infra-millimétriques d'argiles, de limons et de sables fins très bien classés (F7b).
> Dans les deux cas, La limite inférieure est progressive tandis que la limite supérieure est nette ; elle peut présenter un contour déchiqueté, ainsi que des intercalations argileuses obliques par rapport au plan de stratification.

Accumulations liées au ruissellement diffus

Les accumulations de ruissellement diffus et de *splash* sont peu importantes sur le site. Elles sont principalement présentes au pied des talus, sous la forme de dépôts réguliers peu étendus qui adoucissent la rupture de pente (figure 29).
Les sédiments qui les constituent sont des sables argileux lités. Les lits s'individualisent par des différences de porosité (tantôt d'entassement, tantôt vésiculaire) et par la taille des matériaux les plus grossiers, sables grossiers ou graviers. De plus, les contacts sont soulignés par de fins horizons enrichis en fines présents au sommet de chaque lit. Ces lits sont plans, régulièrement parallèles, inclinés d'une dizaine de degrés le long de la pente et horizontaux dans le plan transverse.

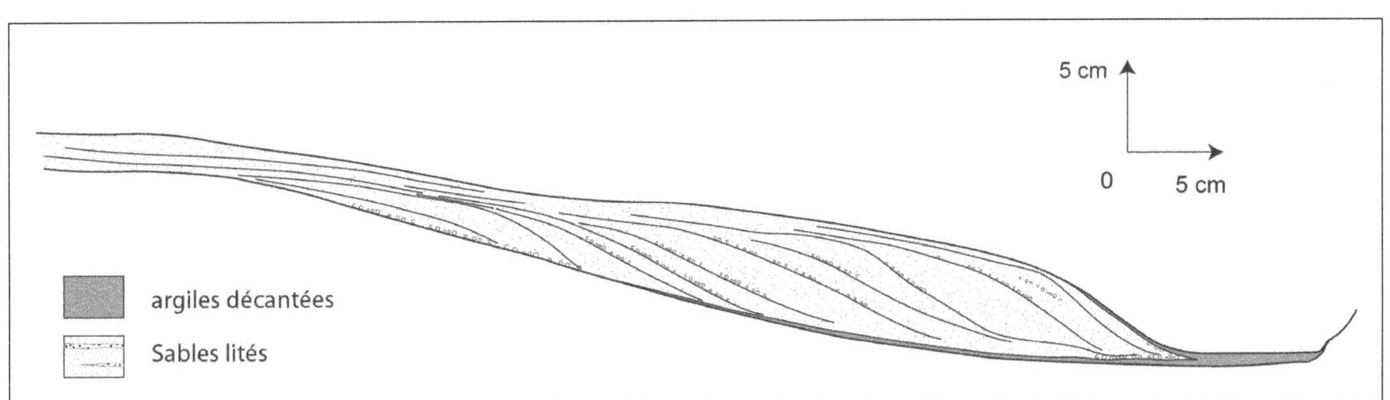

figure 33 : relevé de la section longitudinale d'un cône sous-aquatique. Ce cône montre une série de faisceaux de lamines obliques à fort pendage intercalés entre deux épisodes de décantation.

Plusieurs lames minces ont été taillées. L'une concerne les sédiments du secteur 1. Les dépôts sont formés de sables limono-argileux lités.

> Les contacts entre lits sont irréguliers. Une bande millimétrique enrichie en matériel fin présente au sommet de chaque lit souligne le contact. L'entassement des grains est dense ; la structure des agrégats est effondrée et la porosité est colmatée (planche 2E).
> Les constituants sont des sables fins à grossiers, des fragments de revêtements argileux et des micro-agrégats limoneux. Les grains sont couverts de revêtements argilo-limoneux fins et discontinus. Deux microfaciès sont présents :
> • des lits à microstructure simple à grains revêtus, où les grains ne présentent aucun tri (microfaciès F4) ;
> • des lits à microstructure énaulique à chitonique. Le squelette est formé de sables très grossiers et graviers. Des sables fins et des agrégats limoneux ou argileux comblent partiellement les espaces inter-grains (microfaciès F3).
> Ces deux faciès présentent des plages à microstructure vésiculaire.

Sous ces dépôts sont présents des sables mal triés à bandes partiellement à complètement colmatées d'argile massive (microfaciès F5b).

Une lame a également été taillée dans les sédiments du secteur 2 À la base de la lame sont présents des sables mal triés partiellement à complètement colmatés de limons massifs (microfaciès F5b). Ce faciès est surmonté de sables limono-argileux et de graviers lités. Les lits sont constitués :

> (1) de sables argileux non triés (microfaciès F4) ;
> (2) de sables grossiers et graviers partiellement colmatés de sables fins et agrégats limoneux. Des agrégats limoneux de la taille des graviers et des débris végétaux sont présents en quantité significatives dans certains lits. Les lits sont épais d'1 cm au plus. Les variations granulométriques entre lits tiennent à la taille des plus gros éléments, tantôt des sables grossiers, tantôt des graviers. Des coiffes de sables fins limoneux s'observent dans les lits peu colmatés (microfaciès F3).
> La microstructure diffère selon les lits. Quelques lits présentent une porosité vésiculaire, mais la plupart montrent un entassement simple ; des pores aplatis sinueux sont localement présents. Au sommet de certains lits, l'effondrement des agrégats conduit à un comblement de la porosité (microfaciès F'). Des revêtements en croissant de limons surmontent fréquemment ces horizons à structure effondrée.

Ces deux prélèvements ont donc en commun une structure litée où les contacts entre lits sont soulignés, tout comme pour les cônes aériens, par des horizons millimétriques compactés enrichis en fines (microfaciès F'). Deux microfaciès sont observés : des sables grossiers et graviers partiellement colmatés de sables fins (microfaciès F3) et limons et des sables limono-argileux non triés (microfaciès F4).
En outre, et à l'image des accumulations de ruissellement concentré, des dépôts se superposent à des sables plus ou moins colmatés d'argiles (microfaciès F5).

Genèse des dépôts et signification des faciès observés

L'association des différents microfaciès dans chaque milieu de dépôt permet d'expliquer la genèse des faciès observés. Quatre faciès, correspondant chacun à une association typique de microfaciès, sont identifiés pour les trois milieux de dépôts représentés sur le site (tableau 15).

Sédimentation sous-aquatique

Les apports dans les mares se font essentiellement par ruissellement concentré. Ils conduisent à l'accumulation de dépôts grossièrement laminés dans les micros-deltas en bord de dépression (faciès M1b). Des dépôts de fins d'averses et de décantation achèvent les séquences. Ces séquences se superposent ou s'emboîtent en fonction des variations saisonnières du niveau d'eau. Elles sont typiquement constituées de la succession des microfaciès F5a / F6 / F7.

Les deux premiers termes sont formés d'un entassement lâche de sables. Ceux-ci représentent le dépôt de la charge de fond transportée dans les rigoles. L'excellence du tri du microfaciès F6 est celle des dépôts obtenus par les écoulements de ruissellement sans *splash*. La position de ce faciès, intercalé entre les sables grossièrement laminés et les argiles et limons décantés, montre qu'il est formé par les écoulements de fins d'averses (« *afterflow* » de Mücher et De Ploey, 1977). La structure revêtue de ces deux faciès est produite par le piégeage de produits de décantation au sein de dépôts submergés.

Macro-faciès	*Description*	*Géométrie*	*Associations typiques de microfaciès*	*Milieu de dépôt*
M1	Lits de sables grossièrement laminés et graviers	Deux occurrences : a. lits plans ou légèrement concaves de sables plus ou moins bien laminés (F1 / F2) pouvant contenir des lentilles de gravillons (F3a), notamment à la base, et limités au sommet par de minces horizons de sables fins argileux (F') b. superposition de lits plans inclinés longitudinalement passant de sables grossièrement laminés (F5a) à des lits bien triés (F6).	Deux associations : a. F1-F2/F' ou F3/ F1/F' b. F5a/F6/F7	c. cônes de sorte de ravin d. corps des micro-deltas
M2	Sables argileux et graviers lités	Lits parallèles plans de graviers (F4) et de sables et graviers argileux massifs (F3), pouvant être limités au sommet par un horizon plasmique peu développé (F').	F3/F4/F'	Pied de talus
M3	Sables argileux en bandes	Lits de sables massifs ou grossièrement laminés (F1) présentant des plages colmatées d'argiles (F5). Possibles intercalations de lentilles de graviers (F3).	a. F1/F5b b. F1/F3/F5b	a. Au toit des micro-deltas ; b. dans les flaques
M4	Argiles et limons triés	Lits conformes à la surface. Se biseautent sur les bords des dépressions. Souvent laminés.	F7	Flaques et mares

tableau 15 : macrofaciès identifiés sur le site expérimental et associations typiques de microfaciès.

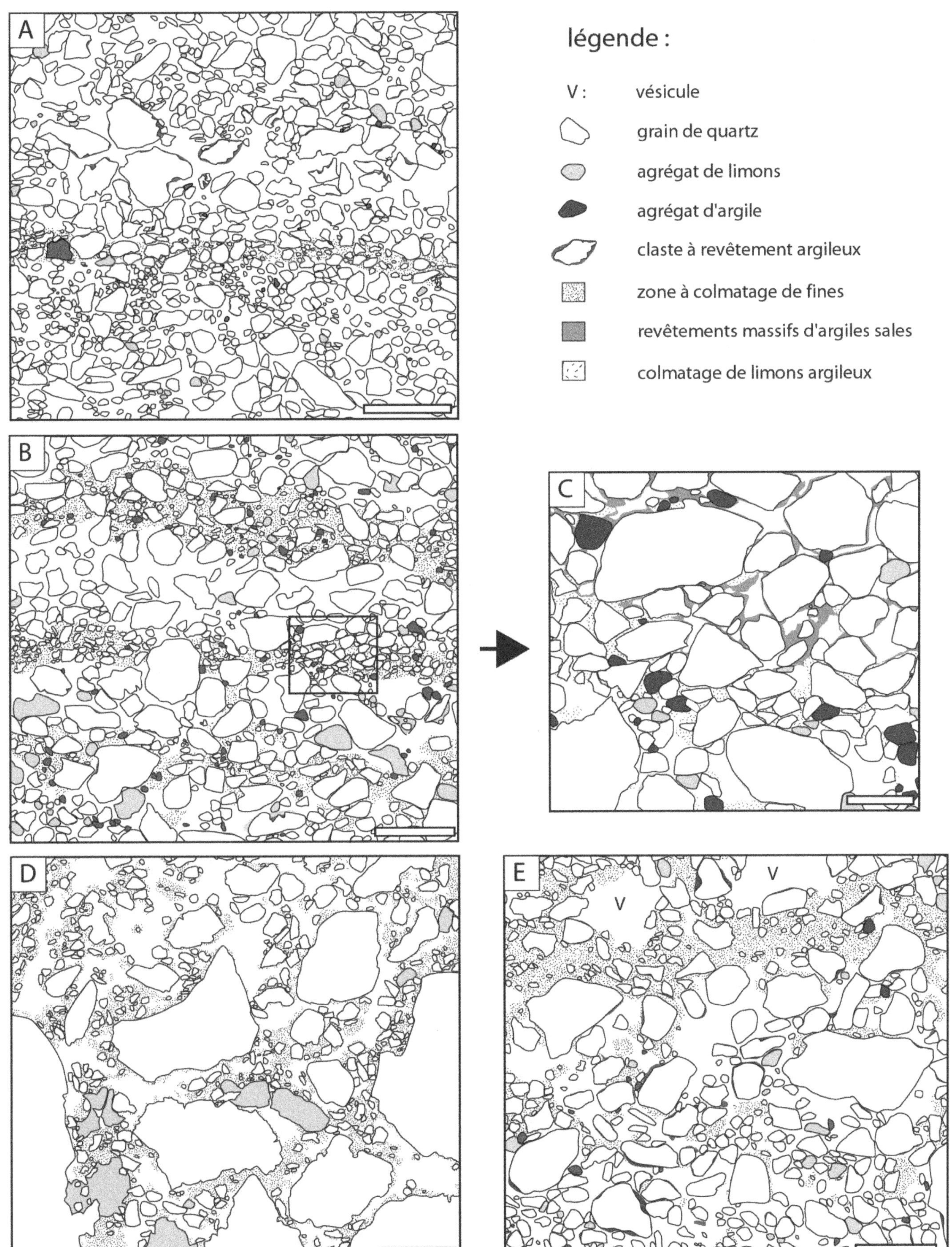

figure 34 : exemples de microfaciès typiques. A - microfaciès F1, sables s laminés propres à tri modéré ; B - microfaciès F2 , sables propres et sables argileux laminés bien triés ; C - microfaciès F2, détail d'une lamine de sables argileux ; D - microfaciès F3, graviers et sables grossiers partiellement colmatés ; E - microfaciès F4, sables non triés argileux. A, B, D et E : trait 1 mm ; C : trait 200 µm.

Des dépôts de décantation achèvent ces séquences. Deux micro-faciès y sont distingués. Le premier se caractérise par un mauvais tri entre limons et argiles (F7a), tandis que le second fait montre d'une bonne séparation des constituants (F7b), et donne lieu à des séquences à granoclassement vertical positif. Ces différences sont à imputer à la plus ou moins grande floculation des argiles lors de la décantation. Des formes intermédiaires peuvent être observées entre ces deux termes.
Ces séquences s'observent contractée au toit du cône. Cette contraction est imputable à la moindre accrétion de cette partie des micro-deltas. La localisation des fines est contrôlée par l'abaissement du niveau d'eau après intempérie. Ainsi, l'exondation rapide de cette composante du delta conduit à des dépôts d'argiles sous la forme de bandes partiellement colmatées à revêtements isopaques.
Cet abaissement rapide du niveau d'eau qui ne permet pas une bonne séparation entre les dépôts de charge de fond et les dépôts de suspension, caractérise également les petites dépressions qui fonctionnent en flaques. Par ailleurs, le médiocre développement des fronts dans ces flaques limite l'apparition d'un litage des dépôts. Le comblement prend la forme de dépôts de sables à bandes colmatées d'argiles (faciès M3).
Ce faciès est fréquemment observé sous les accumulations aériennes. Il représente une première étape de sédimentation par comblement des flaques qui a pu être observée à l'occasion de la réfection de talus sur le site expérimental. Dans un premier temps, les talus évoluent par effondrements. Les produits éboulés se dégradent rapidement sous l'action du *splash* et du gel, tandis que les sédiments détachés s'accumulent dans les zones déprimées entre-blocs qui forment des flaques. Ce n'est que lorsque les talus sont stabilisés, les dépressions comblées et la topographie régularisée que les formes plus typiques du ruissellement - cônes et prismes de pied de talus - se développent.

Cônes de sortie de ravins

Les cônes de sortie de ravins sont surtout constitués de sables fins à grossiers assez bien triés et grossièrement laminés (M1a). Les corps constitués par la migration des rigoles sur le cône - « micro-barres » de méandres - expliquent la lamination oblique observée en plan transverse, tandis que la lamination horizontale correspond à la superposition de langues d'accumulation ou des formes de fond de rigoles.
Le micro-faciès le plus représenté est celui d'une alternance de lamines de sables propres de granulométrie différente, à tri modéré à bon (microfaciès F1, figure 34A). Selon les observations de Moss et Walker (1978), le caractère propre des sables indique un déplacement par saltation individuelle de particules (*cf.* p. 18). Le mauvais tri granulométrique, d'après les expériences de Mücher et De Ploey (1977 et Mücher *et al.*, 1981), est provoqué par la forte turbulence du ruissellement pluvial.
Les sables laminés du microfaciès F2 se distinguent par la qualité du tri granulométrique et la régularité de la lamination (planche 1A et figure 34B). Les lamines de sables fins se caractérisent par un entassement dense des sables et un colmatage partiel par des limons argileux. La géométrie des lamines, plane et conforme à la surface du cône, indique que ce faciès correspond à la superposition de langues d'accumulations. Cette interprétation est corroborée par les granoclassements observés. Certaines de ces langues présentent des granoclassements latéraux où les grains les plus grossiers se placent en bordure des langues. L'accroissement de telles langues doit conduire à un granoclassement vertical normal. Un tel granoclassement est, en effet, fréquemment observé dans les lamines de sables propres.
Ce tri latéral ne s'accorde pas avec une simple diminution de la capacité de transport. Une explication est donnée par les expériences de Savat (1982) qui montrent que les grains les plus grossiers sont les derniers à s'immobiliser, au moment du dépôt, du fait de leur inertie. Une autre explication peut être proposée à partir des expériences de Koulinski (1994). Ces langues d'accumulation évoquent, en plus petit, les dunes torrentielles que l'auteur reproduit par des essais en canal. De telles structures représentent les formes de dépôts d'un transport par charriage hyperconcentré (Koulinski, *op. cit.*). Ces structures se formeraient à la transition entre la zone amont à transport par charriage hyperconcentré à la base de l'écoulement et aval, à transport en écoulement dilué. Les valeurs de pente relevées sur les cônes sont compatibles avec cette interprétation (*cf.* p. 18). Leur apparition nécessite des débits importants. L'observation de ces langues après des orages à fort impact morphogénique s'accorde donc également avec cette hypothèse de formation.
De notre point de vue, les lamines de sables fins de ce microfaciès F2 se forment par l'effet de tamis que provoque le *splash* en dehors des épisodes de sédimentation. L'entassement dense et le comblement partiel de la porosité d'entassement par les produits d'effondrement des agrégats limoneux indiquent que le *splash* intervient effectivement dans la genèse de ce microfaciès (figure 34C). De tels lamines de sables fins correspondent alors au premier stade de formation des croûtes de battance triées (Valentin, 1991). Cette interprétation est soutenue par les états de surface observés sur le site, qui témoignent du développement rapide de croûtes triées à la fin ou entre chaque épisode de ruissellement.

Les horizons inframillimétriques à millimétriques qui soulignent les contacts entre lits (planche 1C et E) présentent les caractéristiques des horizons plasmiques de croûtes de battance érosives observées en surface : entassement dense, porosité colmatée, enrichissement en fine, micro-agrégats déformés et fusionnés dans la moitié inférieure de l'horizon (Valentin, *op. cit.* ; Valentin et Bresson, 1992 ; *washed-in layer* de Mc Intyre, 1958). Ces horizons se forment par auto-tamisage de l'horizon superficiel des sols sableux sous l'action du *splash* ; quelques averses de forte intensité suffisent à leur mise en place (Valentin, 1991).
Les traits texturaux qui sont à l'origine de l'enrichissement en matériau fin de la partie supérieure de ces horizons sont variables. La redistribution des argiles présentes dans le secteur 1 est à l'origine de fins revêtements typiques (planche 1C), tandis que la présence dominante de limons dans le secteur 2 conduit à des revêtements micro-laminés en croissant (planche 1E). De tels traits texturaux ont depuis longtemps été reconnus en pédologie (Vreeken et Mücher, 1981 ; Rougier 1985 ; Fedoroff et Courty, 1987 ; Van Vliet-Lanoë, 1988). La variabilité observée s'explique ici par les stocks texturaux différents des matériaux parents dans les deux secteurs du site.
Le litage, souligné par les croûtes de battance enfouies, est l'expression du glissement des zones de sédimentation sur le cône. Le développement des croûtes de battance, triée puis érosives, ne permet pas la préservation des dépôts de fin d'intempérie (« *afterflow* »), si ces derniers ont existés.

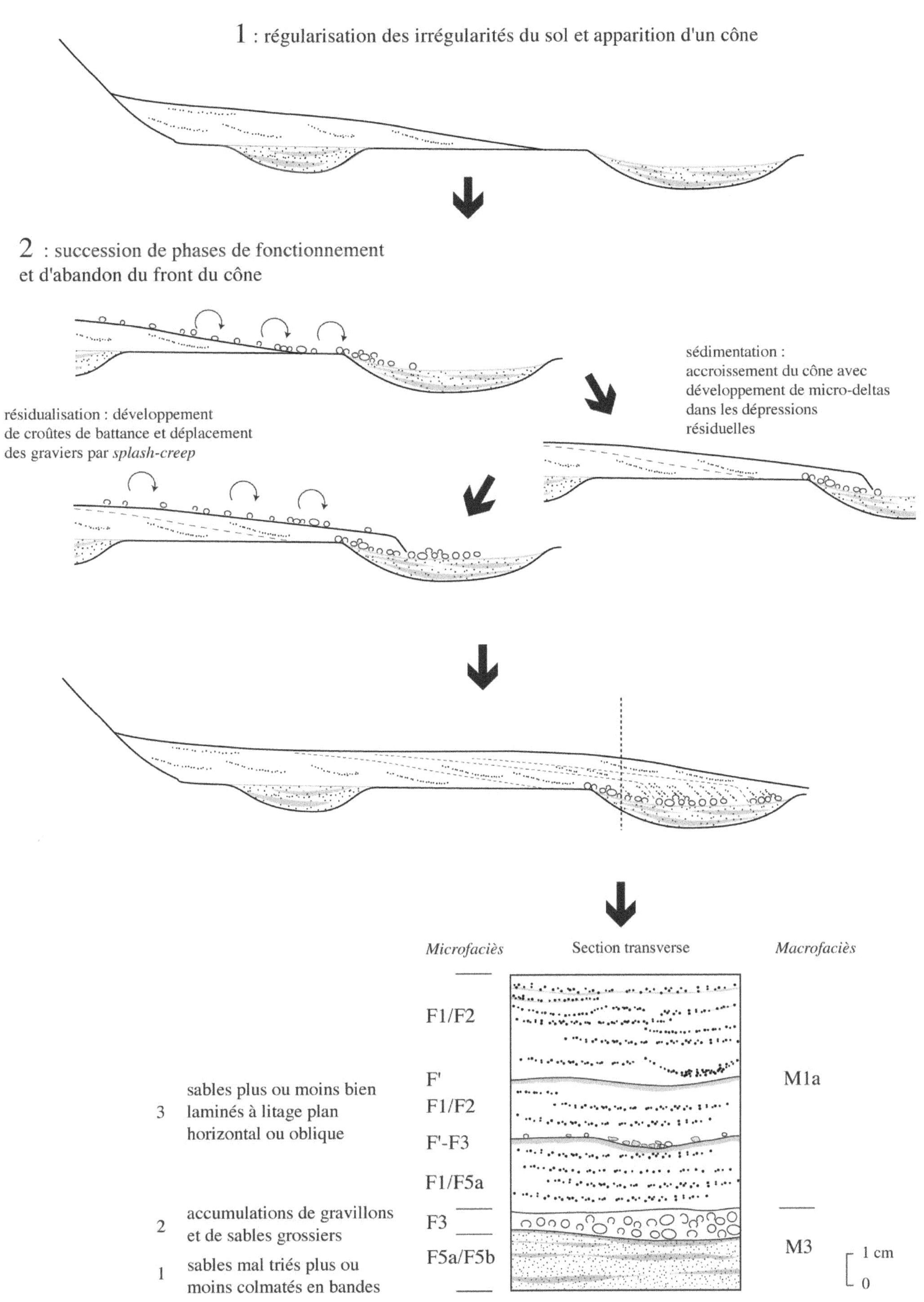

figure 35 : exemple de séquence de ruissellement par accroissement des cônes de sortie de ravin. A - étapes d'accroissement du cône ; B - exemple de séquence de microfaciès résultant du recouvrement de petites dépressions par le cône.

Le développement de ces croûtes de battance s'accompagne d'une concentration superficielle des graviers et des sables grossiers. Cette fraction résiduelle est déplacée par saltation ou reptation sous l'effet du *splash* (Poesen, 1985 ; De Ploey, 1977). Ces éléments s'accumulent dans les dépressions périphériques aux surfaces soumises au *splash* : dépressions superficielles conduisant aux lentilles de graviers dispersées au sein des sables lités, ou base des fronts des petits micro-deltas inactifs. Dans ce dernier cas, une séquence remarquable est observée (figure 35). Cette séquence est formée par la migration des faciès au cours de l'accroissement du cône. Au-dessus des sables plus ou moins colmatés de comblement de la dépression se superposent les accumulations de graviers formées pendant les phases d'inactivité du front. Ces accumulations sont recouvertes de sables grossièrement laminés déposés lors des périodes d'activité du cône. Cette séquence de sables laminés peut contenir des sables à microstructure revêtue à la base, qui témoignent du développement de micro-fronts immergés lors de la progression du cône dans la dépression.

Accumulations de pied de talus

Les accumulations de pied de talus sont formées de lits de sables et graviers mal ou non triés (faciès M2). Deux microfaciès y sont observés : (1) un entassement de sables de toutes tailles à coiffes matricielles et à agrégats limoneux plus ou moins déformés (microfaciès F4, figure 34E) et (2) un entassement de sables grossiers et graviers plus ou moins colmatés de sables fins argileux (microfaciès F3, figure 29D). Pour le premier, l'absence de tri permet d'y reconnaître des dépôts de *splash* seul (Mücher et de Ploey, 1977). Le tri et la taille des éléments grossiers du second microfaciès permet de reconnaître la fraction résiduelle qui se forme sous l'action du *splash* par accumulation des produits non-déplacés par saltation (Moeyersons et De Ploey, 1976). Cette fraction se déplace par reptation et s'accumule dans les zones de perte d'efficacité du transport que sont les pieds de talus. La fraction interstitielle de sables fins argileux représente, à l'inverse, les produits de rejaillissement sous l'action du *splash*. Sa présence dans les accumulations de graviers indique une fraction interstitielle piégée. La distribution de ces sables argileux sous la forme de coiffes et les vides polyconcaves qu'ils livrent indiquent un état semi-liquide du matériau à sa mise en place. Ce comportement est imputable aux propriétés mécaniques du sédiment et, en particulier, à sa faible limite de liquidité (*cf.* tableau 9, p. 39). Cet état favorise probablement l'infiltration de cette fraction dans les graviers, et par la même son piégeage. Ce microfaciès représente donc un dépôt résiduel du milieu inter-rigoles.
Il est probable que l'occurrence d'un faciès plutôt que l'autre soit liée, au moins pour partie, à la nature des intempéries et, en particulier, à l'efficacité du *splash*.

La présence d'horizons plasmiques en sommet de lits témoigne de l'alternance de phases de sédimentation par *splash* et d'arrêt de fonctionnement. Cette alternance reflète la disponibilité des matériaux en domaine inter-rigoles, elle-même contrôlée par l'efficacité des gels hivernaux et des mouvements en masses printaniers (*cf.* § 1.3.1).

Variabilité des dépôts

En dehors des caractères énoncés, les dépôts présentent une variabilité qui tient à la présence d'une porosité vésiculaire et à la plus ou moins grande abondance de pseudo-sables limoneux au sein des sables.
Les vésicules sont nombreuses dans les accumulations à vitesse d'accrétion modérée, qu'elles soient dues au *splash* ou liées au ruissellement concentré. Le diamètre de ces vésicules peut atteindre plusieurs millimètres, et leur distribution selon des bandes parallèles à la surface est remarquable.
Une origine synsédimentaire de cette porosité est exclue, eu égard à la proportion de volume considérable qu'elle représente (50 %). De telles vésicules se forment à la suite de simples cycles d'humectation / dessiccation, comme l'ont montré expérimentalement Evenari *et alii* (1974) pour des sédiments de texture comparable. Mais cette interprétation ne rend pas compte, ici, de la période de formation des vésicules. Celle-ci précède la mise en place des croûtes de battance. Cela est montré par les vides plurimilllimétriques polyconcaves de l'horizon intermédiaire sous-jacent à l'horizon plasmique des croûtes de battance (horizon m1/m2 de Bresson et Boiffin, 1990). Un tel horizon représente la première étape de dégradation par compaction d'un sédiment que provoque le *splash*. Les vides polyconcaves qui y sont observés représentent des vésicules préexistantes déformées.
Le développement de ces vésicules se place donc entre les gels hivernaux qui restructurent la surface du sol et les pluies de la fin du printemps.
C'est pourquoi nous interprétons cette porosité comme une conséquence des gels hivernaux. Il a été montré en effet que le gel favorise l'apparition d'une porosité vésiculaire superficielle (Coutard et Mücher, 1985 : Van Vliet-Lanoë *et al.*, 1984), en particulier lorsque la stabilité des sédiments est faible (Van Vliet-Lanoë, 1988).

Au sein des dépôts grossièrement laminés de ruissellement concentré, des lits se distinguent par l'abondance en agrégats. Les prélèvements réalisés en limite d'emprise de la végétation montrent que ces lits d'agrégats sont associés à des restes végétaux en cours de décomposition. Les feuilles d'espèces caduques qui y sont représentées témoignent du caractère hivernal de la mise en place de ces lits. La production des agrégats est également un caractère hivernal (*cf.* § 1.3.1). Ces lits correspondent donc à la sédimentation liée aux pluies hivernales ou du début du printemps.

L'abondance en agrégats et la porosité vésiculaire sont donc des caractères saisonniers qui expliquent en grand part de la variabilité rencontrée. Ces deux caractères sont observés dans les dépôts de sortie de ravin et dans les prismes de pieds de talus. L'interprétation que nous faisons de leur formation est la suivante (figure 36). Sur les parties inactives des cônes ou des talus, des croûtes de battance érosives se développent au cours de l'été. Les gels hivernaux les détruisent et conduisent à l'apparition d'une macroporosité par formation de lentilles de glaces. La croûte de battance fragmentée est remaniée par les averses printanières. Ces fragments de croûtes remaniés donnent naissance à des lits riches en agrégats dans les zones de dépôt, tandis que, aussi bien dans les zones de dépôt que d'érosion, l'effondrement de la structure lors des dégels et des pluies génèrent une porosité vésiculaire.

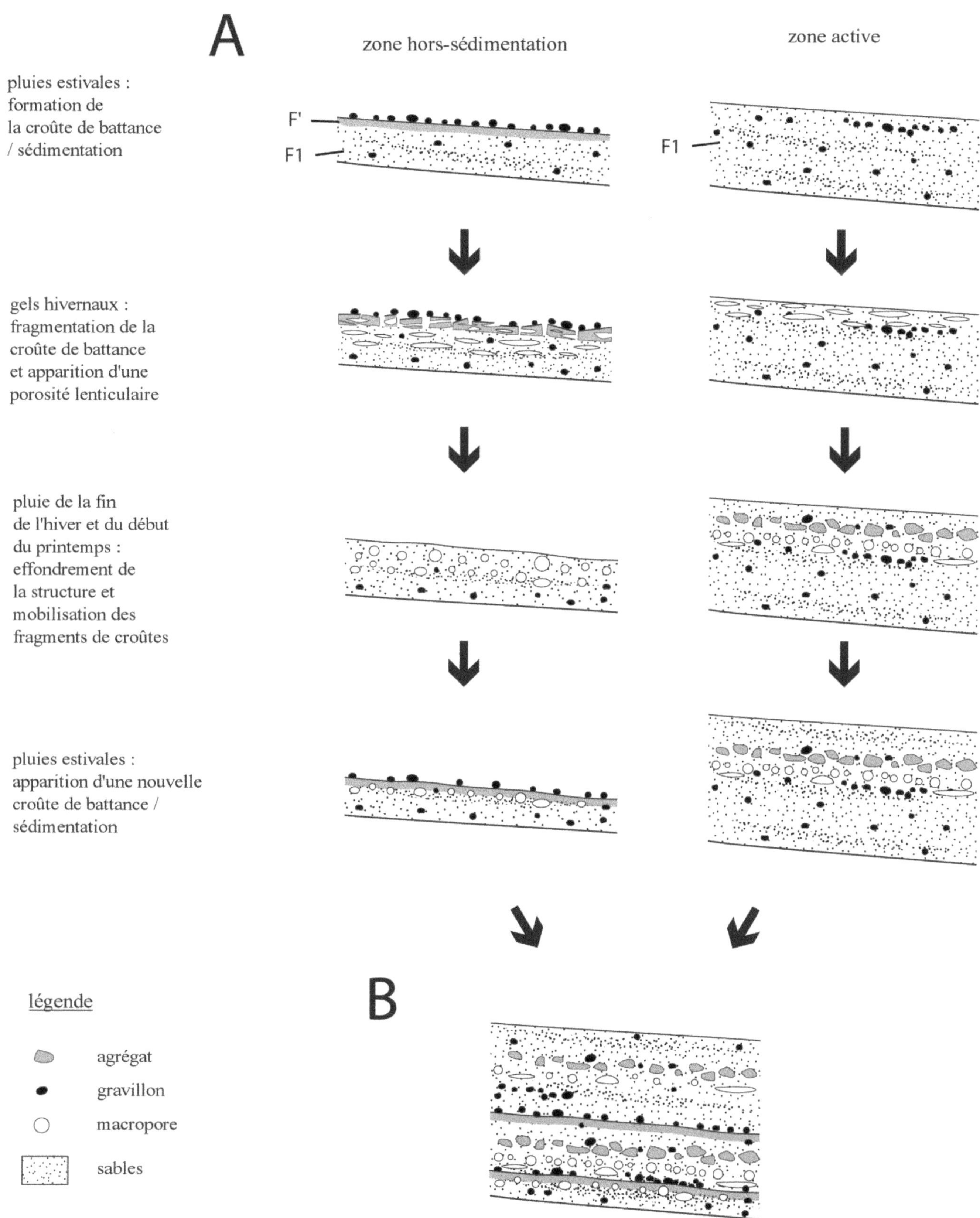

figure 36 : représentation schématique de l'expression saisonnière de la sédimentation dans les accumulations de sortie de ravins. A - fonctionnement saisonnier des surfaces en domaine d'érosion et de sédimentation ; B - exemple de séquence formée par la succession de période d'abandon et de sédimentation du cône.

1.4. Évolution des ensembles archéologiques en contexte de ruissellement : résultats expérimentaux

Les résultats présentés ici sont ceux des expériences constituées de répliques de vestiges archéologiques. Ils sont regroupés selon les différents milieux de transport et de dépôts présents sur le site : cônes de sortie de ravin, domaine inter-rigoles et chenaux.

Par soucis de clarté, les données apportées par les expériences de mesures de fabriques ne sont pas détaillées ici ; elles ont été regroupées avec les mesures réalisées en milieu naturel pour établir un bilan sur la fabrique des objets déplacés par ruissellement (*cf.* § 6, p. 111).

1.4.1. Les cônes détritiques de sortie de ravin

Les cônes de sortie de ravins forment des pièges sédimentaires remarquables : leur accrétion peut être rapide et ils couvrent des surfaces étendues. De ce point de vue, ces milieux de sédimentation se prêtent bien à l'enfouissement des niveaux archéologiques. Mais cette image de piège remarquable est nuancée par les risques de perturbations syn-sédimentaires associés à l'édification « en mosaïque » des cônes : à l'exemple des cônes précédents décrits (*cf.* § 1.3), les épisodes de sédimentation sont entrecoupés de phases d'érosion.

Les expériences réalisées ont donc pour objectif d'identifier les perturbations qui peuvent accompagner l'enfouissement, ainsi que les critères qui permettent de les diagnostiquer dans le fossile. Plusieurs cellules ont été placées sur ces cônes.

Expérience 1

La cellule est formée d'un amas reconstitué. Elle a été créée le 30 mai 2001 et fouillée le 7 août de la même année. Les objets expérimentaux sont placés à l'extrémité distale d'un cône de sortie de ravin, déconnectée de sa source par de nouvelles rigoles qui entaillent le dépôt (figure 37). La pente varie de 2 à 4° à l'emplacement des vestiges.

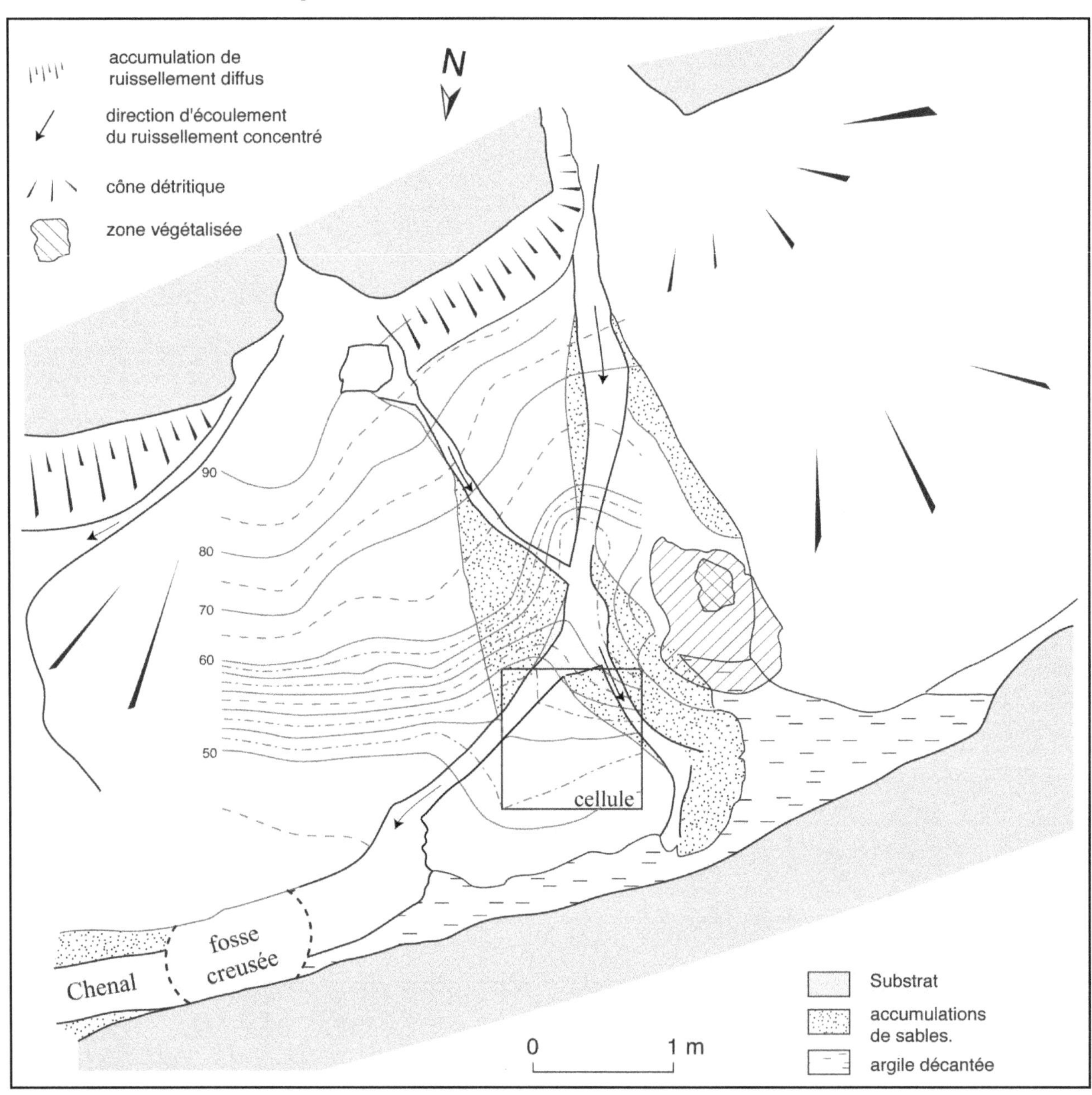

figure 37 : expérience 1, détail de la morphologie du secteur à l'emplacement de la cellule. Les courbes de niveau indiquent l'altitude, en centimètres, par rapport à un repère arbitraire.

Une fosse a été creusée quelques mètres en aval de la cellule, au début du chenal qui draine le secteur. Cette fosse piège le sédiment exporté ; elle permet de limiter la surface de fouille après fonctionnement, tout en garantissant la récupération de l'ensemble des vestiges.

Fonctionnement de la cellule

La cellule a connu trois mois de fonctionnement estival. Mais, seuls quatre jours correspondent à de pluies importantes ; ils se regroupent sur une période de trois semaines (tableau 16). Les modifications observées au retour sur le site expérimental sont le fait quasi-exclusif du ruissellement. Quelques traces de chevreuil témoignent d'un piétinement occasionnel et limité.

Jour	*04-07-01*	*17-07-01*	*19-07-01*	*27-07-01*
Précipitation (mm)	30,2	11,2	10,8	16,8

tableau 16 : expérience 1, précipitations importantes enregistrées au cours de l'expérience.

En surface, les modifications suivantes ont été observées :

1. Le sédiment accumulé dans la fosse forme deux micro-deltas emboîtés. Le premier est recouvert d'une fine pellicule d'argiles décantées. Il est tronqué par le second qui met en jeu une quantité plus importante de sédiment. Cet emboîtement témoigne de deux phases d'activité sédimentaire séparées par une période pendant laquelle le niveau d'eau dans la fosse s'abaisse.

2. Un autre micro-delta s'est formé au nord de la cellule, en limite d'extension du cône. Il présente des caractéristiques similaires (figure 38) : deux corps sont emboîtés, le second tronquant le premier. Le corps de la seconde phase d'activité est composé de trois langues d'accumulation juxtaposées. Une telle disposition témoigne d'un niveau constant de la flaque au cours de leur formation.

3. Des langues d'accumulation couvre la partie sud de la cellule, masquant les répliques. L'extension de ces langues est limitée par la concentration d'éclats et de lame qui leur fait obstacle.

Nous déduisons de ces observations que deux épisodes de fonctionnement sont à l'origine des modifications observées. Ces deux épisodes sont indépendants, séparés par un temps assez long pour permettre un abaissement sensible du niveau d'eau les dépressions, voire leur assèchement. Sur la base de la quantité de sédiment érodé, la seconde phase d'activité a été plus érosive que la première.
Ces déductions sont l'occasion de vérifier que toutes les journées de fortes pluies ne sont pas à l'origine de modifications. Mais, à l'exemple de cette expérience, la récurrence des pluies importantes est assez élevée pour qu'une brève durée d'exposition s'accompagne de modifications des ensembles de vestiges.

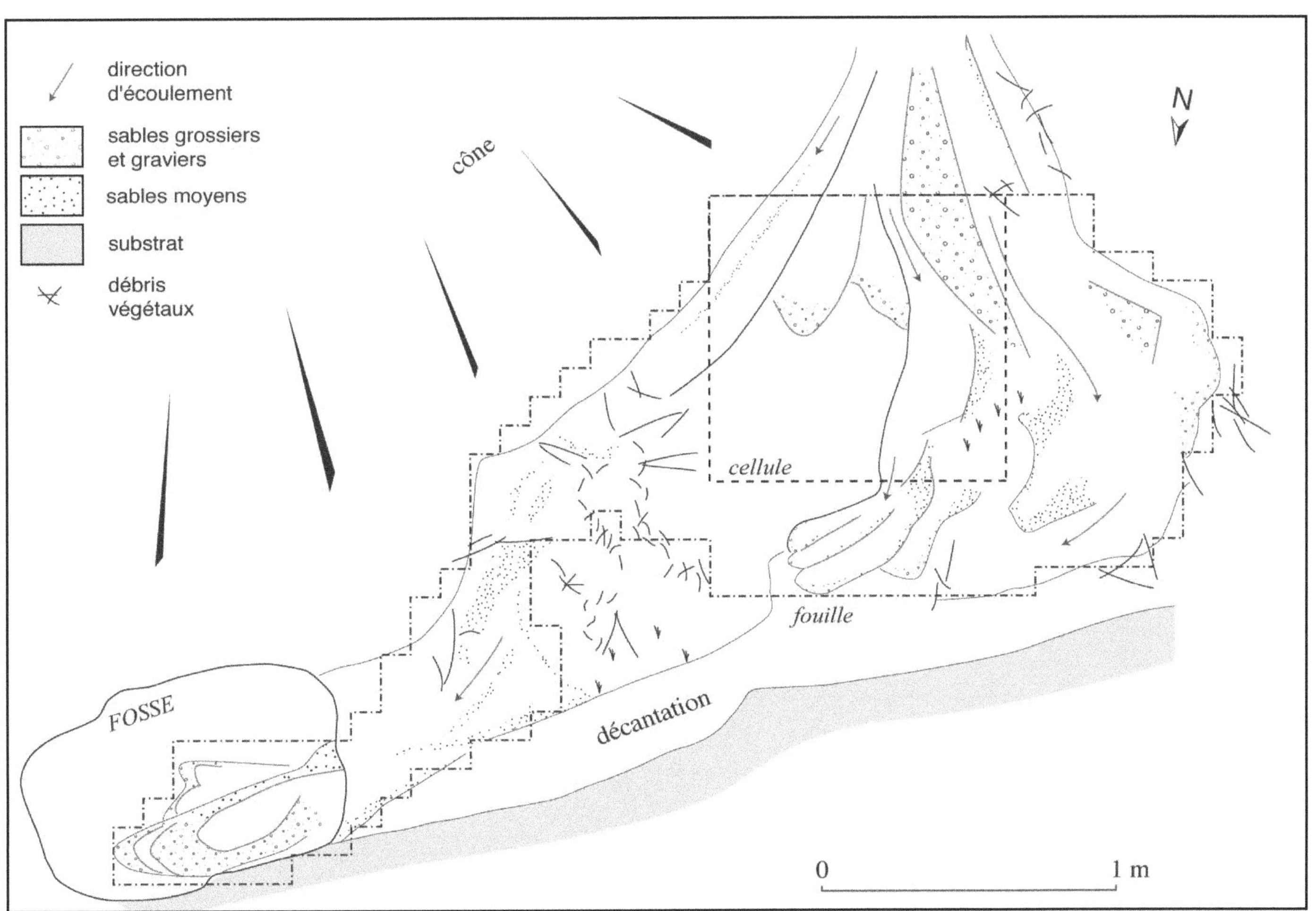

figure 38 : expérience 1, distribution des corps sédimentaires apparus au cours de l'expérience.

Les modifications de l'ensemble expérimental

Remarque préliminaire sur la méthode de récupération des vestiges

La fouille exhaustive est d'abord l'occasion d'évaluer les biais introduits par notre méthode de récupération des vestiges. Pour cela, nous calculons le *taux de recupération*, qui est le rapport entre le nombre d'objets récupérés à la fouille et le nombre d'objets mis en place. Tous les objets expérimentaux auraient dû être retrouvés puisqu'en plus de l'emplacement initial, c'est la totalité des corps sédimentaires dans lesquels le matériel expérimental a été redistribué qui a été fouillée (figure 38). En fait, environ 4 % de l'assemblage manque au décompte. Cette perte affecte surtout la plus petite fraction de vestiges (tableau 17).

Maille de tamis (mm)	*> 10*	*> 5*	*> 4*	*>2*	*Total*
Fouille	114	370	290	1712	2486
Mise en place	115	370	295	1798	2578
Taux de récupération (%)	**99,1**	**100**	**98,3**	**95,2**	**96,5**

tableau 17 : expérience 1, taux de récupération. Le taux de récupération est le rapport entre le nombre d'objets mis en place et le nombre d'objets récupérés.

Modifications observées à la fin de l'expérience

Les principales modifications observées sont indiquées tableau 18. Les redistributions de vestiges expérimentaux sont illustrées par les courbes d'égale densité des éclats non-côtés et l'établissement des diagrammes de distribution de taille (tableau 19 et figure 39).

Critères	**Observations**
A. zone de *splash*	
Mode de transport inféré	saltation par *splash* et ruissellement diffus pour des vestiges inférieurs à 4 mm ; reptation par *splash* pour les vestiges entre 4 et 10 mm ; absence de déplacement pour les vestiges plus gros.
Déplacement des vestiges côtés	Uniquement les lamelles, déplacements non-orientés inférieurs à 10 cm par *splash-creep*.
Organisations remarquables	Figures de préservation et d'accumulation (*cf. texte*) ; initialisation de micro-cheminées de fées.
Orientation des vestiges	Distribution aléatoire des orientations (L = 18 %).
Disposition spatiale	Déformation en « queue de comète » par dispersion dans la pente des plus petits vestiges (inférieurs à 4 mm).
Tri granulométrique	Tri marqué de la fraction exportée ; pas de changement du profil de l'emplacement initial.
B. zone de ruissellement concentré	
Mode de transport inféré	Transport en charge de fond.
Déplacement des vestiges côtés	Tous les vestiges se déplacent, plus ou moins en fonction de leur taille.
Organisations remarquables	Concentrations dans la zone de transit associées aux irrégularités de fond du chenal (structure d'affouillement ou accumulation de débris organiques).
Orientation des vestiges	Distribution aléatoire des orientations (L = 16 %).
Disposition spatiale	Redistribution en regroupements alignés dans la rigole ou concentration des objets dans les fronts sous-aquatiques.
Tri granulométrique	Tri marqué de la fraction transportée jusqu'aux fronts ; appauvrissement marqué de la fraction inférieure à 5 mm à l'emplacement initial.

tableau 18 : expérience 1, modifications observées à la fin de l'expérience. Les dimensions de vestiges sont exprimées en largeur de maille.

Classes de taille	*Lobe ouest*	*Delta nord*		*Delta ouest*		*Rigole*		*Ruissellement diffus*	
		1ere phase	*2nd phase*	*1ere phase*	*2nd phase*	*ouest*	*sud*	*Emplacement initial*	*Traînée*
2-4	73	79	307	12	68	99	101	998	23
4-5	1	4	70	0	6	4	10	201	0
5-10	2	3	45	0	1	62	18	283	0
10-20	0	0	0	0	0	12	0	116	0
Total	**76**	**86**	**425**	**12**	**75**	**177**	**129**	**1598**	**23**
lamelles	1	-	-	-	-	6	6	31	-
lames	1	-	-	-	-	1	-	19	-

tableau 19 : expérience 1, distribution des vestiges expérimentaux récupérés. Les classes de taille sont exprimées en largeur de maille.

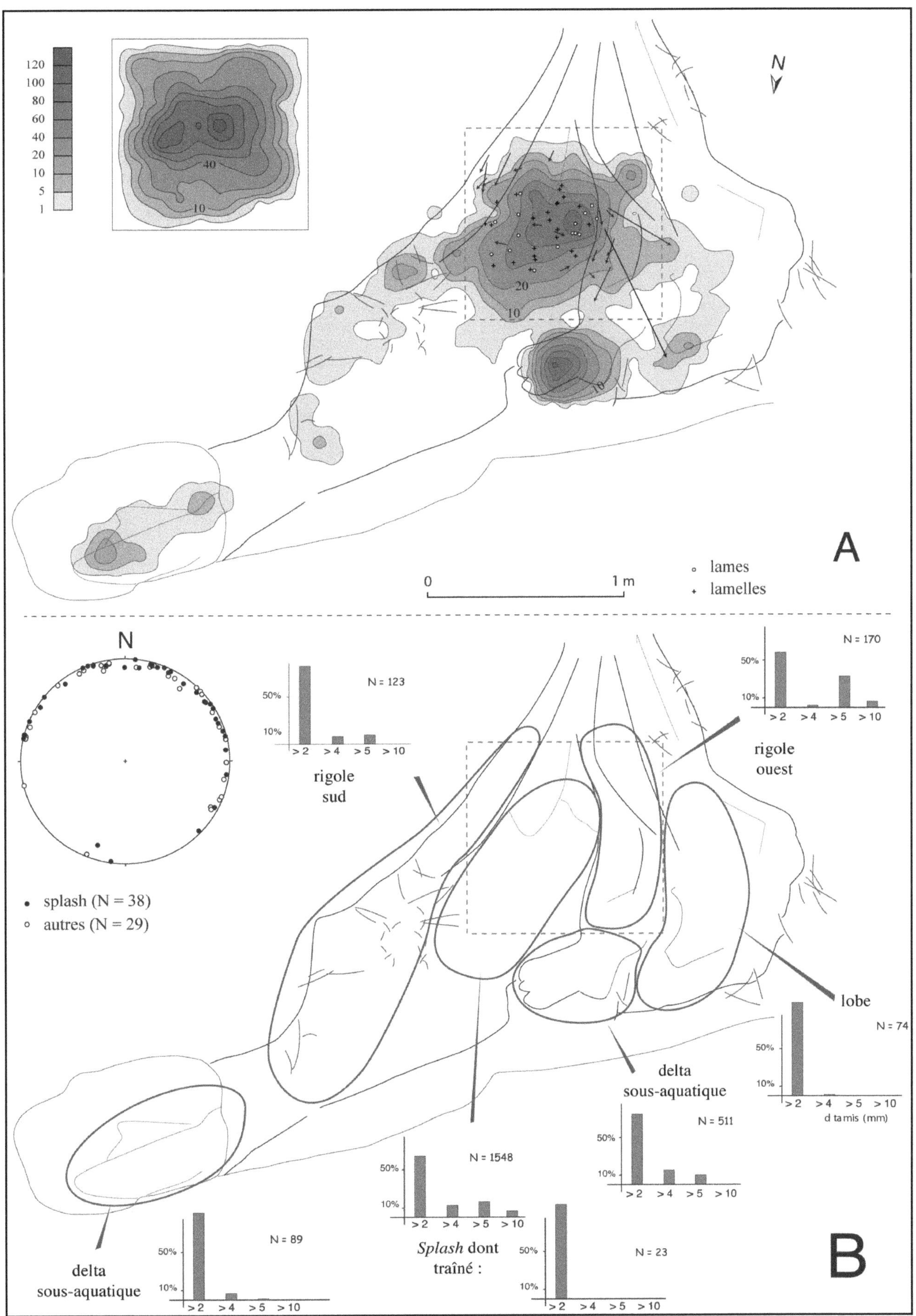

figure 39 : expérience 1, redistribution des vestiges expérimentaux. A - comparaison entre les courbes d'égale densité à la mise en place (en haut à gauche) et à la fin de l'expérience. Les densités sont exprimées en nombre de vestiges par décimètre-carré. Les déplacements des objets côtés (lames et lamelles) sont portés, ainsi que l'emplacement des vestiges sans déplacements significatifs. B - identification et profil de distribution de taille des différentes composantes de l'ensemble de vestiges à la fin de l'expérience.

Modifications observées à la fin de l'expérience

Les principales modifications observées sont indiquées tableau 18. Les redistributions de vestiges expérimentaux sont illustrées par les courbes d'égale densité des éclats non-côtés et l'établissement des diagrammes de distribution de taille (figure 39).
Les langues d'accumulation qui se sont formées détournent les écoulements concentrés vers les parties périphériques, tandis que le centre de la concentration évolue sous l'action du ruissellement diffus et du *splash.*

Les écoulements concentrés provoquent des redistributions importantes de vestiges.

> Les vestiges disposés dans la rigole qui recoupe la cellule par l'est ont tous été mobilisés. Un fractionnement granulométrique des vestiges redistribués accompagne cette redistribution :
> - les lames se sont déplacées de quelques centimètres dans le sens de l'écoulement,
> - les vestiges compris entre 5 et 10 mm sont majoritairement piégés par les irrégularités de la rigole, affouillements en dos de cuillère ou accumulation de débris organiques,
> - Tous les éclats plus petits et quelques éclats plus gros sont transportés jusqu'à la fosse. L'importance de leur déplacement n'est limitée que par la taille du système sédimentaire.
>
> Une rigole est apparue à l'ouest. Elle est à l'origine des langues d'accumulations qui enfouissent les vestiges les plus au sud (figure 38). Cette sédimentation est le fait d'une chute de compétence de l'écoulement provoquée par la présence des artefacts expérimentaux. Elle témoigne d'une interaction entre les vestiges et le cheminement des écoulements. Cette interaction a deux conséquence :
> - le contournement de l'amas par l'ouest,
> - l'enfouissement rapide des vestiges à l'amont de la cellule.
>
> Dans les deux cas, la taille du matériel archéologique redistribué dans les micro-deltas est différente entre les deux pluies efficaces identifiées. Le décompte des vestiges par classe de taille souligne la différence de compétence des deux épisodes de modifications (tableau 19). Il permet également de constater le bon tri granulométrique résultant de chaque épisode.

La partie centrale de l'amas, sous l'action du splash, est appauvrie en petits vestiges.

> Les plus gros vestiges, à l'image des lames, n'ont pas bougé (figure 39A). Quelques lamelles se sont déplacées, de quelques centimètres, sans direction préférentielle manifeste. Leur taille est compatible avec un déplacement par reptation sous l'effet du *splash.*
>
> Une « traînée » de petits vestiges s'est formée à l'aval de l'emplacement initial. La densité des vestiges qui la compose diminue progressivement en s'éloignant de la cellule. La taille de objets (largeur de maille de 2 à 4 mm) est compatible avec un déplacement par saltation. Les déplacements sont, au plus, de quelques décimètres.

Ces modifications s'accompagnent de l'apparition d'<u>organisations remarquables</u>. Deux types sont reconnus.

> La première de ces organisations correspond à l'accumulation d'éclats de petite taille à l'amont ou entre un groupe de gros objets (diamètre de maille supérieure à 1 cm). Nous appelons les regroupements ainsi formés des « ***figures d'accumulation*** » (figure 40). Ces figures sont observées dans les zones à écoulements concentrés.
>
> Des « ***figures de préservation*** » se rencontrent dans la zone qui a subi l'action du *splash*. Ces figures se caractérisent par une densité élevée de petits éclats sous les gros objets portés en altitude par des micro-cheminées de fées naissantes. À la fin de l'expérience, ces gros objets sont portés par des monticules d'un millimètre de hauteur environ. Ces figures montrent également :
> - la préservation de l'état de surface du sol sur lequel ont été disposés les objets,
> - le colmatage des parties périphériques de l'objet qui n'étaient pas en contact avec le sol à la mise en place. Ce colmatage est formé de sables fins argileux massifs à porosité vésiculaire.

La fabrique des vestiges reste planaire, sans orientation préférentielle (figure 39).

<u>Bilan de l'expérience</u>

Cette expérience montre l'importance des modifications de l'ensemble de vestiges expérimentaux lors des premiers épisodes de ruissellement.
L'amas initial est toujours identifiable, par l'association des plus gros vestiges (lames, éclats de largeur de maille supérieure à 1 cm) avec une quantité importante de petits éclats. Mais, une partie des caractéristiques premières (concentration resserrée, caractère bilobé) a disparu et des concentrations d'objets redistribuées sont apparues.
Ces modifications, obtenues pour une courte durée d'exposition, sont surtout provoquées par ruissellement concentré. Du fait de l'interaction entre l'amas et les écoulements, elles concernent en particulier les parties périphériques de la concentration, tandis que le centre témoigne d'une très légère résidualisation par appauvrissement en petits vestiges déplacés par le *splash.*

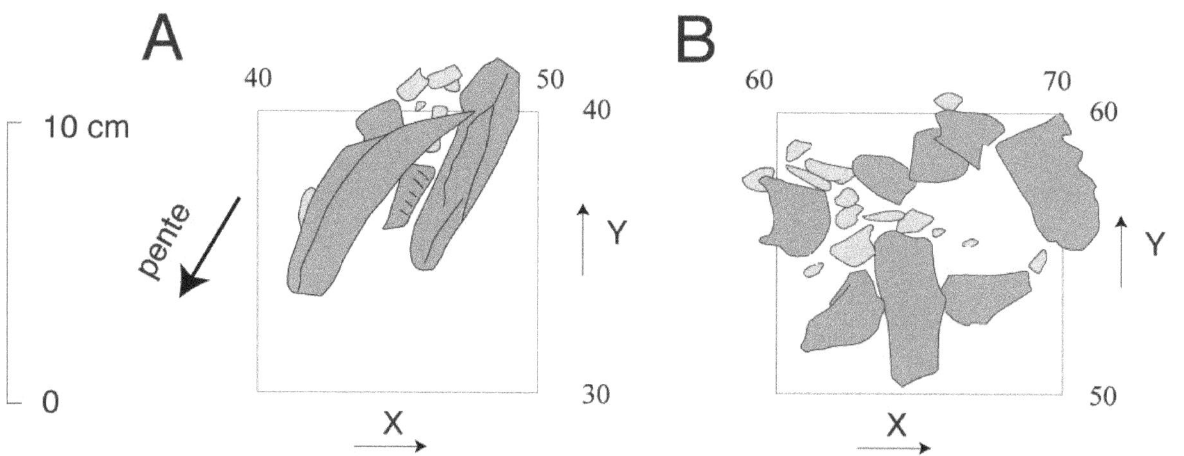

figure 40 : expérience 1, figures d'accumulation. Les objets les plus gros (en gris foncé) sont au contact les uns des autres ; les petits objets (en gris clairs) représentent la fraction piégée.

Expérience 2

Cette cellule est formée d'un amas reconstitué. Elle a été mis en place le 9 juillet 1999 et fouillée le 7 août de la même année. Elle est également disposée sur un cône de sortie de ravin de pente moyenne 5° (figure 21).
La majorité des lames et des plus gros éclats de cette cellule n'a pas été retrouvée. Nous ne disposons donc pas de mesures de fabriques ou d'autres observations portant sur cette catégorie de vestiges. Les vestiges plus petits permettent toutefois de comparer les résultats de cette expérience à ceux de la précédente, le contexte et la durée de fonctionnement étant comparables.

Fonctionnement de la cellule

Même si elle n'a fonctionné qu'un mois, la cellule a connu une forte activité sédimentaire.

Cela est dû au nombre d'orages qui se sont succédé (tableau 20), ainsi qu'à leur intensité. Ainsi, la journée du 12 juillet est du plus fort cumul quotidien de précipitation des quatre années d'expérimentation. Par ailleurs, nos carnets de terrain rendent compte, pour la journée du 6 août, d'« un orage très intense, accompagné de grêle. Il ne dure qu'une dizaine de minutes, mais il est particulièrement violent ». la confrontation de ces notes au cumul journalier permet une estimation grossière de l'intensité de pluie de l'ordre de 180 mm/h !

Jour	*12/07*	*13/07*	*05/08*	*06/08*
Cumul journalier (mm)	55,8	26,0	27,4	38,8
Précipitation dans les cinq jours précédant (mm)	0	55,8	13,8	38,6

tableau 20 : expérience 2, précipitations importantes enregistrées au cours de l'expérience.

La description de ce cône détritique et des formes d'accumulation à l'interface chenal / flaque (*cf.* § 1.3.3 : pp. 47-50) montre que la sédimentation au cours de l'expérience se fait en deux principaux épisodes, qui, d'après nos carnets de terrain, peuvent être liés aux deux orages évoqués.

Modifications de l'ensemble expérimental

Modifications observées au cours de l'expérience

Une visite de la carrière le 20 juillet, soit une semaine après le premier orage, a permis de constater des modifications sensibles.

Un grand nombre de vestiges sont dispersés dans le chenal qui draine le cône ou se retrouvent dans les corps sédimentaires distaux. Les dépôts au sein desquels sont redistribués les vestiges s'étendent sur une longueur de 8 mètres (figure 30).

Les observations préalables à la fouille témoignent également de modifications lors du second orage.

Le chenal de drainage a été déblayé, tandis que les corps sédimentaires ont significativement empiété sur la flaque. Sur le cône, les objets côtés sont à demi ou entièrement enfouis. Les seuls éclats visibles sont ceux dont le diamètre de maille dépasse 1 cm.
On constate au demeurant des **effets d'ombre** (Schick, 1986), c'est-à-dire des concentrations résiduelles de petits éclats à l'aval des gros objets. Ces signatures témoignent de la compétence des écoulements qui ont traversé la cellule.

Modifications observées à la fin de l'expérience

Les principales modifications observées à la fin de l'expérience sont portées dans le tableau 21.

À la fin de l'expérience, la cellule est formée de la juxtaposition de plusieurs composantes, qui correspondent chacune à un ensemble de matériel redistribué dans un même milieu de dépôt (figure 41).
Sur le cône, l'amas initial est toujours identifiable. 40% des objets qui le composaient initialement y ont été retrouvés.

En dépit des effets d'ombre, l'appauvrissement de cette partie de la cellule est net : les densités de vestiges y sont bien plus faibles qu'à la mise en place (figure 42).
La structuration initiale de l'amas n'existe plus ; elle a laissé place à une nouvelle juxtaposition de concentrations. Les écoulements concentrés sont à l'origine du dessin de ces « tâches résiduelles » (figure 41). Le taux de résidualisation, c'est-à-dire le rapport entre la fraction non déplacée et le total de des répliques retrouvées, passe du simple au double entre les plus petits et les plus gros éclats (figure 42). Cette résidualisation ne modifie cependant pas l'allure générale du profil de distribution de taille.
Bien qu'ils soient tous recueillis dans le mètre-carré où a été disposé l'amas, les plus gros éclats ont également bougé puisque certains ont été retrouvés dans des décimètres-carrés où ils n'avaient pas été initialement disposés.

En aval de l'amas, plusieurs petites concentrations sont apparues.

Ces concentrations sont allongées dans le sens de la pente. Leur diagramme de distribution de taille est similaire à celui des vestiges retrouvés dans le mètre-carré initial. Seuls les éclats de largeur de maille supérieure à 1 cm ne sont pas représentés.

Des concentrations remarquables sont également apparues à la jonction entre le cône et le chenal.

Ces concentrations ne sont composées que des artefacts les plus petits. À la fin de l'expérience, ces vestiges sont enfouis par les dépôts liés à l'accroissement du cône. Les accumulations de sables du chenal qui prolonge le cône contiennent également des vestiges. Il s'agit là aussi de petites concentrations plus ou moins juxtaposées, d'une à quelques dizaines d'éclats de petite taille (largeur de maille inférieure à 5 mm).

Ces concentrations remarquables, qui se placent à l'interface cône - chenal, évoquent les fortes densités de vestiges observées dans le chenal entre les deux épisodes. Elles ont pu être protégées du déblaiement du chenal par l'accrétion du cône alors que les autres vestiges présents dans le chenal ont été transportés jusqu'à la zone de sédimentation.

1/6e de l'ensemble de vestiges a été transporté jusqu'aux dépôts distaux.

Les objets retrouvés y sont également de petites dimensions (largeur de maille inférieure à 5 mm). Leur distribution spatiale est remarquable. Ces vestiges se regroupent en une suite de concentrations allongées. Ces concentrations sont orientées parallèlement ou transversalement à la direction d'écoulement. Les concentrations qui ne sont pas enfouies se superposent aux fronts des micro-deltas ou aux seuils formés d'accumulations de débris organiques.

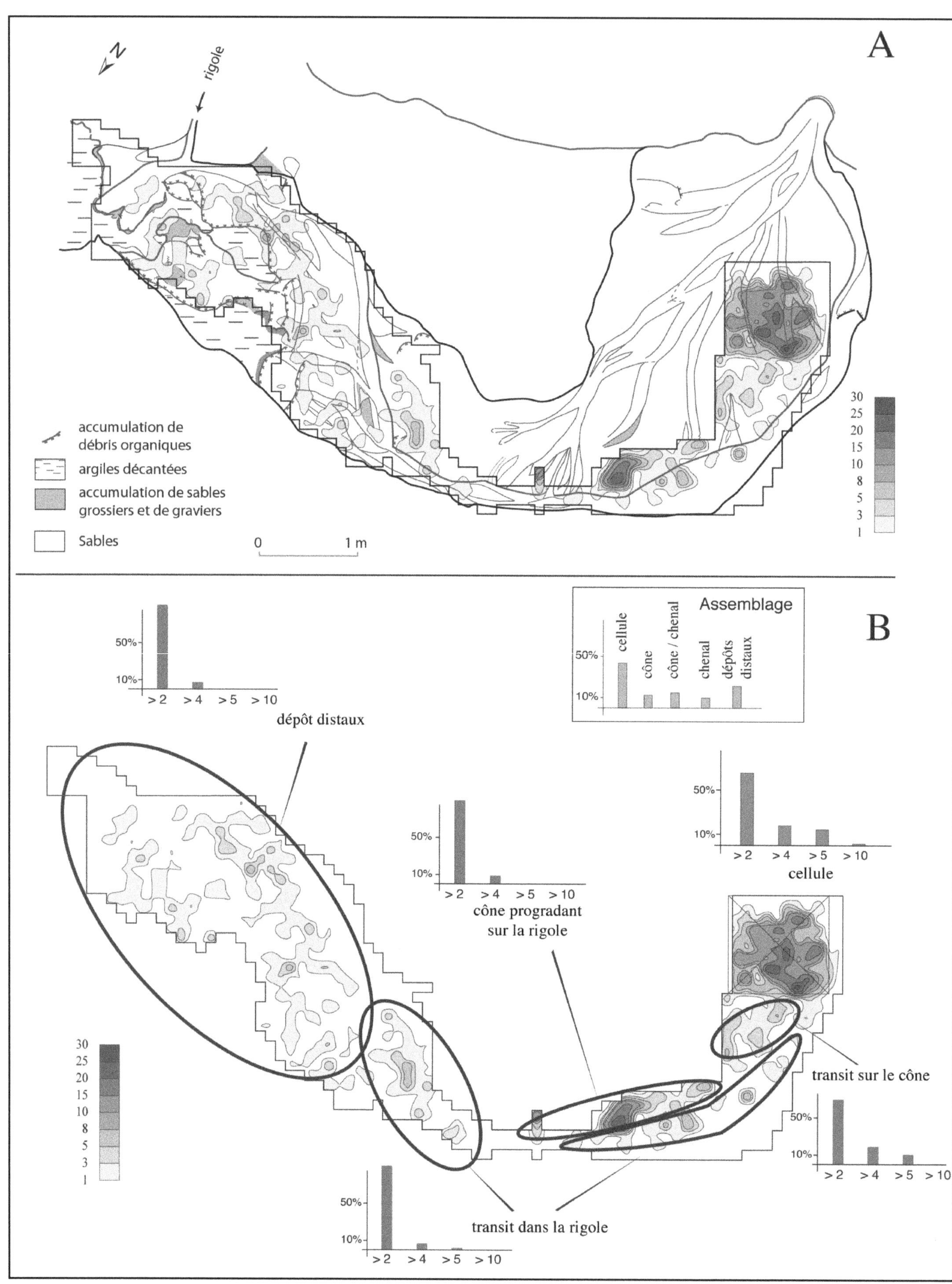

figure 41 : expérience 2, redistribution des vestiges. A - courbes d'égales densité de vestiges à la fin de l'expérience et distribution des corps sédimentaires. Les densités sont exprimées en nombre de vestiges par décimètre-carré. B - identification et profil de distribution de taille des différentes composantes de la cellule. Ces différentes composantes sont représentées par des zones cerclées.

Critères	Observations
Mode de transport inféré	Transport en charge de fond.
Déplacement des vestiges côtés	-
Organisations remarquables	Effets d'ombre.
Orientation des vestiges	-
Disposition spatiale	• À l'emplacement initial : appauvrissement et formation de concentrations résiduelles ; • Dans les zones de transit et de dépôts : alignement de petits « regroupements » (« *clusters* ») de vestiges redistribués associés aux pièges sédimentaires. Possibilité de concentrations significatives associées au premier événement de fonctionnement.
Tri granulométrique	Pas de modification du profil de distribution de taille à l'emplacement initial ; tri net de la fraction transportée avec apparition d'un gradient longitudinal.

tableau 21 : expérience 2, principales modifications observées.

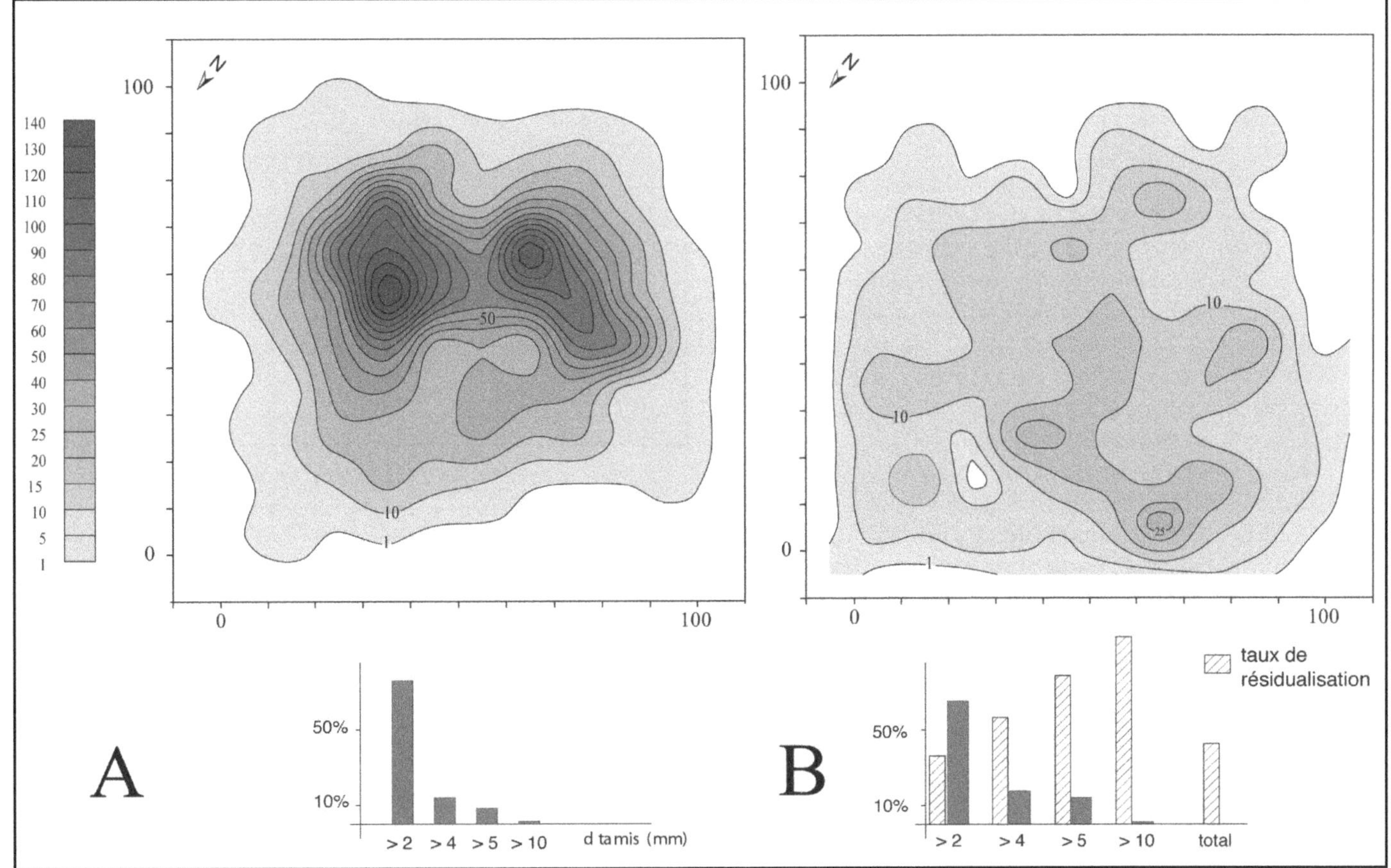

figure 42 : expérience 2, évolution de l'amas de silex taillés à son emplacement initial. A - mise en place ; B - fin d'expérience. Les densités sont exprimées en nombre de vestiges par décimètre-carré. Le taux de résidualisation est le rapport entre le nombre d'objets non déplacés et le nombre d'objets retrouvés.

Classes de taille	*Emplacement initial*		*Extrémité du cône*	*Rigole*		*Édifices distaux*	*Taux de recouvrement*
	Total	*Partie appauvrie*		*recouvert par le cône*	*Accumulation de sables*		
2-4	483	377	148	207	147	331	*72,8 %*
4-5	130	96	40	20	11	27	*68,5 %*
5-10	104	87	22	-	3	2	*65,2 %*
10-20	11	6	-	-	-	-	*30,6 %*
Total	**728**	**566**	**210**	**227**	**161**	**360**	

tableau 22 : expérience 2, distribution des vestiges expérimentaux récupérés. Les classes de taille sont exprimées en largeur de maille. Le taux de récupération (rapport entre le produit de la fouille et les vestiges initialement déposés) est également établi.

Remarque sur l'emplacement de la fouille

Les taux de récupération permettent d'évaluer l'exhaustivité de la fouille. En l'occurrence, ces taux sont trop faibles pour que cette perte ne soit imputée qu'à la technique de fouille (*cf. expérience 1 : modifications de l'ensemble de vestiges expérimentaux*). L'absence importante de gros éclats est à mettre au compte de la récolte intempestive des éclats et des lames par un quidam. En revanche, l'absence d'un nombre important de petits éclats indique que la fouille n'a pas été complète. La confrontation entre la localisation des rigoles à la mise en place et les concentrations de vestiges à la fin de l'expérience (figure 41A) suggère que des écoulements ont pu déposer des vestiges dans des parties du cône qui n'ont pas été couvertes par la fouille. Or, l'emplacement de la fouille a été guidé par la lecture du drainage visible à la surface du cône à la fin de l'expérience. Il nous faut admettre que la localisation des rigoles a sensiblement changé au cours de l'expérience.

Bilan de l'expérience

A l'emplacement initial, l'ensemble de vestiges a été significativement appauvri et des organisations remarquables - des effets d'ombres - se sont formées. Ainsi, cette expérience documente, dans un contexte sédimentaire similaire à celui de la précédente expérience, des modifications différentes. En particulier, l'amas n'a pas fait obstacle aux écoulements. Cela est imputable la récolte des gros objets avant les pluies. La différence de modifications qui en résulte souligne le rôle prépondérant de la disposition initiale des objets, suivant qu'ils forment ou non un amas.

Les objets redistribués sont surtout les petits vestiges. Cette redistribution sélective affecte plus de la moitié des répliques expérimentales. Il est remarquable de constater que, malgré cela, le profil de distribution de taille des vestiges retrouvés à l'emplacement initial n'a pas été significativement altéré.

Dans la zone de transit et de dépôt, la distribution finale, sans être d'origine anthropique, n'est pas aléatoire. Les vestiges redistribués forment des regroupements alignés et des concentrations remarquables se sont formées à l'interface cône-chenal.

Expérience 3

Cette expérience a débuté le 9 juillet 1999 et a été arrêtée le 20 août 2000. L'amas a été placé sur un des cônes de sortie de ravin du secteur 1 (figure 21). La pente moyenne approche 10°.

La rigole qui prolonge le ravin s'est encaissée et le cône associé n'est aujourd'hui plus alimenté. Une rigole secondaire, qui recueille des eaux d'une facette du talus, entaille le cône. L'amas a été placé à cheval sur cette rigole secondaire (figure 43). Cette rigole se raccorde au chenal qui draine le secteur et se déverse dans une mare une trentaine de mètres plus loin. L'ampleur de ce système nous a conduit à limiter la fouille au cône de sortie de ravin (figure 43).

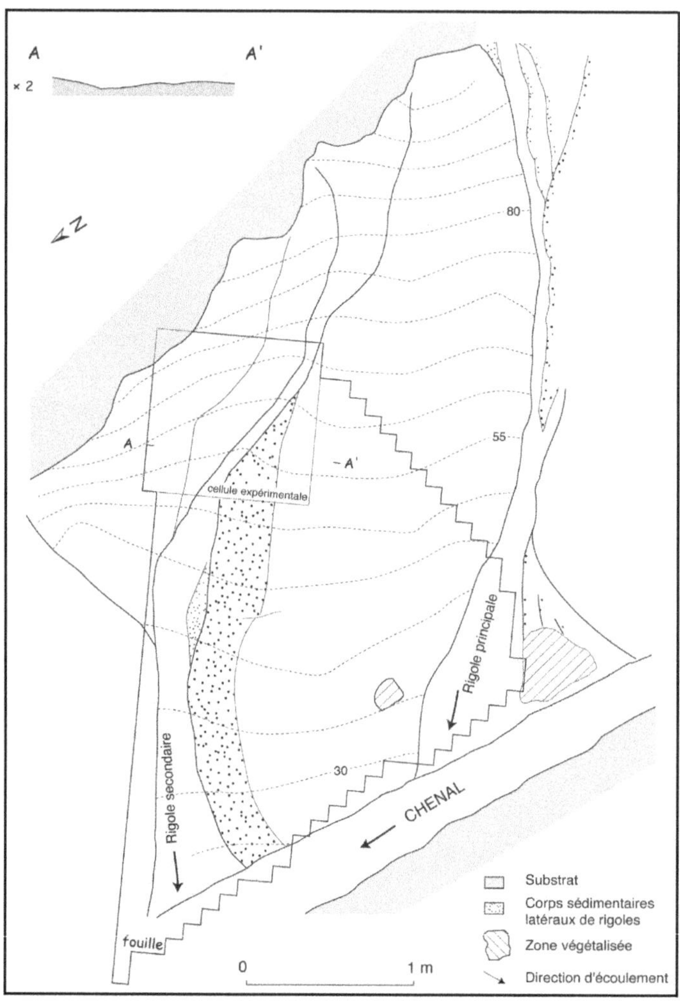

figure 43 : expérience 3, détail de la morphologie du secteur 1 au niveau de l'emplacement de la cellule. Les courbes de niveau indiquent l'altitude, en centimètres, par rapport à un repère arbitraire. AA' : profil topographique à l'emplacement initial de l'amas.

Fonctionnement de la cellule

Les processus qui interviennent dans le fonctionnement de la cellule sont variés :

- la partie est de la cellule reçoit un ruissellement diffus provenant du talus ;
- La partie centrale est directement exposée aux écoulements qui transitent par la rigole.
- La partie ouest est déconnectée de toute alimentation en provenance du talus par la rigole ; elle est surtout soumise à l'impact des gouttes de pluie.

Modifications de l'ensemble de vestiges expérimentaux

Modifications observées au cours de l'expérience

Les visites du site ont permis de constater un fonctionnement peu de temps après la constitution de la cellule.

Les forts orages de l'été 1999 sont à l'origine de la redistribution de petits éclats (largeur de maille de 2 à 5 mm) dans le chenal qui prolonge le cône. Ces éclats ont été repris au cours des épisodes successifs de ruissellement. Dès l'automne 1999, un examen attentif du fond du chenal ne suffisait plus à en identifier.

Critères	Observations
Mode de transport inféré	Charge de fond : • Roulement pour les plus gros, • Roulement et saltation pour les plus petits.
Déplacement des vestiges côtés	De 0 à 1 m, pour les lames ; cette distance est d'autant plus grande que les objets sont allongés. De 0,3 à 3 m et plus pour les lamelles ; cette distance est d'autant plus grande que les objets sont allongés et qu'ils ne sont pas aplatis.
Organisations remarquables	Figure de blocage des gros objets en transit dans la rigole.
Orientation des vestiges	Pas d'orientation préférentielle (L = 17,5 %) ;
Disposition spatiale	Appauvrissement et formation de concentrations résiduelles à l'emplacement initial. Alignement de petits « regroupements » dans les zones de transit et de dépôts.
Tri granulométrique	• À l'emplacement initial : le profil de distribution de taille tend vers une distribution uniforme ; • Dans les zones de transit et dépôts « anciennes », distribution normale autour du mode 4 mm ; • Dans les zones de transit et de dépôts « récentes », distribution décroissante par sur-représentation des plus petits vestiges.

tableau 23 : expérience 3, principales modifications observées.

Classes de taille	*Emplacement initial*		*Fraction redistribuée*			*Taux de récupération*
	Total	*Concentration résiduelle*	*Rigole, partie active*	*Rigole, corps latéral*	*Splash*	
2-4	140	85	27	15	19	*24,0 %*
4-5	98	55	14	20	15	*62,4 %*
5-10	117	65	16	13	15	*66,3 %*
10-20	15	12	2	0	1	*34,0 %*
Lamelles	-	-	20	5	1	*67,3 %*
Lames	26	6	2	1	-	*56,9 %*
Total	**370**	**217**	**81**	**54**	**51**	***40,0 %***

tableau 24 : expérience 3, distribution des vestiges expérimentaux récupérés. Les classes de taille sont exprimées en largeur de maille.

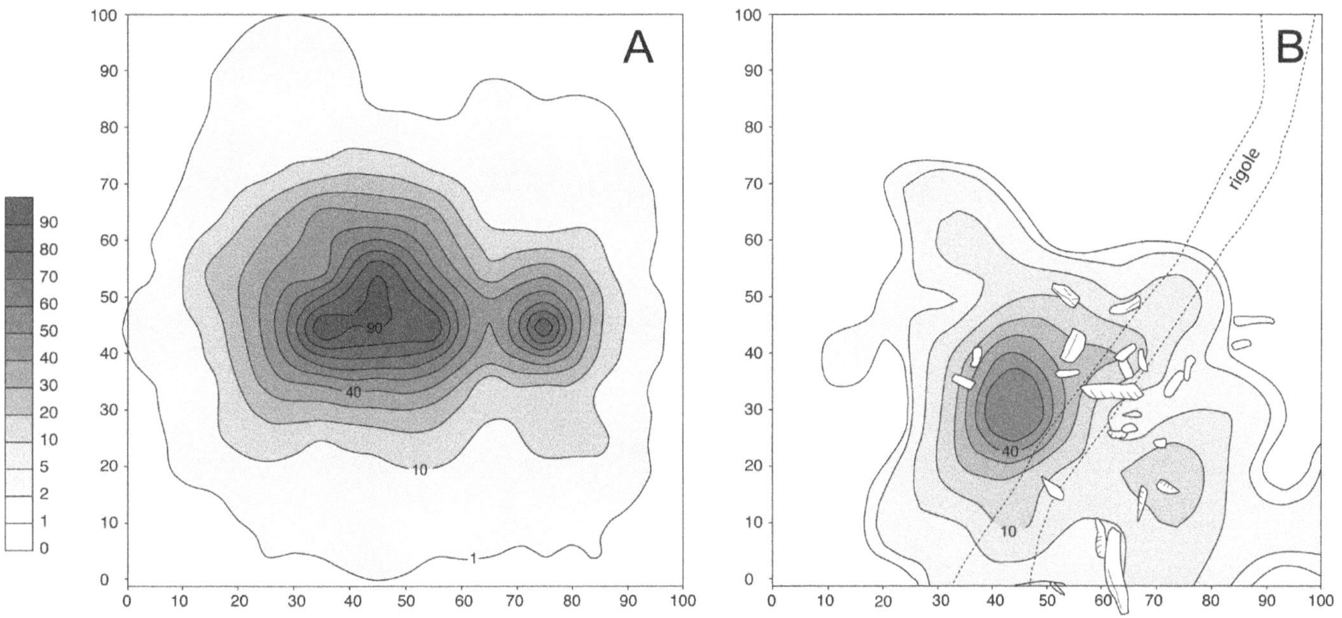

figure 44 : expérience 3, évolution de l'amas de silex taillés à son emplacement initial. A - mise en place ; B - fin de l'expérience. Les densités sont exprimées en nombre de vestiges par décimètre-carré.

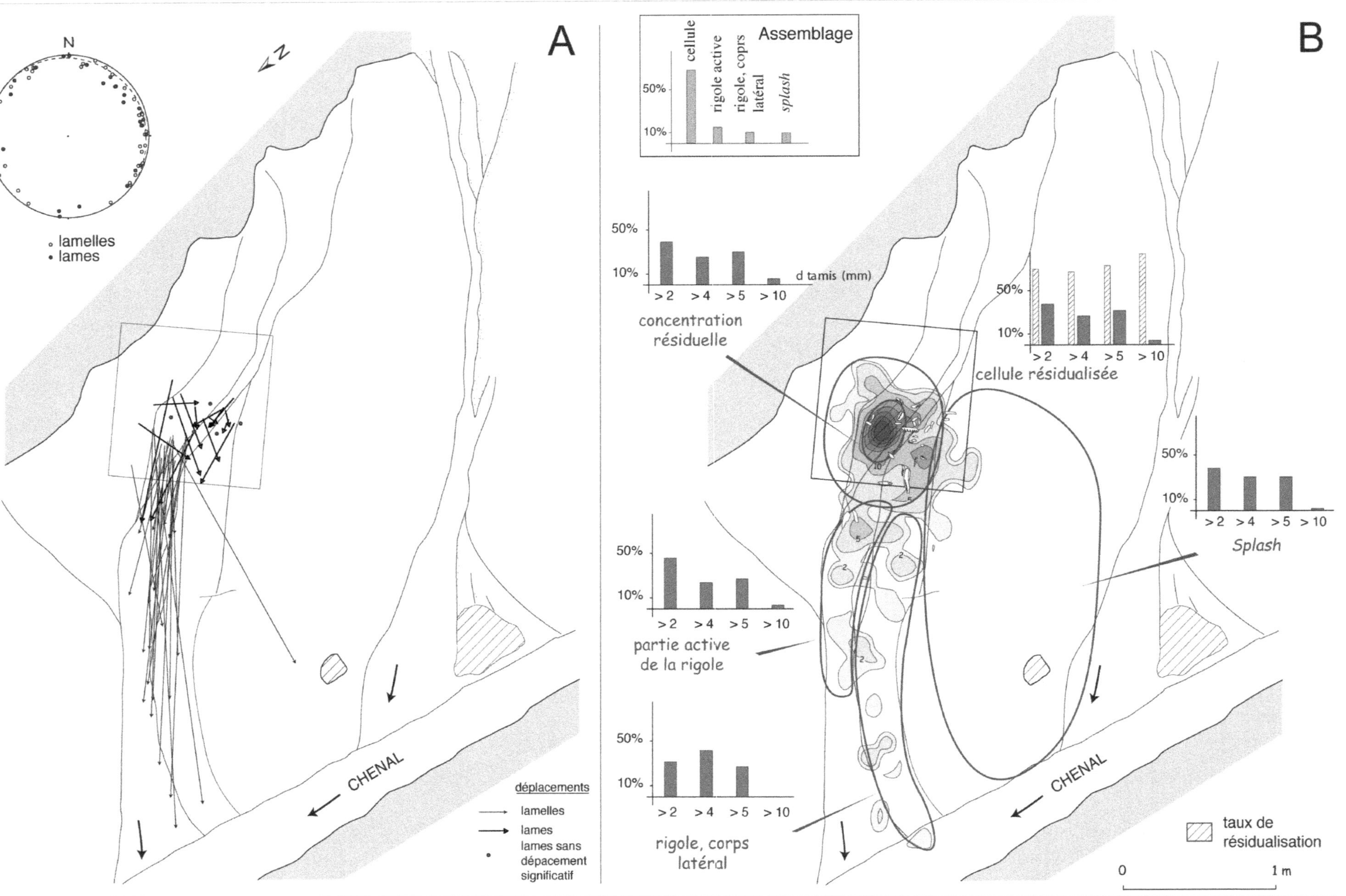

figure 45 : expérience 3, redistribution des vestiges. A - déplacements des vestiges au cours de l'expérience et fabrique des vestiges. B - distribution des vestiges non-côtés, identification et profil de distribution de taille des différentes composantes de la cellule à la fin de l'expérience.

Au moment de la fouille, la surface sur laquelle est placé l'amas est en cours d'érosion.

Les plus gros objets se situent au sommet de micro-cheminées de fées et une croûte de battance enfouie est mise au jour en plusieurs endroits de la cellule. Ce fonctionnement par érosion peut être mis en rapport avec le cycle saisonnier d'érosion / comblement du site. La cellule est fouillée à la fin de l'été, alors que les rigoles et les chenaux ont été vidangés des apports hivernaux. À ce moment de l'année, le ruissellement est de type hortonien ; les écoulements concentrés sont érosifs (*cf.* § 1.3.1).

L'emplacement de la rigole secondaire a varié au cours de l'expérience.

Un corps sédimentaire latéral témoigne d'un contournement de l'amas par l'ouest (figure 43). Ce contournement est imputable à l'effet obstacle de la concentration principale. Lorsque l'expérience est arrêtée, la rigole reprend son emplacement originel par migration latérale.

Modifications observées à la fin de l'expérience

Les principales caractéristiques de l'expérience sont portées dans le tableau 23.

Le taux de récupération est faible : 40 % (tableau 24).

La perte des vestiges est essentiellement imputable à l'extension limitée de la fouille. Les vestiges qui manquent ont été observés en transit dans le chenal lors des premiers stades de fonctionnement de la cellule ; ils ont été exportés hors du cône. Le faible nombre de lames retrouvées est à mettre au compte des prélèvements clandestins.

La distribution des vestiges à l'emplacement initial a sensiblement évolué durant l'expérience (figure 44).

La partie ouest de la cellule est fortement appauvrie. Cet appauvrissement témoigne de l'efficacité de l'écoulement concentré de la rigole. Une concentration résiduelle existe cependant. Elle est composée des vestiges qui sont en cours d'exhumation au moment de la fouille. Leur enfouissement peut être le fait de la sédimentation forcée provoquée par l'amas. Enfin, quelques vestiges ont été recouverts par les apports de ruissellement diffus et *splash* depuis l'est.

Par ailleurs, le profil de distribution de taille des vestiges a sensiblement évolué (figure 45). Ce n'est plus celui de la série géométrique décroissante qui caractérise l'ensemble initial.

Les vestiges retrouvés dans la rigole regroupent deux populations :

- La première est formée des vestiges enfouis dans le corps sédimentaire latéral. Le diagramme de distribution de taille fait apparaître un tri autour du mode 4-5 mm.
- La deuxième correspond aux objets présents dans la rigole au moment de la fouille. Ces vestiges sont très probablement issus de la concentration résiduelle mis au jour à l'emplacement initial par migration latérale de la rigole. Le profil de taille de cette population est exponentiel décroissant, comparable à ceux des fractions redistribuées qui ont été obtenus pour une courte durée d'exposition dans les expériences précédentes.

La fraction soumise à l'action du *splash* est peu déplacée. Mais elle témoigne également d'un tri granulométrique, avec appauvrissement en petits vestiges.

La fabrique des répliques de vestiges est de type ceinture. Le test de Rayleigh refuse l'hypothèse d'une orientation préférentielle (p = 0,161). La dispersion autour du plan de stratification est plus importante dans le cas des lames (figure 45A). Ces gros objets sont retrouvés sur des micro-cheminées de fées ; leur pendage n'est alors pas nécessairement conforme à la surface.

Sur vingt lames dont le marquage a été préservé, cinq ne montrent pas de déplacements significatifs. Les quinze autres se sont déplacées, principalement dans la rigole. Certains objets forment des « **figures de blocage** » (figure 44), c'est-à-dire des regroupements de quelques objets de taille comparable.

Influence de la forme et de la taille des vestiges

La comparaison des distances de déplacements des deux catégories d'objets - lames et lamelles - montre qu'ils sont importants dans le cas des lamelles, et limités dans le cas des lames (figure 45A). Une telle distinction renvoie au tri granulométrique lié à la compétence des écoulements. Toutefois, la considération du poids, des dimensions et des indices de forme (allongement et aplatissement) fait apparaître une relation plus complexe entre les modules des vestiges et l'importance des déplacements (figure 46).

Ce sont bien les plus petits objets qui se déplacent sur de grandes distances. En revanche, les comportements sont différents au sein de chaque catégorie (tableau 25).

L'importance du déplacement des lamelles n'est pas liée à leur masse, mais à leur forme (allongement et aplatissement) : les lamelles se déplacent d'autant plus qu'elles sont allongées et qu'elles ne sont pas aplaties. Cette double corrélation inverse explique que la largeur des objets soit la dimension la mieux corrélée aux distances de déplacement. Elle désigne le roulement comme mode de déplacement (Allen , 1982).

L'aplatissement n'a que peu d'influence sur le déplacement des lames. En revanche, les objets se sont d'autant plus déplacés qu'ils sont lourds et allongés (tableau 25). Dans le cas des répliques que nous avons utilisées, ces deux variables sont liées. La corrélation étant plus élevée avec la longueur, nous en déduisons que c'est cette variable qui influence la distance des déplacements.

Le transport par écoulements hyperconcentrés produit de telles corrélations (Koulinski, 1994), mais ce mode de transport n'est pas observé sur le site (*cf.* 1.3). Une alternative est l'effet obstacle observé par Poesen (1987). En effet, la longueur des lames qui ont le plus bougé est comparable à la largeur de la rigole. Ainsi, les objets qui se sont le plus déplacés sont susceptibles de faire obstacle à l'écoulement s'ils se placent perpendiculairement à la pente, d'autant plus que la submersion relative (hauteur de l'objet / épaisseur de l'écoulement) est de l'ordre de l'unité. Selon Poesen (*op. cit.*) l'augmentation de pression hydraulique induit par cet « effet obstacle » explique que les objets dont les dimensions approchent celles de la rigole soient d'autant plus facilement déplacés. Cette interprétation trouve confirmation dans l'observation qu'aucune des lames n'a été transportée au-delà de la zone où la rigole s'élargit et devient sensiblement supérieure à la longueur des plus grosses répliques utilisées (figure 45).

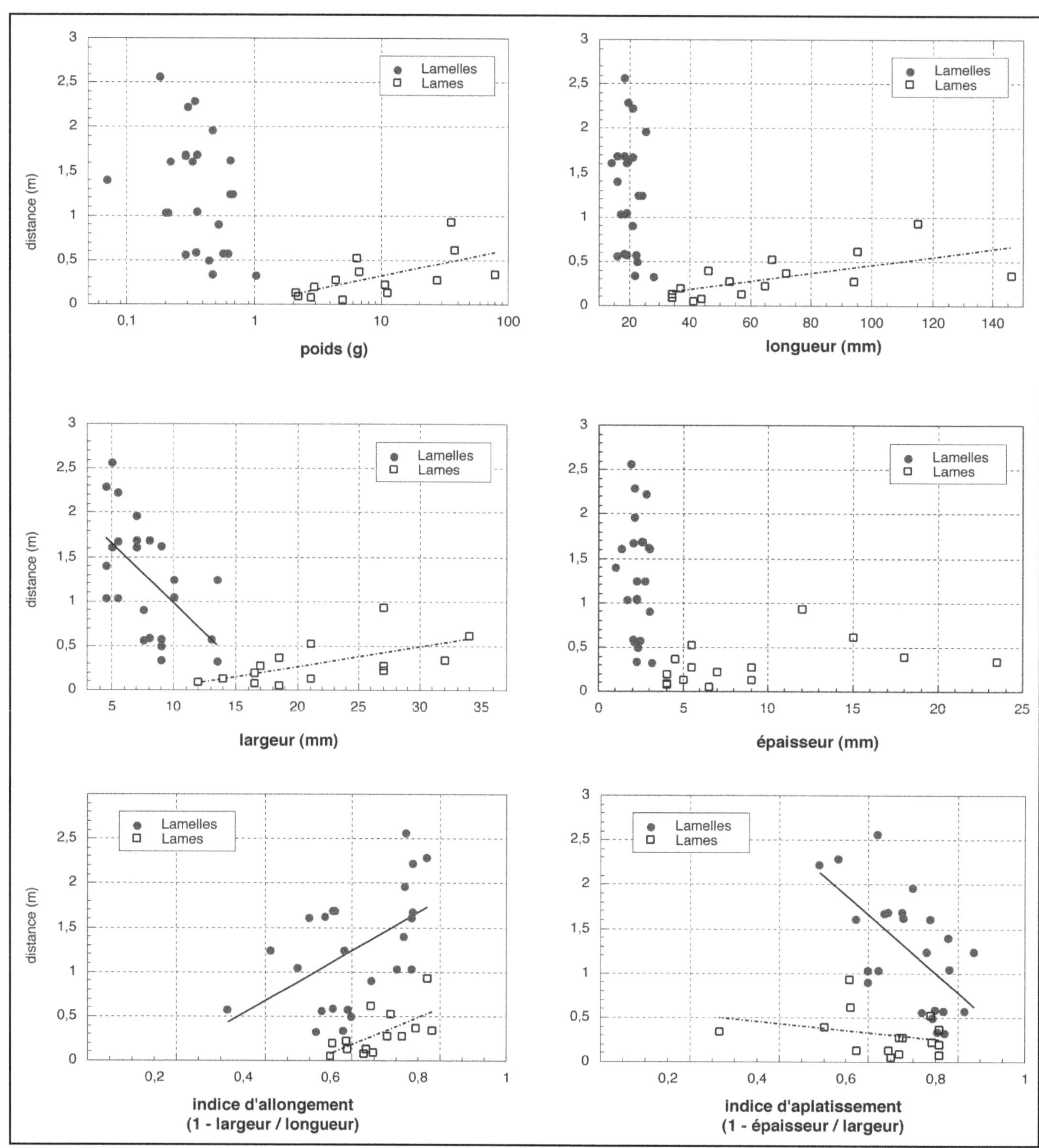

figure 46 : expérience 3, relation entre le poids, les trois dimensions, les indices d'allongement et d'aplatissement des vestiges et leurs déplacements. Les courbes de régression, logarithmique pour le poids et linéaires pour les autres variables, sont figurées pour les deux catégories de vestiges lorsque ces corrélations sont statistiquement significatives (cf. tableau 25). Les indices d'allongement et d'aplatissement sont les indices de Zingg inversés.

	Lames (N = 14)	*Lamelles* (N = 24)
Poids	***0,623***	- 0,380
Longueur	***0,637***	- 0,220
Largeur	**0,596**	***- 0,570***
Épaisseur	0,430	- 0,089
Allongement	**0,622**	***0,522***
Aplatissement	**- 0,610**	***- 0,617***

tableau 25 : expérience 3, coefficients de corrélation entre les déplacements et les variables de poids, de taille et de forme des deux catégories de vestiges. Les valeurs statistiquement significatives sont en gras, les valeurs très significatives sont en italique. Cette probabilité est déduite de la table du coefficient de corrélation de Schwartz (Chenorkian, 1996).

Interprétation des modifications observées

L'interprétation des modifications observées dans cette expérience est la suivante :

- Des modifications ont eu lieu peu de temps après que soient mis en place les vestiges. Elles tiennent, d'une part, au déplacement d'un nombre significatif d'objets et, d'autre part, à la sédimentation forcée par effet d'obstacle de l'amas, qui l'enfouit et le soustrait à une dégradation rapide.
- Après cette première phase d'activité, les dégradations se poursuivent. La rigole contourne l'amas et déplace les objets qui se placent en bordure. Les petits objets sont déplacés en charge de fond, en fonction de leur masse et, dans une moindre mesure, de leur forme. Les plus gros objets, dont les dimensions s'approchent de celle de la rigole, sont également transportés, justement à cause du rapport particulier entre la taille des objets et la taille du drain.
- L'évacuation des objets qui sont en périphérie de l'amas permet à la rigole de migrer latéralement. Cette migration expose aux écoulements concentrés les objets précédemment protégés par effet amas. Cette dynamique conduit à la réduction progressive de la concentration résiduelle.

Bilan de l'expérience

Trois principaux résultats se dégagent de cette expérience :

- **C'est la quasi-totalité des objets qui composent les ensembles archéologiques qui peuvent être déplacés par ruissellement concentré,** à l'exception des objets de la taille des blocs (*e. g.* les nucléus). Cela est favorisé par le rapport de taille entre les plus gros vestiges expérimentaux et les rigoles, qui est de l'ordre de l'unité.
- La soustraction précoce de la concentration au ruissellement caractérise les premières étapes de modification. Cette soustraction est une conséquence de l'enfouissement des vestiges que favorise l'interaction entre l'amas et les écoulements.
- Après cette première étape, **les modifications se poursuivent par réduction progressive de la concentration résiduelle**. Durant cette seconde phase, les associations remarquables qui sont observées sont des figures de blocage liées au transport des gros objets. Corrélativement, le profil de distribution de taille de l'emplacement initial n'est plus celui d'une série géométrique décroissante.

Expérience 4

Cette cellule a été mise en place en novembre 1997 et fouillée le 28 mai 2001. L'amas a été placé sur un des cônes de sortie de ravin du secteur 2 (figure 22). Pour les mêmes raisons que dans la précédente expérience, la fouille a été limitée au cône. Cet amas a été taillé sur place, et l'enregistrement initial a été limité aux vestiges visibles après la taille (*cf.* § 1.2.1 : Enregistrement des données).

Fonctionnement de la cellule

La cellule a été placée à l'extrémité aval du cône, dans un secteur en activité. La pente est de 4° à l'emplacement de l'amas. L'accrétion de ce secteur du cône est à l'origine d'un enfouissement complet des vestiges.
Dans un premier temps, la cellule est soumise à l'action du *splash*.

> Des micro-cheminées de fées apparaissent sous les plus gros vestiges (hauteur de 2 mm à la fin du mois de janvier, et 5 mm à la fin du mois de mars 1998). Cette résidualisation s'accompagne de la formation d'une croûte de battance.

Des rigoles entaillent ce secteur du cône lors des fortes pluies du début de l'année 1998.

> Ces rigoles persistent jusqu'au printemps. A ce moment, les apports sédimentaires dominent ; ils sont à l'origine d'un enfouissement progressif de la cellule, depuis sa partie amont. Tout comme dans les précédentes expériences, la chute de compétence des écoulements qui rencontrent l'amas provoque une sédimentation forcée à l'amont. Les écoulements libérés de leur charge sédimentaire reforment des rigoles qui contournent ou traversent l'amas. Cet enfouissement progresse vers l'aval et, à la fin du printemps, le matériel expérimental est enfoui.

Finalement, si la durée d'expérience est longue, les modifications dont témoigne cette expérience correspondent à une durée d'activité d'un peu plus de six mois.

Modification de l'ensemble de vestiges expérimentaux

Modifications observées au cours de l'expérience

Les observations réalisées au cours du mois de décembre 1997 montrent que l'initiation des micro-cheminées de fées s'accompagne d'une diminution sensible du nombre de petits vestiges situés entre les plus gros (largeur de maille supérieure à 2 cm). Les écoulements concentrés nettoient, quant-à eux, les abords de l'amas. Des objets de largeur de maille atteignant 2 cm ont été observés déplacés sur des distances de l'ordre du mètre. Il a également été observé que ces déplacements s'accompagnent d'une orientation des objets selon la direction d'écoulement.

Modifications observées à la fin de l'expérience

Les principales modifications relevées à la fin de l'expérience sont portées dans le tableau 26.
La fouille a permis de retrouver la nappe de vestiges quelques centimètres sous la surface du sol. Des figures de préservation ont été reconnues (figure 47). Ces signatures témoignent de l'épisode d'érosion par *splash* qui précède l'enfouissement.

Critères	Observations
Mode de transport inféré	Reptation par *splash* pour les petits objets et effondrement de micro-cheminées pour les plus gros, puis déplacement dans les rigoles de toutes les catégories de vestiges.
Déplacement des vestiges côtés	À l'emplacement initial : légère dispersion verticale de la nappe de vestiges sur 5 cm d'épaisseur, sans déplacement latéral des vestiges.
Organisations remarquables	• Figure de préservation, • Concentrations résiduelles.
Orientation des vestiges	Orientation préférentielle faiblement exprimée (L = 24,5 %).
Disposition spatiale	À l'emplacement initial : appauvrissement et formation de concentrations résiduelles. Effet d'ombre de l'amas.
Tri granulométrique	Tri marqué de l'emplacement initial non protégé par l'effet d'ombre de l'amas. Les profils de l'emplacement initial et de la traînée sont identiques à celui de la mise en place. Des secteurs de la traînée livrent un tri marqué.

tableau 26 : expérience 4, principales modifications observées.

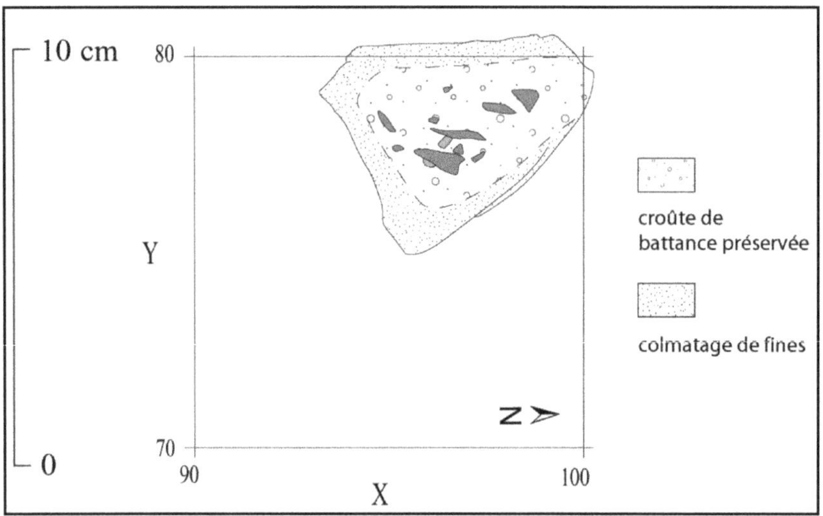

figure 47 : expérience 4, exemple de figure de préservation observée à la fouille.

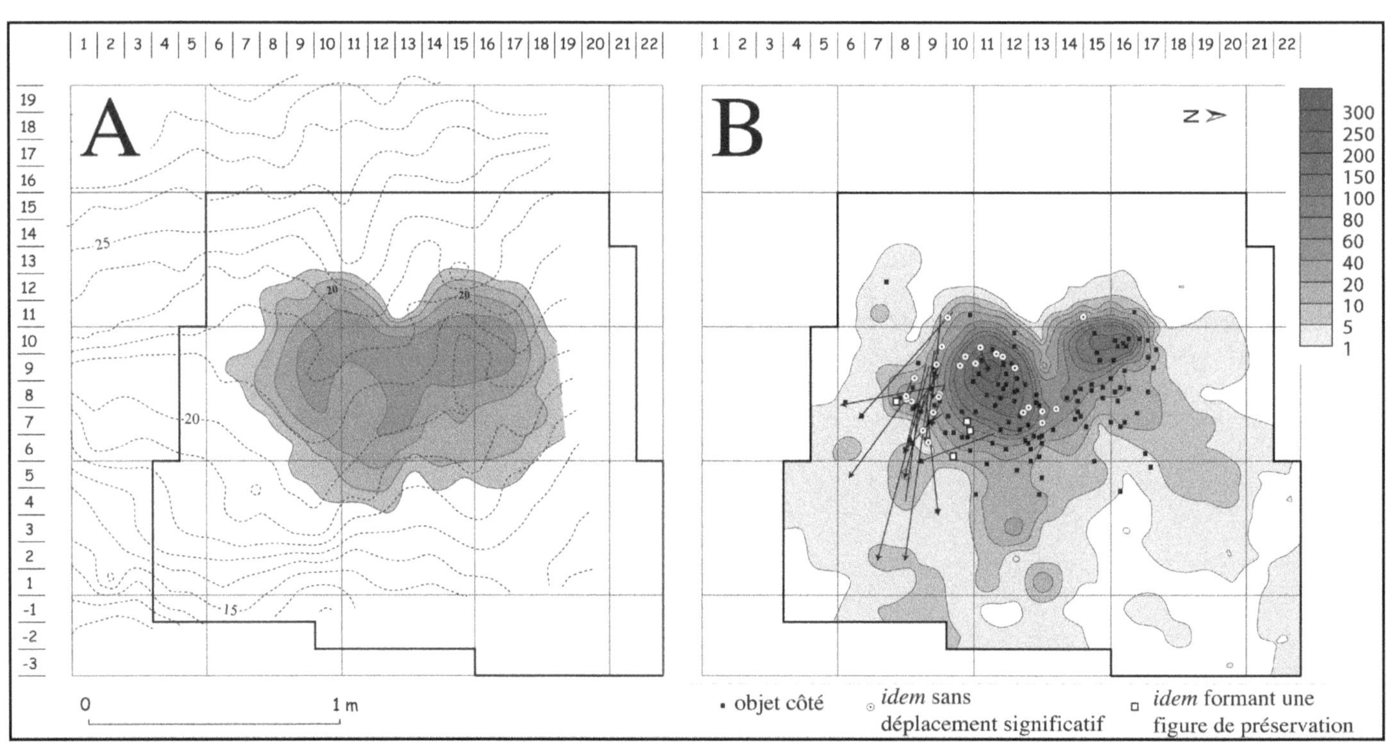

figure 48 : expérience 4, évolution de l'emplacement initial de l'amas. A - mise en place. Les courbes de niveau indiquent l'altitude, en centimètres, par rapport à un repère arbitraire. B - fin de l'expérience. Les densités sont exprimées en nombre de vestiges par décimètres-carrés.

Largeur de maille	*Partie amont*	*Concentration résiduelle*	*Partie aval*			*Cellule entière*
			Total	C1	C2	
2-4	64	1690	256	46	20	2042
4-5	26	355	83	6	14	473
5-10	54	494	84	7	6	654
10-20	15	226	23	1	-	272
Objets côtés	1	41	10	4	-	52
Total	**160**	**2806**	**456**	**64**	**40**	**3493**

tableau 27 : expérience 4, décompte des vestiges récupérés.

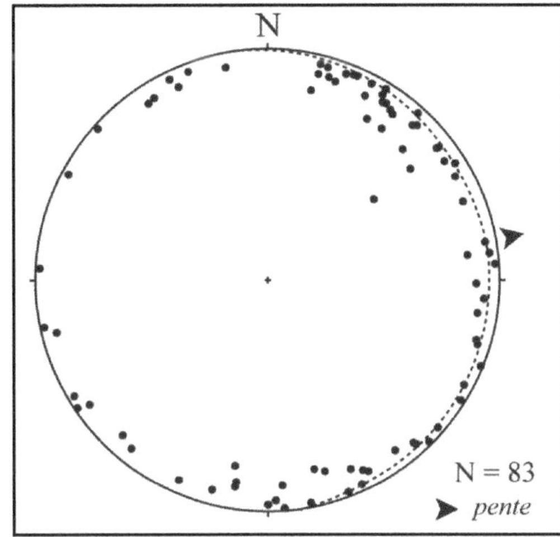

figure 49 : expérience 4, projection stéréographique des orientations des vestiges allongés à la fin de l'expérience.

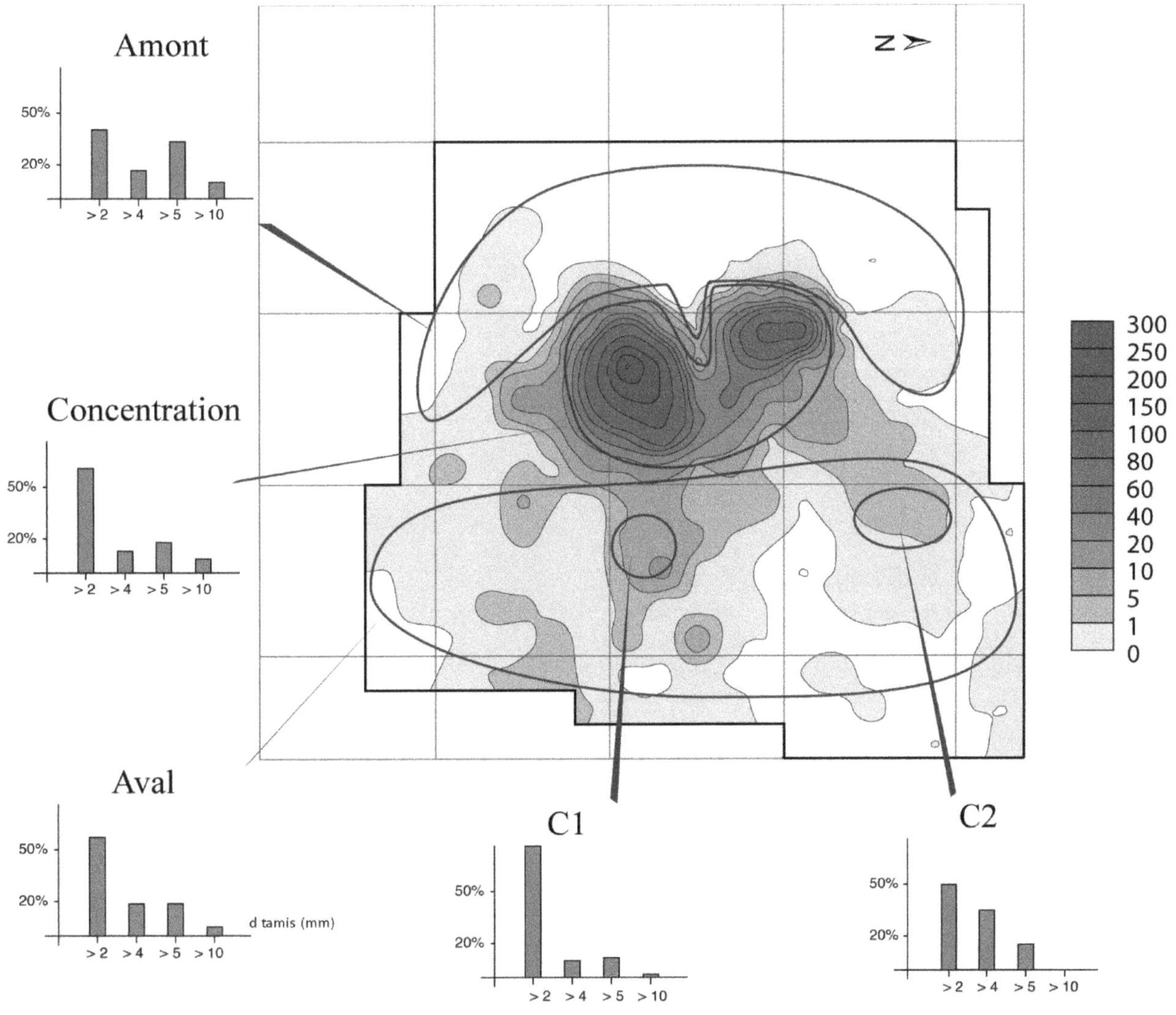

figure 50 : expérience 4, distribution de taille des différentes composantes de la cellule en fin d'expérience.

Le marquage initial, au feutre réputé indélébile, a peu résisté aux attaques du temps. Ce marquage a été retrouvé dans 28 % des cas seulement et seule une partie des déplacements peut en conséquence être identifiée. Ces déplacements désignent des zones où les vestiges ont été repris, par opposition à d'autres zones, où les objets ne se sont pas déplacés (figure 48). Ces dernières se superposent aux concentrations de vestiges non-côtés. La comparaison entre l'état initial et final de la cellule (figure 48) montre, d'une part, que les concentrations retrouvées à la fouille correspondent aux deux sous-concentrations initiales de l'amas bilobé, et, d'autre part, que ces concentrations sont résiduelles. Les observations réalisées pendant l'expérience (*cf.* supra) indiquent que ce nouveau dessin de l'amas est d'abord le fait des déplacements d'objets en rigoles.
Chacune de ces deux concentrations résiduelles présente une traînée d'objets de petite dimension, semblables à celle observée dans l'expérience 1. Les déplacements d'objets et les traînées qui prolongent les concentrations résiduelles témoignent de directions de déplacement diverses, à l'image du tracé changeant des rigoles en partie distale du cône.
À la fouille, les concentrations apparaissent sous la forme d'un tapis d'éclats de toutes tailles. Ces tâches résiduelles sont des vestiges de l'amas originel qui donnent l'**illusion d'une structure non perturbée**. Pourtant, **la surface de ces concentrations résiduelles représente, tout au plus, le cinquième de la structure originelle.**

La fabrique est de type planaire mal exprimée (figure 50).

L'intensité d'orientation (L = 24,5 %) est assez élevée, et le test de Rayleigh confirme l'hypothèse d'une orientation préférentielle (p = 0,0065). Cette orientation préférentielle est oblique par rapport à la direction de la plus grande pente. Cela est probablement dû aux délinéations des rigoles qui contournent l'amas.

La distribution des dimensions des vestiges qui composent ces concentrations résiduelles est semblable à celle de la structure originelle. Les autres parties de la structure dégradée s'en distinguent.

- Quelques vestiges sont restés à l'amont de ces concentrations ; ils montrent une uniformisation de la distribution des tailles.
- Les vestiges redistribués présentent une distribution des dimensions apparemment similaire à celle des concentrations. Mais, selon les secteurs, des tris granulométriques apparaissent. Cela est illustré par deux échantillons de cette zone (figure 50). Le test de Kruskall & Wallis (Chenorkian, 1996) atteste d'une différence significative entre ces deux séries.

La similarité des diagrammes de distribution de taille entre les concentrations résiduelles et des vestiges redistribués peut donc être imputée au cumul de plusieurs populations triées à mode différent qui se juxtaposent dans les traînées de vestiges redistribués.

Les figures de préservation ont été trouvées dans la partie est de l'amas (figure 51A), c'est-à-dire, d'après nos observations de terrain, dans la zone soumise le plus longtemps au *splash* et protégée des rigoles par les sous-concentrations. Les objets qui forment ces figures se placent au sommet de la nappe de vestige, épaisse de cinq centimètres environ (figure 51C). Les vestiges sans déplacement latéral significatif et qui ne forment pas de telles figures se placent plutôt à la base de la nappe. Nous en déduisons que ces derniers ont subi un déplacement dans le plan vertical : ils reposent sur la surface d'érosion par *splash* qui précède l'enfouissement. Cette redistribution dans le plan vertical affecte des vestiges de toute taille (figure 51B).

Bilan de l'expérience

La durée de fonctionnement de l'expérience est assez faible, du fait d'un enfouissement rapide des vestiges. A cette durée limitée répond une dégradation de l'amas et des tris granulometriques qui place les modifications observées entre les expériences courtes (expériences 1 et 2) et longues (expérience 3).
Outre cette remarque, cette expérience est la seule, sur cône de sortie de ravin, où les vestiges ont été taillés *in situ*. Cette procédure a pour conséquence un nombre de vestiges plus important et donc, des sous-amas plus denses. Cette particularité est sensible dans les modifications observées, en particulier par la préservation de concentrations d'éclats qui évoquent, pour reprendre l'expression de D. de Sonneville-Bordes (1969), les « menues observations palethnologiques » fréquemment observées à la fouille des sites préhistoriques.
Ce résultat offre **une image de la dégradation de la distribution originelle des vestiges plus proche de la réalité archéologique.**

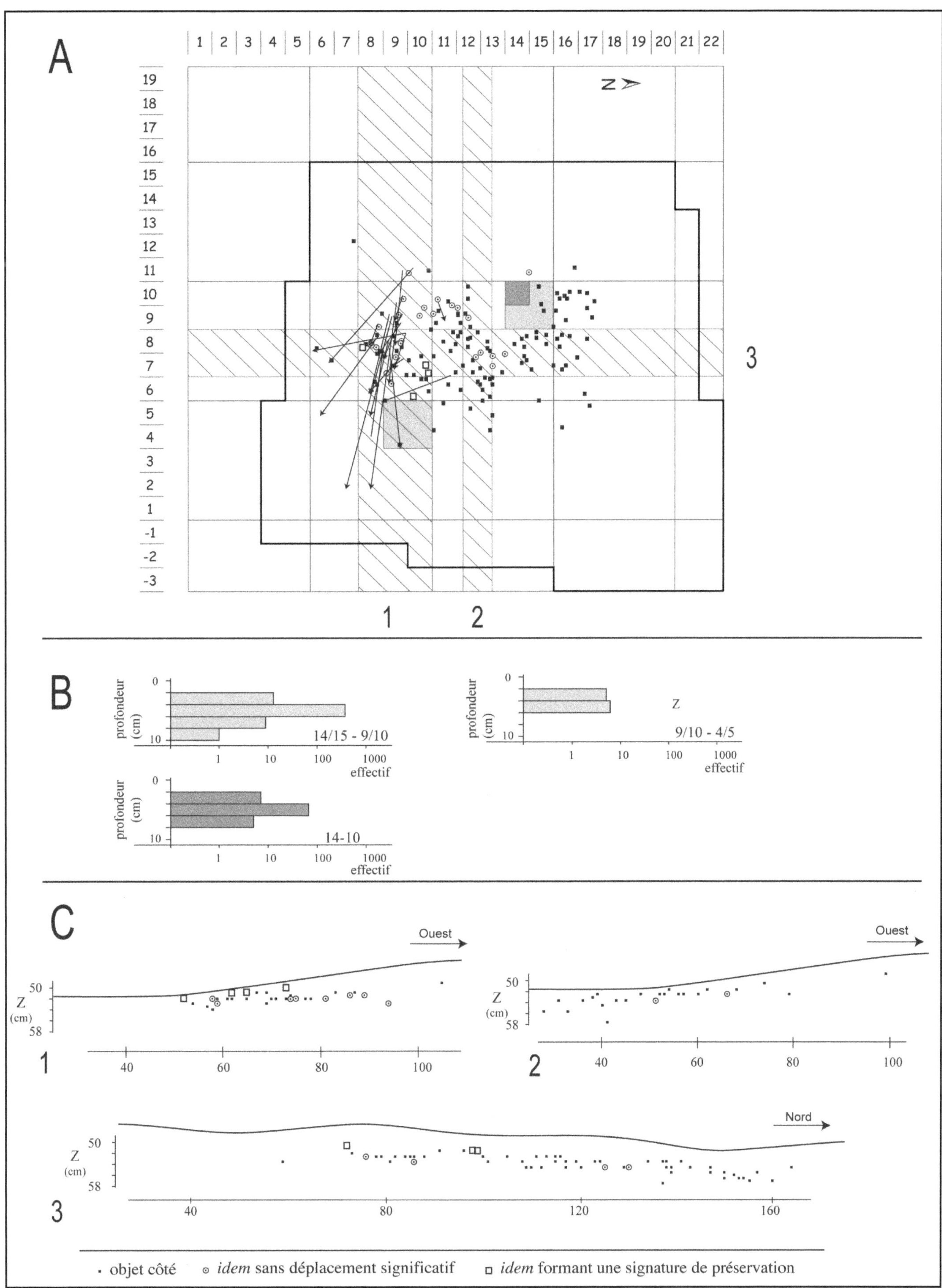

figure 46 : expérience 4, évolution de la nappe de vestiges. A - localisation des objets côtés retrouvés à la fouille. B - profil de distribution verticale des vestiges non-côtés. Les échantillons sélectionnés pour établir ces profils sont localisés en A. C - projection dans un plan verticale des objets côtés retrouvés à la fouille. Les bandes sélectionnées pour établir ces projections sont localisées en A.

1.4.2. Le domaine de l'érosion inter-rigoles

Les expériences d'amas placés sur les cônes de sortie de ravin montrent la variété des processus qui contribuent à modifier les assemblages expérimentaux. Parmi ces processus, le ruissellement concentré est le plus perturbateur.

L'érosion inter-rigoles se fait par *splash* et ruissellement diffus seuls. Le risque de perturbation importante lors de l'enfouissement est donc, *a priori*, moindre. Cependant, l'accrétion sédimentaire des formes de dépôt de ce milieu est à l'image de la capacité de transport des agents de sédimentation, peu importante. Les risques de perturbation sont *de facto* compensés par une exposition plus longue aux agents d'érosion.

Le recours à des expériences est donc nécessaire pour évaluer les risques de modification liées à ce milieu de sédimentation, la nature de ces modifications et les critères diagnostiques associés. Eu égard à l'activité sédimentaire plus faible de ce milieu, les deux expériences réalisées représentent des durées d'exposition assez longues.

Expérience 5

Cette cellule a été mise en place le 4 mars 1998 et fouillée le 10 août 2001.

C'est le premier des amas reconstitués (*cf.* § 1.2.1 : Enregistrement des données) Le nombre de vestiges (environ 500) est plus faible que dans les autres expériences. Tous les objets de largeur de maille supérieure à 5 mm ont été côtés. L'amas est formé de trois concentrations juxtaposées. Les vestiges ont été disposés sur la surface qui domine les ravins du secteur 2. Le lieu a été choisi pour l'absence d'écoulement concentré à l'emplacement des vestiges (figure 52). La pente moyenne y est de 9°.

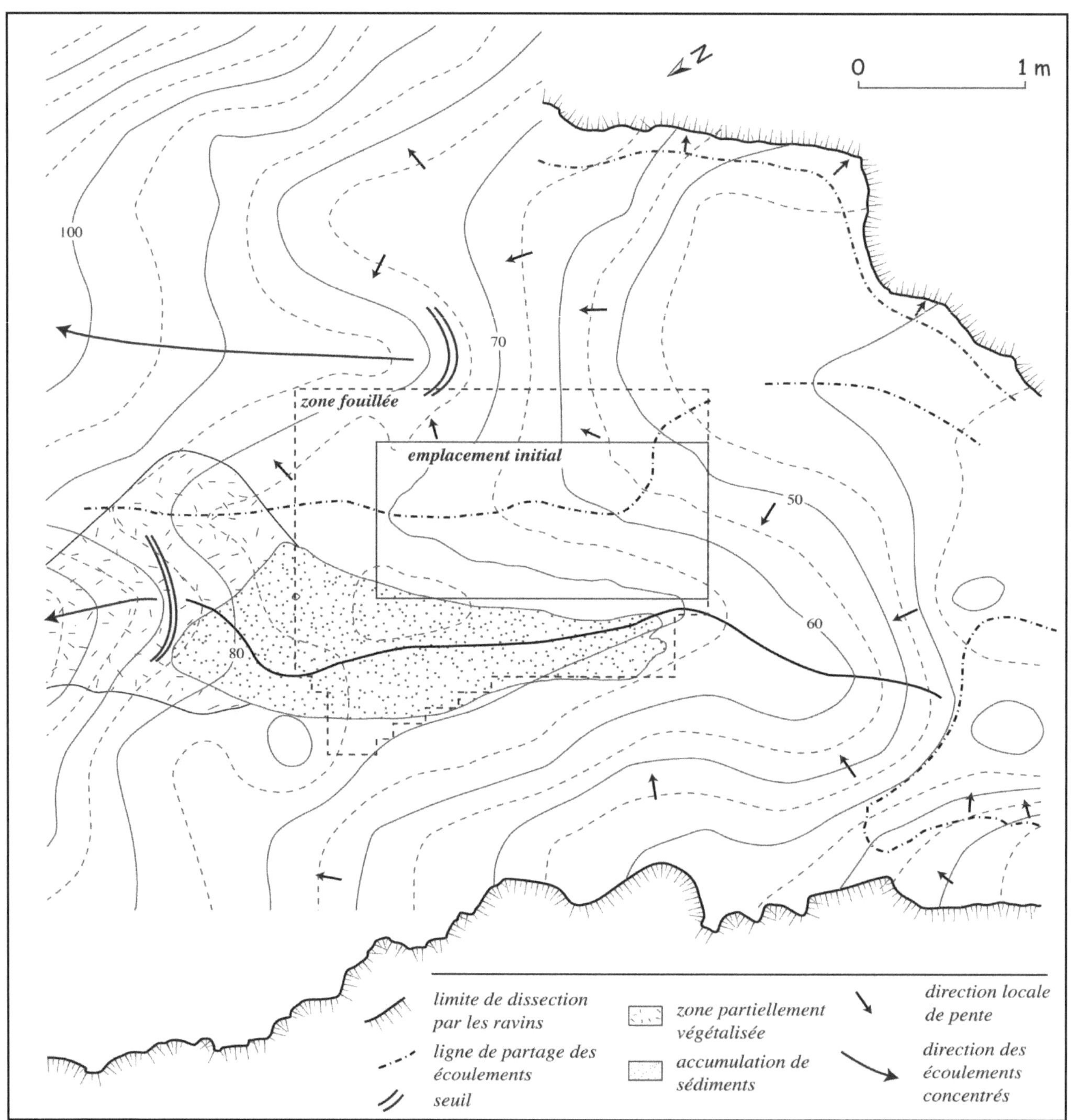

figure 52 : expérience 5, morphologie de l'emplacement de la cellule au moment de sa mise en place. Les courbes de niveau indiquent l'altitude, en centimètres, par rapport à un repère arbitraire.

Nous avons rencontré les mêmes difficultés que pour les précédentes expériences, à savoir :

- Les plus gros objets ont été récoltés par un quidam : seul un objet de diamètre de maille supérieure à 20 mm subsiste à la fin de l'expérience.
- Le marquage a mal tenu, et seule la numérotation de 28 des 75 objets côtés retrouvés a pu être reconnue.

Fonctionnement de la cellule

Les vestiges se placent à cheval sur une ligne de partage des écoulements (figure 52). Le ruissellement diffus est donc limité à celui produit *in situ.* La cellule est encadrée par deux départs de ravins. Un arbuste est présent juste au-dessus de l'un deux seuils qui forment les départs. Les débris végétaux qui jonchent le sol font obstacle aux écoulements et provoquent l'accumulation des sédiments érodés de la partie est de la cellule. Au-delà, les ravins s'encaissent rapidement.

Modifications de l'ensemble de vestiges expérimentaux

Modifications observées au cours de l'expérience

Des petits éclats ont été remarqués dans les ravins en contrebas des seuils. Les visites ont également permis d'observer la formation et l'évolution de micro-cheminées de fées sous les plus gros vestiges. Les vestiges sont ainsi portés à quelques centimètres au-dessus du sol avant que le monticule ne s'effondre. Les vestiges se déplacent lors de ces effondrements, puis de nouvelles micro-cheminées se forment. Au moment de la fouille, quelques rares objets sont ainsi supportés par des monticules atteignant deux centimètres de hauteur.

Il se dégage donc des visites réalisées que les modifications ne sont pas liées à l'action prédominante d'un événement pluvieux. Au contraire, elles doivent être imputées au cumul des différents épisodes de fonctionnement.

Modifications observées à la fin de l'expérience

La fouille est limitée aux pentes sur lesquelles ont été placés les vestiges et au piège sédimentaire lié au seuil du ravin nord. Elle n'est donc pas exhaustive (figure 52). Les principales modifications observées à la fin de l'expérience sont portées dans le tableau 28.

La distribution spatiale des vestiges a sensiblement évolué (figure 53).

Les trois amas initiaux sont identifiables, mais nettement appauvris. Le matériel redistribué forme des traînées sur les pentes et des concentrations secondaires sont apparues dans la zone d'accumulation des sédiments. Les vestiges piégés dans cette zone sont enfouis. Les autres se trouvent en surface ou dans les premiers millimètres du sol.

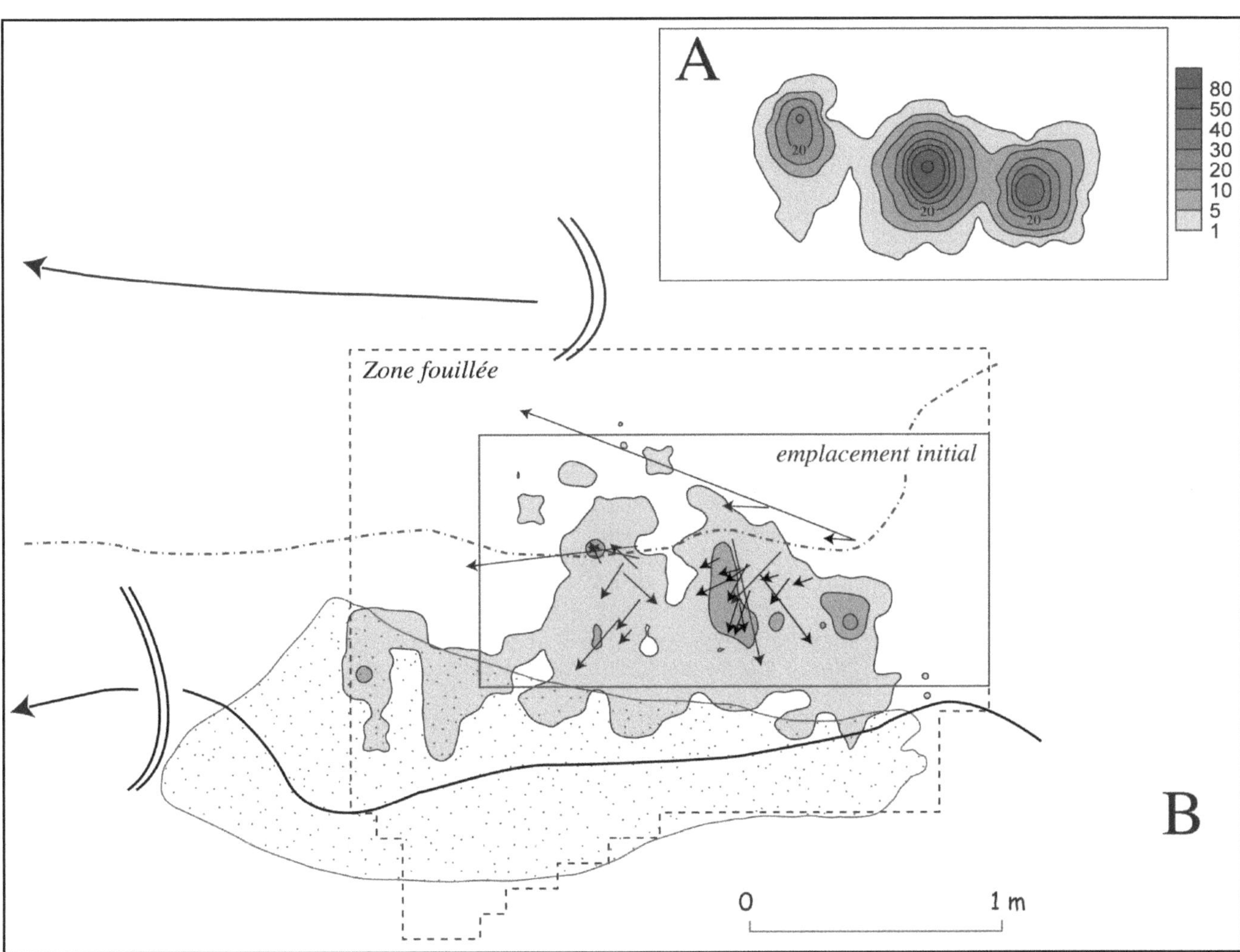

figure 53 : expérience 5, évolution de l'emplacement initial de l'amas de vestiges. A - mise en place : B - fin de l'expérience. Les densités sont exprimées en nombre de vestiges par décimètre-carré. Les flèches indiquent les déplacements des objets côtés pendant l'expérience.

Critères	Observations
Mode de transport inféré	Reptation par *splash*.
Déplacement des vestiges côtés	-
Organisations remarquables	Non observées
Orientation des vestiges	De type ceinture avec apparition d'une direction dominante (L = 28,5 %).
Disposition spatiale	Dispersion dans la pente ; apparition de petits « regroupements » dans la zone de transit et de dépôt.
Tri granulométrique	• À l'emplacement initial, le profil tend vers une distribution normale centrée autour du mode 5 mm, • dans la zone de transit, le profil tend vers une distribution uniforme tronquée, • dans la zone de dépôt, sélection de la fraction inférieure à 5 mm.

tableau 28 : expérience 5, principales modifications observées. Les dimensions sont exprimées en largeur de maille.

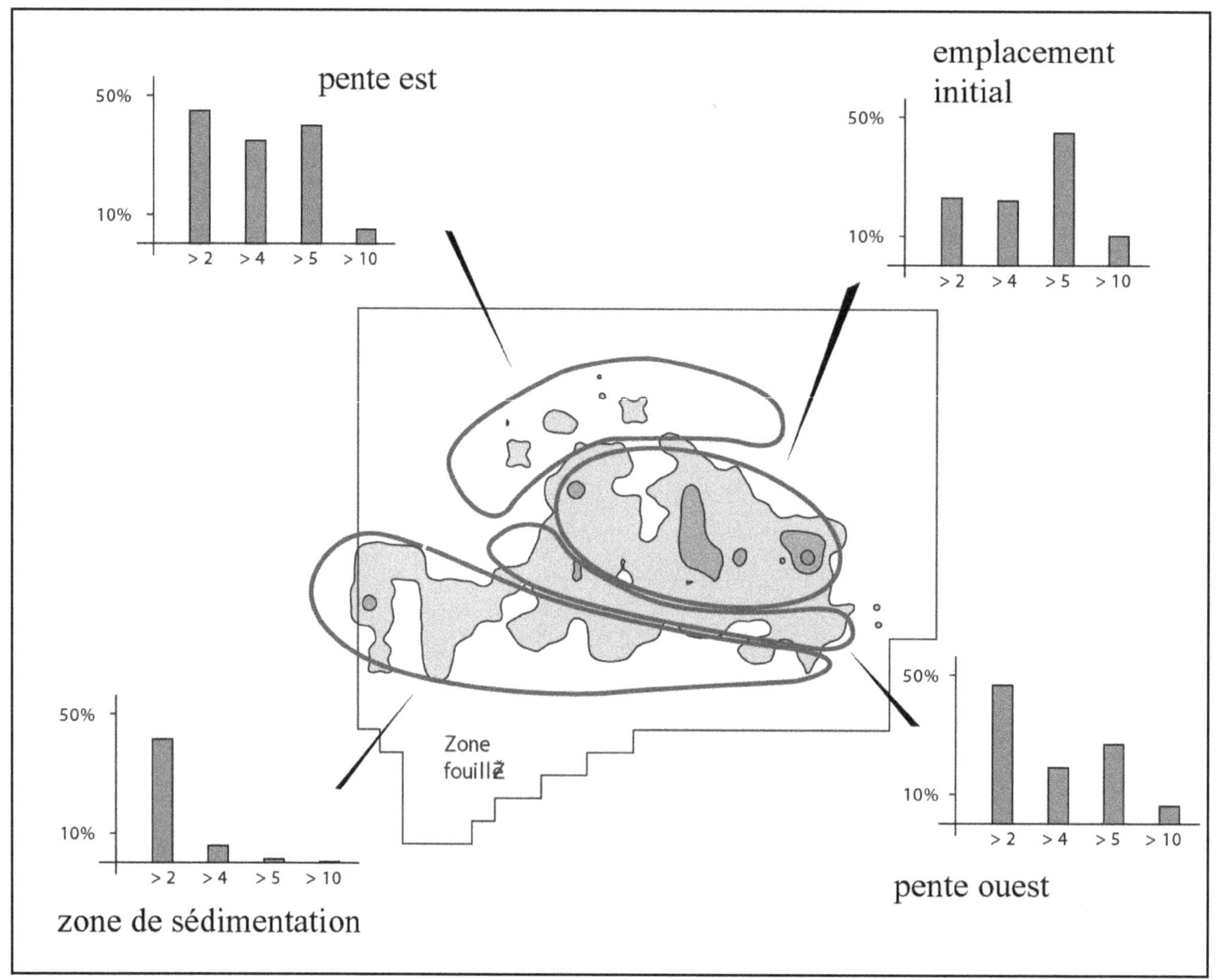

figure 54 : expérience 5, di stribution de taille des différentes composantes de la cellule à la fin de l'expérience.

Classes de taille	Emplacement initial	Zone de transit est	Zone de transit ouest	Zone de sédimentation	Cellule entière
2-4	38	9	36	76	159
4-5	36	7	15	11	69
5-10	74	8	21	3	106
10-20	16	1	5	1	23
> 20	1	-	-	-	1
Total	**165**	**25**	**77**	**91**	**358**

tableau 29 : expérience 5, décompte des vestiges récupérés. Les dimensions sont exprimées en largeur de maille.

Les pentes sur lesquelles se dispersent les vestiges forment une zone de transit et le piège associé au seuil du ravin nord une zone de sédimentation. Les profils de distribution de taille de ces différentes zones sont bien différenciés (figure 54 et tableau 29).

La résidualisation de l'emplacement initial se manifeste par une sous-représentation des plus petits éclats. Cette fraction forme la majorité des objets transportés jusqu'à la zone de sédimentation. Les éclats retrouvés sur les pentes se caractérisent par une sur-représentation des éclats de taille moyenne (largeur de maille comprise entre 4 et 10 mm).

Les objets allongés montrent une tendance à un regroupement des orientations (figure 55).

L'orientation dominante avec la plus grande pente et l'intensité d'orientation est assez élevée (L = 28,5 %). Mais le test de Rayleigh ne refuse pas l'hypothèse d'une distribution aléatoire (p = 0,069). Cette réponse du test peut être incriminée au faible nombre de mesures - 33 - (Bertran et Lenoble, 2002).

Les inclinaisons sont dispersées autour du plan de stratification. Cette caractéristique peut être mise en relation avec la petite taille des artefacts par rapport à la microphotographie du sol.

Les déplacements identifiés correspondent à des objets de diamètre de maille compris entre 5 et 20 mm. Ces objets présentent les dimensions de la fraction naturelle qui se déplace par reptation par *splash* en milieu inter-rigole (Moeyersons, 1975 ; Poesen *et al.*, 1994). Ces déplacements témoignent d'une redistribution des vestiges sous la forme de traînées allongées dans le sens de la pente (figure 53). L'importance du déplacement ne varie pas en fonction de la taille des objets (figure 56). La moyenne de ces déplacements est de 19,4 cm. Rapportée à la durée de l'expérience, cette valeur correspond à des déplacements moyens de 5,6 cm par an. La distribution des distances de déplacements est de type log-normale. Elle rappelle la nature stochastique des déplacements de vestiges qu'ont observés Wainwright et Thornes (1991) lors de leurs expériences en enceinte (*cf.* figure 14 p. 28).

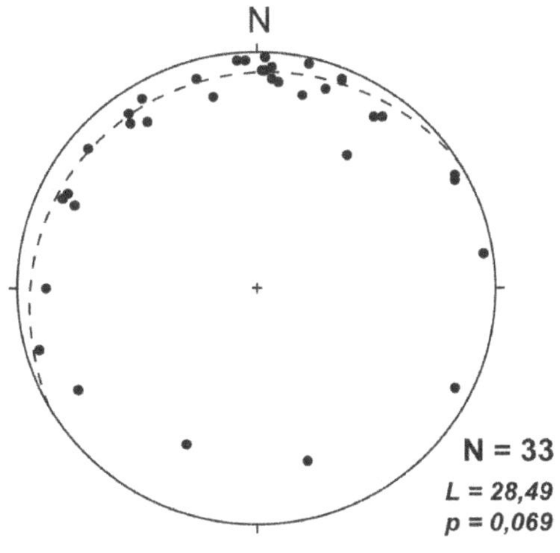

figure 55 : expérience 5, projection stéréographique des orientations des vestiges allongés à la fin de l'expérience. Les mesures sont réalisées sur des lamelles, soit des vestiges de largeur de maille de 4 à 10 mm.

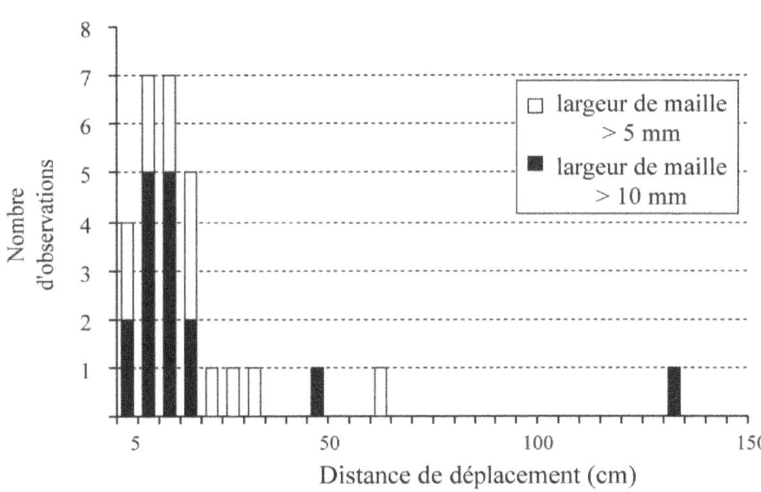

figure 56 : expérience 5, distribution des distances de déplacement vestiges côtés.

Bilan de l'expérience

Trois points sont à souligner :

- **Les modifications observées en milieu inter-rigoles ne se limitent pas à une simple ségrégation de la fraction fine** mise en mouvement par *splash* et transportée par ruissellement diffus. La reptation par *splash* et l'effondrement des monticules des micro-cheminées de fées contribuent au déplacement et à la réorganisation de l'ensemble des vestiges. Cette combinaison de processus conduit à un gradient granulométrique longitudinal qui affecte tous les objets.
- **Ces modifications sont progressives.** Elles seront donc d'autant plus importantes que le temps d'exposition est long. À l'inverse, des dégradations importantes ne peuvent être le fait d'un seul événement particulièrement efficace, alors que l'expérience 2 a montré que cela pouvait être le cas dans le domaine du ruissellement concentré.
- **Les déplacements des vestiges sont importants.** Les déplacements ont été quantifiés et la valeur obtenue - 5,6 cm/an - est élevée. À titre d'exemple, la vitesse moyenne du déplacement d'objets archéologiques par solifluxion en milieu périglaciaire qu'ont obtenue Texier *et al.* (1998) est de 2,5 cm / an.

Expérience 6

Cette cellule a été créée le 6 juillet 1999 et démontée le 24 août 2001. Il s'agit d'une cellule à enregistrement initial limité (*cf.* § 1.2.1 : Enregistrement des données), formée d'un amas taillé sur place. L'amas a été placé dans une zone soumise au ruissellement diffus du secteur 1 (figure 21). Tout comme pour la précédente expérience, l'emplacement retenu ne présente quasiment aucune pente à l'amont ; le ruissellement diffus en est d'autant diminué.
L'absence de piège sédimentaire dans le prolongement de l'amas ne permet pas d'envisager de récupérer la fraction déplacée. Il n'y a donc pas eu de fouille, mais un relevé des vestiges présents à l'emplacement initial de l'amas et à proximité.

Fonctionnement de la cellule

L'amas se place à une rupture de pente ; celle-ci passe de 10 à 15°. Cette valeur est la pente maximale des surfaces soumise au *splash* et au ruissellement diffus seuls. L'érosion inter-rigole y est la plus active.
De nombreuses micro-cheminées de fées se sont formées au cours de l'expérience (figure 57). Elles supportent les plus gros vestiges. Les mieux formées atteignent 4 cm de hauteur, ce qui, rapporté à la durée de l'expérience, correspond à une vitesse d'érosion du sol de 2 cm / an. Cette valeur est celle des plus forts taux d'érosion par *splash* (Scoging, 1982 ; Crouch, 1990 ; Lecompte *et al.*, 1998).

Modifications de l'ensemble de vestiges expérimentaux

Les modifications observées dans cette expérience sont portées dans le tableau 30.

Le relevé des vestiges illustre les modifications qu'à subi l'amas (figure 58).

Seule la moitié aval est en cours de déstructuration. Cette déstructuration est à l'origine d'une redistribution des vestiges dans la pente, principalement des éclats de longueur inférieure à 2 cm. Quelques éclats plus gros se sont également déplacés. Mais la plupart n'a pas bougé ; les éclats correspondant ont donné naissance à des micro-cheminées de fées (figure 57).

Les micro-cheminées sont plus élevées en périphérie qu'au centre de l'amas (figure 58).

La durée de l'expérience est trop peu importante pour que ces cheminées de fées se soient effondrées et reformées. Les figures de préservation associées à ces gros vestiges l'attestent. Le décalage observé est donc directement lié à une différence de vitesse d'érosion entre la périphérie et le centre de l'amas. Cette différence de vitesse d'érosion est à imputer à la forte proportion de surface couverte par les vestiges (Poesen *et al.*, 1994). Au centre de l'amas, le ruissellement diffus est dans l'impossibilité d'évacuer les particules détachées par le *splash*, car les vestiges rompent les écoulements diffus et limitent leur capacité de transport.

Les gros objets qui se trouvent en limite ou en dehors de l'emplacement initial de l'amas ne sont pas portés par des micro-cheminées.

Il est probable que ces cheminées aient atteint la hauteur à partir de laquelle elles ne sont plus stables. Leur effondrement est à alors à l'origine du déplacement des vestiges. Ces objets, du fait d'une position initiale périphérique, sont les premiers à se déplacer.

Bilan de l'expérience

Cette expérience vient compléter notre connaissance des modifications d'ensembles de vestiges en domaine inter-rigoles, sur deux points :

- La disposition initiale des vestiges en amas interagit avec la dynamique sédimentaire. La forte densité de vestiges inhibe l'érosion et limite l'exportation de petits vestiges, bloqués entre les plus gros ou associés à des figures de préservation.
- La dégradation progressive des assemblages en domaine inter-rigoles se fait de la périphérie vers le centre de la concentration tout en affectant principalement la partie aval de l'amas. Les objets de petite taille (dimension maximale inférieure à 2 cm) se déplacent par *splash*, tandis que le déplacement des plus gros objets est rythmé par le cycle de formation / effondrement des micro-cheminées de fées. Lors des effondrements, la mise en mouvement des objets peut provoquer leur roulement, comme l'ont montré Frostrick et Reid (1985). Leur déplacement peut en être significativement augmenté.

figure 57 : expérience 6, vue depuis le nord à la fin de l'expérience. L'échelle est donnée par la lame au premier plan à gauche, dont la longueur vaut 10 cm.

Critères	Observations
0. Mode de transport inféré	• Reptation par *splash* pour la fraction supérieure à 5 mm et inférieure à 12 mm, • Effondrement de micro-cheminée pour les objets supérieurs à 12 mm.
1. Déplacement des vestiges côtés	Reptation dans le sens de la pente pour les objets en périphérie de l'amas.
2. Organisations remarquables	Figures de préservation.
3. Orientation des vestiges	-
4. Disposition spatiale	Formation d'une traînée dans la pente.
5. Tri granulométrique	-

tableau 30 : expérience 6, principales modifications observées. Les dimensions indiquées sont celles de la largeur de maille.

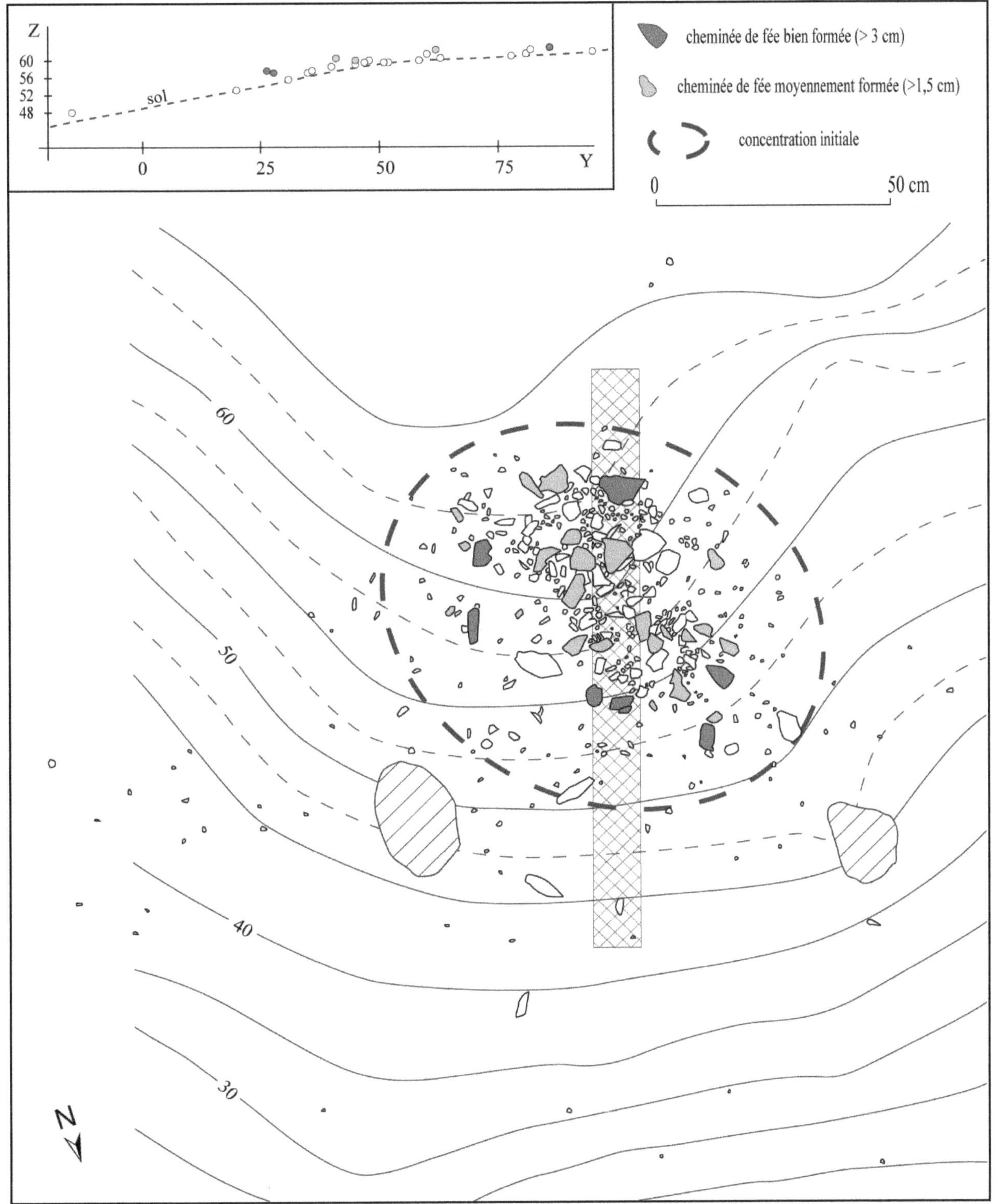

figure 58 : expérience 6, distribution des vestiges à la fin de l'expérience. A - Distribution dans le plan horizontal des vestiges à la fin de l'expérience. Les courbes de niveau indiquent l'altitude, en centimètres, par rapport à un repère arbitraire. B - projection dans le plan vertical selon l'axe de la pente. La bande sélectionnée est figurée en A (bande à hachuré croisé).

1.4.3. Les chenaux

Les chenaux qui recueillent les écoulements des différents ravins forment un autre environnement dynamique ; à la différence des environnements précédents, ils ne sont le siège que d'écoulements concentrés.
Ces écoulements sont minces, mais leur fonctionnement ne se comprend plus à l'échelle de la pente mais du petit bassin-versant. Il ne s'agit donc pas de ruissellement *sensu stricto*, mais déjà d'une forme de transition vers le domaine fluviatile. La compétence nettement plus importante des écoulements en chenaux laisse présager des perturbations importantes sur les ensembles de vestiges. Par ailleurs, le domaine fluviatile duquel ces formes se rapprochent est bien documenté en termes de modèles de modifications des ensembles de vestiges archéologiques (*cf.* pp. 24-27). C'est pourquoi ce milieu n'a pas fait l'objet d'investigations détaillées. Une seule expérience a été effectuée dans cet environnement dynamique, qui sert de base de comparaison avec les autres expériences.

Expérience 7

Cette cellule a été mise en place le 6 juillet 1999 et fouillée le 23 août 2001. Il s'agit d'un amas taillé sur place à enregistrement initial limité. Cet amas a été placé dans un chenal de 50 cm de large environ, qui recueille les écoulements de plusieurs petits ravins.
La fouille a été limitée à l'emplacement initial de l'amas et aux corps sédimentaires situés à proximité immédiate.

Fonctionnement de la cellule

Les premiers épisodes de fonctionnement correspondent aux orages de l'été 99. Malgré l'importance des événements pluvieux (*cf.* expérience 1), l'amas n'est pas déstructuré. Il est enfoui par un banc sableux latéral qui s'est formé à la suite de la mise en place de la cellule, tandis que le chenal entaille la pente opposée. Au cours de l'hiver suivant, le chenal est encombré par les apports importants de sédiment (figure 59). Puis les épisodes de comblement et déblaiement se succèdent au gré du cycle saisonnier d'activité du site (*cf.* § 1.3.1).

Modifications de l'ensemble de vestiges expérimentaux

Modifications observées au cours de l'expérience

Une inspection détaillée de la section aval du chenal a permis, lors des différentes visites, de retrouver quelques vestiges (largeur de maille supérieure à 20 mm) entre 5 et 20 m au-delà de l'emplacement initial. Certains sont piégés dans des affouillements de seuil. La présence de vestiges de cette dimension témoigne de l'érosion de l'amas, sans tri de taille apparent.

figure 59 : expérience 7, vue depuis le sud de la cellule quelques mois après la mise en place. L'amas se situe après l'arbuste.

Critères	Observations
Mode de transport inféré	Charge de fond.
Déplacement des vestiges côtés	Tous les vestiges sont susceptibles de se déplacer sur des distances importantes.
Organisations remarquables	Effet d'ombre de l'amas.
Orientation des vestiges	-
Disposition spatiale	Dispersion des objets dans le chenal. Quelques regroupement s'observent, associés aux irrégularités du fond (seuils).
Tri granulométrique	À l'emplacement initial : le profil tend vers une distribution normale centrée autour du mode 10-20 mm.

tableau 31 : expérience 7, principales modifications observées. Les dimensions sont exprimées en largeur de maille.

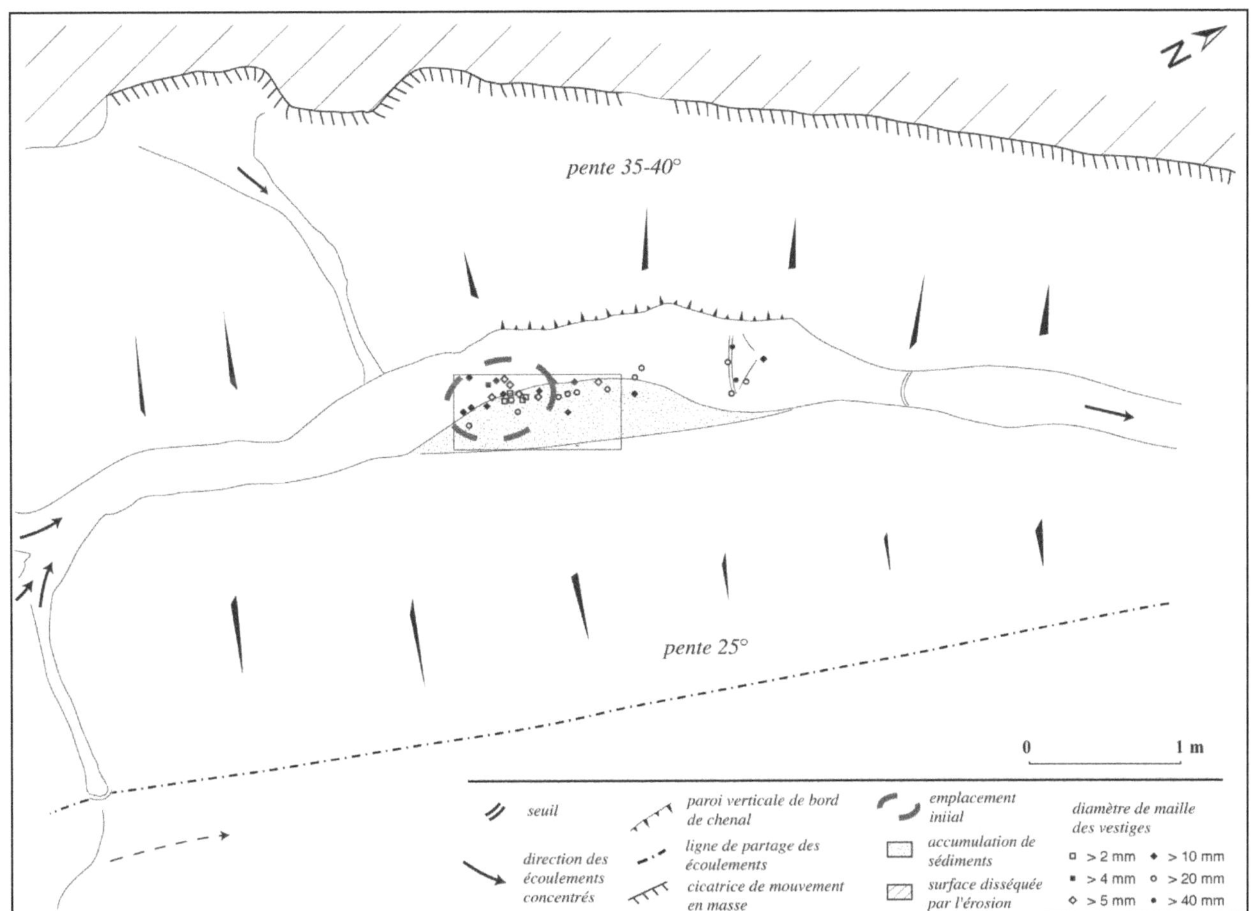

figure 60 : expérience 7, morphologie de l'emplacement et localisation des vestiges retrouvés à la fin de l'expérience.

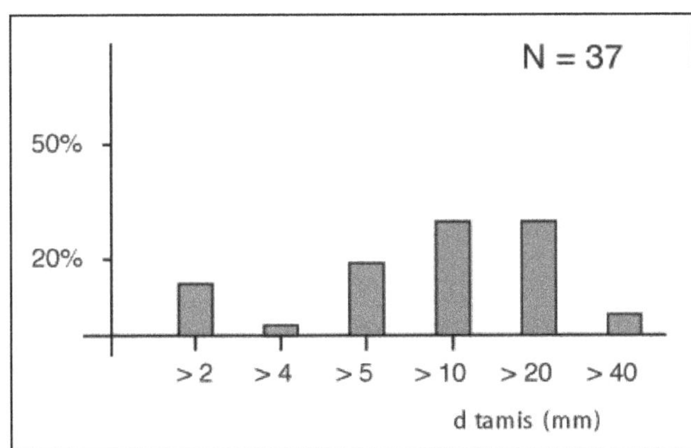

figure 61 : expérience 7, profil de distribution de taille des vestiges retrouvés à la fouille.

Modifications observées à la fin de l'expérience

À la fin de l'expérience, plus aucun vestige n'est visible en surface. Le fond du chenal est en grande partie vidangé. Les modifications documentées par la fouille et la collecte des vestiges à l'emplacement initial de l'amas et à proximité sont portées dans le tableau 31.

Le corps sédimentaire latéral est toujours présent à l'emplacement initial de l'amas. Quelques vestiges y ont été récupérés (figure 60).
Par comparaison aux autres blocs taillés de volume comparable (*cf.* tableau 8), on peut estimer que seuls 10 à 20 % des plus gros éclats de l'amas (largeur de maille supérieur à 20 mm) ont été recueillis. Les vestiges retrouvés sont alignés depuis l'emplacement initial. Quelques-uns ont été piégés un mètre plus loin par un seuil lié à une accumulation de branches.

À la fouille, aucune évidence d'absence de déplacement n'est observée. Quelques petits éclats sont retrouvés (figure 61). Toutefois, le profil de distribution de taille n'est en rien comparable à la série géométrique d'un amas de taille. Au contraire, il témoigne d'un tri sévère par résidualisation.

Bilan de l'expérience

Les modifications documentées par cette expérience sont sensiblement différentes de celles des précédentes expériences. Ces modifications suivent deux étapes :
Dans un premier temps, l'interaction entre la dynamique sédimentaire et la disposition initiale des vestiges en amas conduit à l'apparition d'un corps sableux latéral. Une partie des vestiges est enfouie, tandis qu'une autre est redistribuée. Cette double réponse évoque les modifications qualifiées de « tout ou rien » par Schick (1986) : une partie de l'amas est bien préservée ; l'autre partie est entièrement érodée.
Dans un second temps, la succession des épisodes de comblement-déblaiement du chenal provoque la redistribution de la plus grande partie des vestiges. Les écoulements de type torrentiel produits dans cet environnement sont capables de mettre en mouvement toutes les tailles des répliques de nos expériences. Les seuils piègent les objets en transit et provoquent des concentrations secondaires. Le tri granulométrique des vestiges est bien exprimé.

1.4.4. Bilan des différentes expériences réalisées sur le site expérimental du Tiple

Les expériences réalisées permettent, d'une part, de faire l'inventaire des principaux processus qui sont à l'origine de la modification des ensembles de vestiges archéologiques en contexte de ruissellement et, d'autre part, de brosser un schéma de l'évolution de ces ensembles de vestiges au fur et à mesure de leur dégradation. Mais avant, des remarques s'imposent quant à l'influence de la disposition initiale des vestiges. En effet, les expériences réalisées montrent que ce paramètre contrôle les modifications observées.

Influence de la disposition initiale des vestiges

Petraglia et Nash (1987) considèrent qu'il existe deux stratégies dans la disposition des vestiges expérimentaux. La première stratégie est celle d'une disposition arbitraire des objets, en lignes par exemple. Leur espacement régulier et relativement important a pour but d'éviter une interaction entre les vestiges. Cette disposition facilite la mise en place et l'enregistrement des données, ainsi que la caractérisation stochastique des modifications, en particulier des déplacements (*e. g.* Thornes et Wainwright, 1991 ; Petraglia et Nash, 1987 ; Reid et Frostrick, 1985). La seconde stratégie vise à imiter au mieux les situations archéologiques, tant dans le choix du matériau que dans la disposition des vestiges (*e. g.* Bowers *et al.*, 1983 ; Schick, 1986). Elle offre l'avantage d'obtenir des résultats directement comparables aux sites archéologiques, mais est lourde à mettre en oeuvre et rend difficile voire impossible la caractérisation et la quantification des différents paramètres qui contrôlent les modifications. C'est pourtant cette seconde démarche qui a été conseillée par Isaac (1967 ; *cf.* p. 8).
Ce choix a été le nôtre. Il a plusieurs conséquences sur les modifications observées.

Tout d'abord, le jeu des interactions entre vestiges a permis d'identifier les organisations remarquables qui peuvent être produites par l'action du ruissellement :

- figures de préservation (expériences 1, 4 et 6),
- figures d'accumulation (expérience 1),
- figures de blocage (expériences 2 et 3),
- effets d'ombre (expérience 2),
- regroupements de vestiges redistribués (expériences 2 et 5).

Leur identification est importante pour deux raisons.
Premièrement, ces organisations sont liées à une dynamique sédimentaire. Les figures de préservation et d'accumulation sont provoquées par le *splash* tandis que les figures de blocage, les effets d'ombre et les regroupements de vestiges redistribués (« *clusters* ») le sont par des écoulements concentrés.
Deuxièmement, ces organisations sont différentes en fonction de la zone où elles apparaissent. Les organisations qui mettent en jeu des vestiges de dimensions variées - figures de préservation, figures d'accumulation et effets d'ombre - se forment à l'emplacement initial des concentrations ; elles accompagnent la dégradation des amas. À l'inverse, les figures associant des vestiges de dimensions comparables - figure de blocage ou regroupements de vestiges - sont composées d'objets redistribués.

Mais la principale conséquence d'une disposition en amas des répliques de vestiges est l'interaction entre les objets et la dynamique sédimentaire. Dans leur quasi-totalité, les vestiges qui composent les ensembles archéologiques peuvent être mobilisés individuellement, aussi bien au sein qu'en dehors des rigoles. A l'inverse, les objets disposés en amas ne sont pas déplacés. Dans le cas du ruissellement concentré, cet effet a pour origine l'augmentation de la résistance à la mise en mouvement des cailloux lorsqu'ils sont regroupés (Leopold *et al.*, 1966 ; Brayshaw *et al.*, 1983 ; Poesen et Torri, 1989 ; Koulinski, 1994). Il prend d'autant plus d'ampleur que les objets qui composent l'amas sont proches de la capacité de transport de l'écoulement. La gamme de taille des vestiges archéologiques est suffisamment étendue pour que des vestiges soient à la limite de la capacité de transport. Dans le cas du ruissellement diffus, cet effet a pour origine le cuirassement de la surface du sol (Poesen *et al.*, 1994). Dans les deux cas, il en résulte une interaction avec le système sédimentaire qui aboutit :

- à l'inhibition de l'érosion en domaine inter-rigoles ;
- au déplacement des rigoles du ruissellement concentré qui s'accompagne d'une sédimentation à l'emplacement de l'amas.

Cet « effet d'amas » est à l'origine d'une protection d'une partie de la structure. Cette structure résiduelle n'est, cependant, que momentanément soustraite aux agents de dégradation. La migration des rigoles (expérience 4) ou le développement de microcheminées (expérience 6) conduisent à une mobilisation des objets qui se placent à la périphérie des concentrations. Les concentrations se réduisent progressivement, tant qu'elles ne sont pas enfouies (expérience 3). On note que ce résultat est en contradiction avec ceux des expériences précédentes où les vestiges ont été régulièrement et arbitrairement espacés. Par exemple, Petraglia et Nash (1987) concluent de leur expérience que les modifications par ruissellement, si elles sont importantes, sont limitées aux tous premiers événements sédimentaires.
Cette influence est donc assez importante pour que des résultats différents soient obtenus selon la stratégie de disposition adoptée. Eu égard aux objectifs de ce travail, le choix d'expériences en nombre limité, mais réalisées à partir des hypothèses archéologiques de distribution des vestiges, s'en trouve justifié.

Nature et importance des dégradations

Toutes les expériences attestent de modifications de l'ensemble de vestiges originel. Elles sont plus ou moins importantes, en fonction de la durée d'exposition et de l'environnement sédimentaire. Les différents processus qui participent à la dégradation des ensembles expérimentaux sont énoncés dans le tableau 32.

Dans tous les cas, c'est la quasi-totalité des vestiges qui est susceptible d'être mobilisée. Ces déplacements ont été quantifiés (6,5 cm / an pour la fraction intermédiaire dans l'expérience 5). Ils se sont avérés importants, suffisamment pour que, à l'exemple des expériences 2, 3, 4 et 5, les dégradations soient significatives malgré une durée d'expérience bien en deça de celle attendue dans la formation des sites préhistoriques.

	Fraction grossière	Fraction moyenne	Petite fraction
Ruissellement concentré	l > largeur de la rigole, Pas de déplacement	4 mm < l < largeur de la rigole, Roulement ou glissement	l < 4 mm, Roulement et saltation
Ruissellement inter-rigole	l > à 10 mm, Formation / effondrement de micro-cheminées de fées	4 mm < l < 10 mm, Reptation par *splash*	l < 4 mm, saltation par *splash* et ruissellement diffus

tableau 32 : mode de mobilisation et de déplacement des vestiges expérimentaux en fonction de leur taille. l est la largeur de maille des vestiges.

Evolution des dégradations

Les premières modifications sont importantes. Cette réactivité importante d'objets placés en milieu naturel est systématique. Elle caractérise un déséquilibre avec l'environnement sédimentaire (Caine, 1981). Il ne s'agit pourtant pas ici d'un artefact, car ce scénario est bien celui de la formation des sites archéologiques. Nos expériences montrent que la dégradation des ensembles de vestiges se poursuit au-delà de ces premiers épisodes très réactifs. L'action des différents événements se cumule et transforme graduellement l'ensemble de vestiges. Ainsi, les modifications sont d'autant plus grandes que la durée d'exposition est importante.

Les étapes intermédiaires qui précèdent la redistribution de la totalité des vestiges se caractérisent, à l'exemple de l'expérience 4, par l'association d'évidences de dégradation (orientation des vestiges selon la pente, tri granulométrique) et d'évidences d'une bonne préservation de l'ensemble de vestiges (concentrations denses de vestiges de toutes tailles sans dispersion verticale).

C'est pourquoi c'est en termes de degré de préservation que doit être abordé le statut de la préservation de vestiges fossilisés dans un sédiment édifié par ruissellement. Nous rejoignons là un point de vue bien souvent exprimé par les auteurs qui ont travaillé sur la préservation des sites archéologiques (*e. g.* Galdfelter, 1977 ; Bowers *et al.*, 1983 ; Schick, 1986 ; Texier *et al.*, 1998). Une démarche basée sur une alternative préservée-perturbée ne saurait pas rendre compte de la coexistence d'évidences de préservation et d'évidences de dégradation qui coexistent lorsque la dégradation n'est pas totale.

Les résultats expérimentaux permettent d'identifier les modalités d'évolution des ensembles de vestiges partiellement dégradés. Les concentrations résiduelles évoluent par réduction périphérique dans le cas du ruissellement concentré (expériences 1, 3 et 4), et par dégradation à partir de l'extrémité aval dans le cas de l'érosion inter-rigole (expérience 6).

Une première étape vers une modélisation de l'action du ruissellement

Cette série d'expériences offre un cadre pour modéliser les modifications d'ensemble de vestiges par ruissellement. Elle présente toutefois plusieurs limitations.

Tout d'abord, le modèle de disposition des vestiges est à chaque fois un amas de taille. Garder constant la distribution initiale des vestiges était nécessaire pour permettre une comparaison des résultats. Pour autant, on peut s'interroger sur les modifications qui auraient été obtenues à partir d'une autre disposition (aléatoire ou uniforme, en comblement de cuvette, en concentration lâche, etc.)

De plus, les sites archéologiques sont bien souvent composés d'un nombre plus important de vestiges, abandonnés au cours de plusieurs occupations. Ce n'est que par extrapolations que peuvent être appréhendées les modifications que subirait un tel ensemble de vestiges, formé de plusieurs structures et de plusieurs nappes de vestiges.

Enfin, les critères habituellement employés dans les études de formation des sites ne sont pas tous documentés. Les expériences réalisées assurent une documentation détaillée sur les distributions des classes de taille, la distribution spatiale et les figures sédimentaires qui mettent en jeu les silex taillés. Mais ces expériences n'offrent que peu de mesures de la fabrique des vestiges. Elles sont par ailleurs insuffisantes pour détailler les états de surface qui accompagnent les dégradations des ensembles de vestiges. Des expériences complémentaires ont donc été réalisées.

2. UN EXEMPLE DE SÉDIMENTATION PAR RUISSELLEMENT EN ENTRÉE DE GROTTE

La grotte XII est l'une des cavités de la falaise du Conte, commune de Cénac et Saint-Julien (Rigaud, 1982). Une partie des sédiments en transit sur la pente est détournée dans la grotte par ruissellement. C'est actuellement la principale source de sédimentation dans la cavité.
La description du fonctionnement actuel de la grotte XII est une modeste contribution à l'étude des dynamiques en entrée de grotte. La description des faciès associés permet d'aborder la spécificité de ce milieu dans le cas d'une sédimentation par ruissellement et complète la description des faciès sédimentaires du site de plein air du Tiple.

2.1. Description du système sédimentaire

2.1.1. Morphologie

La grotte se place dans le prolongement d'une reculée de la falaise. Au fond de la reculée, une petite terrasse domine les dépôts de pente et accueille un cône colluvial nourri par les eaux qui ruissèlent et s'égouttent le long des parois en surplomb. La cavité s'ouvre sur cette terrasse par un diverticule peu profond, flanqué de spéléothèmes fossiles dont les produits de désagrégation (sables et graviers calcitiques) jonchent le sol.
Le système sédimentaire est tripartite (figure 62). Le cône extérieur joue le rôle de collecteur en détournant les apports de versants. Les écoulements se concentrent dans une rigole qui traverse la première moitié de la salle principale, de pente moyenne 15°. La sédimentation prend place au sein d'une dépression présente au fond de la salle. Elle débute par un cône à forte pente (20°) que prolongent des épandages sub-horizontaux colmatant un éboulis affleurant, et s'achève par une dépression où se forme une flaque au cours des intempéries.

2.1.2. Fonctionnement

La description qui suit a été réalisée en mai 2001, à la suite d'une forte pluie.
Le cône extérieur qui recueille les eaux est en cours d'érosion. En témoigne un pavage résiduel qui se développe entre le sommet du cône colluvial et l'entrée du diverticule et met à jour de nombreuses racines. Le pavage est formé de cailloux de 1 à 5 cm qui se situent, pour la plupart, au sommet de micro-cheminées de fées. Entre ces cailloux, des sables lavés couvrent partiellement le sol érodé.
Les eaux provenant du pavage et des parois sont canalisées dans deux proto-rigoles qui rejoignent l'étroiture d'accès à la salle. Au-delà, les écoulements forment une rigole qui serpente entre les piliers jusqu'à la dépression du fond de la cavité. La largeur et la profondeur de cette rigole varient de 5 à 10 cm. Son profil est en marche d'escalier. Les seuils sont formés par les blocs qui émergent du sédiment érodé. Des petites accumulations de graviers et petits cailloux comblent les irrégularités de son lit.

Cette rigole incise le premier tiers du cône détritique qui se développe à l'entrée de la dépression. Le point d'intersection se place à la jonction d'une partie amont de pente 20° et d'une partie aval de pente moyenne 10°. Tous les écoulements ne sont pas contenus par cette rigole, comme en témoigne, en amont du point d'intersection, une bande de sédiment humidifié couverte de débris végétaux et d'agrégats limono-argileux sur 50 cm de part et d'autre de la rigole. Les écoulements divergent en dessous du point d'intersection et laissent place à un épandage de graviers et petits cailloux couverts de boue.
Au-delà du cône, les écoulements traversent un éboulis affleurant. Plusieurs petites rigoles, peu profondes et méandriformes, se séparent ou fusionnent au gré des blocs et cailloux qui dévient l'écoulement. Des petites langues d'accumulation de sables et limons sont associées aux irrégularités de ce cheminement. Les écoulements aboutissent finalement une zone déprimée de quelques mètres de large, à l'extrémité de la dépression. Le sédiment s'y accumule sous la forme de micro-delta et de limons et argiles décantés.

Outre l'activité sédimentaire qui a retenu notre attention, la grotte abrite une activité biologique spécifique. Des chauve-souris hibernent dans la cavité. Leurs déjections sont présentes au sol sous la forme d'amas de guano à l'aplomb des lieux d'agrégation. Des terriers et des déblais de creusement attestent de l'activité épisodique de fouisseurs dans la grotte.

2.2. Faciès et microfaciès

Deux sondages profonds d'une cinquantaine de centimètres ont été creusés dans le cône (figure 62).

Le premier sondage (S1) est réalisé au-dessus du point d'intersection ; il livre deux ensembles :

1. Un **éboulis** apparaît entre 10 et 40 centimètres de profondeur. Il est formé de débris hétérométriques calcaires non-orientés à support clastique. La limite supérieure de cet éboulis est fortement inclinée, de la paroi nord en direction du centre de la dépression. La partie supérieure est colmatée de sables limono-argileux laminés sur une épaisseur de 20 cm. La structure est semi-ouverte en dessous.
2. Des **sables limono-argileux et des graviers** surmontent cet éboulis. Les graviers et les sables grossiers triés forment des lits lenticulaires, pluridécimétriques à métriques, en section transverse et longitudinale, et des lentilles décimétriques concaves en section transverse. Ces lits lenticulaires et ces lentilles sont dispersés dans un fond de sables limono-argileux massifs.

L'observation en lames minces permet de détailler la description de l'ensemble supérieur de graviers et sables limono-argileux massifs à lits lenticulaires. La fraction grossière est formée d'éléments de la taille des sables grossiers et granules (500 µm à 1 cm). Ce sont des grains de quartz, des fragments émoussés de spéléothèmes et quelques débris végétaux. Ces éléments sont triés et forment des lits plans d'épaisseur à peine supérieure au diamètre des grains qui les constituent. Des revêtements argilo-limoneux lités coiffent les graviers (planche 3a). Ils se rencontrent parfois en « position anormale », c'est-à-dire sur la face inférieure.

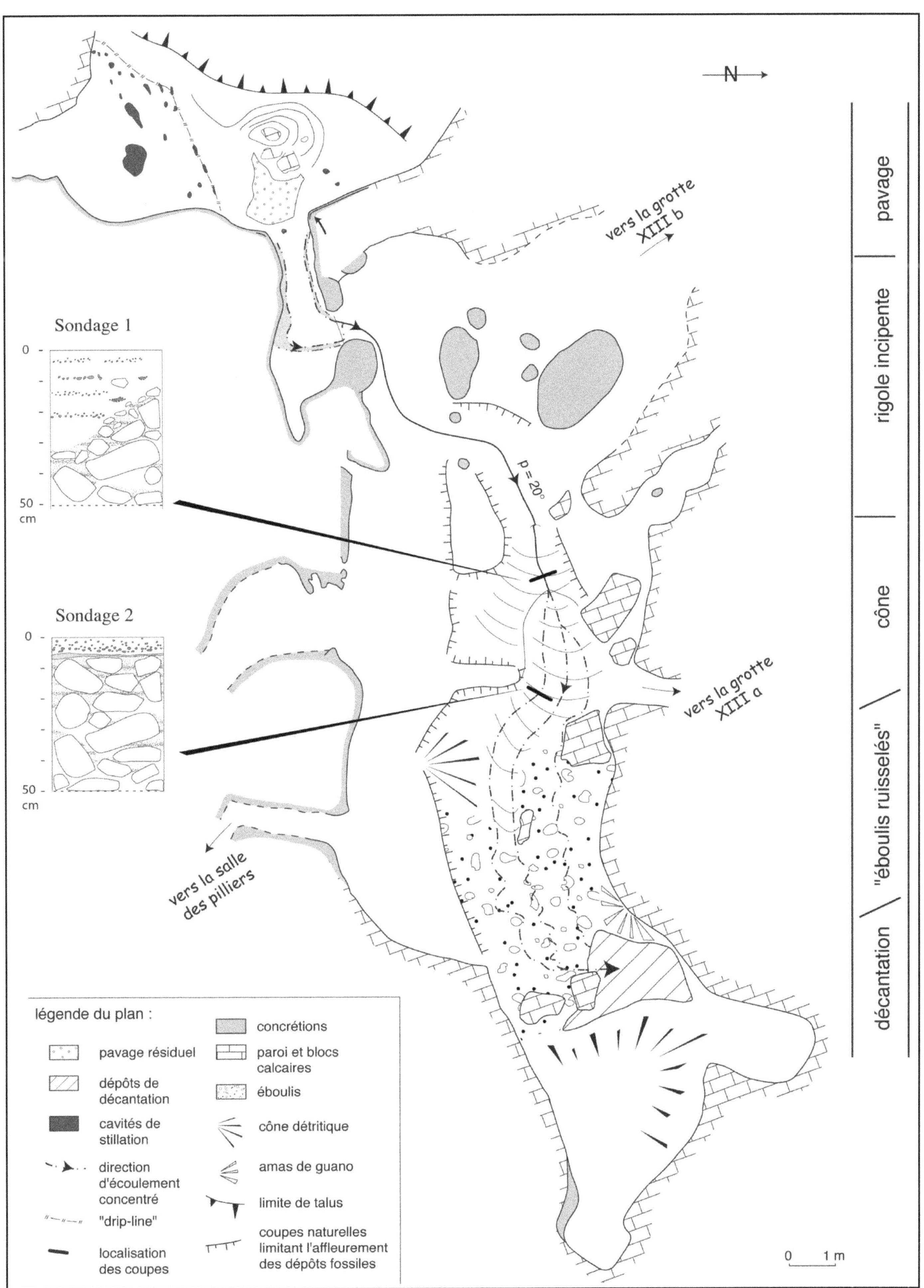

figure 62 : Grotte XII, topographie de la cavitée et sections des dépôts livrées par les sondages.

Cette fraction grossière est supportée par une matrice de sables limono-argileux et de fins débris végétaux à distribution relative porphyrique. Deux microstructures sont présentes :

1/ La plus fréquente est un entassement plus ou moins dense d'agrégats organo-minéraux (planche 3A). Leur taille (50 à 300 µm) et la régularité de leurs bords permettent d'y reconnaître des agrégats de déjections de la faune du sol (Bullock *et al.*, 1985).

2/ La microstructure est massive ou à agrégation moyennement développée et porosité d'effondrement le long de bandes sub-horizontales d'épaisseur millimétriques et par plages pluri-millimétriques surmontant les graviers. Une porosité biologique peut parfois être observée. Les chenaux sont le plus souvent larges de 100 µm environ, quelques-uns sont larges d'1 à 2 mm.

Le second sondage (S2) se place en dessous du point d'intersection ; il livre une séquence comparable :

1. L'éboulis colmaté apparaît à une profondeur de 10 cm. Sa limite supérieure est parallèle à la surface du cône. Un lit rouge sombre d'épaisseur pluri-millimétrique composé de débris végétaux et de nombreux fragments d'élytres surmonte l'éboulis.
2. Des petits cailloux, granules et sables grossiers triés à support clastique forment une couche épaisse de 10 cm qui surmonte l'éboulis. Les vides d'entassement sont colmatés par des sables limono-argileux. Un litage est révélé par le tri de la fraction grossière. Il est conforme à la surface du cône. La fabrique est groupée, les objets étant disposés conformément à la pente (L = 38,7% et p = 2,5 x 10^{-3}).

L'observation en lames minces permet de détailler le faciès d'éboulis colmatés.

L'éboulis est formé de cailloux calcaires pouvant présenter un cortex d'altération phosphaté. Des revêtements limoneux lités sont présents sur la face supérieure des clastes. Ils s'y superposent conformément lorsque cette surface est altérée.

Les sables et limons argileux du comblement matriciel sont laminés. La stratification générale est entrecroisée. Des séries de quelques lamines présentent un stratification parallèle, le plus souvent horizontale, parfois concave (planche 3E). L'épaisseur de ces lamines est inframillimétrique à supra-millimétrique. Leur extension est pluricentimétrique à décimétrique. Leurs bords sont le plus souvent en biseau, parfois convexes. Les contacts érosifs sont peu nombreux. Le tri granulométrique est très bon.

Selon leurs constituants, trois types de lamines peuvent être distingués :

- Des lamines claires de sables lavés triés ; ces sables contiennent quelques agrégats limono-argileux, ainsi que quelques lignes de charbons arrondis (planche 3B).
- Des lamines brun sombre d'agrégats limono-argileux triés (planche 3C). De fines lamines de limons triés s'y intercalent.
- Des lamines de sables, limons triés et agrégats limono-argileux (planche 3D).

S'y ajoutent des lits d'épaisseur centimétrique de sables grossiers et graviers à espaces inter-grains comblés de sables, d'agrégats et de débris végétaux mal triés. Les sables présentent souvent des coiffes périphériques de limons argileux. Une structure micro-agrégée (planche 3F) qui dérive de l'action de la mésofaune peut localement être reconnue (Mücher *et al.*, 1972 ; Babel et Vogel, 1989).

Des phosphates sont présents sous la forme de produits illuviés. Ils forment des masses jaunâtres ou grisâtres isotropes et à fluorescence primaire en lumière bleue (Altemüller et Van Vliet-Lanoë, 1990) ou se présentent sous la forme de fines bandes qui imprègnent les lamines de limons triés. Latéralement, ces imprégnations phosphatées forment des revêtements à la base des grains de quartz.

2.1. Genèse des dépôts

Les éboulis présents sous le cône ou dans son prolongement sont interprétés, sur la base de l'hétérométrie des blocs et de leur orientation quelconque, comme des dépôts gravitaires alimentés par les parois et le plafond de la cavité.

L'éboulis est secondairement colmatés par des ruissellements. Au cours de la période qui sépare l'édification de l'éboulis de son colmatage se forment les cortex d'altération des cailloux (Campy, 1986). L'observation du fonctionnement actuel de la cavité et les microfaciès observés (emboîtement de lentilles décimétriques à bords en biseaux ou convexes) permettent de décrire ce colmatage comme résultant d'une accrétion par superposition de langues d'accumulation. L'excellence du tri granulométrique des particules sédimentaires est celle de sédiments déposés par un ruissellement sans *splash (« afterfow »* de Mücher et De Ploey, 1977 et 1984). C'est donc à ce caractère stationnel de grotte que peut être imputé la qualité du tri granulométrique observé.

La régularisation de la micro-topographie à laquelle conduit le colmatage de l'éboulis autorise le développement de formes plus typiques de dépôts de ruissellement - ici un cône détritique lié à la rupture de pente marquée à l'entrée de la dépression -. Les dépôts de ce cône sont constitués d'une superposition de lits à fraction grossière triée. Les revêtements limoneux des granules et sables peuvent être mis en relation avec la forte concentration des écoulements (granules et cailloux couverts de boues observés en surface). Le dépôt du fond matriciel accompagne celui de la fraction grossière, comme en témoigne le support matriciel de la plupart des lits. L'entassement dense des agrégats, l'absence de relation de ce matériau avec la porosité biologique et leur présence sur une épaisseur importante permettent d'interpréter ce dépôt matriciel comme une accumulation d'agrégats biologiques redistribués. L'absence de tri peut être imputée soit à une perte brutale de compétence, lorsque les écoulements sont piégés par les pavages que forme la fraction grossière, soit à des écoulements turbides (Mücher et De Ploey, 1977). Le caractère mixte (organo-minéral), la présence de débris végétaux nombreux et l'agrégation d'origine biologique montrent que les sédiments qui colmatent les dépôts proviennent des horizons superficiels extérieurs. Ce microfaciès est comparable, par sa nature et son mode de formation, aux colluvions décrites par Mücher *et al.* (1972), si ce n'est que la faible activité biologique dans la grotte permet la préservation de la structure microagrégée originelle.

2.2. Une séquence génétique

Les dépôts observés s'intègrent dans une séquence longitudinale typique d'une sédimentation par ruissellement (*cf.* p. 19) : à une zone d'érosion succède une zone de dépôt qui se caractérise par un tri granulométrique longitudinal décroissant. La fraction transportée la plus grossière forme le cône détritique à graviers et sables limoneux mal triés auquel succèdent les sables laminés qui colmatent l'éboulis.
Les sondages ont livré une séquence composée de la superposition des deux faciès : les sables et graviers à litage grossiers surmontent les éboulis colmatés de sables laminés (figure 63). Cette superposition correspond à l'accrétion latérale et verticale du cône. Elle forme une séquence génétique. Le faciès d'éboulis colmaté est à mettre en relation avec la succession des dépôts de ruissellement à des dépôts issus de la fragmentation des parois. L'observation du fonctionnement actuel de la cavité montre que les micro-deltas et les argiles et limons décantés forment un faciès latéral qui peut se substituer aux éboulis colmatés. La succession des sables et graviers à tri mal exprimé à ces faciès distaux fournit donc une séquence virtuelle de ruissellement seul.

De telles séquences sont sans doute assez communes en entrées de grotte. Elles peuvent se rencontrer lorsque le ruissellement est le principal processus de sédimentation, et qu'il conduit à la mise en place d'une séquence d'enchaînement latéral des faciès contrôlé par la diminution de compétence des écoulements.

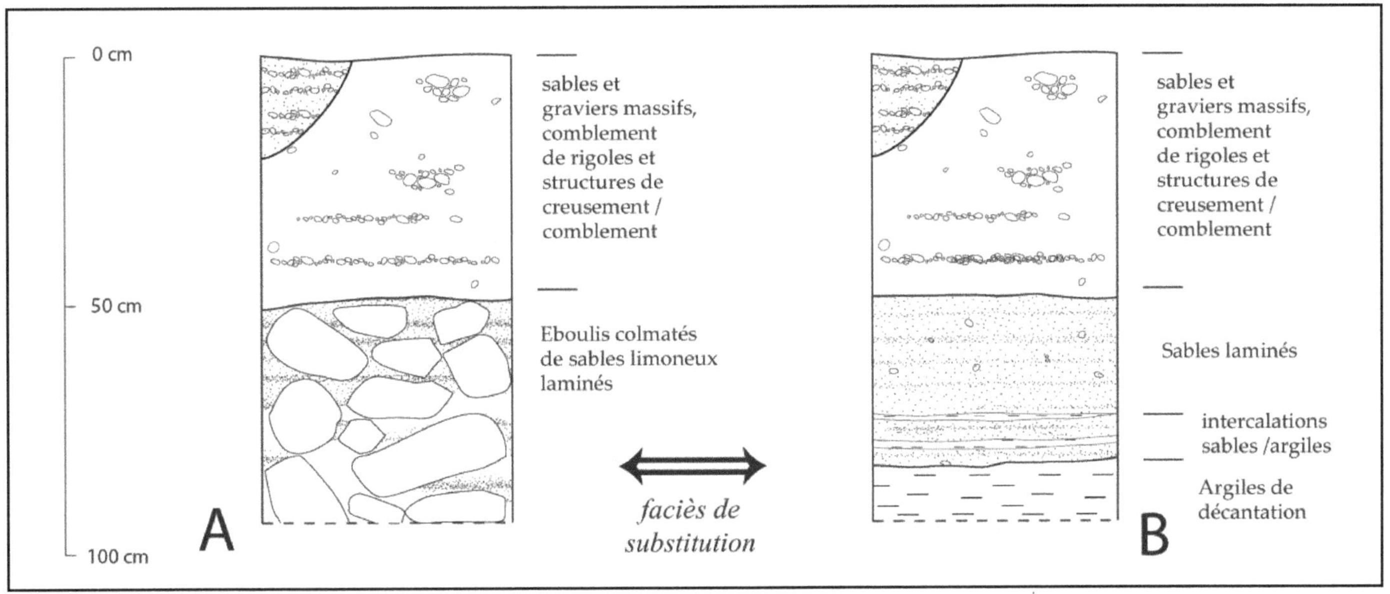

figure 63 : Grotte XII, représentation schématique de séquences de ruissellement. A - séquence observée à la grotte XII ; B - séquence équivalente de ruissellement seul.

3. UNE EXPÉRIENCE DE RÉSIDUALISATION

Une expérience a été menée de juillet 1998 à juin 1999, dans le cadre du programme de recherche en archéologie expérimentale de l'archéodrome de Beaune. Elle complète notre corpus expérimental en détaillant l'évolution de nappes de vestiges superposées soumises à une érosion par ruissellement diffus et *splash*.

La documentation qui existe sur les pavages résiduels de ruissellement concerne essentiellement le tri granulométrique en fonction de la pente (*cf.* p. 22). C'est pourquoi une attention toute particulière a été portée à la fabrique des vestiges redistribués et à aux déplacements de vestiges. Ce dernier point nous permet en particulier de décrire l'orientation des liaisons - raccords ou remontages - entre les vestiges redistribués.

Initialement, cette expérience se proposait d'illustrer le caractère ambigu de l'utilisation de la distribution verticale des vestiges dans l'évaluation de la préservation des nappes de vestiges. Pour cela, le protocole expérimental fait succéder une phase d'érosion par ruissellement à une phase de piétinement. La première étape de piétinement ne relève pas du cadre de ce travail. Les résultats ont été présentés ailleurs (Lenoble et Bordes, 2001). Seule la description des nappes de vestiges avant leur déformation par ruissellement est rappelée.

3.1. Présentation de l'expérience

3.1.1. Caractéristiques du site expérimental

L'archéodrome de Beaune se situe en partie occidentale de la vallée de la Saône, dans le département de la Côte D'Or. Le climat local est "à dominante océanique, altérée par les influences continentales de l'Europe Centrale et légèrement influencé par une tendance méditerranéenne en provenance de l'axe Rhône-Saône " (Marceaux et Taboulot, 1994, p. 6) (figure 64).

Cette influence méditerranéenne s'exprime par des « remontées perturbées du Sud », qui, à la fin du printemps, donnent lieu à de fortes pluies (Marceaux et Taboulot, *op. cit.*). Les autres précipitations importantes sont le fait d'orages estivaux.

3.1.2. Constitution de la cellule

Une fosse est creusée en pied de talus, aux dépens de déblais argileux structurés par une activité de retrait-gonflement. Cette fosse est orientée dans le sens de la pente. Elle mesure six mètres de long et deux de large. Sa profondeur est d'environ vingt centimètres. Cette fosse est remplie d'un sable moyen à mode secondaire de graviers aplatis (tableau 33).

Fraction	*Argiles*	*Limons*	*Sables*	*Graviers*
%	0,1	0,3	72,1	27,4

tableau 33 : expérience de résidualisation, granulométrie du sédiment disposé dans la fosse.

La première nappe de vestiges est enfouie dans le sédiment à une profondeur de 3 à 5 cm. La seconde nappe est disposée en surface. Les répliques de vestiges archéologiques sont des lames et lamelles en silex. Ces vestiges ont été sélectionnés pour leur forme qui se prête bien aux mesures de fabrique. Chaque nappe de vestiges est composée de quatre séries associant lames et lamelles (tableau 34). Pour chaque nappe, deux de ces séries sont disposées dans la partie amont de la fosse où la pente est de 10°. Les deux autres sont placées dans la partie aval où la pente ne dépasse pas 3°. La disposition de ces séries permet de partager les nappes en deux bandes d'un mètre de large, parallèles à la pente. Chaque bande regroupe une série du secteur amont et une série du secteur aval (figure 65).

Les vestiges de chaque série sont disposés dans le plan de stratification, sans orientation préférentielle. Cette disposition assure une fabrique conforme à celle d'un site archéologique non perturbé (*cf.* p. 23).

La partie la plus basse de la fosse est approfondie d'une cinquantaine de centimètres et sert de fosse de stockage de sédiment. Une rigole d'évacuation prolonge l'ensemble ; ce drain évite que le niveau d'eau au bas de la fosse empiète sur les zones où les vestiges ont été disposés, ce qui aurait pour conséquence de limiter l'érosion à la partie amont de la cellule.

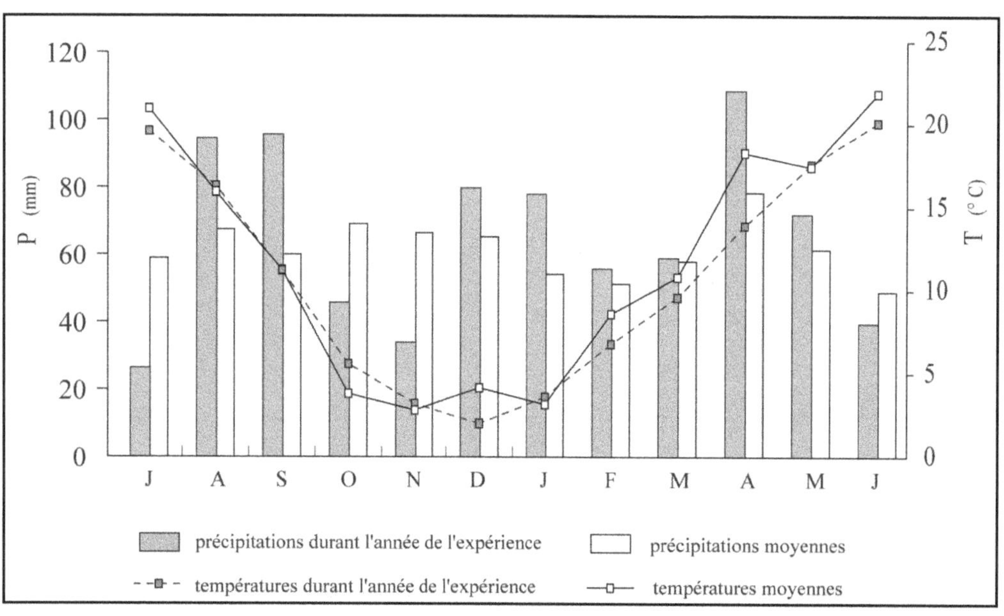

figure 64 : expérience de résidualisation, diagramme ombro-thermique local (station de Savigny-les-Beaunes), et moyennes mensuelles de température et précipitation au cours l'année de l'expérience.

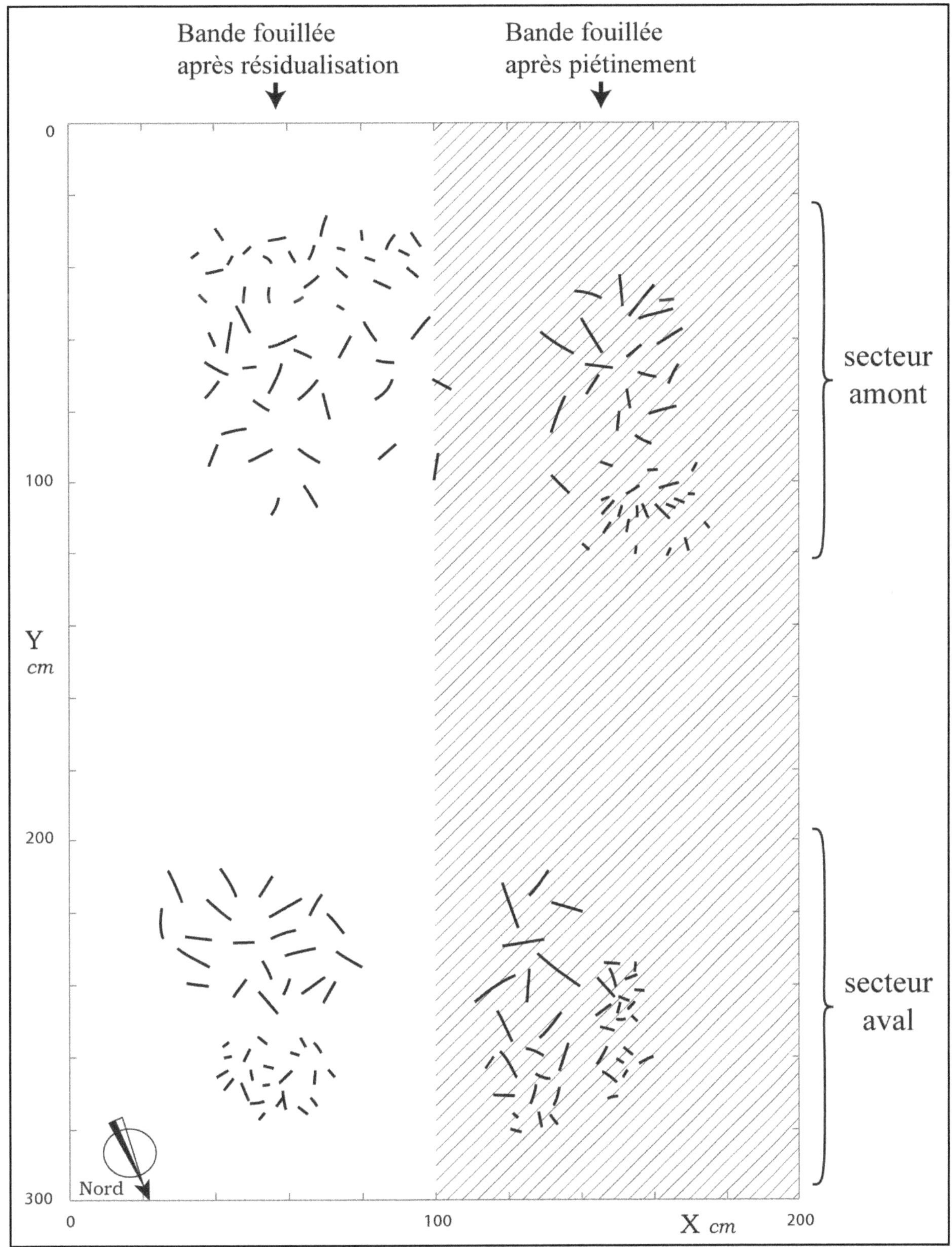

figure 65 : expérience de résidualisation, plan des vestiges de la nappe de surface à la mise en place. Les vestiges de chaque nappe sont placés dans la moitié amont de la fosse et se répartissent en quatre séries réparties en deux secteurs et deux bandes.

Bande	*Secteur*	*Nappe enfouie*	*Nappe de surface*
Est	amont	41 lames et 39 lamelles	27 lames et 26 lamelles
	aval	40 lames et 40 lamelles	20 lames et 22 lamelles
Ouest	amont	20 lames et 23 lamelles	20 lames et 20 lamelles
	aval	23 lames et 20 lamelles	21 lames et 20 lamelles

tableau 34 : expérience de résidualisation, composition des séries pour chaque nappe de vestiges.

3.1.3. Déroulement de l'expérience

La cellule a été piétinée par deux personnes chaussées pendant une demi-heure, sans direction privilégiée. La bande ouest de la cellule a ensuite été fouillée. Puis le sédiment de cette bande a été replacé et la cellule a été abandonnée aux intempéries pendant onze mois (du 31/07/98 au 27/06/99). Au retour sur le site, face au fonctionnement limité de la cellule au cours de cette période (*cf. infra*, description de la cellule au retour sur le site), le parti a été pris d'augmenter artificiellement le temps expérimental en simulant des intempéries naturelles. Pour cela, nous avons utilisé une lance à incendie que nous avons placé au sommet de la pente dominant la cellule, et avons arrosé la cellule en dirigeant la lance vers le ciel. Le débit délivré a été réglé de façon à ce que les gouttes présentent un diamètre de 5 mm environ, et acquièrent ainsi en retombant une énergie cinétique presque égale à celle des événements naturels comparables (Laws, 1941). L'obliquité de la trajectoire des gouttes ne dépasse ainsi pas une dizaine de degrés.
Nous avons estimé l'intensité maximale de ces intempéries à environ 100 mm/h, soit de très fortes averses ou des épisodes orageux, à occurrence, au mieux, annuelle. Sept intempéries ont été ainsi simulées. La première dure une demi-heure, et les autres une vingtaine de minutes. Le temps de repos entre chaque événement pluvieux ainsi simulé est d'environ une heure.

3.2. Résultats

3.2.1. Déformations par piétinement

Les informations sur les déformations par piétinement sont livrées par la fouille de la bande ouest.

Dans le secteur aval, sub-horizontal, les vestiges sont dispersés verticalement sur 3 à 4 centimètres, c'est-à-dire dans toute l'épaisseur de la couche active au sein de laquelle ils se sont déplacés (figure 66). Les déplacements dans le plan horizontal sont peu importants, de l'ordre d'une dizaine de centimètres en moyenne. La distribution des directions de déplacement témoigne d'une faible orientation préférentielle.

Dans le secteur amont, nous avons observé le mécanisme décrit par Gifford-Gonzales *et alii* (1985) dans un cas similaire de sédiment sans cohésion et de pente moyenne : la pression du pied provoque un déplacement en masse du sédiment dans le sens de la pente. Ces mouvements en masse répétés sont à l'origine d'une érosion du secteur en pente. Ils cessent et le sédiment s'accumule lorsque la pente est inférieure à 7°. Les directions de déplacement sont fortement orientées de la zone d'érosion vers la zone d'accumulation. Le matériel est dispersé sur une épaisseur plus importante dans la zone d'accumulation (figure 66). La disposition des vestiges y témoigne d'un début d'inversion stratigraphique (figure 66B). Les vestiges de surface sont les premiers à être déplacés jusqu'à la zone de sédimentation. Puis, l'érosion progressive de l'emplacement initial conduit les vestiges de la nappe enfouie à être intégrés à couche active et à venir recouvrir les premiers dans la zone d'accumulation.

Les modifications qu'ont subies les nappes de vestiges sont donc fonction de la pente. Dans le secteur sub-horizontal, les artefacts expérimentaux sont dispersés sur une épaisseur de 3 cm, sans déplacement significatif. Dans le secteur en pente, ils sont dispersés sur une épaisseur d'une dizaine de centimètres, et se sont déplacés latéralement sur des distances atteignant 1 m.

3.2.2. Description de la cellule au retour sur le site expérimental

Au retour sur le site expérimental, après avoir abandonné la cellule pendant onze mois, il a été possible d'observer les effets de la pluie et du ruissellement.
Aucune rigole n'est visible. Le micro-relief de surface a disparu, et la surface montre de nombreuses marques d'impact de gouttes. Comme le laissait prévoir la texture du sédiment, aucune croûte de battance ne s'est formée. Tout au plus note-t-on une très légère induration de la surface. Des objets sont visibles, disposés à plat sur le sol. Quelques-uns émergent du sédiment ; leur orientation est quelconque.
L'extension des sables dans la fosse témoigne d'une progression de trente centimètres environ des sédiments vers l'aval. La limite d'extension de ce corps sédimentaire prend la forme d'un front à forte pente (20 à 25°). Il ne s'agit pas véritablement d'un micro-delta puisque ce front ne présente pas de forme en éventail caractéristique. Toutefois, la présence d'un film argileux discontinu sur ce front montre qu'il a fonctionné sous l'eau. Une bande de gravillons, de 3 à 5 cm de large et d'épaisseur, est visible à la base de ce front.

Nous déduisons de ces observations que la cellule a bien subi une érosion par ruissellement diffus. Cependant, le déplacement des sédiments vers l'aval a été bloqué par un niveau trop élevé de l'eau dans la fosse. L'inspection de la rigole d'évacuation montre que des effondrements de bords et des accumulations de débris végétaux l'ont rendu inefficace.
Ce constat est positif dans la mesure où l'expérience mise en place a effectivement fonctionné, avec entraînement du sédiment par *splash* et ruissellement diffus. Les objets disposés à plat à la surface du sol traduisent un début de résidualisation des répliques de vestiges archéologiques. En revanche, l'inefficacité de la rigole d'évacuation est à l'origine d'une inhibition de l'érosion. Aussi, il a été décidé de procéder à un nettoyage et un approfondissement de cette rigole d'évacuation, puis à des simulations de pluies (*cf. supra*, déroulement de l'expérience).

3.2.3. Fonctionnement

Au cours des différentes pluies simulées, nous avons pu observer l'apparition successive des phénomènes suivants :

- La reptation du sédiment sur la pente. Les particules se déplacent par saltation sous l'effet du *splash*, l'inclinaison des gouttes dans le sens de la pente favorisant leur déplacement vers l'aval (Moeyersons, 1983 ; De Ploey et Paulissen, 1988). Ici, l'absence de grains centimétriques fait que les déplacements par glissement ne sont pas observés, si ce n'est pour les objets archéologiques les plus petits (lamelles).
- La concentration en surface des gravillons, qui se déplacent plus lentement (figure 67).

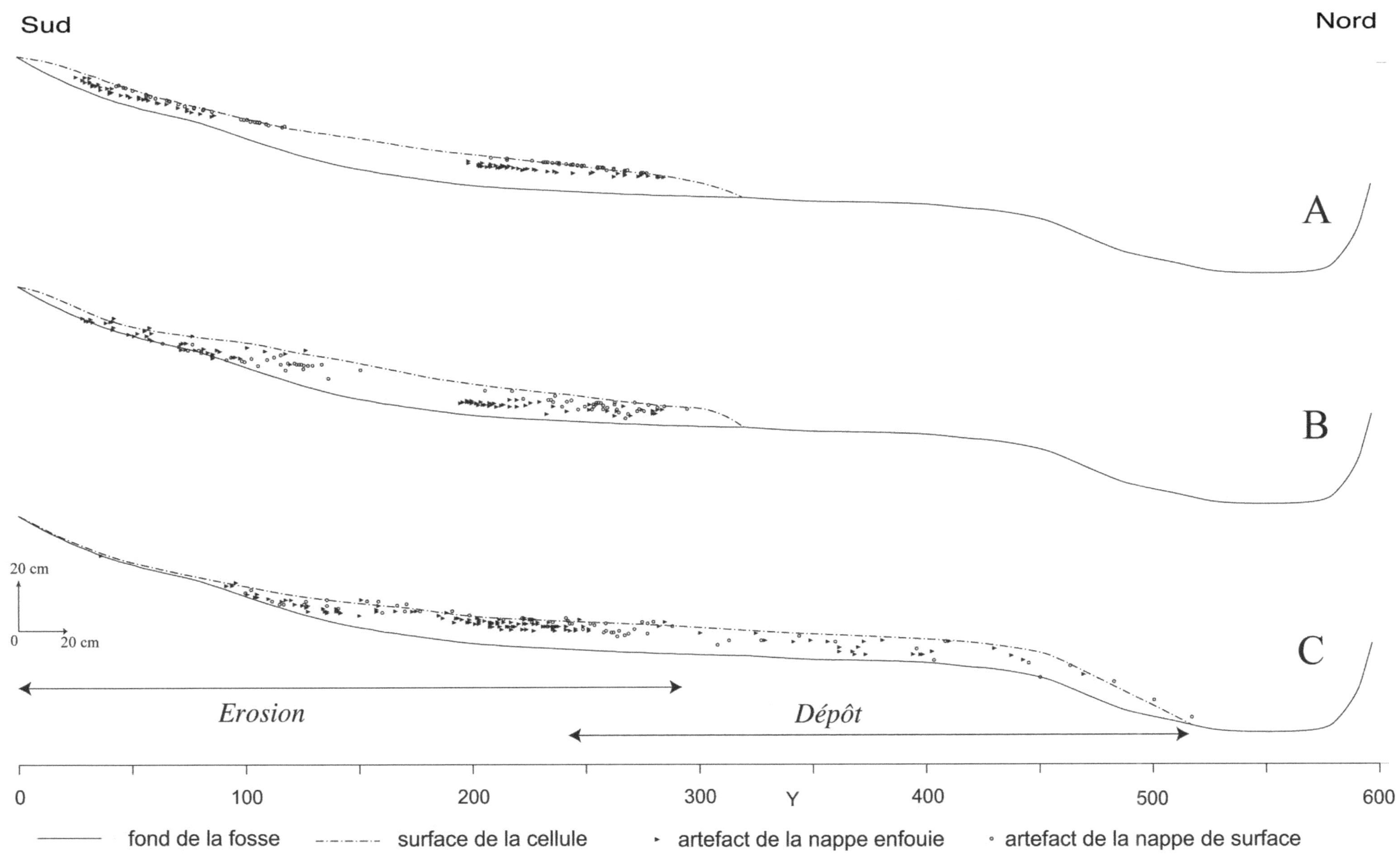

figure 66 : expérience de résidualisation, dispersion verticale des vestiges. A – bande ouest à la mise en place ; B – bande ouest après piétinement ; C – bande est après ruissellement. Les zones d'érosion et de dépôt liées au transport par ruissellement sont indiquées.

- La saturation du sédiment après cinq à dix minutes de pluie simulée ; le filet d'eau qui s'écoule en surface devient alors plus épais et continu. Les grains de sables détachés par le *splash* sont repris par ce ruissellement en nappe, ainsi que les plus petites lamelles (diamètre de maille inférieur à 10 mm).
- Le dépôt des sédiments érodés à l'aval de la cellule, sous la forme d'un prisme ayant un front à faible pente. Celui-ci s'étend rapidement lorsque le ruissellement de saturation apparaît. Au bout d'un certain temps d'averse simulée (20 min à 1/2 h.), le niveau d'eau dans la fosse atteint le front de sédiment. La progression du corps sédimentaire se fait alors sous l'eau et le front acquiert la pente d'avalanche d'un micro-delta.
- Après plusieurs intempéries simulées, le secteur amont de la cellule est complètement dégagé. Le substratum mis à nu, imperméable et accidenté, concentre les eaux. Des proto-chenaux (Merrit, 1984) puis des chenaux apparaissent. Ces rigoles se prolongent de micro-deltas en éventail qui sont à l'origine de la forme multilobée du front.
- L'élévation du niveau d'eau dans la fosse conduit à une submersion des micro-deltas. Le recul des fronts accompagne alors l'extension de la flaque (figure 67).

À ce stade, les intempéries simulées sont arrêtées, jusqu'à ce que la cellule se soit ressuyée. L'expérience prend fin lorsqu'un pavage résiduel est identifié. Celui-ci s'est formé aux dépens des vestiges du secteur sub-horizontal : les vestiges des deux différentes nappes initiales reposent alors sur une même surface (figure 68).

figure 67 : vue du micro-delta à la fin de l'expérience. Le dernier état de fonctionnement du front est en recul du fait du haut niveau d'eau dans la dépression à la fin de l'intempérie simulée. Les graviers qui se déplacent plus lentement sous l'effet du splash, s'accumulent entre les lobes et au bas du front du delta.

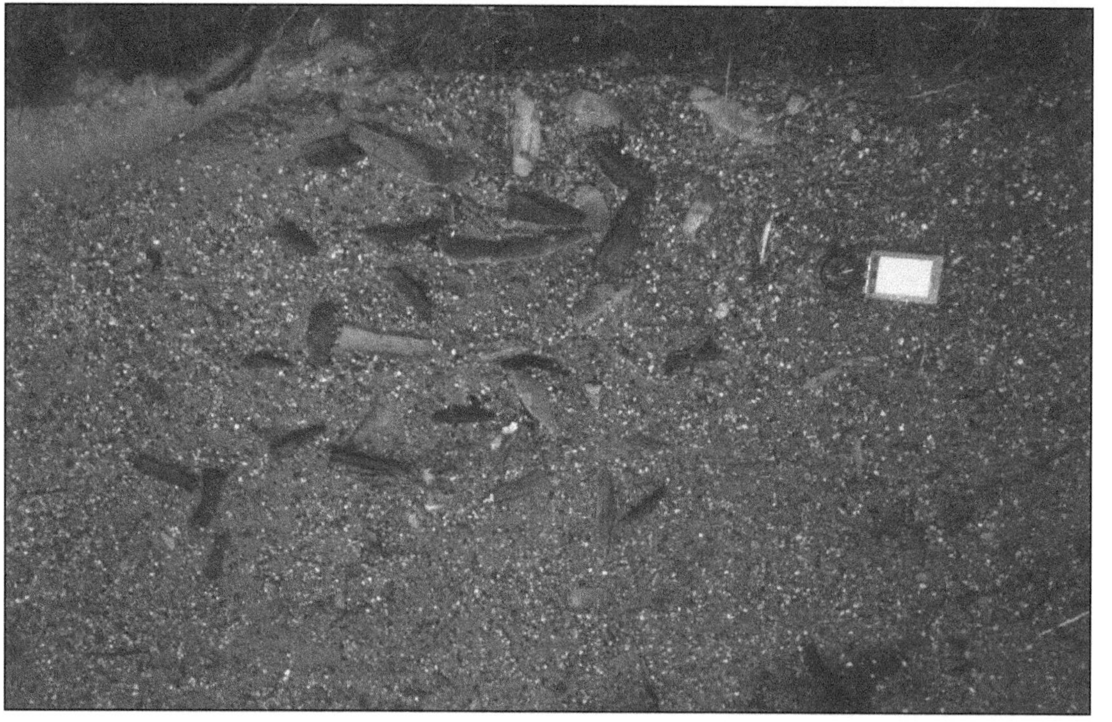

figure 68 : vue du secteur sub-horizontal à la fin de l'expérience. Les éléments de la nappe de vestiges initialement enfouie (objets gris clair) et de la nappe initialement disposée en surface (objets marron) sont associés dans un même plan ; ils forment un pavage résiduel.

3.2.4. Faciès sédimentaires

Une section transversale a été établie aux dépens de l'accumulation des sables dans la fosse de stockage. Cette section met en évidence une stratification irrégulière des sédiments, sous la forme de lits lenticulaires de gravillons dispersés dans des sables moyens massifs (figure 69).
Cette organisation peut être expliquée à l'aide des observations réalisées au cours du fonctionnement de la cellule. La couche de gravillons à la base des dépôts a une épaisseur assez régulière de 3 à 5 cm (figure 70). Elle correspond à l'accumulation des graviers au bas des micro-deltas, du fait du tri gravitaire des particules qui chutent sur la pente du delta.
Les gravillons qui se déplacent plus lentement s'accumulent dans les dépressions du front, notamment entre les éventails. Cette concentration est à l'origine des épaississements latéraux des lits de gravillons. Au début des pluies simulées, le niveau d'eau dans la fosse est bas. Des rigoles entaillent alors le micro-delta. Ces érosions localisées expliquent les interruptions de certains des lits de gravillons. Enfin, l'évolution rétrograde du front à la fin de chaque pluie simulée conduit à la superposition de plusieurs séquences.

3.2.5. Modification des ensembles de vestiges expérimentaux

Comportement du matériel expérimental

Au cours des pluies simulées, trois «environnements dynamiques " ont pu être distingués.

Dans un premier temps, seul le *splash* est effectif. Les objets les plus petits, c'est-à-dire les lamelles, se déplacent par glissements à la suite des impacts de gouttes. Les lamelles orientées perpendiculairement à la pente sont davantage mobilisées que les autres. Ce mécanisme est important dans le secteur amont de la cellule, où la pente est plus forte.

Lorsque le ruissellement de saturation apparaît, l'eau qui s'écoule en nappe reprend les artefacts mis en mouvement par le *splash*. Les lames, en revanche, sont mises en relief au sommet de petits monticules. Une liquéfaction en masse localisée (De Ploey, 1971) peut les mettre en mouvement. Elles glissent alors de quelques centimètres et leur immobilisation s'accompagne d'un pivotement de l'objet dans le sens de la pente.

Dans un troisième temps, le ruissellement concentré apparaît sous la forme d'une rigole aux bords diffus. Les artefacts qui sont amenés jusqu'à cette rigole sont déplacés sur des distances importantes : les lamelles sont transportées jusqu'au delta, et les lames jusqu'à la partie médiane de la cellule, sub-horizontale. Les plus petits objets se déplacent en roulant. Les plus gros glissent à la suite d'affouillements. Ces objets peuvent connaître de bref épisode de traction, ce qui, dans le cas des lames, augmente significativement leur distance de déplacement. Là également, les objets se placent parallèlement à la direction d'écoulement lors de leur immobilisation. Des pivotements dans le sens de la pente ont également été observés sans que les objets ne soient mis en mouvement.

figure 69 : vue de la section transverse du micro-delta. Les gravillons concentrés en surface sont à l'origine de lits lenticulaires de gravillons dispersés dans un sable massif.

figure 70 : levé de la section transverse du micro-delta.

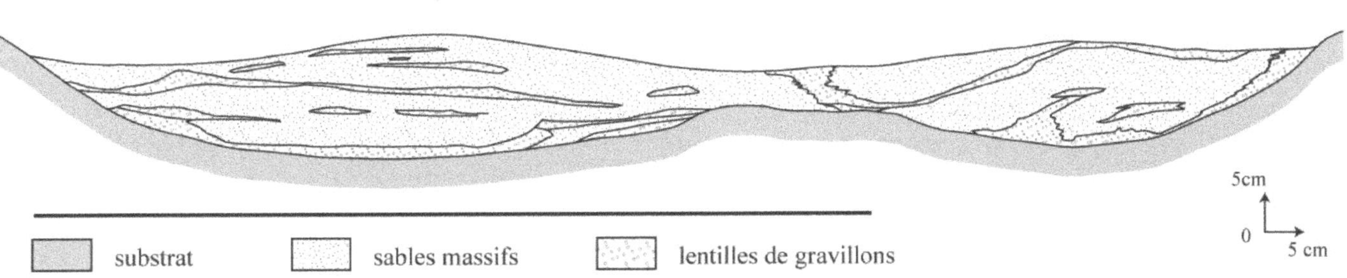

Dispersion horizontale et distribution par classe de taille

Les déplacements sont globalement très importants (figure 71). Tous les petits objets, en l'occurrence les lamelles de masse inférieure à 1 g, atteignent le micro-delta. Ils y sont amenés aussi bien par le ruissellement concentré que par le ruissellement diffus et l'impact des gouttes (figure 72). La population des vestiges redistribués dans le micro-delta contient également quelques objets de taille moyenne, pouvant atteindre 10 g, ce qui correspond à de petites lames d'une largeur avoisinant 2 cm. Nous avons pu observer, lors des pluies simulées, que ces objets ont été déplacés par ruissellement concentré. C'est le plus gros module qui ait transité par la rigole jusqu'au micro-delta. Ces objets sont déposés dans les langues d'accumulation du front ou dans les éventails du delta, parmi les sables moyens charriés par la rigole.
Cette ségrégation donne lieu à des distributions par classes de taille bien différentes entre les vestiges sédimentés et ceux résidualisés dans la rigole ou formant le pavage (figure 72).

Les objets plus lourds piégés dans la rigole y ont été déposés par dépassement de la capacité de transport lorsque la rigole atteint la partie sub-horizontale de la cellule. Il en résulte une corrélation statistiquement très significative entre la masse des lames transportées dans la rigole et leurs distances de déplacement (figure 73A et tableau 35). Dans le cas des lames et lamelles utilisées, les objets présentent des rapports de longueur, largeur et épaisseur semblables. Ce « module » se retrouve dans la faible variabilité des indices de forme (figure 73B). Au mieux, deux catégories d'objets peuvent être distinguées. Des objets légers et à indice d'aplatissement faible ont pu se déplacer en roulant ; ce sont de grandes chutes de burins. Des objets un peu plus lourds, mais très aplatis, ont pu se déplacer par glissement et par brefs épisodes de saltation ; ce sont des lames. L'aplatissement très faible ou à l'inverse très fort favorise alors le déplacement (figure 73C).

Les objets qui composent le pavage forment également une fraction résiduelle. Les déplacements de ces objets peuvent être aussi importants que dans le cas des rigoles (figure 71). L'importance des déplacements n'est pas liée à la masse des objets (tableau 35), mais à leur profondeur initiale d'enfouissement. Les objets originellement placés en surface n'ont été que peu enfouis par piétinement. Ces objets sont les premiers à être mis au jour par l'érosion. Ils peuvent alors de nombreuses fois être mis en mouvement au cours des intempéries simulées. À la fin de l'expérience, ces objets se sont plus déplacés que ceux de la nappe de vestiges originellement enfouie (figure 74).

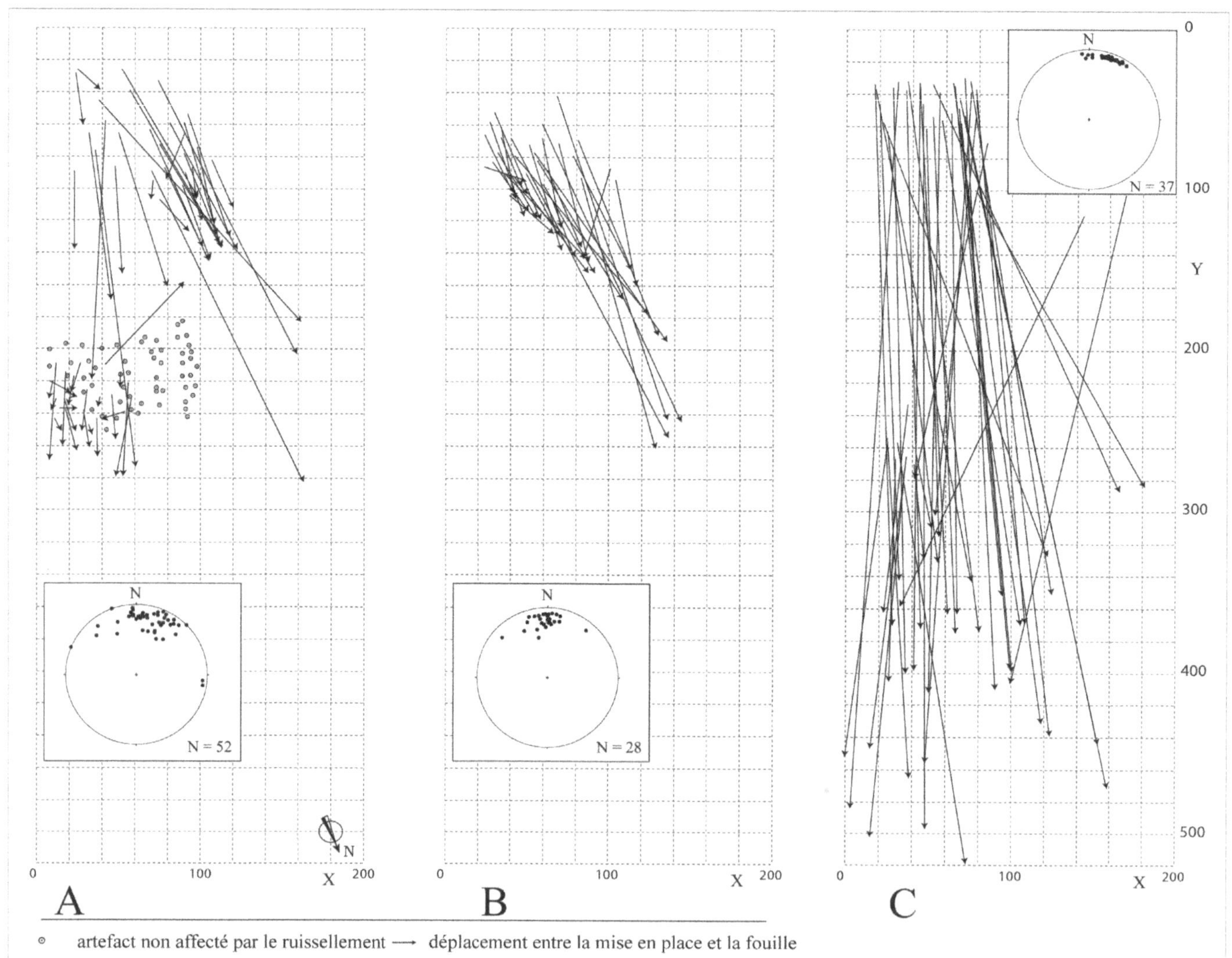

figure 71 : expérience de résidualisation, déplacements latéraux des vestiges au cours de l'expérience. Les vestiges de la bande ouest ont préalablement été fouillés pour documenter les déformations par piétinement. A - objets du pavage résiduel ; B - objets piégés dans la rigole ; C - objets redistribués dans le front de progradation et le micro-delta.

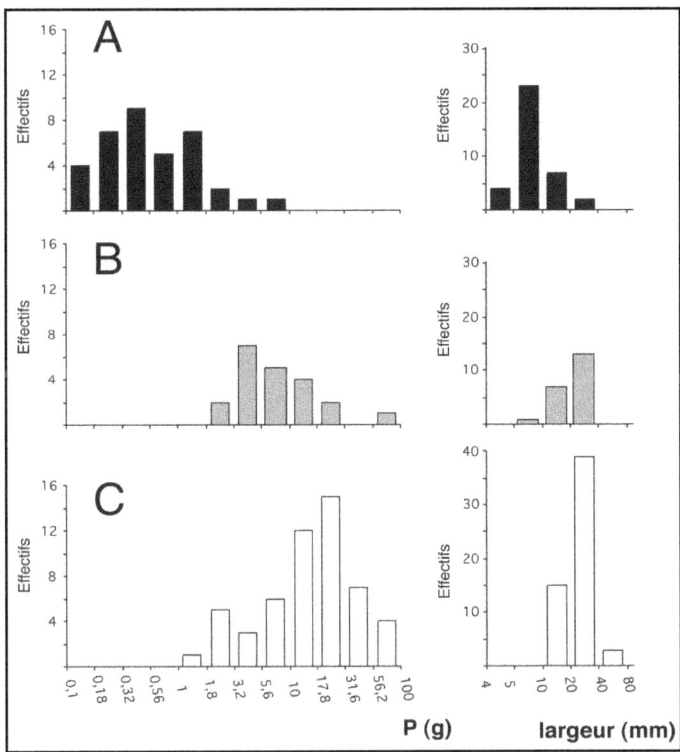

figure 72 : expérience de résidualisation, profils de distribution de taille associés aux différents « environnements dynamiques ». A - micro-delta ; B - rigole ; C - pavage résiduel.

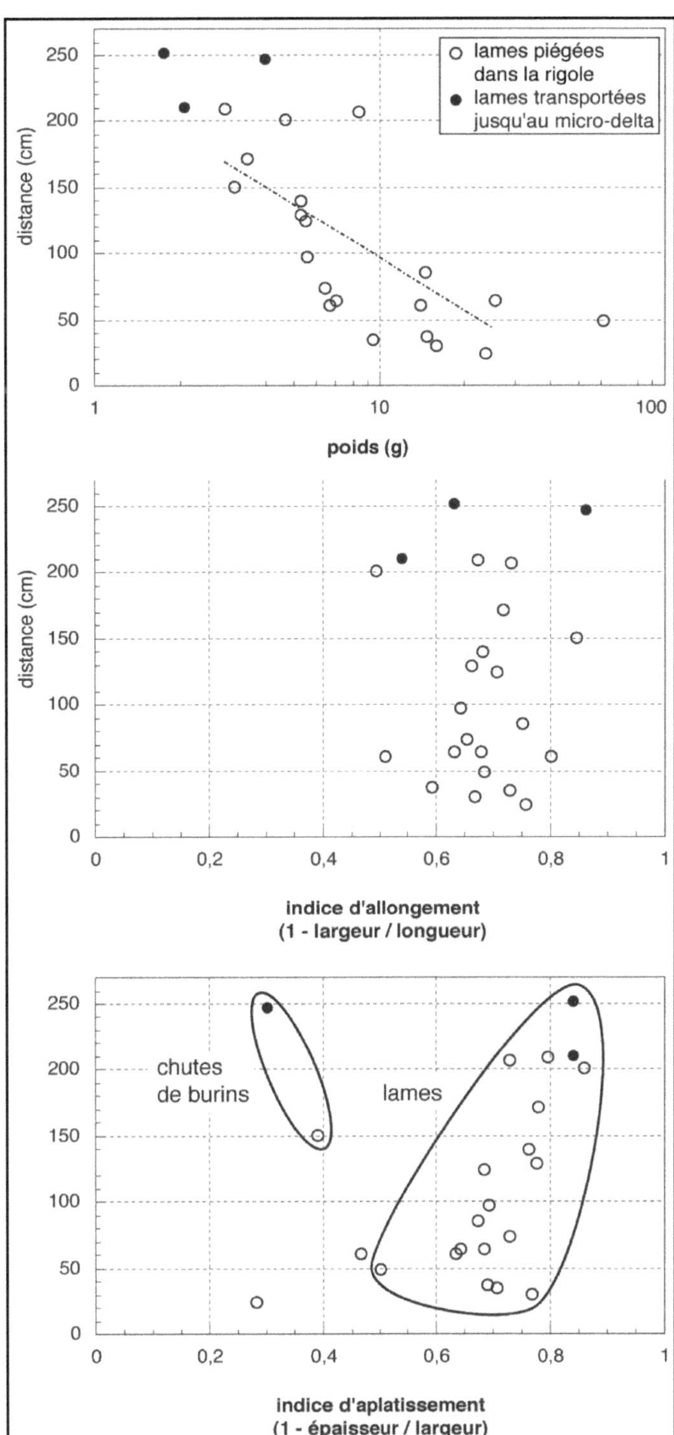

figure 73 : expérience de résidualisation, relation entre le poids, les dimensions, les indices de forme et le déplacement des lames transportées par ruissellement concentré. La droite de régression logarithmique entre le poids et la distance de déplacement est représentée pour les objets piégés dans la rigole.

	Poids	Allongement	Aplatissement
Rigole (N = 15)	***-0,63***	0,02	0,45
Pavage résiduel (N = 16)	0,11	-0,28	-0,09

tableau 35 : expérience de résidualisation, coefficients de corrélation entre la distance des déplacements et le poids et la forme des objets. Les indices de formes sont les indices de Zingg (1935) inversés. Les valeurs sont établies pour les objets piégés dans la rigole et des objets composant le pavage du secteur sub-horizontal. Les valeurs statistiquement très significatives sont en gras et italique. Afin de rendre négligeable l'influence du piétinement préalable, les déplacements inférieurs à 10 cm dans le cas du pavage et inférieurs à 50 cm dans le cas de la rigole ne sont pas pris en compte dans les calculs

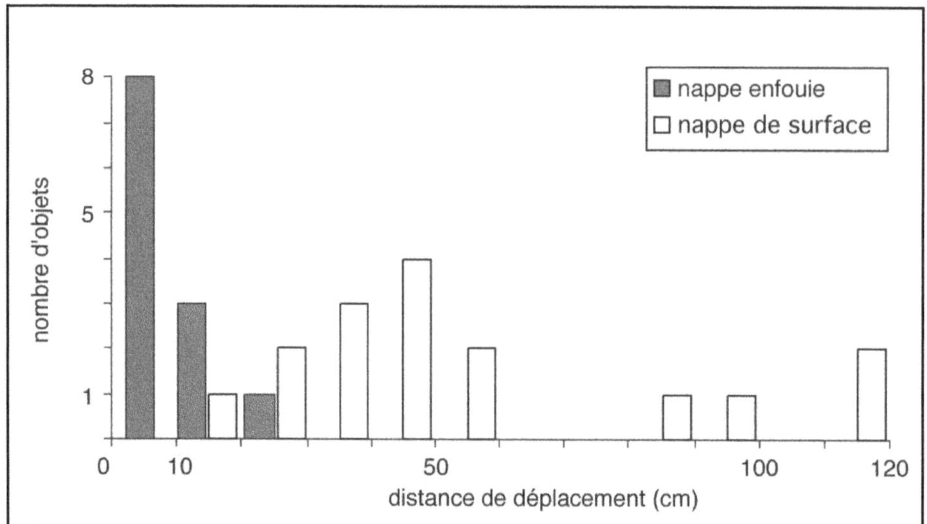

figure 74 : expérience de résidualisation, importance des déplacements des vestiges composant le pavage résiduel. Les vestiges considérés sont ceux du secteur sub-horizontal de la cellule. Deux groupes sont distingués en fonction de l'appartenance des objets aux différentes nappes de vestiges de la mise en place.

Ainsi, dans ce secteur où se forme le pavage résiduel, **l'importance des déplacements des objets est plus liée à leur temps d'exposition qu'à leur masse.**

Quel que soit le secteur, une simple règle rend compte de l'orientation des déplacements : l'orientation est d'autant plus forte que les déplacements sont importants (figure 71).

Dispersion verticale des vestiges

Là où ils ont été initialement placés (zone d'érosion, figure 66C), les vestiges qui étaient dispersés sur plus d'une dizaine de centimètres d'épaisseur ne forment plus qu'une unique et mince nappe après érosion. La résidualisation est à l'origine d'un regroupement des artefacts dans un même plan (figure 68).
Dans la partie où le sédiment érodé a été déposé (zone de dépôt, figure 66C), les vestiges sont dispersés sur une quinzaine de centimètres d'épaisseur. La nappe de vestiges ainsi formée est indépendante de la stratigraphie des assemblages originaux. De la même façon, l'association entre artefacts et faciès texturaux (sables massifs ou lentilles de gravillons) est sans rapport avec la disposition originelle des objets.

Orientation des objets

Quel que soit l'environnement dynamique considéré, les objets mis en mouvement par le ruissellement s'orientent. Ils se déplacent perpendiculairement à l'écoulement et s'orientent dans le sens du courant lorsqu'ils pivotent et s'immobilisent. A la fin de l'expérience, cette dernière orientation prédomine (figure 75C et figure 76). Elle est à l'origine d'une orientation préférentielle des objets piégés dans la rigole (tableau 36).
Une explication à ces pivotements qui génèrent cette orientation préférentielle est donnée par Allen (1982, pp. 221-222) :

> « *...if the mass of the particles lies more towards one end than another, a flow-parallel orientation may be expected, with the greater mass upstream. For if the object is broadside-on in an uniform flow field, the weigther end make more frequent contact with the bed than the lighter one, there appearing a turning force tending to rotate it parallel with flow about the more massive part. Hence only the flow-parallel orientation is stable, for then the drag and frictional forces act on the same line.* »[16]

Les répliques de vestiges archéologiques, dans leur majorité, répondent à cette condition de répartition inégale du poids sur l'axe longitudinal. Aussi, cette explication rend compte des observations réalisées, c'est-à-dire d'un pivotement des vestiges lorsque la compétence de l'écoulement s'approche du seuil de prise en charge (pivotement sans déplacement) ou de dépôt (réajustement de position qui accompagne l'immobilisation). En revanche, dans le cas du micro-delta et du pavage résiduel, le test de Rayleigh refuse l'hypothèse d'une orientation préférentielle des objets déplacés par ruissellement (tableau 36). On obtient dans ce cas des valeurs conformes à celles qui sont connues pour le ruissellement en milieu naturel (Bertran *et al.*, 1997).

Orientation des liaisons entre pièces

La disposition des artefacts à la fin de l'expérience permet de détailler la distribution des orientations de raccords entre pièces.

Pour cela, nous avons considéré toutes les possibilités de liaison de pièces, qu'elles se raccordent effectivement ou pas. Outre que les raccords qui pourraient être identifiés appartiennent à cet ensemble de liaisons, ce truchement permet :

- de disposer d'un très grand nombre d'observations,
- de nous extraire du cas particulier qu'auraient représenté les raccords réalisés, eu égard à la sélection des vestiges retenus pour l'expérience.

[16] *« Si le centre de gravité des particules se trouve plus proche d'une extrémité que d'une autre, une orientation parallèle à la direction d'écoulement peut être attendue, l'extrémité la plus lourde étant placée à l'amont. En effet, lorsque l'objet se présente par le travers dans un écoulement uniforme, son extrémité la plus lourde entre plus fréquemment en contact avec le fond ; la force de rotation qui apparaît alors provoque le pivotement de la particule autour de ce point de contact, jusqu'à ce que l'objet se positionne parallèlement à la direction d'écoulement. En conséquence, seule une disposition parallèle à la direction d'écoulement conduit à un équilibre stable, puisqu'alors les forces de traction et de friction s'exercent sur le même axe. »*

Série	*L*	*p*
Objets résidualisés (N = 56)	19,8	0,076
Objets piégés dans la rigole (N = 33)	34,8	**0,021**
Objet sédimentés dans le front de progradation (N = 36)	19,1	0,269

tableau 36 : expérience de résidualisation, intensité d'orientation (L) et probabilité d'orientation aléatoire (p). La valeur qui rejette l'hypothèse d'une orientation aléatoire est en gras.

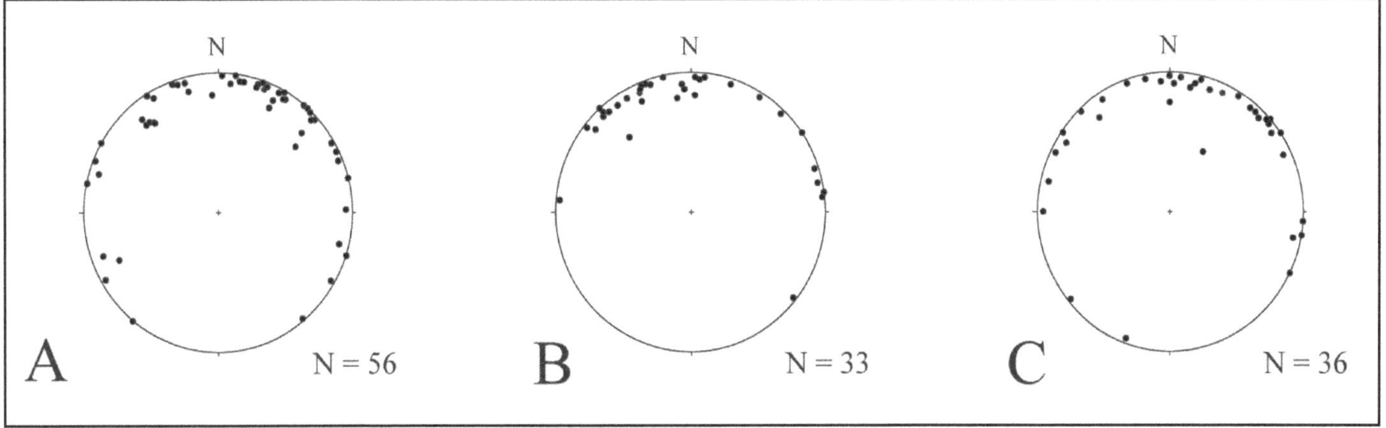

figure 75 : expérience de résidualisation, diagramme de fabriques des vestiges suivant les différents « environnements dynamiques ». A - pavage résiduel ; B - rigole ; C - micro-delta.

figure 76 : vue de la cellule à la fin de l'expérience. La photographie est prise depuis l'ouest. On note l'orientation préférentielle des vestiges piégés dans la rigole, parallèles à la direction d'écoulement.

L'orientation de chaque liaison a été établie, ainsi que la distance entre chaque couple de pièces considéré. Les liaisons prises en compte mettent en jeu, deux à deux, les objets :

- retrouvés dans la rigole,
- redistribués entre les rigoles, soit que ces deux pièces appartiennent au secteur amont, soit qu'elles appartiennent au secteur aval.

En revanche, nous avons ignoré les liaisons entre deux pièces initialement placées dans des secteurs différents. Nous ne prenons ainsi en compte que les situations de redistribution depuis une même concentration initiale, par ruissellement concentré ou par reptation pluviale et *splash*.

Comme le montre la figure 77, **la distribution de l'orientation des liaisons varie selon la distance entre les deux objets reliés** :

- l'orientation des liaisons réalisées sur de faibles distances est aléatoire ;
- une orientation préférentielle existe lorsque la distance entre les objets reliés est grande.
- Cette orientation préférentielle est d'autant plus prononcée que la distance qui sépare les deux objets est importante.

Ainsi décrite, l'évolution des orientations de liaisons est semblable, que les objets soient déplacés dans la rigole ou hors de la rigole. Des différences sont cependant à prendre en compte :

- la distance en dessous de laquelle aucune orientation préférentielle n'est perceptible est beaucoup plus faible pour les vestiges déplacés par ruissellement concentré (30 cm) que pour ceux redistribués par reptation pluviale et *splash* (1 à 1,5 m) ;
- l'intensité d'orientation est plus forte dans le cas des liaisons d'objets déplacés dans la rigole ;
- l'orientation moyenne des liaisons est conforme à la pente dans le cas des objets redistribués hors de la rigole, tandis qu'elle s'en écarte dans le cas des objets déplacés dans la rigole.

Cette dernière caractéristique est à imputer à la sinuosité du tracé de la rigole (figure 76).

3.3. Bilan

L'expérience réalisée décrit les caractéristiques d'une nappe de vestiges archéologiques résidualisés.
La dispersion verticale est faible, identique à celle d'un « sol archéologique ». En milieu de ruissellement, ce critère ne saurait indiquer l'état de préservation des ensembles de vestiges : les nappes piétinées, de distribution verticale plus importante, ont enregistré moins de modifications que les nappes plus minces produites par résidualisation ! L'orientation des vestiges est médiocre. Les déplacements peuvent être importants ; ils sont orientés. Les raccords sont également orientés, conformément à la pente, à la condition que la distance de liaison dépasse une valeur minimale qui, dans cette expérience, est de 1 m. Enfin, il existe une ségrégation granulométrique, contrôlée par la capacité de transport par *splash*. Dans notre expérience, la limite de poids entre la fraction résidualisée ou exportée est d'1 à 2 g et correspond *grosso modo* à la limite entre lames et lamelles.

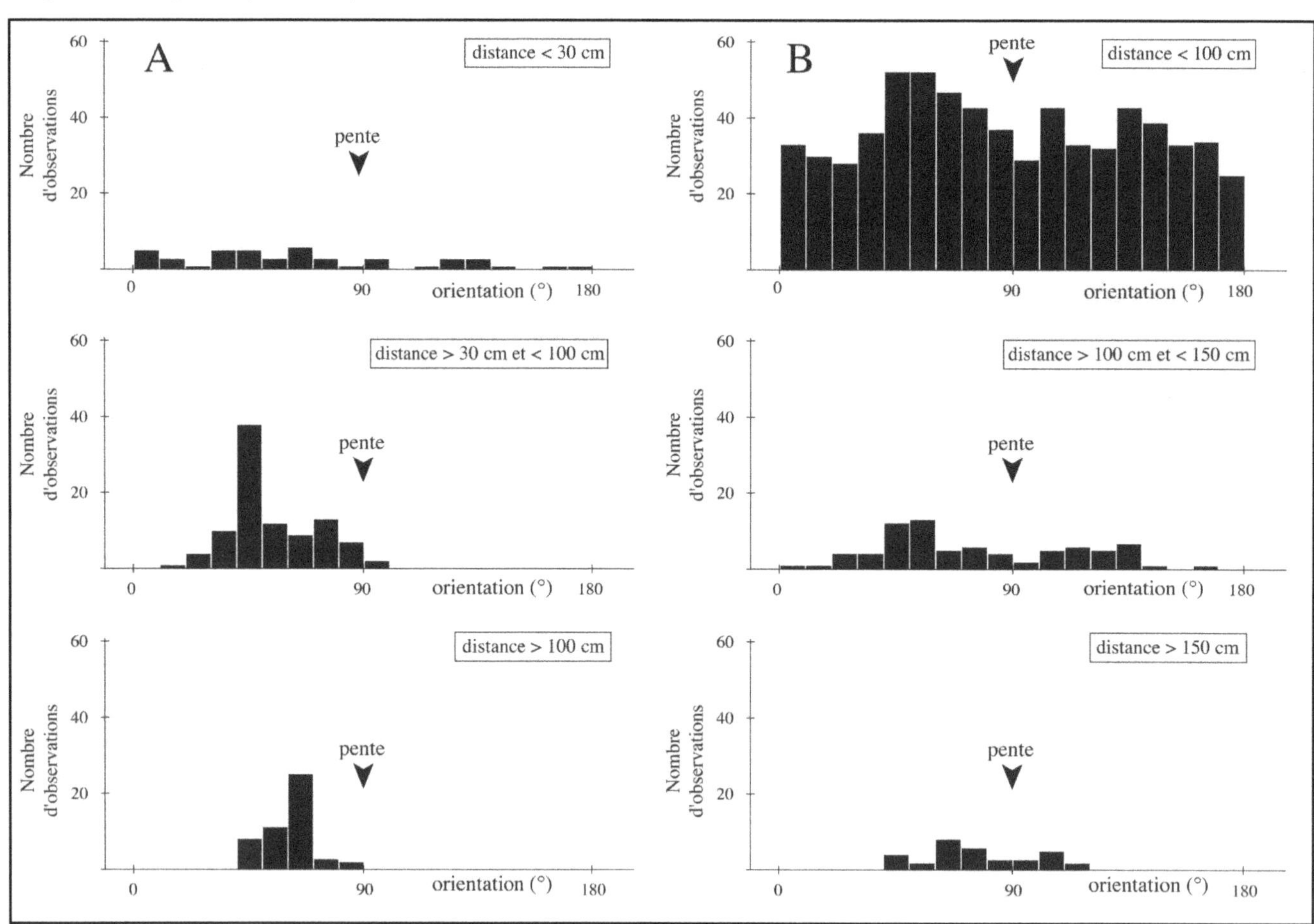

figure 77 : expérience de résidualisation, distribution des orientations entre deux pièces reliées en fonction de la distance de liaison. A - vestiges redistribués par ruissellement concentré ; B - vestiges redistribués par érosion inter-rigoles.

Cette expérience montre que les propriétés mécaniques du sédiment influencent l'importance du déplacement des vestiges. L'absence de cohésion du sédiment limite le développement de micro-cheminées de fées et facilite, par des liquéfactions fréquentes, la mise en mouvement des gros objets. Mais, comme au Tiple, la mobilisation des objets en milieu inter-rigoles se fait par glissement sous l'impact des gouttes pour les lamelles et par effondrement des monticules pour les vestiges plus gros.

Sur deux points, l'observation directe du comportement des objets soumis au ruissellement complète les résultats acquis sur le site du Tiple :

- l'un concerne les faciès sédimentaires : l'accumulation de la fraction qui se déplace lentement sous l'action du *splash* est à l'origine des lentilles de petits graviers présentes dans les dépôts des microdeltas. Cette observation conforte l'interprétation précédemment faite de ces mêmes faciès dans le site du Tiple (*cf.* § 1.4.1) ;
- l'autre concerne les modifications de vestiges : les objets allongés peuvent pivoter et se placer dans le sens de la pente lors de leur immobilisation. Ces pivotements expliquent les orientations préférentielles qui peuvent être observés en milieu de ruissellement (*cf.* expérience 4 du Tiple).

Enfin, cette expérience documente les modifications d'ensembles de vestiges pour une durée plus importante que celle des expériences réalisées sur le site du Tiple. L'expérience a duré un an, puis sept averses de récurrence d'ordre annuel ont été simulées. C'est pourquoi la durée équivalente en milieu naturel actif est estimée à environ une décennie. Cette durée permet de vérifier que les déformations sont continues en milieu inter-rigoles ; elles augmentent avec le temps d'exposition.
Ce n'est pas le cas des modifications liées au ruissellement concentré observées dans cette expérience. Les répliques ont été placées de façon aléatoire. En conséquence, aucun effet d'amas n'a été observé. Les modifications sont alors quasi instantanées : tous les objets placés en rigoles ont été très rapidement transportés et redistribués selon leur poids et leur forme.

4. UNE CONFRONTATION AU MILIEU NATUREL : L'EXEMPLE DE DIEPKLOOF KOPPJE

A environ 150 km au nord de la ville du Cap, Afrique du Sud, « Diepkloof Cave » (32°19'S, 18°21'E) est un abri-sous-roche creusé dans les quartzites de la rive gauche de la *Verlorenvlei* (*cf.* p. 149). Des industries du *Middle* et *Late Stone Age* (Deacon et Deacon, 1999) y sont représentées.

La campagne 2001 de fouille a été l'occasion d'une reconnaissance des environs immédiats de l'abri. Le sommet de la butte de quartzites («*koppje*») aux dépens de laquelle est creusé l'abri a ainsi été exploré. Une concentration d'artefacts lithiques (*Diepkloof koppje*), attribuables au *Middle Stone Age,* y a été découverte. Une partie de ces vestiges est redistribuée dans le réseau de drainage par ruissellement.

Par comparaison aux données expérimentales, une telle situation présente deux aspects remarquables :

- Ce sont d'authentiques vestiges archéologiques qui sont livrés à l'érosion,
- Cette concentration n'était pas connue jusque-là, ce qu'explique en grande partie la difficulté d'accès au *koppje.* Selon toute vraisemblance, c'est une situation issue d'un long temps de fonctionnement que nous avons trouvée, bien que nous ne sachons pas depuis quand ce site est en cours d'érosion, ni combien d'événements ont été nécessaires pour le façonner.

La redistribution de l'ensemble initial en plusieurs concentrations le long du réseau de drainage se prête bien à l'étude du tri granulométrique de la série.

4.1. Description du site

4.1.1. Le koppje

La butte résiduelle de grès qui abrite l'abri de Diepkloof présente un sommet plat d'une superficie de quelques ares.

> Cette surface est formée d'un pseudo-lapiez qui exploite les bancs sub-horizontaux de la roche mère. Cette érosion dégage les surfaces planes légèrement inclinées des contacts inter-bancs. Ces surfaces se raccordent entre-elles par de petits escarpements qui atteignent, au plus, un mètre de dénivellation. Quelques chicots sont les seuls témoins des bancs les plus érodés. L'ensemble est à l'origine d'un relief «en marches d'escalier» (figure 78).

La drainage est assuré par les diaclases disposées dans le sens de la pente.

> Des diaclases secondaires, perpendiculaires, donnent naissance à des dépressions allongées peu profondes, métriques à plurimétriques. Ces dépressions sont susceptibles de piéger une partie des écoulements. Elles permettent alors à une végétation spécifique de se développer.

4.1.2. L'ensemble de vestiges

Les vestiges archéologiques ont été découverts dans un espace de quelques mètres carrés, limité par des escarpements de bancs.

> Cet espace est grossièrement triangulaire, long d'environ 4 m pour une largeur maximale de 2 m. Une extrémité est formée d'une diaclase peu profonde large d'une vingtaine de centimètres. À l'extrémité opposée, un banc en relief barre la dépression. Deux diaclases traversent ce banc et relient le fond de la dépression à la surface du *koppje*.

figure 78 : vue de la surface du koppje. *L'érosion dégage les contacts inter-bancs, qui sont reliés entre eux par de petits escarpements.*

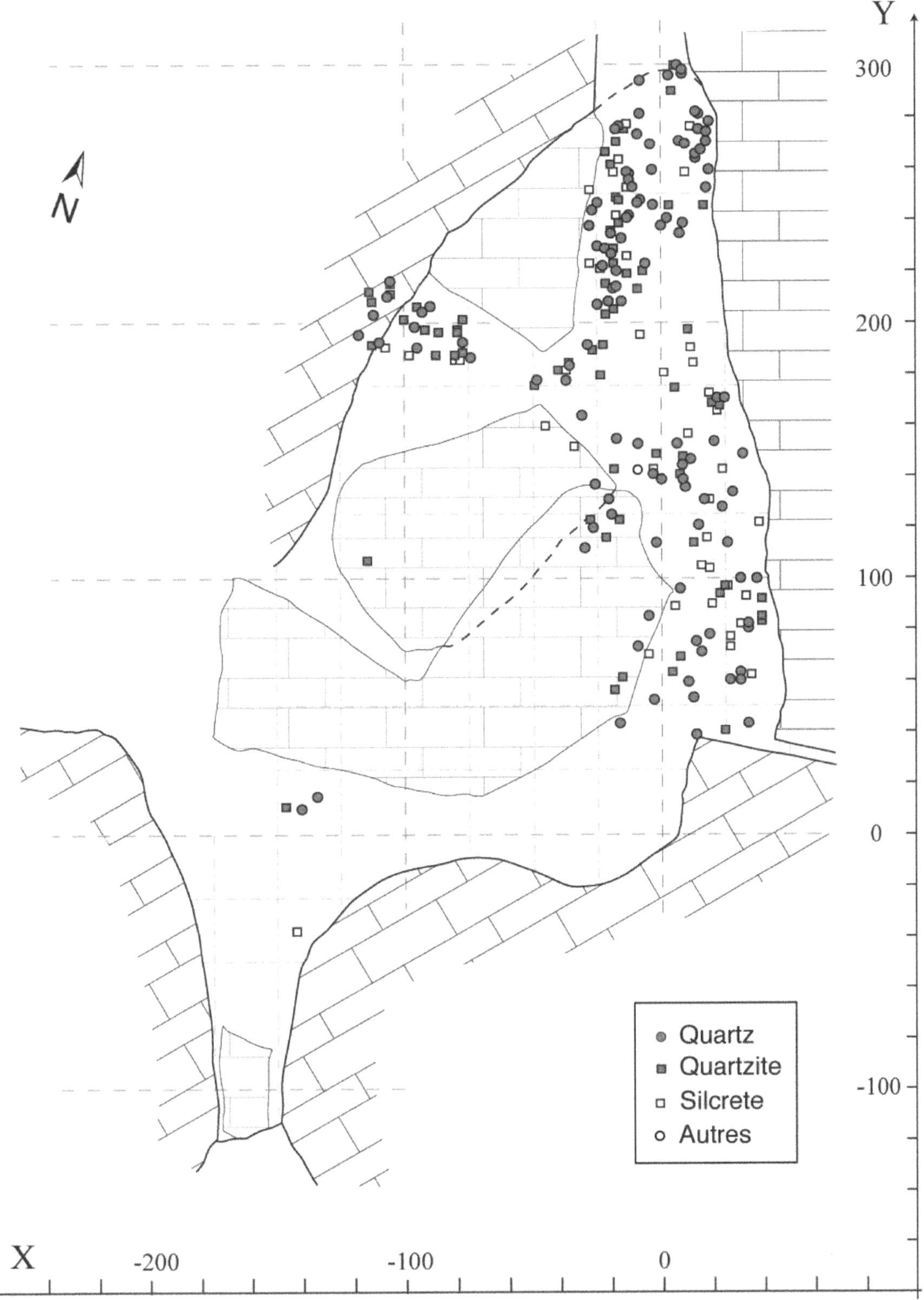

figure 79 : plan de la concentration principale et localisation des vestiges. Les objets représentés ont une longueur supérieure à 3 cm.

Les objets découverts se placent quasi-exclusivement entre la diaclase peu profonde et les deux blocs métriques présents au centre de cette dépression (figure 79).

Ils reposent sur un sable limoneux légèrement organique. La surface est sub-horizontale. L'ensemble est formé de plusieurs concentrations de vestiges qui associent, chacune, différentes matières premières. En aucun cas, ces concentrations ne mettent en jeu une densité de matériel suffisante pour évoquer les « concentrations résiduelles » d'amas de taille observées lors de nos expériences. Aucune organisation remarquable de vestiges n'a été observée.

De l'autre côté des blocs, au sud de l'emplacement des vestiges, la mise à nu partielle du rocher et la présence de rigoles dans les taches de sable témoignent d'écoulements concentrés.

Cette surface mise à nu fait transition entre la concentration de vestiges et les diaclases qui rejoignent la surface du *koppje*. La pente ne dépasse pas 5°. Quelques objets y ont été découverts, très vraisemblablement en transit.

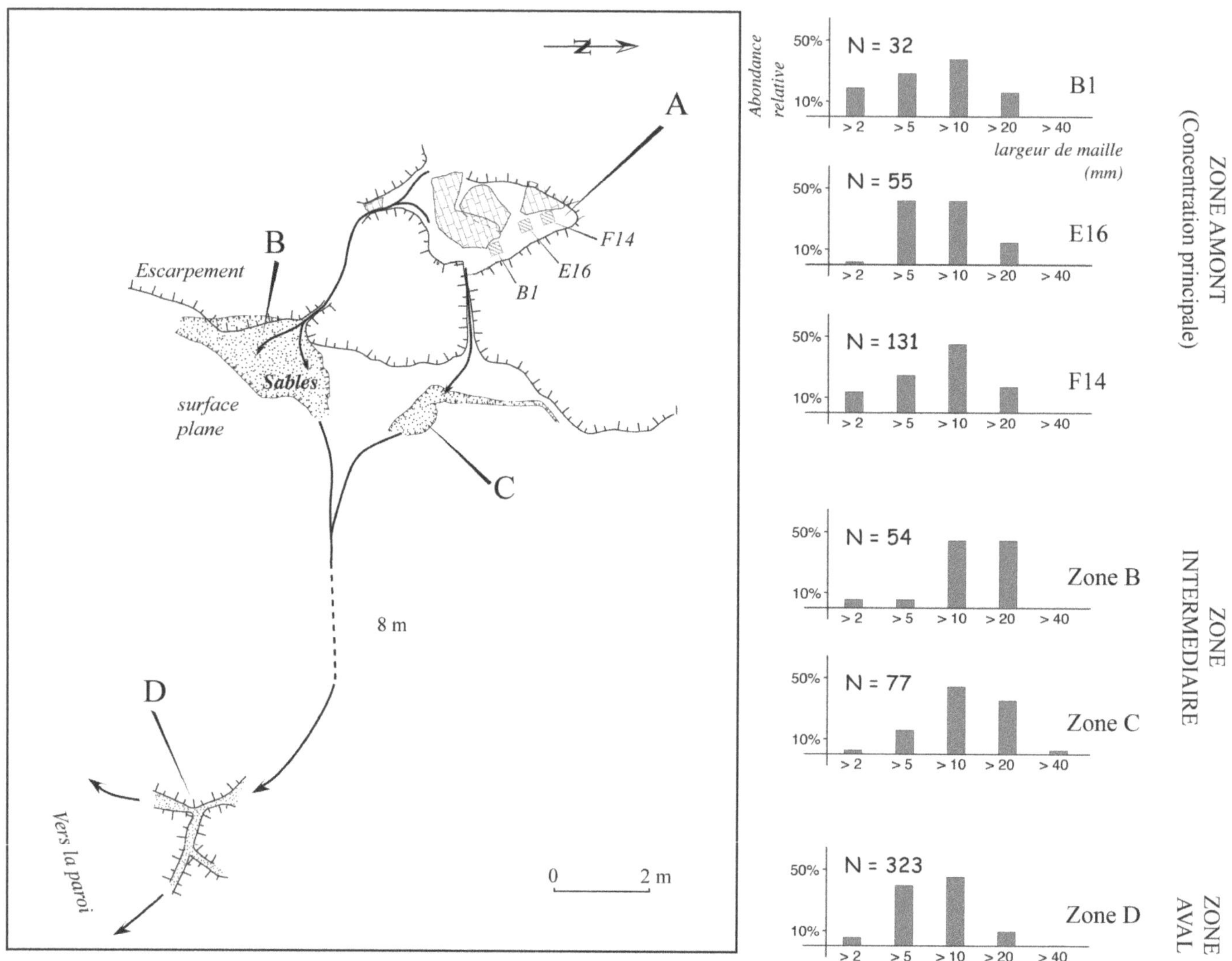

figure 80 : localisation des différentes concentrations et distribution des vestiges par classes de taille.

Trois autres concentrations de moindre importance ont été identifiées.

Les deux premières sont formées de vestiges retrouvés dans des dépressions liées aux drains secondaires (zones B et C de la figure 80). C'est par ces dépressions que les diaclases qui drainent la première concentration rejoignent la surface aplanie du *koppje*. La dernière correspond à l'approfondissement et la divergence de diaclases karstifiées à proximité de la falaise (zone D de la figure 80).

Dans les deux cas, ces concentrations secondaires d'artefacts sont associées à une perte d'énergie des écoulements. Dans le premier cas, les dépressions doivent former de petites retenues d'eau lors des pluies (zones B et C). Dans le second, le cheminement de l'écoulement s'accompagne de brusques changements de direction, en relation avec le réseau orthogonal de diaclases karstifiées (zone D).

Il n'y a pas de différence dans la nature du matériel livré par les différentes concentrations. L'ensemble est constitué de vestiges lithiques en quartz blanc, quartzite et silcrète. Cette série est rapportée au *Middle Stone Age* (détermination de C. Poggenpoel, Université du Cap). Les éclats en silcrète et en quartz sont de dimensions modestes. Ce caractère est imputé aux faibles dimensions des blocs de matière première (P.-J. Texier *in* Rigaud *et al.*, 2001).

L'homogénéité du matériel, l'érosion de la concentration principale par ruissellement et la présence de matériel archéologique dans les « pièges » du réseau de drainage permettent d'interpréter ces concentrations secondaires comme produites par la redistribution de matériel issu de la concentration principale.

4.2. Distribution de taille des vestiges

4.2.1. Procédure analytique

Le plan de la dépression accueillant la concentration principale a été établi. Le matériel affleurant a été recueilli. La position des pièces de longueur supérieure ou égale à trois centimètres, soit 224 pièces, a été enregistrée au centimètre près. Les objets plus petits ont été recueillis par carrés de 25 x 25 cm. Les vestiges de chaque concentration secondaire ont été récoltés dans leur intégralité.

La largeur des pièces a été mesurée pour les trois concentrations secondaires, ainsi que pour trois sous-carrés sélectionnés de la concentration principale. Les valeurs ont ensuite été affectées aux classes de taille que nous avons précédemment utilisées, suivant la relation établie précédemment (*cf.* 1.2.2 : enregistrement des données). Eu égard au nombre limité d'objets décomptés, les artefacts de diamètre de maille de 4 à 10 mm ont été regroupés au sein d'une même classe.

4.2.2. Résultats

Pour chaque concentration, le nombre d'artefacts par classe de taille a été reporté sur la figure 80.

Les trois carrés sélectionnés de la concentration principale livrent des distributions par classes de taille analogues. Le test de Kruskall et Wallis (Chenorkian, 1996) ne rejette pas l'hypothèse d'une absence de différence entre ces trois séries de mesures ($p > 0,5$).
Le matériel de cette concentration principale **montre un tri du matériel autour de la classe de taille 10-20 mm**. Ce tri est essentiellement le fait d'une sous-représentation des vestiges plus petits.

La distribution des vestiges par classes de taille des concentrations secondaires atteste également d'un tri du matériel. La distribution par classes de taille est identique pour les deux concentrations intermédiaires. Ainsi, le matériel présent sur le *koppje* est distribué selon trois zones : une zone amont constituée de la concentration initiale, une zone intermédiaire formée des dépressions peu profondes, et une zone aval où le matériel est piégé dans les diaclases karstifiées. Le même test de Kruskall et Wallis atteste d'une différence hautement significative ($p < 0,01$) entre les profils de distribution de taille du matériel de ces trois zones.
Ces différences tiennent à :

- Un tri du matériel des concentrations intermédiaires et distales : Les objets de grande dimension et de dimension moyenne y sont respectivement sur-représentés.
- Une diminution de la taille moyenne des artefacts en s'éloignant de la concentration amont.

4.2.3. Discussion

Deux informations sont à prendre en compte pour interpréter les distributions de taille des vestiges.
La première est que la récolte des artefacts ne s'est pas accompagnée d'un tamisage des sédiments. Nous ne pouvons pas garantir que les vestiges les plus petits aient été tous récupérés. Cette remarque concerne en particulier la concentration initiale où les objets reposent sur du sable. Les plus petits vestiges ont pu s'infiltrer dans le sédiment dont ils sont difficilement distinguables. En revanche, elle ne peut expliquer l'absence de petits éléments dans la concentration secondaire la plus éloignée. Les vestiges reposaient directement sur le substrat, et la minutie de la récolte exclue que le mode de prélèvement soit à l'origine de la sous-représentation de la plus petite fraction.
La deuxième information concerne la situation topographique du site, sur un des points les plus élevés du paysage et largement exposé au vent. Une sédimentation y est peu probable, exceptée quelques apports éoliens ou produits de désagrégation piégés dans les dépressions. En revanche, l'érosion est active. Cette situation plaide en faveur d'un temps d'exposition long.

Le caractère *in situ* des vestiges de la concentration principale est incertain. L'abondance des débris de quartz suggère que l'ensemble représente en grande partie une activité de taille. Selon Schick (1986), la taille de ce matériau conduit à une distribution par classes dimensionnelles du type géométrique décroissante. Pourtant, le matériel est trié. Il est donc possible que le matériel qui compose la concentration principale soit redistribué. Dans cette hypothèse, les déplacements auraient été d'ampleur très limitée puisque cette concentration principale se trouve sur un des points les plus hauts du *koppje*. Dans tous les cas, par comparaison au référentiel établi, le profil de cette concentration est celui d'une série résidualisée. L'absence d'organisation remarquable de vestiges s'accorde avec cette interprétation.

De par sa position dans le réseau de drainage, il semble que la concentration principale soit la source des concentrations secondaires. Sur la base de la distribution de taille des vestiges, ces concentrations intermédiaires sont également résidualisées. L'appauvrissement en objets de petite taille y est même plus marqué. La présence de la plus grosse fraction implique un déplacement de l'ensemble des vestiges depuis la concentration principale, comme permet de l'envisager les marques d'érosion observées au sud de la concentration principale
La dernière concentration se caractérise par une sous-représentation des plus gros et plus petits vestiges. Ces caractères sont ceux d'une population de vestiges redistribués ajustée à la capacité de transport des écoulements. Enfin, l'absence des plus petits éclats dans l'ensemble des séries de vestiges indique une exportation de cette fraction hors du *koppje*.

4.3. Bilan de l'étude de la série de Diepkloof *koppje*

Les ensembles de vestiges retrouvés sur le *koppje* ont été modifiés sous l'action du ruissellement. La lecture de la position topographique et des formes d'érosion permet cette interprétation. Le tri granulométrique manifeste atteste de la recomposition des ensembles de vestiges. Il s'agit d'ensembles résiduels redistribués.
Le tri granulométrique est un outil efficace pour identifier l'action du ruissellement. Par plusieurs aspects - matières premières, schéma de taille, contexte sédimentaire, durée d'exposition, climat, etc. -, la situation du *koppje* est différente de celles de nos expériences. Ces différences n'empêchent en rien l'expression d'un tri granulométrique des vestiges redistribués. Cet exemple montre donc que les résultats précédemment acquis par expérience rendent compte de situations naturelles.
Enfin, l'exemple du *koppje* témoigne en faveur de la large occurrence du ruissellement dans la formation des sites archéologiques. Son action sur les ensembles de vestiges est en effet observée alors que ce n'est pas ce processus, mais le vent, qui est considéré comme le principal agent de morphogenèse locale (Butzer, 1979 ; Lancaster, 1987).

5. ÉTATS DE SURFACE DE VESTIGES DÉPLACÉS PAR RUISSELLEMENT

Des altérations d'états de surface ont été recherchées sur les vestiges des différentes expériences réalisées sur le site expérimental du Tiple. Des traces d'abrasion naturelle sont observées, mais leur développement est très limité, probablement à cause de la faible durée de l'expérience. C'est pourquoi une expérience complémentaire de brassage de pièce archéologique en tambour a été réalisée. Elle nous a permis de rechercher les critères diagnostiques d'une abrasion mécanique associée à une sédimentation par ruissellement.

5.1. Lustre d'abrasion mécanique : état des connaissances

Les expérimentations d'abrasion naturelle de silex taillés réalisées en milieu actif l'ont été en domaine fluviatile (*cf.* p. 26). L'influence prépondérante de la charge de fond sur les états de surface obtenus (*cf.* figure 13, p. 27) interdit de transférer les résultats ainsi obtenus aux modifications engendrées en milieu de ruissellement.
Des états de surface, qui évoquent une abrasion mécanique naturelle, ont cependant été rencontrés dans des sédiments fossiles édifiés par ruissellement. Par exemple, D. de Sonneville-Bordes, alors qu'elle entame la fouille de Caminade, rencontre des poches de ravinement sub-actuelles qui recoupent les niveaux archéologiques. Elle remarque que les silex qui y sont recueillis présentent la particularité d'être lustrés (annotations de carnet de fouille du 27/04/1954). Butzer (1982) observe que des objets archéologiques redistribués par ruissellement en milieu naturel présentent une abrasion des bords. L'auteur considère que c'est un des critères qui permettent d'identifier la redistribution des pièces (Butzer, *op. cit.* : 102). De la même façon, Villa et Soressi font l'hypothèse que le lustre et l'émoussé fréquemment observés dans la série de Bois-Roche (Charente) sont le fait du ruissellement (Villa et Soressi, 2000 : 205-206).

L'identification macroscopique de cette abrasion sur des objets archéologiques reste toutefois hasardeuse. D'autres modes d'altération, qu'ils soient mécaniques comme la déflation, ou chimiques comme la mobilisation superficielle de silice, peuvent produire des états de surface comparables (Schiffer, 1987).
La convergence de forme entre altération mécanique et chimique est documentée par l'observation des états de surface à fort grossissement. D'une part, Anderson-Gerfaud (1981) obtient, par brassage en tambour de silex mélangés à de l'eau et du sable, un « léger lustré de surface ». Cet état de surface a été obtenu chaque fois que cette expérience a été répétée (Mansur-Franchomme, 1986 ; Plisson, 1985 ; Levi-Sala, 1986 ; Burroni *et al.*, 2002). D'autre part, Röttlander (1975) montre que l'altération chimique des silex ne se limite pas à l'apparition d'une patine blanche, c'est-à-dire d'une perte de transparence de la surface du matériau par accroissement de la porosité. L'auteur décrit sous le terme de « ***glossy patinas*** » - « patine lustrée »- un état de surface caractérisé par sa luisance (« *glossy 'unpatinated' fully transparent surface* ») et généré par dissolution des proéminences du relief. Cette dissolution s'accompagne de la formation d'un gel de silice qui comble les zones déprimées et régularise le relief de la pièce. C'est la raison pour laquelle cette altération « *acts like a mechanical polishing* » (Röttlander, 1975 : 109).
Selon Mansur-Franchomme (1986) certains critères permettent de distinguer la patine lustrée des surfaces abrasées.

Cet auteur considère également que ces caractères sont différents de ceux d'un lustre éolien. Ce dernier se distingue à fort grossissement par un aspect piqueté et de nombreuses stries courtes et étroites (Mansur-Franchomme, *op. cit.* :132).

Une abrasion des vestiges par ruissellement peut donc prendre la forme d'un lustre des pièces s'accompagnant d'un émoussé des arêtes. L'observation à fort grossissement doit permettre de la distinguer des autres formes d'altération.
Mais son diagnostic tient surtout à l'absence d'une régularisation des parties creuses du micro-relief de surface. Cette altération ne sera donc caractérisée que si elle est la seule à affecter les vestiges. Une altération chimique synchrone ou postérieure, qu'il s'agisse de patine lustrée ou blanche, ne permettrait plus d'observer une altération limitée aux seule partie élevée de la micro-topographie.

5.2. Apport des expériences en milieu naturel

Les répliques expérimentales placées sur le site du Tiple permettent de rechercher des états de surface générés par abrasion en contexte de ruissellement. Une première caractérisation des états de surface des vestiges des différentes expériences permet de constater que la nature des altérations est différente d'une expérience à l'autre (tableau 38). Au sein de chaque série, en revanche, le type d'altération est identique et seule l'intensité d'altération varie d'un objet à l'autre.

Ainsi, les vestiges des expériences 2, 4 et 7 présentent une patine blanche, assez prononcée dans le cas des expériences 2 et 7. Les surfaces affleurantes des objets placés en milieu inter-rigoles (expérience 5 et 6) ont été colonisées par des algues. Après nettoyage à l'eau chaude savonneuse et à l'alcool, ces objets livrent une patine lustrée localement bien développée. L'expérience 1 est la plus brève (1 mois). Les vestiges qui y ont été placés ne montrent pas de modification de leur surface.

	Caractères communs	*Caractères distinctifs*
« Patine lustrée » ou lustre de sol	• Répartition large, sur l'ensemble de la pièce • Émoussé des arêtes • Surface luisante et régulière au microscope métallographique	• « Surface polie » de la micro-topographie, affectant aussi bien les dépressions que les sommets.
Traces d'abrasion		• Parties élevées de la micro-topographie nivelées, aplaties et lisses • Rares stries à fond rugueux, étroites et superficielles.

tableau 37 : caractéristiques communes et distinctives entre une patine lustrée et un lustre d'abrasion mécanique, établi d'après les travaux de Mansur-Franchomme (1986, p. 130-133).

	État de surface dominant
Expérience 1	Aucune altération
Expérience 2	Développement d'un voile blanc
Expérience 3	traces d'abrasion
Expérience 4	Développement d'un voile blanc et traces d'abrasion
Expérience 5	Patine lustrée, algues
Expérience 6	Patine lustrée, algues
Expérience 7	Développement d'un voile blanc

tableau 38 : états de surface observés dans les différentes expériences du Tiple.

Finalement, ce sont les vestiges de l'expérience 3 qui se prêtent le mieux à la recherche des traces d'une possible abrasion par ruissellement. Vint-neuf des pièces recueillies ont été observées au microscope métallographique. Un tiers ne présente aucune modification significative. Les autres pièces montrent un émoussé léger et discontinu des arêtes (figure 81). Au microscope, il prend la forme d'un aplanissement des parties hautes. Dans 75 % des cas, cette altération s'accompagne d'un nivellement des proéminences du micro-relief de surface, qui s'estompe rapidement en s'éloignant de l'arête. Cet émoussé est d'autant plus prononcé que l'arête est en relief. Dans un cas, la modification de la surface consiste seulement en une abrasion localisée des parties hautes du micro-relief de la pièce.
Cette série montre donc une altération due à une abrasion mécanique.

Les modifications de surface sont identiques à celles décrites à partir de l'expérience du tambour. Leur développement est toutefois particulièrement faible. Il est bien moindre que dans le cas d'un brassage des objets dans de l'eau et du sable, où, en quelques heures, toute la surface de la pièce est lustrée (Anderson-Gerfaud, 1981 ; Mansur-Franchomme, 1986).

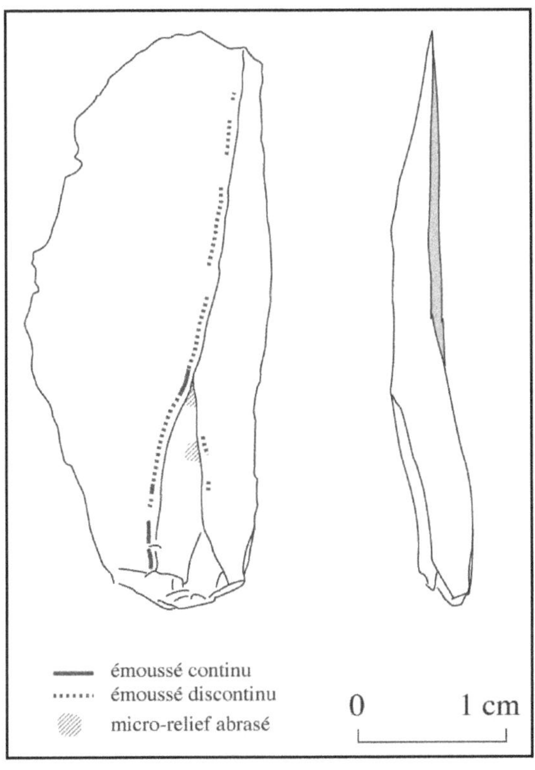

figure 81 : localisation de l'abrasion sur une des pièces de la série de l'expérience 3 du Tiple.

5.3. L'incontournable expérience du tambour

Les états de surface du matériel lithique sont d'autant plus utiles à l'identification des processus de formation d'un site qu'ils permettent de discuter l'homogénéité des séries lorsque des stades de développement de l'altération peuvent être reconnus. Le matériel expérimental du Tiple est trop peu affecté pour identifier des étapes dans le développement de cet émoussé. C'est pourquoi nous avons reproduit l'expérience d'abrasion par brassage en tambour de sédiment contenant des éclats de silex (*cf.* p. 26).
Cette expérience présente un double avantage :

- elle permet d'obtenir rapidement des altérations qui sont longues à se former en milieu naturel ;
- elle est d'une mise en oeuvre simple et facilement reproductible.

5.3.1. Procédure expérimentale

Pour notre expérience, nous avons placé une vingtaine d'éclats de silex dans quatre contenants, qui sont des bouteilles de verre de un litre. Ces éclats mesurent de 2 à 3 cm de long. Ils sont taillés dans un bloc de silex du Bergeracois. Chaque bouteille est remplie à moitié de sable. De l'eau est rajoutée à hauteur du niveau de sédiment. La vitesse de rotation est fixée à 30 tours / min. Le contenu d'une bouteille est prélevé toutes les 6 h.
Ces choix visent à s'approcher au mieux de l'action du ruissellement. Ainsi, à la différence de Korth (1979) qui utilise un sédiment de granulométrie 2-4 mm pour reproduire une abrasion fluviatile de matériau osseux, le choix d'un sédiment constitué quasi-exclusivement de sable s'accorde avec une charge de fond transportée par ruissellement (*cf.* p. 18). L'énergie cinétique des chocs entre les particules et les vestiges en est d'autant amoindrie et donc, également, le risque de fractures des bords qui caractérisent l'abrasion en milieu fluviatile (Shackley, 1974 ; Harding *et al.*, 1987). C'est à cette même volonté de limiter le risque de fractures par chocs entre pièces de masses équivalentes que répond le choix d'un faible nombre de pièces par contenants.

5.3.2. Résultats

Nous empruntons à Plisson (1985) les termes de description de l'état de surface observé sous microscope, à grossissement de x 100 et x 200. Nous suivons en particulier cet auteur pour désigner par le terme de « coalescence » plutôt que par celui de poli « la structure de surface lisse, indissociée du matériau considéré, déterminée par la modification de son micro-relief original, que celle-ci procède d'un enlèvement ou d'un apport de matière, provoqué par un processus physique ou chimique, naturel ou artificiel » (Plisson, *op. cit.* : 15). Par micro-relief, nous entendons les irrégularités de surface des pièces, alternativement des creux et des bosses, dont le diamètre avoisine 50 µm dans le cas du matériau que nous avons observé. Une observation à plus fort grossissement à l'aide d'un microscope électronique à balayage (M. E. B.) permet d'observer la « nannostructure » (Aubry, 1975).

Nature de l'altération

Après six heures de tambour, un lustre et un émoussé sont perceptibles à l'œil nu. Ils s'accompagnent d'un touché savonneux de la pièce. Cette abrasion augmente pour des durées plus importantes de brassage en tambour.

Les modifications de surface observées sont les suivantes :

- Le relief de la pièce (arêtes, sommets formés de convergences d'arêtes, lancettes, lèvres, ...) est le premier affecté, d'autant plus fortement qu'il est en saillie. L'abrasion est d'abord à l'origine de méplats sur les parties hautes des arêtes. Ces méplats forment des facettes plates luisantes. Lorsque que l'altération est plus forte, la surface recouverte par ces facettes réflectives augmente et déborde sur les côtés de l'arête. Elles s'accompagnent alors d'une régularisation des parties hautes du micro-relief des faces à proximité de l'arête. Puis, le nivellement des arêtes conduit à une ligne régulièrement arrondie.
- Les manifestations de l'abrasion sont plus discrètes sur les faces. Au microscope, on observe dans un premier temps une trame lâche des micro-reliefs abrasés. Cette trame se resserre lorsque la durée d'abrasion augmente. On note par ailleurs une évolution de la morphologie de la coalescence au cours son développement ; la surface abrasée des micro-reliefs est plate et leur luisance forte lorsque la trame est lâche. La surface abrasée des micro-reliefs et leur luisance s'adoucissent lorsque l'étendue de la coalescence augmente.
- Toute la surface de l'objet est affectée, mais de façon inégale. L'émoussé et le lustre sont plus développés sur les parties en saillie comme le bulbe de percussion ou les zones de convergence d'arêtes. Lorsque l'abrasion est prolongée, la trame des surfaces luisantes est unie. Cette abrasion différentielle s'accompagne d'un « gradient d'émoussé » entre les zones à lustre marqué et les autres parties de l'objet.

Certaines stries ont été observées, notamment des stries peu profondes en ruban. Elles n'ont pas été retrouvées au M.E.B.

Dans tous les cas, les parties en creux du micro-relief ne montrent pas de modifications, quelle que soit l'échelle d'observation. L'absence de gel de silice dans les dépressions est manifeste au M.E.B. : les nannofaciès originaux, quelle que soit la durée d'abrasion, sont toujours discernables dans les secteurs qui ne sont pas aplanis (figure 82).

Le développement de cette altération n'est pas homogène. Si l'abrasion affecte toute la pièce, elle est plus ou moins prononcée selon les secteurs. Les zones en relief sont les plus affectées.

On sait que le grain du matériau influence l'expression de l'usure des surfaces (*e. g.* Bradley et Clayton, 1987). Nous avons pour notre part constaté que les effets de l'abrasion sont d'autant plus faciles à identifier que la nannostructure est à l'origine d'un relief contrasté, ce qui est le cas du silex à grain grossier que nous avons employé. La reconnaissance au M.E.B. de cette abrasion s'est avérée plus difficile sur les parties d'éclat à structure cryptocristalline.

Ces observations montrent que le lustre, qui est dû à une disparition du micro-relief et à l'apparition de surfaces plates, réfléchissantes, accompagne le développement de l'émoussé des pièces.
Un autre caractère remarquable est le fort contraste qui peut être observé entre les différentes parties d'une même pièce.

Un développement progressif de l'altération

Les pièces sont d'autant plus lustrées et émoussées que le temps de brassage est long. **Cette progression n'est cependant pas régulière**. L'apparition d'un lustre est sensible dès 6 h de tambour. Entre 6 et 12 h. de tambour, la différence d'altération est faible. Elle est en revanche nette entre 12 et 18 heures, ainsi qu'entre 18 et 24 heures. Ce caractère non-linéaire a également été rapporté par Burroni *et al.* (2002), dans un cas similaire d'expériences en tambours.
Ce caractère progressif autorise l'identification de stades de développement.
Une remarque doit cependant être faite sur le choix des outils d'observation. Le M.E.B. et le microscope métallographique offrent des échelles d'observation appropriées pour diagnostiquer l'altération. Mais, ces microscopes ne permettent pas une vision globale de la pièce. Une appréciation d'ensemble de la surface de la pièce permet de tenir compte de la variabilité de l'abrasion en fonction des différentes parties de l'objet. C'est pourquoi, les stades de développement de l'abrasion sont décrits par observation sous loupe binoculaire en lumière rasante (grossissements x 10 à x 35). Le lustre et l'émoussé des arêtes y sont facilement observables. Le microscope métallographique peut être utilisé en complément pour vérifier la nature de l'altération.

Quatre stades sont ainsi considérés (tableau 39).

Stade	***Description***	
	À l'œil nu	*Sous loupe binoculaire en lumière rasante (x 20 à x 35)*
1	Surface mate et rugueuse. Cette rugosité est celle du micro-relief de fracturation.	La réflectivité, faible, est essentiellement due aux facettes que forment les cassures des grains de Quartz.
2	Surface légèrement lustrée. Un contact « savonneux » apparaît au touché. Le relief de fracturation reste frais.	À la réflexion des grains de Quartz s'ajoutent celles des aspérités du micro-relief. La réflexion des aspérités est plus faible que celle des grains de Quartz et la trame de l'abrasion est lâche. La délinéation de l'arête n'est pas entamée par l'usure, qui est discontinue.
3	Surface lustrée ; arêtes et lancettes émoussées	Des plages planes à trame serrée réfléchissent fortement. Les cassures des grains de quartz sont toujours discernables. Les arêtes forment une ligne brillante.
4	Surface au lustre marqué ; les arêtes et les lancettes sont émoussées à très émoussées.	La surface réfléchie uniformément et fortement. La trame est serrée. Les faces cristallines ne sont plus visibles. Les lancettes et les arêtes sont facettées et brillantes.

tableau 39 : expérience du tambour, description des différents stades d'abrasion mécanique.

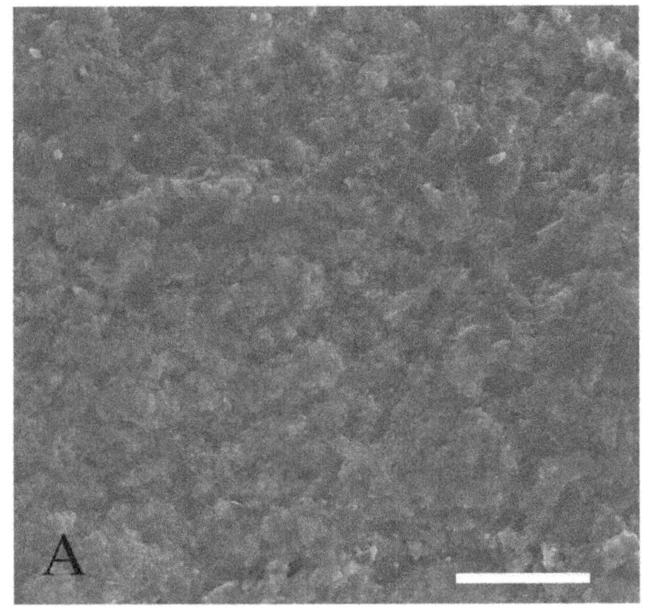

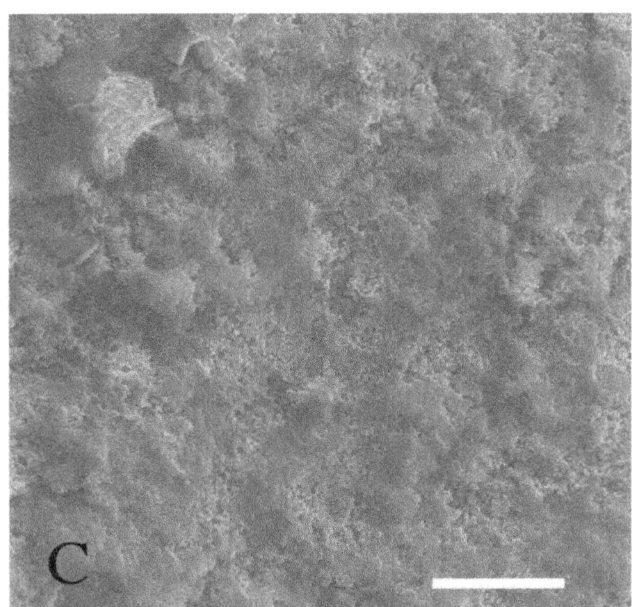

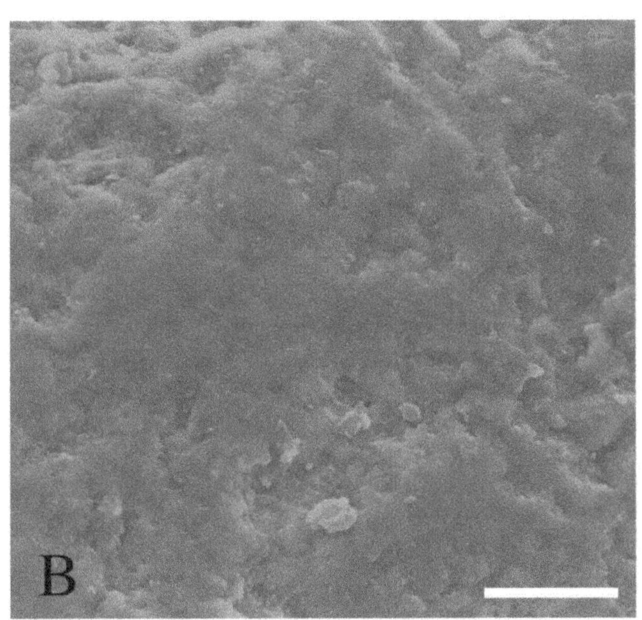

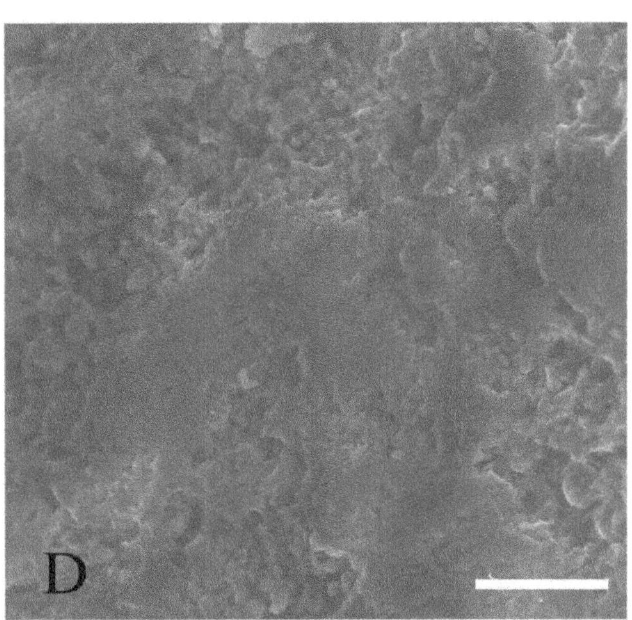

figure 82 : abrasion expérimentale par brassage en tambour d'éclats de silex du Bergeracois, M. E. B.

A - surface témoin non-abrasée,
trait : 10 µm ;
B - après 6 heures de brassage,
trait : 10 µm ;
C - après 24 heures de brassage,
trait : 100 µm ;
D - idem, trait : 20 µm ;
E - idem, détail d'une proéminence du micro-relief, trait : 5 µm.

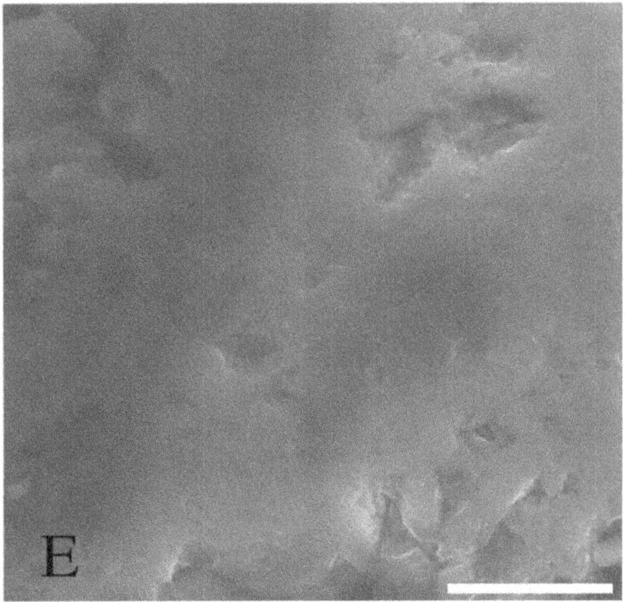

Nous avons souligné l'hétérogénéité des effets de l'abrasion sur une même pièce. De fait, des stades d'abrasion homogène ne rendent que partiellement compte de l'état de surface d'une pièce. Mais aucune pièce ne présente à la fois un lustre marqué et des zones à surface fraîche. Lorsqu'elle augmente, l'abrasion affecte toute la pièce, malgré des parties plus affectées que d'autres. Aussi, la prise en compte de deux stades est suffisante pour décrire l'état de surface de la pièce observée. Par exemple, la surface d'une pièce classée « 2-3 » relève en majorité du stade 2, les parties les plus exposées témoignant du stade 3 d'abrasion.

5.4. Bilan

Une altération par abrasion de l'état de surface des silex taillés est possible en domaine du ruissellement. Elle est à l'origine d'un lustre des vestiges et d'un émoussé de ses parties saillantes. Cette altération est attendue en particulier dans le cas du ruissellement concentré, puisqu'elle est provoquée par les chocs répétés du sédiment transporté avec les vestiges archéologiques qui forment une fraction résiduelle plus ou moins mobile.
L'expérience du tambour permet d'observer des altérations identiques par nature à celles qui ont pu apparaître au cours de nos expériences en plein champ. Mais, elle permet d'observer des développements d'usure que les précédentes expériences n'avaient pas permis d'obtenir. La description des états de surface obtenus dans cette expérience nous permet d'identifier les stades de développement du lustre et de l'émoussé qui peuvent être recherchés dans les séries fossiles.

6. FABRIQUES DE VESTIGES ARCHÉOLOGIQUES EN MILIEU DE RUISSELLEMENT

Des expériences ont été réalisées au Tiple pour mesurer la fabrique de débris en milieu de ruissellement (*cf. § 1.2.5. : cellules de mesures de fabrique*). Elles complètent les cellules qui mettent en jeu des répliques de vestiges archéologiques. Des mesures ont également été faites en milieu naturel. L'ensemble de ces données permet de décrire la fabrique des objets transportés par ruissellement. Il permet également d'évaluer la pertinence de ce paramètre pour l'évaluation de l'état de préservation des nappes de vestiges archéologiques. Nous nous sommes en particulier intéressé aux cas équivoques de fabriques planaires, qui sont parfois obtenues lorsque des objets sont redistribués par ruissellement, mais qui sont également celles des nappes de vestiges bien préservées.

6.1. Présentation des données

Les séries de mesures dont nous disposons sont de deux types. Des mesures ont été réalisées en milieu naturel. Ces mesures sont celles de baguettes de Flysch qui sont transportées par ruissellement le long d'un large talus. S'y ajoute l'exemple de la grotte XII.
Les autres séries proviennent des expérimentations : cellules de répliques de vestiges archéologiques du Tiple et expérience de résidualisation. Quatre expériences complémentaires ont été réalisées dans le site du Tiple. Rappelons que les artefacts expérimentaux sont des baguettes de Flysch. Ces expériences permettent de disposer de données spécifiques sur l'orientation de vestiges déplacés par ruissellement. :

- Les **expériences 8 à 10** mettent en jeu un nombre limité d'artefacts pour lesquels la fabrique est plusieurs fois mesurée. Les baguettes ont été régulièrement disposées sur le sol. Dans les expériences 8 et 9, les baguettes sont placées dans un chenal sub-horizontal (pente 3°) large d'une cinquantaine de centimètres. Pour l'expérience 10, la série de baguettes est placée sur un des cônes alimentant ce chenal. La pente moyenne est de 7°. Dans ces trois expériences, la direction des artefacts a été mesurée après chaque épisode de fonctionnement, tant que les vestiges n'étaient pas trop dispersés et que le marquage des objets subsistait.
- L'**expérience 11** met en jeu une quantité importante de débris pour disposer d'un grand nombre de mesures. Les baguettes ont été placées dans une rigole rectiligne large de 15 cm. La pente moyenne est de 6°.

6.2. Résultats expérimentaux

6.2.1. Les expériences 8 à 10

Les cellules connaissent des évolutions comparables. Dans un premier temps, des ruissellements peu compétents sont à l'origine du repositionnement de quelques pièces ; les déplacements restent faibles (tableau 40). Aucune orientation préférentielle ne peut être distinguée. Puis, un épisode ruissellement important provoque la mise en mouvement de la majorité des objets. Les déplacements sont très importants dans le chenal, moindre sur le cône.
Nous avons pu vérifier, alors que le chenal était en activité, que les baguettes se déplaçaient en roulant. Leur plus grande dimension est alors perpendiculaire à la direction d'écoulement. Ce n'est pourtant pas l'orientation qui domine lorsque la fabrique est mesurée (figure 83A). Les vestiges sont majoritairement orientés dans le sens de la pente. Seuls quelques objets piégés dans des affouillements en fer à cheval associés aux cailloux gardent une orientation transverse à la direction d'écoulement.

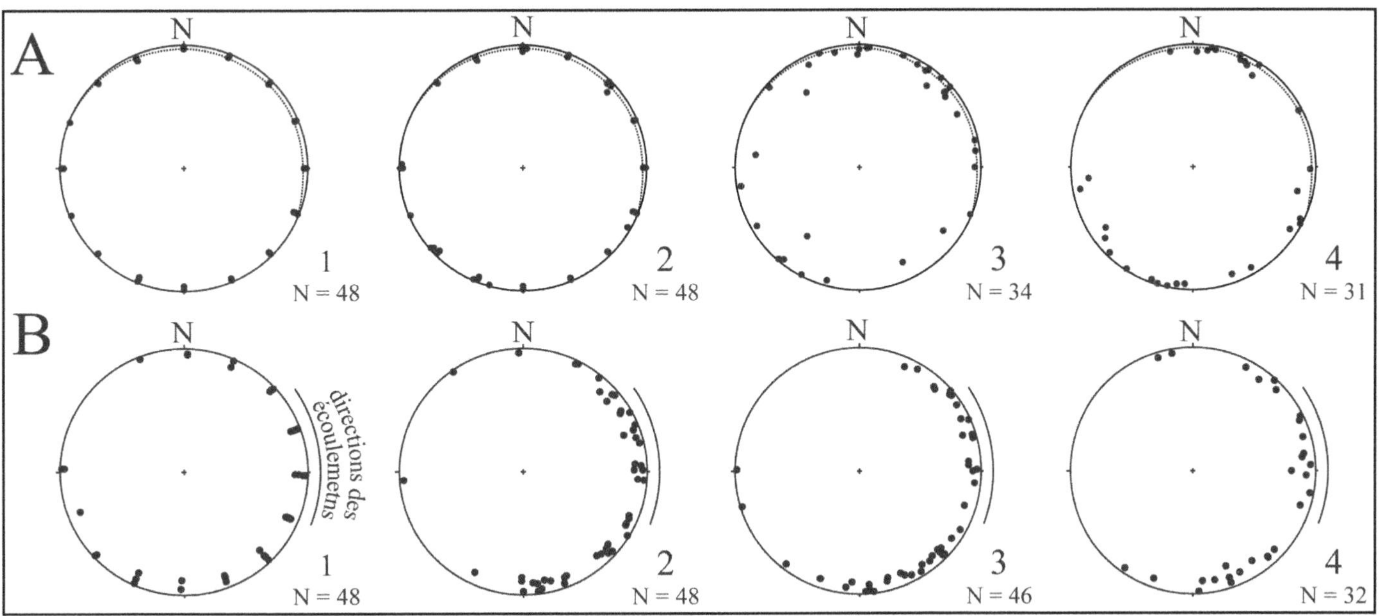

figure 83 : représentation sur canevas de Schmidt de la fabrique des objets, expériences 8 (A) et 10 (B). 1 - mise en place de la cellule ; 2, 3 et 4 - au cours du fonctionnement de l'expérience. Les directions des rigoles qui drainent le cône sur lequel est placée la cellule 3 sont indiquées.

Série de mesures	N	Déplacement moyen (cm)	Déplacement maximal (cm)	Nombre d'objets déplacés (%)	L	p
Expérience 8						
Mise en place, 17/01/98	48	-	-	-	$5{,}7.10^{-15}$	1
05/03/98	48	1,5	3	79 %	10,8	0,57
30/05/98	34	105	429	6%	31,9	0,032
14/06/98	31	-	-	-	39,7	$7{,}65.10^{-3}$
Expérience 9						
Mise en place, 28/11/98	48	-	-	-	2,3	0,96
30/11/98	44	1,14	2	84 %	12,2	0,52
Expérience 10						
Mise en place, 28/11/98	48	-	-	-	$8{,}3.10^{-15}$	1
15/12/98	48	1,7	5	79 %	4,6	0,90
10/01/99	46	2,9	11	71 %	2,9	0,96
23/02/99	32	4,4	35	19 %	14,1	0,53

tableau 40 : expériences 8 à 10, caractérisation des épisodes de fonctionnement des cellules. Nombre de mesures (N), distance moyenne, distance maximale, pourcentage de vestiges déplacés, intensité d'orientation préférentielle des vestiges (L) et probabilité d'orientation préférentielle (p).

Sur le cône, les vestiges sont également réorientés, dans le sens d'écoulement des rigoles, ou bien transversalement (figure 83B). Cette association de deux directions principales d'orientation est à l'origine d'une distribution apparemment aléatoire que semble indiquer l'intensité d'orientation ou le test de Rayleigh (tableau 40).

6.2.2. Une distribution bimodale : l'expérience 11

Après six mois de fonctionnement, les objets ont été redistribués sur 75 cm et ont manifestement été réorientés (figure 84A).
La majorité sont disposés dans des sections régulières de la rigole, où elles sont orientées dans le sens de la pente (figure 84B) ; leur intensité d'orientation est très élevée (tableau 41). Certaines baguettes, toutefois, sont groupées et forment des figures de blocage. Elles sont alors disposées perpendiculairement à la direction d'écoulement (figure 84C). Des seuils sont formés par le déchaussement de racines ou par l'accumulation de débris organiques. Les objets arrêtés par ces seuils sont aussi orientés transversalement à la direction d'écoulement (figure 84D).

Dans tous les cas, l'inclinaison des vestiges par rapport à la surface du sol est faible. La prise en compte de leur orientation suffit à expliquer les différences observées. L'ensemble des mesures regroupe deux populations. La première correspond aux objets isolés dans les sections rectilignes de la rigole ; ces objets sont orientés dans le sens de la pente. La seconde associe les objets piégés par les seuils ou regroupés en figure de blocage ; ces objets sont orientés transversalement à la direction d'écoulement.

Pour démontrer la bimodalité de cette fabrique, on se propose de comparer l'ajustement des différentes séries de mesures d'orientation à une distribution normale. Si chacune des deux sous-populations s'ajuste à une distribution normale, c'est que la distribution est bien composée de deux populations de modes distincts ; elle est donc bimodale.
Pour tester l'ajustement de chaque série, nous avons suivi la procédure proposée par Baschelet (1981). Nous en rappelons le principe.

La série est d'abord caractérisée. Puisque les orientations des vestiges sont mesurées de 0 à 180° (Curray, 1956), les angles sont doublés pour disposer de séries circulaires. Les paramètres qui décrivent la distribution sont alors extraits. Ce sont l'orientation moyenne (θ), l'intensi té d'orientation (L) et le paramètre de concentration de la distribution (κ).

Puis les distributions théoriques qui correspondent à chaque série sont établies. En statistiques circulaires, les distributions entrant dans le cadre de la loi normale sont les distributions de Von Mises.

Les distributions de Von Mises qui présentent les mêmes caractéristiques que les séries de mesure sont établies à partir de leurs fonctions de densité de probabilité :

$$f(\phi) = 1/[2\pi I_o(\kappa)] \cdot exp\ [\ \kappa \cos (\phi - \theta)] \qquad (1)$$

où $\phi = [0\ ;\ 360°[$
et $I_o(\kappa)$ *est une constante, donnée par le fonction de Bessel. Elle est déterminée par consultation de tables de valeurs (Baschelet, op. cit.).*

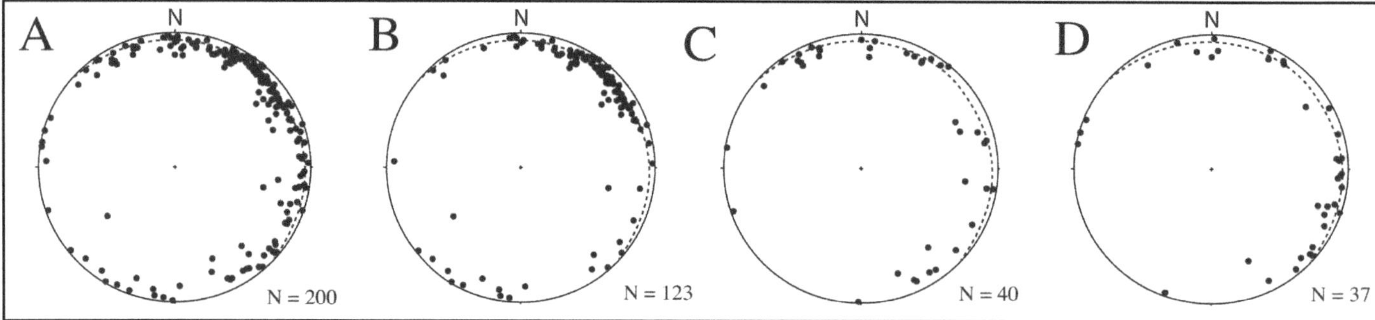

figure 84 : expérience 11, représentation sur diagramme de Schmidt de la fabrique des objets redistribués. La série de mesures (A) se décompose en objets isolés dans les parties rectilignes de la rigole (B), objets associés aux seuils (C), et objets regroupés sous la forme de figures de blocage (D).

Enfin, chaque série de mesure est confrontée à la distribution de Von Mises correspondante. Un test de Kuiper est utilisé pour accepter l'hypothèse d'une série de mesures issue de la distribution de Von Mises considérée. La confrontation entre la série de mesure et la distribution théorique permet le calcul de la valeur K :

$$K = \sqrt{n}\,.\,(D^{+} + D^{-}) \qquad (2)$$

où n est le nombre de mesures
et D^{+} et D^{-} sont les plus grand écarts entre la courbe cumulative de la série de mesures de part et d'autre de la distribution théorique cumulée.

Cette valeur est ensuite comparée à la valeur critique Kc pour une probabilité de 0,05. Tant que K< Kc, le test de Kuiper ne refuse pas l'hypothèse d'une même distribution. Par ailleurs, l'équation (2) indique que K est directement proportionnel à l'ajustement entre les deux distributions. Donc, plus K est faible, meilleur est l'ajustement entre la série de mesures et la population de Von Mises correspondante.

La confrontation des séries de mesures à ces distributions théoriques est montrée figure 80A. Si la série de mesures dans son ensemble s'ajuste à une distribution normale, l'ajustement est toutefois nettement meilleur lorsque les deux sous-populations sont distinguées (tableau 41).

Il se dégage de la confrontation de ces distributions théoriques (figure 85B) que la fabrique se décompose en deux séries unimodales, à modes opposés d'environ 180°. Les angles ayant été doublés pour procéder à l'ajustement, cette opposition des modes correspond à deux orientations préférentielles perpendiculaires des vestiges. La contribution de ces deux sous-populations à la population générale est inégale. Cette asymétrie explique pourquoi le test de Rayleigh identifie une orientation préférentielle, alors que l'intensité d'orientation reste peu importante (L = 32,5 %).

6.3. Un test de bi-modalité

La bi-modalité de la distribution des orientations de vestiges archéologiques a été plusieurs fois rapportée en domaine fluviatile (Isaac, 1967 ; Schick, 1986, 1987, 1991 et 1992 ; Kaufulu, 1987 ; Schick *et al.*, 1989 ; Petraglia et Potts, 1994 ; Tappen *et al.*, 2002). Nos expériences s'accordent avec l'observation de Butzer (1982) pour étendre cette caractéristique aux vestiges transportés par ruissellement (cas de l'expérience 11 et des vestiges transportés dans la rigole dans l'expérience de résidualisation - *cf.* § 3 -). Ces exemples ont en commun une orientation préférentielle selon deux modes orthogonaux. Ce sont donc des cas de bimodalité axiale (Baschelet, 1981).
Pour savoir dans quelle mesure cette caractéristique peut rendre compte des fabriques planaires rapportées en milieu de ruissellement, la bimodalité des séries a été systématiquement testée.

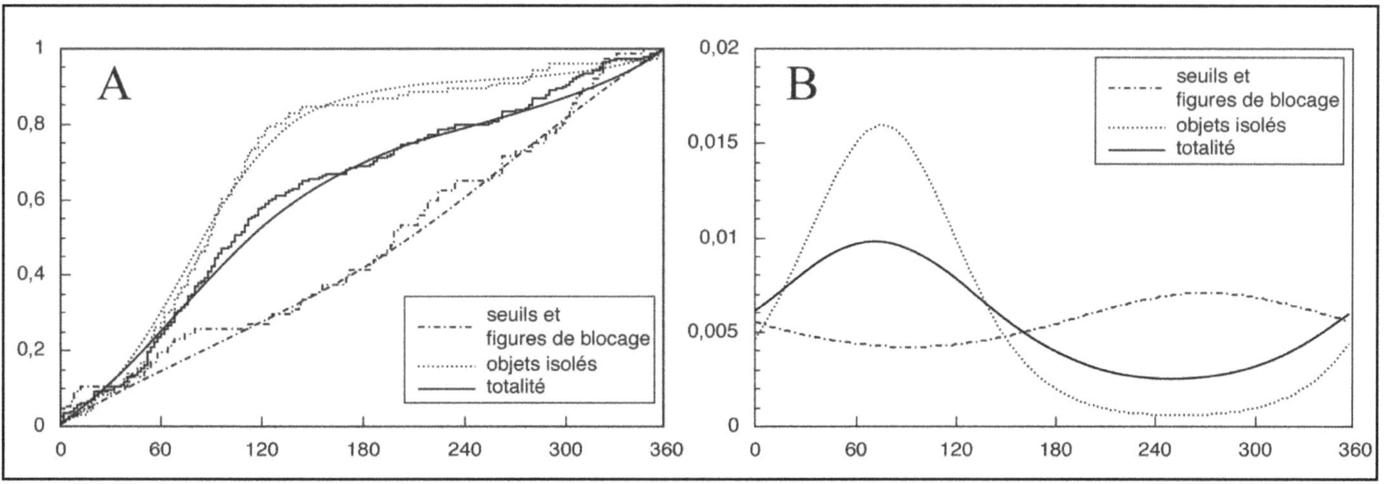

figure 85 : expérience 11, ajustements des distributions. A - histogrammes cumulatifs des séries de mesures et distribution de Von Mises ajustées cumulées ; Les séries retenues sont (1) la totalité des mesures, (2) les objets isolés dans les parties régulières de la rigole ; (3) les objets regroupés sous la forme de figure de blocage ou associés aux seuils. B - comparaison des distributions de Von Mises des trois séries retenues.

Série	*L*	θ *(°)*	κ	*K*	*Kc (0,05)*
Totalité des mesures	32,5	72,2	0,68	1,358	1,726
Objets isolés	62,85	75,6	1,64	1,198	1,714
Objets associés au seuil ou aux figures de blocage	16,87	272,5	0,26	0,886	1,697

tableau 41 : expérience 11, caractérisation statistique. Les paramètres descriptifs des distributions sont l'intensité d'orientation préférentielle L, l'orientation moyenne θ *et le paramètre de concentration* κ*. K est la valeur du test de Kuiper à l'hypothèse d'une distribution de Von Mises et Kc la valeur critique pour une probabilité de 0,05 (d'après Baschelet, 1981).*

Le test utilisé est celui du double ajustement (Baschelet, *op. cit.*). Les séries circulaires à bimodalité axiale peuvent être transformées en série unimodale en doublant les valeurs des angles. Aussi, pour chaque série de mesure, deux tests d'ajustement à une distribution de Von Mises sont réalisés : l'un avec les valeurs initiales et l'autre avec les valeurs doublées. La comparaison des ajustements est faite à partir du test de Kuiper. Si la population est bimodale, la valeur du test de Kuiper est plus faible pour la série où les angles sont doublés (K2) que pour la série initiale de mesures (K1).
Deux cas de figures limitent la portée de ce test :

- Doubler la valeur des angles provoque un aplatissement de la distribution[17], ce qui se traduit par une diminution de l'intensité d'orientation préférentielle. Lorsque les distributions sont initialement aplaties, cette transformation peut conduire à une distribution qui n'est plus distinguable d'une distribution uniforme. Aucune distribution de Von Mises ne peut alors être proposée pour tester l'ajustement.
- Un meilleur ajustement à une distribution de Von Mises lorsque les valeurs sont doublées peut également être obtenu à partir de séries unimodales.

Ce test n'est donc discriminant, c'est-à-dire qu'il atteste de la bimodalité de la distribution, que lorsque l'ajustement est refusé pour la série de mesures initiales et qu'il est accepté lorsque les valeurs sont doublées.

La valeur *Ku* du test de Kuiper pour l'hypothèse de séries issues d'une distribution uniforme a également été établie. Les résultats (tableau 42 et figure 86) indiquent que :

- Ce test du double ajustement est positif pour les séries que nous savons être bimodales. Mais ce test est également positif dans le cas de certaines séries unimodales, qui, sur le diagramme de Benn, se placent à proximité du pôle de fabrique linéaire.
- Dans un cas, le test du double ajustement est discriminant. Il s'agit des mesures de l'expérience 10. D'une part, l'ajustement à une distribution de Von Mises est refusé pour la série initiale de mesures, alors qu'il est accepté lorsque les angles sont doublés. D'autre part, cette série de mesures s'ajuste moins bien à une distribution uniforme (Ku > K2). Donc, cette série apparemment uniforme est en fait bimodale. Par ailleurs, l'intensité d'orientation de cette série est faible (14,3 %). Le caractère remarquable de cet exemple tient au nombre comparable d'objets orientés selon les deux directions préférentielles (figure 78B). Cette particularité explique également que l'intensité d'orientation augmente en doublant les angles (tableau 42). L'aplatissement de la série à angles doublés est compensé par la superposition des deux modes.
- Le test proposé refuse l'hypothèse de distributions bimodales pour un certain nombre de séries. Celles-ci s'ajustent toutes à une distribution de Von Mises pour la série de mesures initiales. L'ajustement à une distribution uniforme est parfois accepté, mais il est toujours moins bon (Ku > K1). Les valeurs de l'indice d'élongation (EL) sont faibles à moyennes. Ce sont des distributions unimodales aplaties.

Nous déduisons de cette analyse que les fabriques planaires obtenues dans le cas d'objets déplacés par ruissellement ne correspondent pas toutes à des distributions bimodales des orientations.

Enfin, la comparaison des résultats du double ajustement et de ceux du test de Rayleigh (figure 86) permet de discuter la capacité de ce dernier test à discriminer les séries d'objets déplacés par ruissellement lorsque la distribution des orientations est bimodale. Comme le montre la figure 11, le test de Rayleigh est assez robuste pour refuser l'hypothèse d'une distribution uniforme lorsque les séries sont bimodales avec prédominance d'un des deux modes (*e. g.* expérience 11 du Tiple). En revanche, ce test ne distingue pas les séries bimodales des séries uniformes lorsque le nombre d'objets orientés selon les deux modes est équivalent (cas de l'expérience 10 du Tiple). Mais, dans ce cas, l'intensité d'orientation augmente lorsque la valeur des angles est doublée (tableau 42). Finalement, le test de Rayleigh s'avère suffisant pour vérifier l'hypothèse de fabriques d'objets déplacés par ruissellement dans le cas où les orientations sont bimodales : soit l'hypothèse d'une distribution uniforme est normalement refusée, soit la comparaison entre la série initiale et la série d'angles doublés montre que l'intensité d'orientation est plus élevée dans le second cas.

6.4. Acquisition et signification de l'orientation

Dans le cas d'un transport en charge de fond, le mode principal de déplacement se fait par roulement. Les objets allongés se déplacent alors avec leur grand axe disposé transversalement à l'écoulement (Allen, 1982). Ce n'est pourtant pas l'orientation des débris des dépôts édifiés par ruissellement. Lorsqu'une direction préférentielle est observée, celle-ci est conforme à la pente.
Dans le cas où les pentes sont proches de l'angle de repos, Bertran *et alii* (1997) expliquent l'orientation préférentielle observée par une reptation et un glissement des débris qui accompagnent le transport par ruissellement. Nos données expérimentales permettent d'étendre cette interprétation à toutes les valeurs de pente. Comme nous avons pu l'observer au cours de l'expérience de résidualisation (*cf.* § 3), l'orientation dans le sens de la pente des objets déplacés par ruissellement concentré est due au réajustement de position des objets qui pivotent lorsqu'ils se stabilisent. De tels pivotements de turritelles ont également été observés, favorisés par un écoulement irrégulier (Allen, 1982). Dans le cas du ruissellement diffus, les débris se déplacent par reptation, à la suite de la déstabilisation du monticule qui les supportent (De Ploey et Moeyersons, 1975). L'expérience de résidualisation montre que, dans ce cas également, des pivotements dans le sens de la pente sont possibles. Finalement, les objets orientés transversalement à la direction d'écoulement sont ceux qui sont arrêtés par les seuils, piégés dans des affouillements ou qui forment des petits amas localisés.
La coexistence de différentes directions d'orientation expliquent les fabriques planaires qui peuvent être observées en milieu de ruissellement. Cette multiplicité d'orientation est favorisée par les nombreux facteurs qui influent sur la disposition finale des objets transportés : morphologie des rigoles, présence d'obstacles, dureté du substrat qui contrôle

[17] *« Une distribution est dite aplatie si une forte variaion de la variable entraîne une faible variation de la fréquence relative (et inversement). » (Dodge, 2001 : 100).*

Série	N	s	Indices de Benn		Test de Rayleigh			Test de Kuiper				Environnement sédimentaire
			IS	EL	L1	p	L2	K1	K2	Ku	Kc	
Tiple, répliques de vestiges												
Exp. 3	59	8	0,031	0,321	17,5	0,16	4,5	0,868	-	1,115	1,967	rigole
Exp. 4	86	4	0,033	0,372	24,5	$6,5.10^{-3}$	12,0	0,931	0,608	2,111	1,697	rigole
Exp. 5	33	9	0,053	0,445	28,5	0,069	14,4	0,829	-	1,499	1,681	Inter-rigole
Expérience de résidualisation												
Rigole	35	5	0,016	0,530	36,2	0,010	26,5	1,080	1,018	2,290	1,686	Rigole
Pavage	66	3	0,029	0,340	19,8	0,076	11,6	1,178	-	1,592	1,697	Inter-rigole
Micro-delta	36	-	0,035	0,307	19,1	0,27	13,7	0,984	-	1,470	1,686	Mixte
Tiple, débris naturels												
Exp. 8	31	3	0,016	0,572	39,7	$7,7.10^{-3}$	34,7	1,236	0,802	2,066	1,681	Chenal
Exp. 10	32	7	0,012	0,247	14,1	0,53	27,8	-	0,786	1,352	1,681	rigole
Exp. 11	200	7	0,024	0,423	32,5	$6,7.10^{-10}$	21,3	1,358	0,834	3,536	1,726	rigole
Grotte XII												
	40	10	0,046	0,564	38,7	$2,5.10^{-3}$	20,9	0,879	0,759	2,043	1,690	Rigole
Milieu Naturel												
97.1	40	36	0,041	0,409	18,0	0,27	15,2	0,936	-	1,303	1,690	Rigole
97.2	40	36	0,019	0,908	78,4	$2,1.10^{-11}$	47,4	0,884	0,664	3,586	1,690	Rigole
97.3	40	33	0,025	0,787	61,1	$3,3.10^{-7}$	49,8	1,596	0,759	3,004	1,690	Rigole
00.1	39	23	0,021	0,717	54,1	$1,1.10^{-5}$	25,1	0,756	0,693	2,492	1,686	Inter-rigole
00.2	60	14	0,024	0,393	22,8	0,044	17,5	1,255	0,860	1,681	1,697	Rigole
00.3	43	16	0,033	0,540	35,9	$3,9.10^{-3}$	13,3	0,626	-	1,771	1,690	Rigole
01.1	120	18	0,057	0,463	26,3	$2,5.10^{-4}$	8,6	0,693	-	2,103	1,714	Rigole

tableau 42 : caractéristiques géométriques et statistiques des séries de mesure de fabrique. L2 est l'intensité d'orientation préférentielle des séries à angles ont été doublés ; K2 est la valeur du test Kuiper pour ces mêmes séries. Ku est la valeur du test de Kuiper pour tester l'ajustement à une distribution uniforme. Les valeurs critiques Kc du test de Kuiper pour une probabilité de 0,05 sont extraites de Baschelet (1981). Si K > Kc, le test refuse l'hypothèse de l'ajustement au type de distribution conidérée (Von Mises ou uniforme). Par ailleurs, plus K est faible, meilleur est l'ajustement.

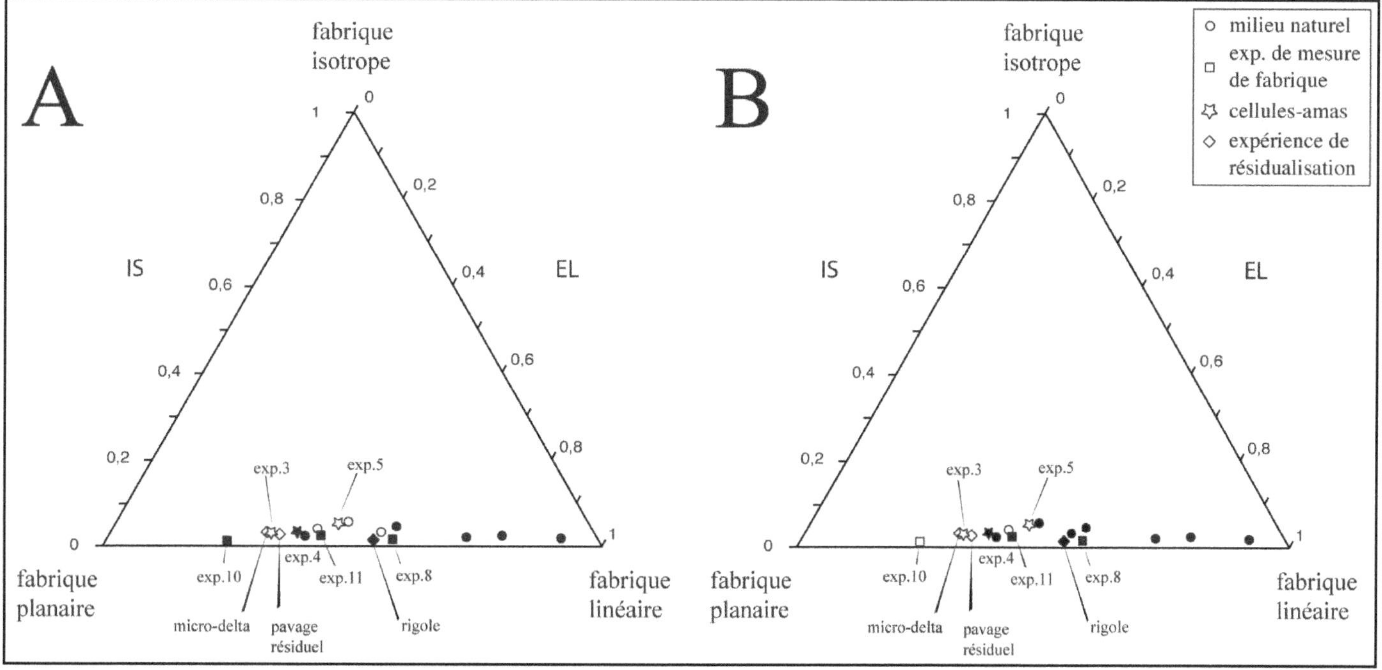

figure 86 : comparaison des résultats des tests de Von Mises et de Rayleigh. A - résultats du test du double ajustement : les séries qui s'ajustent mieux à une distribution de Von Mises lorsque les angles sont doublés sont représentées avec un fond noir. B - résultats du test de Rayleigh : les séries à orientation préférentielle significative d'après ce test sont représentées avec un fond noir.

l'apparition de structure d'affouillement et compétence de l'écoulement. L'effet d'échelle est également à prendre en considération : les différentes orientations qui se juxtaposent sur de courtes distances sont lissées par une mesure globale, réalisée sur un nombre élevé d'objets.

6.2. Bilan

fabrique des objets redistribués par ruissellement concentré est déterminée par la direction acquise lors de l'immobilisation. Selon nos résultats, cette dernière direction est le plus souvent celle de l'écoulement. C'est pourquoi il n'y a pas de contradiction à ce que des orientations préférentielles selon la pente aient été observées en milieu actif, alors que les objets se déplacent en charge de fond, leur grand axe disposé perpendiculairement à l'écoulement.

Des orientations préférentielles d'objets déplacés par ruissellement peuvent se rencontrer en milieu de ruissellement, alors même que la pente ne dépasse pas quelques degrés. Cette orientation préférentielle est cependant peu fréquente et l'intensité d'orientation est rarement très élevée. L'obtention d'une fabrique linéaire nécessite des conditions favorables : absence de seuils, faible densité de vestiges redistribués... ; dans la majorité des cas, la coexistence de plusieurs directions d'orientations conduit à une fabrique planaire.
Pour autant, les fabriques planaires des objets redistribués par ruissellement n'impliquent pas à une répartition aléatoire des orientations. Certaines fabriques planaires correspondent à des distributions bimodales. Nos résultats montrent que le test de Rayleigh, réalisé sur les séries d'angles mesurés et doublés, est suffisant pour identifier ces configurations.

7. SYNTHÈSE DES RÉSULTATS EXPÉRIMENTAUX

Nous effectuons ici un bilan de nos données expérimentales. Celui-ci nous conduit à proposer un modèle de l'action du ruissellement sur les assemblages archéologiques.

7.1. Reconnaissance de la dynamique sédimentaire : les faciès sédimentaires

Le tableau 43 résume les différents faciès de ruissellement reconnus au cours de nos expérimentations. Ces faciès s'intègrent dans la variété des dépôts de ruissellement, typiquement représentés par des dépôts plus ou moins bien laminés et des dépôts massifs à lentilles de matériel grossier (Bertran et Texier, 1999).

7.1.1. Faciès massifs

Les faciès massifs à l'échelle macroscopique s'observent en deux circonstances : dans les accumulations inter-rigoles où ils représentent les produits transportés par *splash*, ou dans le domaine du ruissellement concentré, qu'il s'agisse de matériel transporté sous une forme agrégée ou d'un transport en charriage hyperconcentré.

Les dépôts de *splash* montrent un entassement de sables et graviers non triés. Ces dépôts se rencontrent sous la forme de bandes d'accumulation au pied des pentes ou forment des croûtes sédimentaires. Sous le microscope, de tels dépôts se caractérisent par une distribution relative de type chitonique à géfurique, liée à l'effondrement des agrégats transportés (microfaciès F4, p. 47).

Un ruissellement diffus associé au *splash* contribue à l'exportation de la fraction la plus fine, déplacée en suspension (Mermut *et al.*, 1997). Un écoulement associé plus compétent - ruissellement en nappe - contribue à la concentration de la fraction la plus grossière transportée par reptation sous l'effet du *splash* comme nous avons pu l'observer au cours de l'expérience de résidualisation (*cf.* § 3). Les intercalations de lits lenticulaires de graviers reconnues par De Ploey (1977) ont ainsi été retrouvées (expérience de résidualisation, microfaciès F3, p. 47). En lames minces, ces graviers montrent une microstructure d'entassement. Des sables fins et des limons mal classés coiffent les grains des lits propres. Lorsque les produits de rejaillissement sont piégés par ces graviers, les dépôts livrent un micro-faciès intermédiaire, partiellement colmatés de sables et de limons à distribution relative de type géfurique et vides polyconcaves d'effondrement.

Les dépôts de ruissellement concentré peuvent également être massifs, par exemple lorsque le sédiment transporté est agrégé (Mücher *et al.*, 1972 ; Albert *et al.*, 1980 ; Beuselinck *et al.*, 2000). Des comblements de larges rigoles par des microagrégats ont ainsi été décrits par Texier et Mereiles (2003 : 145). Les dépôts de la grotte XII offre également un exemple de faciès massifs produits par ruissellement concentré. La fraction déplacée par saltation est constituée d'agrégats. L'accumulation des agrégats, exclusive ou en comblement interstitiel des lits de graviers, conduit à des dépôts massifs à grossièrement lités, le litage étant induit par des lentilles de matériau grossier. Ces accumulations de graviers correspondent à des épisodes de forte compétence, comme cela est fréquemment le cas dans les cônes colluviaux (Allen, 1992). Des lentilles de matériel grossier peuvent se former par pavages résiduels (Bertran et Texier, 1999). De tels dépôts de ruissellement, massifs à lits lenticulaires de matériel grossier, ont été rencontrés dans le site préhistorique de Lagar Velho (Portugal) par Angelucci (2003).

Ce faciès se rencontre également à la suite d'autres processus. En particulier, des lits massifs au sein de lits de sables triés sont produits par des écoulements hyperconcentrés (Bertran et Texier, 1999). Blikra et Nemec (1998) et Texier et Meireles (2003) rapportent ainsi la formation de lits massifs interstratifiés produits par des écoulements hyperconcentrés qui s'intercalent avec les dépôts sablo-graveleux de comblement de chenaux.

7.1.2. Faciès lités

Les faciès lités se caractérisent par une stratification plane en section longitudinale et une stratification entrecroisée à faible angulation et lentilles concaves de matériel grossier dans le plan transverse. Les lits sont épais de 1 à 10 cm et leurs limites sont conformes à la pente. Le contraste entre lits est plus ou moins marqué, selon le tri et la texture des matériaux. La variabilité de ces faciès tient au tri du matériel des différents lits, plus ou moins bien exprimé, et à leur structure laminée ou non. Les micro-faciès permettent la reconnaissance des différents modes de sédimentation au sein des ces faciès.

Sur pentes moyennes et fortes (> 4°), le charriage hyperconcentré à la base de l'écoulement permet le piégeage des particules en suspension qui, ajouté au comblement des pavages par les particules en saltation, donne naissance à des dépôts mal triés, plurimodaux, de sables sales et graviers

Milieu	Mode de transport	Faciès	Observation
Inter-rigoles	Reptation par splash éventuellement accompagnée d'un écoulement diffus ou en nappe	Sables et graviers limono-argileux massifs à intercalations de lits lenticulaires de graviers	Tiple (faciès M2),
Ruissellement concentré	Roulement + écoulement hyperconcentré à la base de l'écoulement (pente > 4°)	Limons sableux massifs à lentilles de graviers	Grotte XII (cône)
	Roulement + saltation individuelle sur (pente 1-4°)	Sables moyens et grossiers mal triés laminés Sables moyens et fins bien triés laminés	Tiple, cônes et chenaux (faciès M1)
	Roulement + saltation individuelle sur (pente < 2°)	Sables, agrégats et limons laminés	Grotte XII (éboulis ruisselés)
Sédimentation sous-aquatique	Roulement et saltation sur le toit du delta, avalanche au front et décantation	Sables moyens et grossiers mal triés laminés et limons et argiles triées et/ou granoclassés	Tiple (faciès M4), expérience de résidualisation

tableau 43 : faciès de ruissellement observés. La dénomination des faciès du Tiple est celle du tableau 15, p. 52.

(Moss et Walker, 1978). Blikra et Nemec (1998) décrivent ainsi des lits de graviers interstratifiés avec des lentilles de sables moyens à très grossiers en comblement de chenaux et participent à l'édification de cônes colluviaux. Texier et Meireles (2003) observent ce même faciès en comblement de lentilles décimétriques à métriques à stratification entrecroisée. En lames minces, les auteurs rapportent une distribution relative de type chitonique à géfurique, où la matrice limoneuse forme des ponts et des coiffes irrégulières.
Nemec et Kazanci (1999) rapportent, toujours pour des pentes élevées, un faciès identique en dehors de chenaux (lits à stratification parallèle plane de sables grossiers à très grossiers, caillouteux, riches en granules et mal triés). Selon ces auteurs, il s'agit de dépôts générés par un écoulement de régime supérieur, de type *« sheetflood deposits »*. Ce mode de sédimentation, par la nature des écoulements associés, est très proche de celui des cônes alluviaux construits par écoulements dilués (Blair, 1987 et 1999) qui relèvent d'une dynamique torrentielle.

Lorsque la pente est plus faible (< 4°), les dépôts sont typiquement représentés par des sables ou limons laminés (Schumm, 1962 ; Engelen, 1973 ; Moss et Walker, 1978 ; Hodges, 1982 ; Campbell, 1989). Deux faciès peuvent être distingués.
Pour un pente comprise entre 1 et 4°, le transport en écoulement dilué s'oppose au piégeage de la fraction transportée en suspension. L'accumulation des fractions déplacées par roulement et saltation conduit à des dépôts de sables propres laminés. En étudiant le fonctionnement du site expérimental du Tiple et les faciès associés, nous avons reconnu, à côté des sables grossièrement laminés et moyennement triés habituellement rapportés au ruissellement pluvial (microfaciès F1, p. 47), des sables légèrement argileux laminés et bien triés (microfaciès F2). Nous avons suggéré que ce faciès pouvait représenter des formes de dépôts de charriage hyperconcentré où la sédimentation alterne avec l'initiation de croûte de battance. L'entassement dense des grains minéraux dans les lamines de matériau fin et l'effondrement partiel des agrégats permet cependant de distinguer ces faciès de ceux décrits par Mücher et de Ploey (1977) dans le cas d'un ruissellement sans *splash* (*« afterflow »*).
Pour les pentes les plus faibles (< 2°), la sédimentation se fait pour des écoulements de moindre turbulence que favorise l'absence de *splash* (*« fine ripple bed stage »* de Moss et Walker, 1978 ; *afterflows* de Mücher *et al.*, 1981). Les dépôts sont formés de sables fins et de limons bien laminés. Ce faciès est propre au ruissellement et, pour cette raison, est souvent reconnu dans le fossile (*e. g.* Kiernan, 1983 ; Mandel et Simmons, 1997 ; Macphail et Goldberg, 1999 ; Goldberg et Arpin, 1999 ; Goldberg, 2000 ; Goldberg *et al.*, 2001).

Le ruissellement peut être associé à d'autres dynamiques sédimentaires et donner naissance à des faciès mixtes. C'est le cas des éboulis ruisselés, *sensu* Francou et Hétu (1989), observés à la grotte XII (*cf.* p. 86). Ce faciès est fréquemment observé au sein des dépôts de pente et cônes colluviaux qui livrent des éboulis, qu'ils soient gravitaires (Yair et Lavee, 1974 ; Bertran et Jomelli, 2000) ou qu'ils correspondent à des déplacements en masse (coulées de grains, avalanches rocheuses, *cf.* Blikra et Nemec, 1998 et 2000 ; Nemec et Kazanci, 1999). Ce type de dépôt est formé par le colmatage secondaire des débris clastiques dans lesquels s'infiltrent les écoulements. Les différents faciès reconnus peuvent y être rencontrés : lamination grossière de sables grossiers mal triés lorsque la pente et la compétence sont fortes (Blikra et Nemec, 1998), lamination de sables fins et de limons dans le cas contraire (grotte XII).

Enfin, nous avons observé, sur le site expérimental du Tiple, que le comblement des mares rapidement exondées conduit à des sables colmatés par des bandes argileuses (faciès M3). Lorsque les dépressions sont plus importantes, de véritables micro-deltas se développent. Des faciès laminés y sont également observés (faciès M4). Les dépôts se caractérisent alors par le fort pendage des lits en section transverse et les granoclassements longitudinaux. En outre, l'association de dépôts de charge de fond et de lamines de décantation est un critère largement appliqué qui permet la reconnaissance de ce faciès dans les dépôts fossiles (Vallverdu *et al.*, 2001 ; Karkanas, 2001).

7.2. Modification des ensembles de vestiges

7.2.1. Outils de diagnose

Une fois le contexte sédimentaire reconnu, l'interdépendance entre le mode d'enfouissement et l'enregistrement archéologique peut être testé. Cette évaluation repose sur une série de caractéristiques des ensembles de vestiges (*cf.* 1ère partie). Deux cas de figures sont à envisager, celui d'une résidualisation des vestiges et celui d'une redistribution. Plusieurs outils permettent de tester ces deux hypothèses.

Organisations remarquables

Plusieurs organisations remarquables de matériel archéologique ont été observées au cours de nos expériences. Cet inventaire se complète par les figures sédimentaires connues pour le ruissellement (*cf.* § 1.3.2) qui mettraient en jeu du matériel archéologique. À titre d'exemple, on trouve <u>les affouillements</u> ou les <u>comblements de rigoles</u> et les <u>pavages résiduels</u>, comme l'a documenté l'expérience de résidualisation (*cf.* § 3).

Les organisations remarquables identifiées se regroupent en deux catégories. Le premier type correspond aux associations entre petite et grosse fraction qui se forment dans la zone de résidualisation (figure 87A). Le second type regroupe les structur es de vestiges redistribués de taille comparable (figure 87B).

Les formes d'associations reconnues entre petite et grosse fraction sont :

1/ Les **effets d'ombre**. Ces structures sont formées par la concentration d'éléments de petite taille juste à l'aval d'un objet de grande taille. Ces organisations ont été reconnues par Schick (1986) en milieu fluviatile ; elles proviennent de la préservation de la concentration initiale des débris de petites tailles dans la zone protégée des écoulements par un objet de grande taille, immobile. Nous les avons rencontrées dans les zones de dépôts de ruissellement concentré (expérience 2).

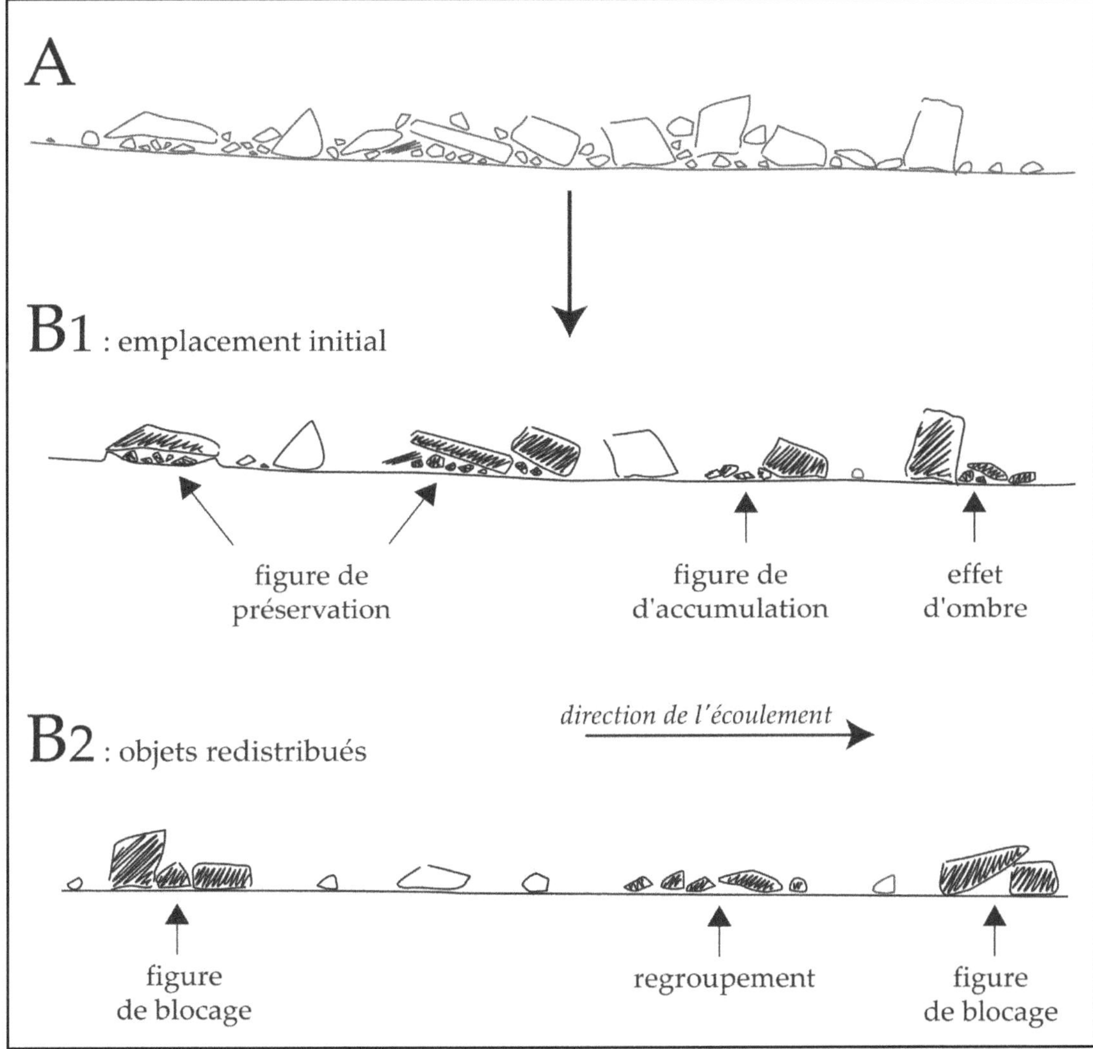

figure 87 : représentation schématique des organisations remarquables accompagnant la dégradation des amas de vestiges en milieu de ruissellement. A - amas avant dégradation ; B - ensemble de vestiges après dégradation. Les objets grisés participent aux organisations.

2/ Les **figures de préservation.** Elles correspondent à la concentration de petits vestiges sous un gros. Ces figures ont été observées sur les cônes de sortie de ravin et en milieu inter-rigoles, dans les deux cas à la suite de l'action du *splash* (expériences 1, 4, 6). Leur formation débute dès les premiers événements pluvieux. Les espaces vides entre le sol et l'objet de grande taille, immobile, sont d'abord colmatés par des produits de rejaillissement. Puis une micro-cheminée se forme. Un état de surface et une concentration d'esquilles sont préservées sous cet objet de grande taille aussi longtemps que celui-ci n'est pas mobilisé, c'est-à-dire tant que la micro-cheminée de fée qui supporte l'objet ne s'effondre pas.

3/ Les **figures d'accumulation.** Dans ce cas, les petits vestiges se concentrent à l'amont d'un objet de grande taille. Ces petits vestiges sont au contact les uns des autres, voire imbriqués. Nous avons observé ces figures à la suite de l'action combinée du ruissellement diffus et du *splash* (*cf.* expérience 1).

Les organisations d'objets de taille comparable sont :

1/ Les **regroupements** (« clusters »). Ils correspondent à des concentrations d'objets à la faveur d'un accident topographique du chenal ou de la rigole, tel un seuil ou un affouillement.

2/ Les **figures de blocage.** Elles sont formées de deux à plusieurs objets en contact. Le nombre de vestige est toujours peu important. Les objets sont le plus souvent orientés transversalement à la direction d'écoulement. Ces figures sont générées par l'immobilisation d'objets qui entrent en contact au cours de leur déplacement.

Fabriques

La divergence des témoignages qui existent quant à l'attitude des débris transportés par ruissellement exprime la diversité des fabriques qui peuvent y être observées. Celles-ci forment une série continue depuis les fabriques de type groupé jusqu'aux fabriques de type ceinture. Cette variété est liée à l'influence de nombreux facteurs, parmi lesquels les interactions entre les vestiges et la régularité de la direction d'écoulement.

Toutefois, l'étude statistique de séries de mesures montre que trois catégories de fabriques d'objets déplacés par ruissellement peuvent être distinguées (figure 88) :

- Les fabriques linéaires sont systématiques lorsque la pente est supérieure à 20°. Elles correspondent à une distribution unimodale des orientations selon la pente. L'orientation des objets est provoquée par les pivotements qui accompagnent l'immobilisation des objets. Ces pivotements sont facilités dans le cas des fortes pentes, puisqu'à la contrainte de l'écoulement s'ajoute celle de la gravité.

- Les fabriques intermédiaires entre le type planaire et le type linéaire se rencontrent pour des valeurs de pentes inférieures à 20°. Ces fabriques intermédiaires regroupent deux types de distribution des orientations : distribution unimodale aplatie ou distribution bimodale à mode dominant. Les déviations locales des écoulements par rapport à la pente rendent compte du premier type de distribution. Le second est produit lorsqu'une partie des objets s'oriente dans le sens de l'écoulement et une autre perpendiculairement. Ce dernier cas de figure est en particulier favorisé par les figures de blocage qui peuvent être observées pour de telles pentes.
- Les fabriques planaires se rencontrent également pour des pentes inférieures à 20°. Elles regroupent des distributions uniformes ou bimodales avec les deux modes également représentés dans la série de mesures. Ces dernières distributions sont obtenues lorsque les objets orientés dans le sens de l'écoulement sont aussi nombreux que ceux orientés perpendiculairement.

Ainsi, l'indice d'isotropie (IS) des fabriques d'objets déplacés par ruissellement est toujours faible. Aussi, les trois catégories distinguées peuvent être caractérisées par la seule prise en compte des orientations. La première catégorie regroupe des séries à intensité d'orientation forte (L > 40%), tandis que les intensités de la seconde catégorie sont moyennes (L compris entre 25 et 40%). Dans les deux cas, l'orientation préférentielle peut être mise en évidence par un test de Rayleigh.

La troisième catégorie offre une fabrique similaire à celle des nappes de vestiges non perturbées. L'intensité d'orientation est faible, et aucune orientation préférentielle n'est révélée par le test de Rayleigh. Un test simple peut être proposé pour identifier les séries bimodales d'objets déplacés par ruissellement au sein des fabriques planaires : la comparaison du test de Rayleigh sur la série d'angles mesurés et sur la série d'angles doublés (*cf.* §. 6).

Certaines situations ne se distinguent cependant pas de la configuration des nappes de vestiges non perturbées. Ce cas de figure est probablement plus fréquent dans le cas des dépôts fossiles que pour les situations actuelles, car à la complexité de l'influence de nombreux paramètres s'ajoute une composante temporelle. Par exemple, si les objets mesurés ont été déposés par plusieurs événements, il est peu probable que les directions d'écoulement ne varient pas d'un épisode à l'autre. L'instabilité des directions d'écoulement caractérise en effet les zones de sédimentation par ruissellement. Cette variété de directions d'écoulement aura pour effet de masquer les orientations dominantes qui pourraient exister.
C'est pourquoi, il est probable qu'appliqué au fossile, la fabrique des vestiges ne sera bien souvent pas discriminante. Tout au plus, l'hypothèse d'une absence de perturbation ne pourra être rejetée.

Tri granulométrique

Dans la plupart de nos expériences, la disposition initiale des vestiges est identique à celle des expériences de Schick (1986). Une confrontation de nos résultats au modèle de la soustraction progressive proposé par cet auteur pour le milieu

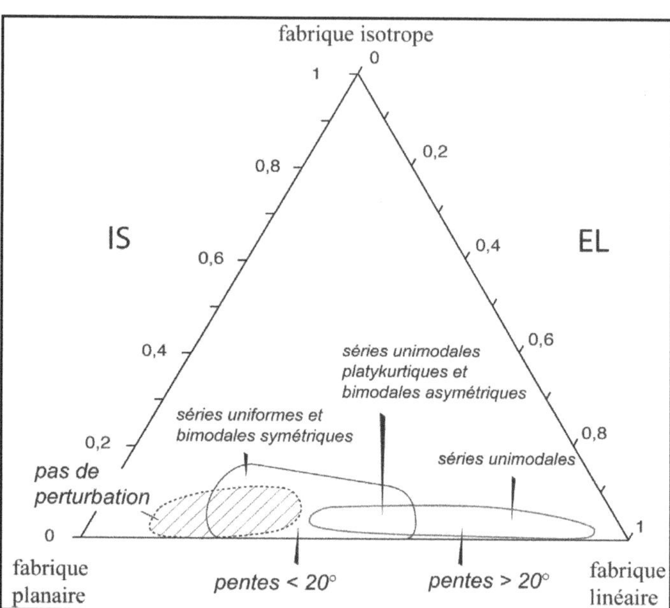

figure 88 : représentation sur un diagramme de Benn des différents types de distribution des orientations d'objets transportés par ruissellement.

fluviatile (*cf.* figure 12) est donc possible. Il en ressort que les modifications observées dans l'expérience 7, qui a été réalisée dans un environnement sédimentaire relevant plus d'une dynamique torrentielle que du ruissellement (*cf.* p. 82), peuvent être mises en parallèle avec le stade de dégradation très avancée du modèle de Schick (stade 5 de la figure 12, p. 26). En revanche, les modifications que nous avons observées dans les autres expériences ne sont que médiocrement expliquées par ce même modèle. Aussi le tri granulométrique de vestiges archéologiques par ruissellement nécessite un modèle explicatif spécifique.

Modalités de tri par ruissellement

Le classement des différentes séries expérimentales, décomposées en trois classes dimensionnelles, fait apparaître les principales modalités de tri par ruissellement (figure 89). Sur cette figure, les assemblages dimensionnels de chaque série sont portés verticalement et les séries sont regroupées par environnement sédimentaire et par durée de fonctionnement.

Ainsi, nos expériences s'accordent avec les observations de Poesen (1987) pour montrer qu'à l'exception des plus gros blocs (nucléus, bloc brut), le ruissellement concentré est à même de mobiliser toute la gamme des répliques archéologiques (expériences 1 et 4 et expérience de résidualisation). Cette mobilisation est contrôlée par la masse des vestiges. Il en résulte un tri des objets redistribués en fonction de la capacité de transport de l'écoulement. La forme des vestiges (expérience 3 et expérience de résidualisation) et le rapport entre la taille des objets et la hauteur de l'écoulement (expérience 3) influent sur cette aptitude au déplacement. Il en résulte une dispersion de la taille des artefacts redistribués. On retrouve ici l'aspect stochastique du déplacement des vestiges, qu'ont souligné Wainwright et Thornes (1991). Le tri des fractions redistribuées peut cependant être mis en évidence par la mesure d'un nombre suffisant de vestiges (figure 89).

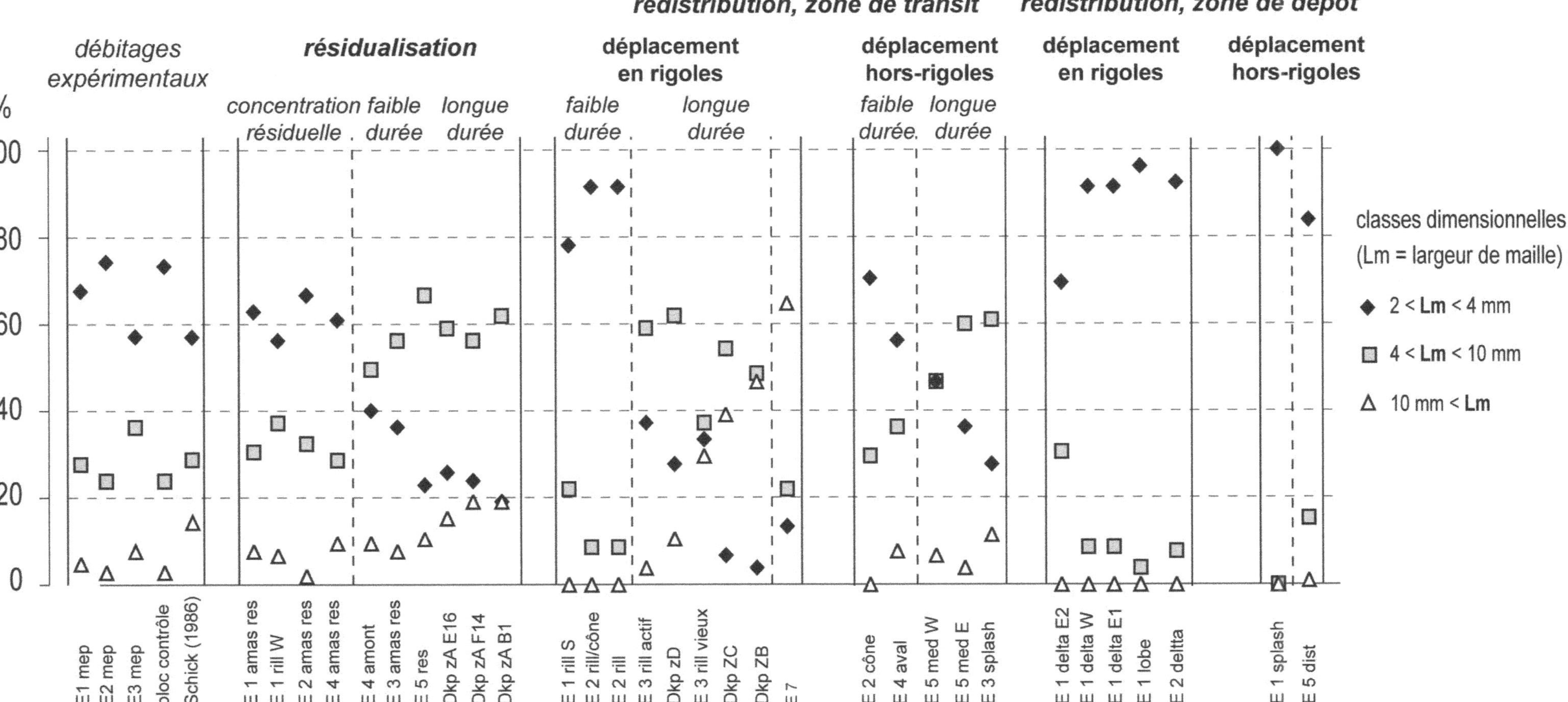

figure 89 : tris granulométriques obtenus au cours des différentes expériences. Séries : Expérience 1 - E1 mep : série initiale ; E1 amas res : emplacement initial en fin d'expérience ; E1 rill W : rigole ouest ; E1 rill S : rigole sud, ;E1 delta N1 : microdelta nord, première phase ; E1 delta N2 : microdelta nord, seconde phase ; E1 delta W : microdelta ouest ; E1 lobe : zone de dépôt au sud de la concentration initiale ; E1 splash : traînée à l'aval de la concentraiotn initiale. Expérience 2 - E2 mep : série initiale ; E2 amas res : emplacement initial en fin d'expérience ; E2 rill/cône : concentration à l'interface chenal/cône ; E2 rill : chenal ; E2 cône : cône ; E2 delta : dépôts distaux de comblement de flaque. Expérience 3 - E3 mep : série initiale ; E3 amas res : emplacement initial en fin d'expérience ; E3 rill actif : rigole active à la fin de l'expérience ; E3 rill vieux : corps latéral de la rigole ; E3 splash : zone de ruissellement diffus et splash à l'aval de la concentraiton initiale. Expérience 4 - E4 amas res : emplacement initial en fin d'expérience ; E4 amont : zone à l'amont de la concentration résiduelle ; E4 aval : zone à l'aval de la concentration résiduelle. Expérience 5 - E5 res : emplacement initial en fin d'expérience ; E5 med W : pente ouest à l'aval de la concentration initial ; E5 med E : pente est à l'aval de la concentration initial ; E5 dist : zone de dépôt. Expérience 7 - E7 : barre latérale. Diepkloof koppje - Dkp zA E16 : sous-carré E16 de la concentration principale ; Dkp zA F14 : sous-carré F14 de la concentration principale ; Dkp zB : concentration secondaire B ; Dkp zC : concentration secondaire C ; Dkp zD : concentration secondaire D.

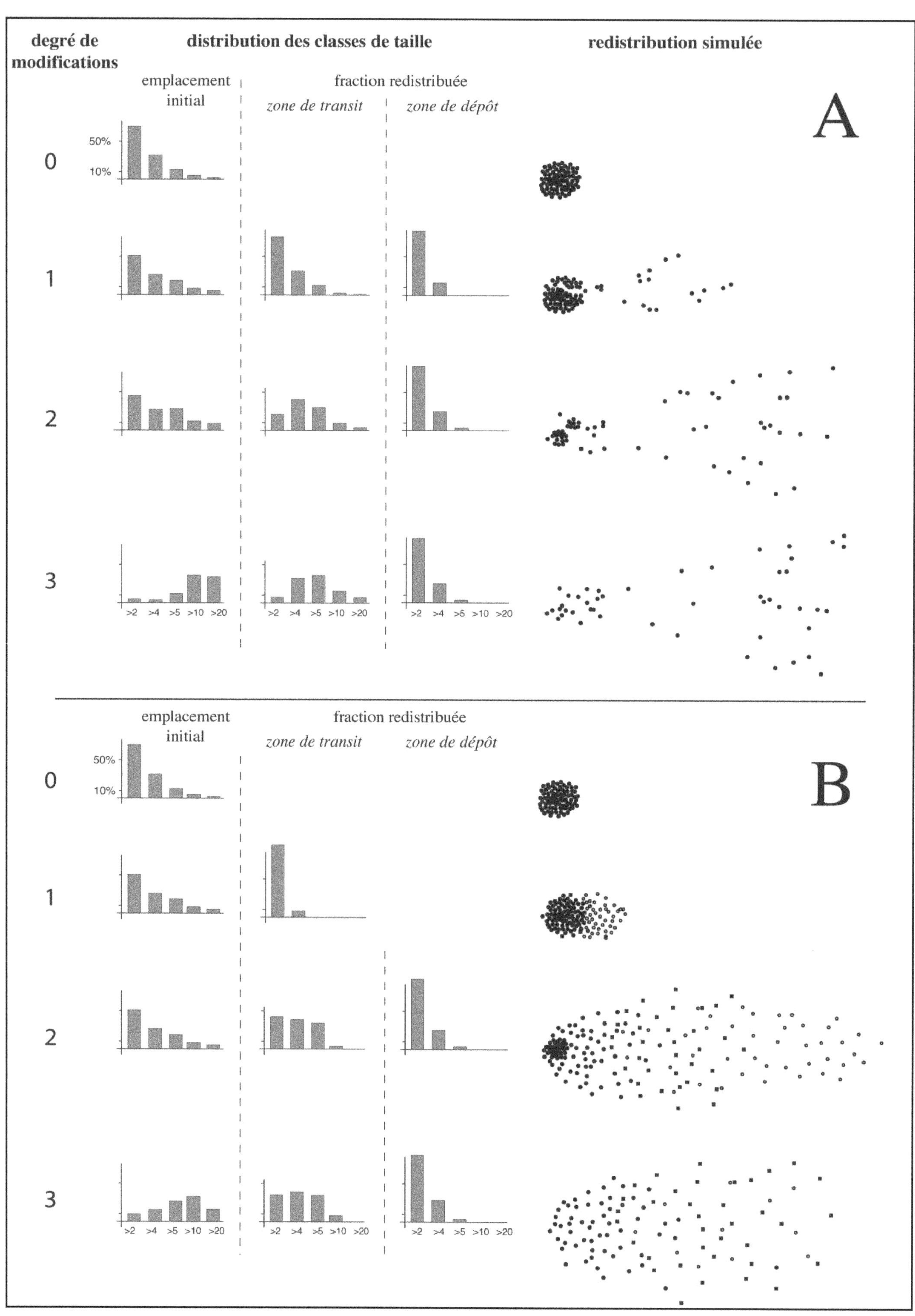

figure 90 : évolution des distributions des classes de taille dans le cas d'une distribution initiale de type amas. A - dans le cas d'une redistribution en milieu inter-rigoles , B - redistribution par ruissellement concentré en contexte de sédimentation.

Ce tri existe dès les premières modifications (expériences 1 et 2). Les éléments les plus mobiles (largeur de maille comprise entre 2 et 4 mm) sont alors sur-représentés parmi les vestiges redistribués figure 89). Une durée d'exposition plus importante (expérience 3 et séries de Diepkloof *koppje*) permet la distinction entre la fraction la plus mobile qui atteint les zones de dépôt, tandis que la fraction moyennement mobile (largeur de maille comprise entre 4 et 10 mm) se concentre dans les zones de transit (figure 89).

En milieu inter-rigoles, l'idée même d'un tri granulométrique ne s'impose pas de prime abord, en dehors du vannage de la plus petite fraction pris en charge par des écoulements peu compétents. Ce n'est pas ce que montrent nos expériences. Elles témoignent au contraire de la mobilité de tous les objets, à des vitesses différentes selon les processus qui provoquent les déplacements - *splash* (*e. g.* expérience 6), ruissellement en nappe (*e. g.* expérience de résidualisation) ou effondrement de microcheminées (expérience 6) -. Le tri qui en résulte peut être marqué (expérience 5). L'évolution du tri granulométrique en fonction de la durée d'exposition suit le même schéma que pour une redistribution par ruissellement concentré : les premiers épisodes se caractérisent par la sur-représentation de la fraction la plus mobile dans la zone de transit tandis qu'une distinction apparaît entre zone de transit et zone de dépôt lorsque l'exposition est plus longue. Toutefois, la durée d'exposition nécessaire à la distinction entre zone de transit et de dépôt est plus importante en domaine inter-rigole (1 an et 1/2 dans l'expérience 6) que sous l'action du ruissellement concentré (6 mois dans l'expérience 4).

Le tri granulométrique des vestiges peu ou pas déplacés suit un schéma différent, contrôlé par la disposition initiale des vestiges en amas. Cette disposition provoque, dans le cas du ruissellement concentré, une interaction par détournement des écoulements ; seuls les objets en périphérie des concentrations sont alors mobilisés. En milieu inter-rigoles, l'interaction entre cette disposition en amas et la dynamique sédimentaire tient à, d'une part, l'effet de protection des plus gros vestiges qui fixent les plus petits par le jeu des figures d'accumulation et de préservation et, d'autre part, l'effet de cuirassement du sol qui limite l'érosion aux parties périphériques de l'amas (expérience 6).
Dans les deux cas, aucun tri n'apparaît à l'emplacement initial lors des premières étapes de modification (expériences 1 et 6). La distribution géométrique décroissante des classes de taille persiste aussi longtemps que des structures résiduelles sont présentes (expérience 4). L'intensité de la déformation ne s'exprime pas par une évolution progressive du profil de distribution des classes de tailles, mais plutôt par une **diminution progressive de l'importance des concentrations résiduelles** (figure 90A). Ce n'est que lorsque les plus gros vestiges ont en majorité été déplacés, ne serait-ce que de quelques centimètres, qu'un tri des objets apparaît à l'emplacement initial (expérience 3).
Aucun des amas que nous avons créés n'a été complètement déstructuré par le ruissellement concentré. Mais, les expériences réalisées montrent que la dégradation des ensembles de vestiges augmente avec la durée d'exposition. Aussi, un stade de déstructuration complète de l'amas peut être extrapolé de nos expériences.

Dans tous les cas, les degrés de modification identifiés sont liés à la durée d'exposition au ruissellement. Les déformations qui en résultent sont contrôlées par la disposition en amas des vestiges. C'est donc l'évolution des concentrations qui caractérise les modifications des ensembles de vestiges par ruissellement. **Le modèle proposé est donc celui d'une réduction progressive des structures (figure 90).**

Diagnose du tri granulométrique

Nous venons de voir que, si le tri granulométrique est un paramètre sensible pour décrire des modifications des ensembles de vestiges par ruissellement, différentes configurations peuvent être observées en fonction de la durée d'exposition, du mode de transport et du caractère résidualisé ou redistribué des vestiges.
Le report des trois classes dimensionnelles retenues sur un diagramme triangulaire permet d'identifier les courbes enveloppes qui correspondent aux différentes configurations (figure 86).

Cette figure montre que les séries de vestiges triés par ruissellement se caractérisent par la présence, en quantité toujours importante (> 50%), des vestiges très ou moyennement mobiles (largeur de maille comprise entre 2 et 10 mm). Cette caractéristique distingue ces tris de ceux produits par des écoulements hydrauliques plus compétents, à l'image de ceux qui relèvent du modèle proposé par Schick (1986) et illustrés ici par l'expérience 7 (série 25 de la figure 91A).

Par ailleurs, cette représentation graphique appelle plusieurs commentaires :

- Les séries de vestiges redistribués en zone de transit pour une courte durée d'exposition ou redistribués en zone de dépôt se caractérisent par la sur-représentation des vestiges les plus mobiles et, pour cette raison, ne peuvent pas être distinguées sur la seule base du tri granulométrique ;
- La transition entre les premières étapes de modification et les durées plus longues d'exposition, où un tri apparaît à l'emplacement initial (effet de résidualisation) et au sein des vestiges redistribués en milieu inter-rigoles, est continue. Les courbes-enveloppes ont été, dans ces deux cas, dessinées de façon à rendre compte de cette continuité.
- L'enveloppe des débitages expérimentaux (tableau 8, p. 37) est également portée. Elle représente « l'hypothèse nulle » de Schick (1986), c'est-à-dire les proportions d'un ensemble de vestiges non trié. Cette « hypothèse nulle » peut être qualifié de robuste, au sens statistique du terme : la soustraction d'un faible nombre d'individus n'a pas d'influence sur le résultat de la mesure. Ce caractère robuste est illustré par les ensembles appauvris en vestiges de petites dimensions (*e. g.* amas résiduels de l'expérience 1 et 4) qui se positionnent toujours dans la courbe-enveloppe. Cette propriété permet d'utiliser cette courbe-enveloppe pour des ensembles de vestiges qui ne seraient pas exactement semblables aux débitages expérimentaux sur lesquels nous nous basons (différence de schéma opératoire, de matière première, etc.).

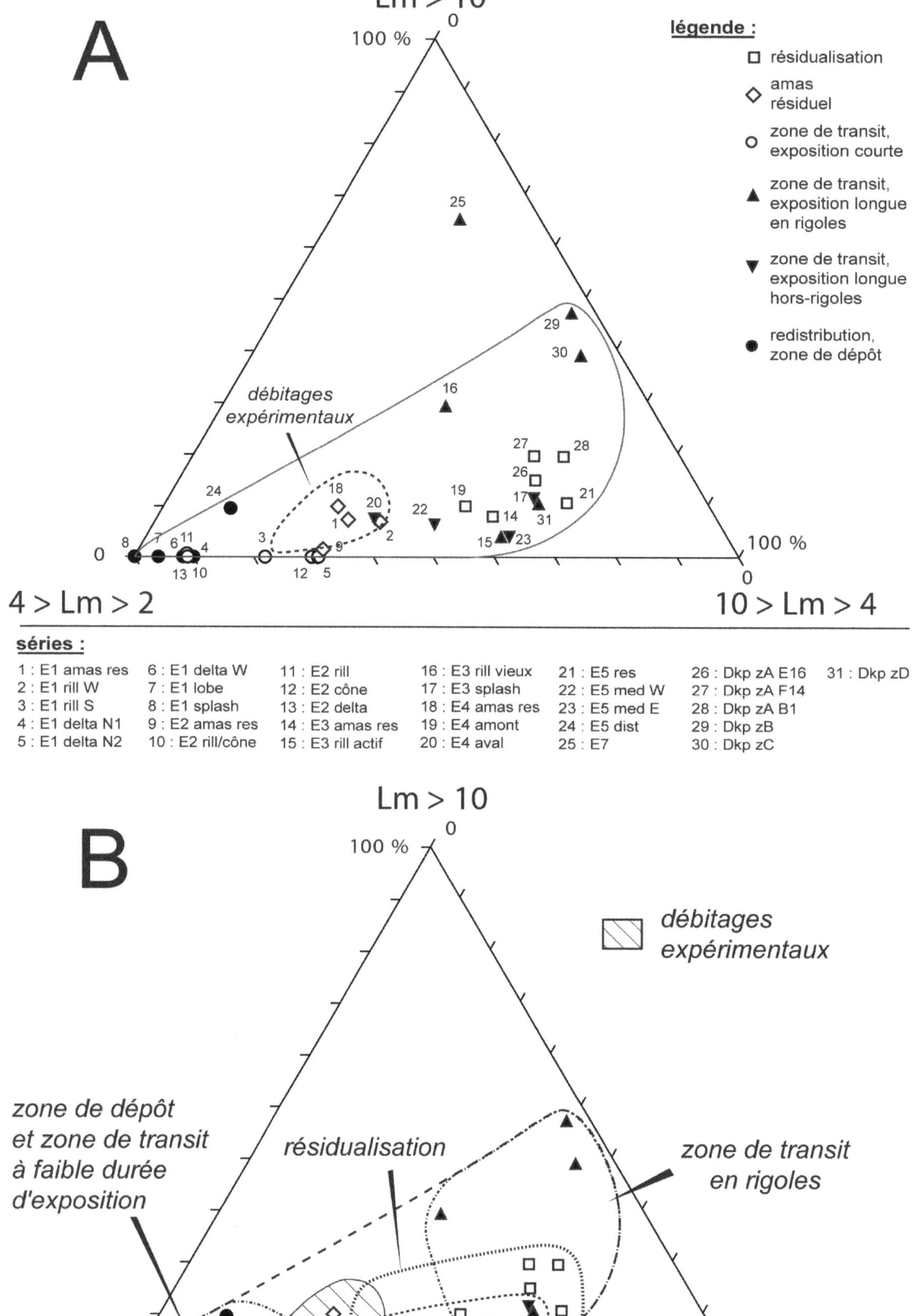

figure 91 : triangle des classes dimensionnelles. A - séries expérimentales et courbe-enveloppe des ensembles de vestiges redistribués par ruissellement ; les intitulés des séries sont explicités dans la légende de la figure 84. B - courbes-enveloppe des différentes configurations de redistribution par ruissellement. Lm = largeur de maille (en mm).

Nous appelons ce diagramme le « triangle CD » (triangle des classes dimensionnelles), et proposons de l'utiliser pour tester l'hypothèse d'un tri granulométrique par ruissellement dans les séries de vestiges archéologiques.

Etats de surface

Des lustres et émoussés peuvent être produits par abrasion, en particulier dans le cas d'un ruissellement concentré. L'apparition d'un tel lustre a été observée sur les objets abandonnés quelques années à l'action du ruissellement sur le site expérimental du Tiple. Le déplacement des vestiges est peu important. Cette altération de surface tient aux nombreuses collisions des particules transportées par l'écoulement contre l'objet immobile en fond de rigole.

Nos expériences montrent que le développement de ces états de surface peut être minime, alors que les modifications des ensembles de vestiges (redistribution, tri, réorientation, etc.) sont importantes. L'absence d'un lustre n'atteste donc pas d'une absence de modification lors de l'enfouissement.

À l'échelle microscopique, ce lustre se caractérise en particulier par un émoussé des parties hautes du micro-relief des surfaces. L'expérience du « tambour » nous permet d'identifier différents stades de développement du lustre et de l'émoussé, qui peuvent être recherchés sur les vestiges archéologiques (*cf.* tableau 39, p. 108).

Les séries expérimentales du Tiple illustrent également les difficultés liées à la reconnaissance de cet état de surface. D'autres altérations d'origine chimique - patine blanche ou « patine lustrée » - peuvent aussi se développer et ne plus permettre l'identification du lustre d'abrasion. Comme les exemples de séries archéologiques patinées sont très fréquents, les ensembles fossiles pour lesquels l'étude des stades d'abrasion est possible sont probablement peu nombreux.

Orientation des remontages

Ce paramètre a été utilisé à plusieurs reprises pour caractériser l'état de préservation des ensembles archéologiques, malgré le peu de références expérimentales. Les auteurs qui utilisent ce critère admettent implicitement que toute dynamique de pente étant par nature anisotrope, une direction privilégiée exprime une redistribution par des agents naturels (*e. g.* Le Grand, 1994 ; Bertran et Texier, 1997 ; Bordes, 2000).

Les résultats de l'expérience de résidualisation montrent que cette assertion admet des réserves (*cf.* § 3). Ils permettent également d'identifier les modalités d'une orientation des directions de raccords selon la pente :

- la distribution des orientations varie avec la distance séparant les objets raccordés et il existe une valeur en deçà de laquelle les raccords entre les vestiges redistribués ne sont pas orientés,
- cette valeur-limite varie en fonction de la géométrie de la déformation. Elle est liée, en particulier, à la diffusion latérale, c'est-à-dire à la dispersion des vestiges transversalement à la pente.

La figure 92 montre les diffusions latérales qui sont associées aux différentes déformations par ruissellement. Deux cas de figures peuvent être distingués. Dans les zones de transit de ruissellement concentré, la dispersion transversale à la pente est plus ou moins constante (figure 92A). Dans les zones de dépôts de ruissellement concentré ou de transit en milieu inter-rigoles, cette diffusion latérale est proportionnelle à la distance de redistribution (figure 92B et C).

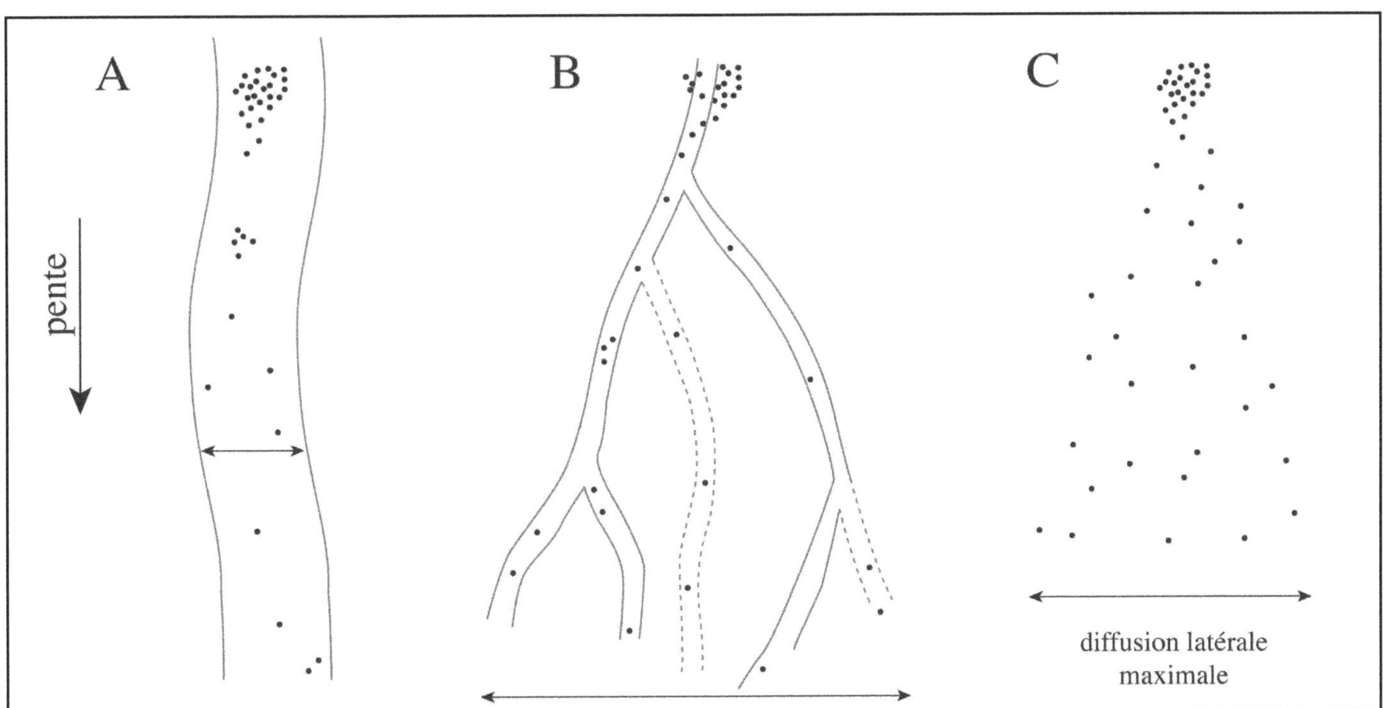

figure 92 : types de déformations par ruissellement. Ces différents types de déformations sont anisotropes, contrôlées par la pente. Elles se distinguent par la diffusion latérale associée. A - redistribution linéaire due au ruissellement concentré en contexte d'érosion et transit ; B - diffusion par ruissellement concentré en contexte de transit et sédimentation ; C - diffusion par ruissellement diffus.

Il est possible, sur la base des résultats de l'expérience de résidualisation, d'estimer que **la valeur-seuil de la distance de liaison à partir de laquelle une distribution d'orientation de remontage n'est plus uniforme est de l'ordre d'une fois et demie la valeur de la *diffusion latérale* de la déformation**. Cette variation de la distribution des orientations est liée à la géométrie de la déformation. Elle n'est donc pas spécifique du ruissellement.
Cette caractéristique peut être mise à profit pour tester l'hypothèse de vestiges redistribués par ruissellement si la valeur-seuil d'orientation peut être reconnue. Cela est le cas lorsque la largeur des rigoles dans lesquelles les objets ont pu être redistribués est déduite d'une lecture paléotopographique ou de la lecture des coupes. Alors, un ensemble de vestiges présentera les caractères d'une redistribution par ruissellement si la distribution des directions de raccords présente les caractéristiques suivantes :

1. Les liaisons à grande distance (*i. e.* distance de raccord supérieure à la valeur-seuil) livrent une orientation préférentielle, à la différence liaisons courtes (*i. e.* distance de raccord inférieure à la valeur-seuil),
2. L'orientation préférentielle des « liaisons longues » est conforme à la direction d'écoulement.

7.2.2. Type de modification

Toutes les expériences que nous avons conduites peuvent se réduire à la combinaison, par juxtaposition ou succession, de trois types de déformation (figure 92 et tableau 44). Ces déformations sont toutes anisotropes.

Plusieurs caractéristiques permettent de les distinguer. La première est l'association des processus de déplacement des vestiges :

- Dans le cas du ruissellement concentré, le transport se fait par charriage sur le fond. Plusieurs paramètres influent alors sur le déplacement des objets : la capacité de transport, la morphologie et le poids des objets, la présence d'irrégularités topographiques locales ; le rapport entre la taille des objets et celle de la rigole, ...
- Le déplacement des objets en domaine inter-rigoles fait intervenir plusieurs mécanismes en fonction de la taille des vestiges. Les plus petits vestiges sont déplacés par le *splash* assisté du ruissellement diffus (la largeur de maille maximale varie entre 4 et 5 mm). Les vestiges plus gros (jusqu'à une largeur de maille de 12 mm) se déplacent par reptation sous l'impact des gouttes. Ces deux fractions peuvent également être charriées par un ruissellement en nappe (expérience de résidualisation). Enfin, les plus gros vestiges se déplacent par reptation pluviale, à la suite de l'effondrement ou de la liquéfaction des monticules qui les supportent.

La deuxième caractéristique est la géométrie de la déformation :

- Le ruissellement concentré en contexte érosif (rigoles droites) et le ravinement conduisent à une redistribution linéaire (figure 92A). La distance de diffusion latérale y est constante, limitée à la largeur de la rigole ou du chenal.
- Le ruissellement concentré en contexte de dépôt (rigoles sinueuses) et le ruissellement en domaine inter-rigoles donnent lieu à une redistribution « en éventail » (figure 92B et C). Cette déformation se caractérise par une distance de diffusion latérale qui augmente proportionnellement à la distance de redistribution longitudinale. Dans le cas de l'érosion inter-rigole, cette diffusion latérale est principalement le fait d'une orientation médiocre des déplacements par *splash* ou par effondrement des monticules, tout au moins pour les valeurs de pente que nous avons retenues dans nos expériences.

Les critères qui permettent de caractériser la dégradation des ensembles de vestiges sont étroitement liés à ces types de modification, qu'ils soient en rapport avec la géométrie de la déformation (orientation des remontages) ou avec la dynamique sédimentaire qui détermine le type de déformation (organisations remarquables, tri granulométrique et orientation des vestiges).

Type de déformation	*Expérience*	*Secteur concerné*
Redistribution linéaire	Expérience 1	Rigoles encadrant la cellule
	Expérience 2	Chenal de drainage du cône
	Expérience 3	Rigole incisant le cône
	Expérience 7	*Cellule entière*
	Expérience de résidualisation	Erosion en rigole
Diffusion par ruissellement concentré	Expérience 2	Rigoles drainant le cône
	Expérience 4	Rigoles drainant le cône
	Expérience 5	Zone de sédimentation de la cellule
Diffusion par ruissellement inter-rigoles	Expérience 1	Partie centrale de la cellule
	Expérience 3	Partie non-incisée du cône
	Expérience 4	Phase d'érosion par *splash*
	Expérience 5	Partie amont et médiane de la cellule
	Expérience 6	*Cellule entière*
	Expérience de résidualisation	Secteur de formation du pavage

tableau 44 : expériences dans lesquelles ont été observés les différents types de modifications.

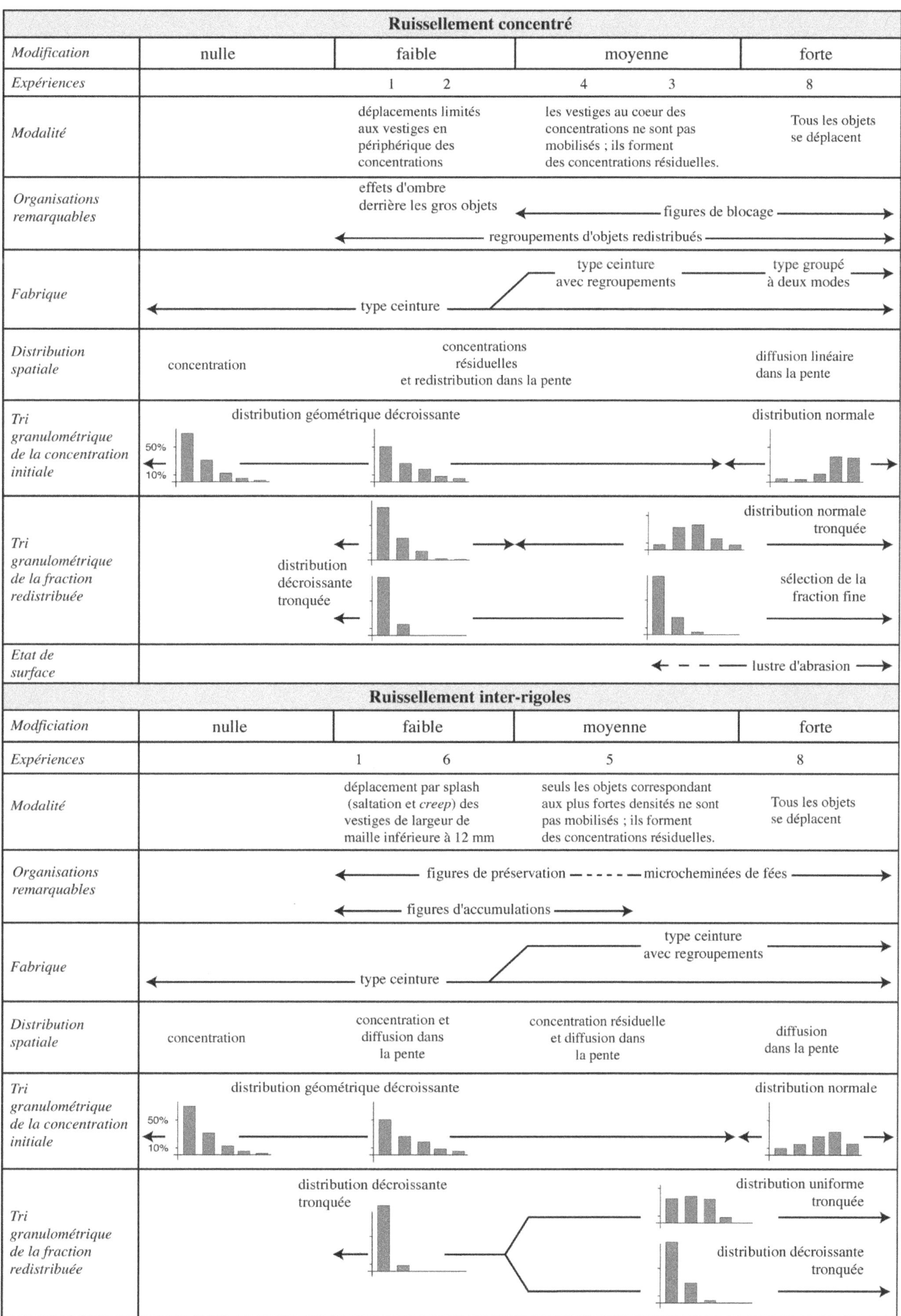

Ruissellement concentré				
Modification	nulle	faible	moyenne	forte
Expériences		1 2	4 3	8
Modalité		déplacements limités aux vestiges en périphérique des concentrations	les vestiges au coeur des concentrations ne sont pas mobilisés ; ils forment des concentrations résiduelles.	Tous les objets se déplacent
Organisations remarquables		effets d'ombre derrière les gros objets ← regroupements d'objets redistribués →	← figures de blocage →	
Fabrique	← type ceinture →		type ceinture avec regroupements	type groupé à deux modes →
Distribution spatiale	concentration	concentrations résiduelles et redistribution dans la pente		diffusion linéaire dans la pente
Tri granulométrique de la concentration initiale	50% 10% ← distribution géométrique décroissante		→ ←	distribution normale →
Tri granulométrique de la fraction redistribuée		distribution décroissante tronquée ←	→ ←	distribution normale tronquée → / sélection de la fraction fine →
Etat de surface			← – – – lustre d'abrasion →	

Ruissellement inter-rigoles				
Modficiation	nulle	faible	moyenne	forte
Expériences		1 6	5	8
Modalité		déplacement par splash (saltation et *creep*) des vestiges de largeur de maille inférieure à 12 mm	seuls les objets correspondant aux plus fortes densités ne sont pas mobilisés ; ils forment des concentrations résiduelles.	Tous les objets se déplacent
Organisations remarquables		← figures de préservation – – – – – microcheminées de fées → / ← figures d'accumulations →		
Fabrique	← type ceinture →		type ceinture avec regroupements →	
Distribution spatiale	concentration	concentration et diffusion dans la pente	concentration résiduelle et diffusion dans la pente	diffusion dans la pente
Tri granulométrique de la concentration initiale	50% 10% ← distribution géométrique décroissante		→ ←	distribution normale →
Tri granulométrique de la fraction redistribuée		distribution décroissante tronquée ←		distribution uniforme tronquée → / distribution décroissante tronquée →

tableau 45 : mise en relation des différents critères d'identification de l'action du ruissellement sur la constitution des ensembles archéologiques.

7.2.1. Degré de modification

Les modifications sont graduelles. Il est donc possible de regrouper les différentes observations expérimentales au sein d'un schéma d'évolution de l'intensité des modifications (tableau 45).

La lecture de ce tableau récapitulatif appelle toutefois quelques remarques :

- Les deux environnements, ruissellement concentré et ruissellement inter-rigoles, sont mis en parallèle sur la base de la similitude d'évolution des modifications. Mais, cette mise en parallèle n'implique pas une vitesse égale des modifications. Au contraire, toutes les expériences montrent que, sur un même site, la dégradation des ensemble de vestiges est plus lente par ruissellement inter-rigole que par ruissellement concentré.
- Ce modèle est celui d'un enchaînement chronologique des modifications. Dans le cas du ruissellement concentré, il ne rend compte que des modifications de vestiges qui ont été disposés en amas. Lorsque les vestiges sont disposés isolément, à l'exemple de l'expérience de résidualisation, les différents degrés de modification sont d'abord liés à l'intensité de l'événement morphogénique. Ces situations relèvent plutôt du modèle de Schick (*cf. supra*).

TROISIÈME PARTIE :

ÉTUDE DE SITES

SOMMAIRE

1. PROLÉGOMÈNES À L'APPLICATION DU RÉFÉRENTIEL AUX DÉPÔTS FOSSILES

1.1. Méthode d'étude des sites

Constatant que

> « not all excavators use similar criteria in differentiating natural layers. In fact most archaeologists acknowledge that the criteria for making the subdivisions are based on decisions made in the field and usually arrived at pragmatically and informally » (Stein, 1987 : 347)[18],

nous jugeons utile d'exposer la démarche que nous avons suivi, tant dans la méthode et ses fondements que dans le choix des techniques utilisées.

1.1.1. Stratigraphie des sites archéologiques

A l'échelle du site archéologique, le premier objectif de l'étude des sédiments est l'établissement de la lithostratigraphie (Butzer, 1982 ; Waters, 1992).

Principes généraux de stratigraphie

La stratigraphie est la « science qui étudie la succession des dépôts sédimentaires, généralement agencés en couches ou strates » (Foucault et Raoult, 1995).
Il n'existe pas une, mais des stratigraphies, en fonction des caractères selon lesquels les dépôts sont subdivisés et ordonnés. Ainsi, la lithostratigraphie étudie et classe les dépôts selon leur lithologie, la biostratigraphie selon leur contenu faunique et la chronostratigraphie selon leur âge (Hedberg, 1979). Dans le cas des sites archéologiques s'ajoute une classification basée sur l'étude du contenu archéologique, l'archéostratigraphie ou ethnostratigraphie (Gasche et Tunca, 1981).

La lithostratigraphie sert de trame à la reconnaissance des agents et des milieux de sédimentation, ainsi que de leur évolution dans le temps. Cette étude procède par étapes (Waters, 1992 : 61) :

1/ Regroupement des sédiments en subdivisions significatives : les unités stratigraphiques, sur la base de leurs caractéristiques macroscopiques et de la nature de leur contacts. Ces unités sont les unités lithostratigraphiques ;

2/ Sériation de ces unités de la plus ancienne à la plus récente. La mise en ordre se fait suivant les principes de superposition et de recoupement, à l'exception des cas de faciès obliques provoqués par glissement latéral de zones de sédimentation ;

La première étape d'identification des unités lithostratigraphiques repose sur la reconnaissance des unités stratigraphiques élémentaires que sont les couches :

> « la couche est la plus petite unité formelle dans la hiérarchie lithostratigraphique. C'est un niveau lithologiquement distinct des autres au-dessus et au-dessous... Le terme couche s'applique généralement à des lits épais de quelques centimètres à quelques mètres » (Hedberg, 1979 : 43).

La reconnaissance de ces unités est faite sur le terrain, à partir de critères macroscopiques :

> « On ne doit utiliser comme critères de définition pour des unités lithologiques que des caractères lithologiques majeurs facilement identifiables sur le terrain » (Hedberg, *op. cit.* : 41).

La notion d'homogénéité lithologique sur laquelle se fonde l'identification de la couche est cependant relative :

> « l'élément décisif pour une unité est un minimum d'homogénéité lithologique étant entendu que la variété dans le détail peut constituer en fait un critère d'homogénéité à l'échelle de l'unité » (Hedberg, *op. cit.* : 41).

Les couches identifiées sont ensuite regroupées en séries. Quatre principaux niveaux de hiérarchisation des unités sont reconnus (Hedberg, 1979) : les couches se regroupent en membres, qui eux-mêmes se regroupent en formation. La caractéristique de la formation est son aptitude à être cartographiée. Enfin, l'unité de rang supérieur à la formation est le groupe.

Le cas des sites archéologiques pléistocènes

La lithostratigraphie des sites archéologiques suit les principes généraux précédemment exposés, les objectifs (subdivision, sériation, datation relative et identification des environnements de dépôts) restant les mêmes (Butzer, 1982). La fraction d'origine anthropique que livrent les sites archéologiques, sédiments et vestiges, ajoute seulement à la variété lithologique :

> « all particles (including artifacts) found in archaeological deposits can be viewed as sediments » (Stein, 1987 : 339) [19].

La caractérisation de la lithostratigraphie d'un site débute par la reconnaissance des unités stratigraphiques élémentaires. Stein (*op. cit.*) appelle cette unité le dépôt (« *deposit* »). Sa définition est semblable à celle de la couche :

> « a three dimensional unit that is distinguished in the field on the basis of the observable changes in some physical properties » (Stein, *op. cit.* : 339)[20].

Cette unité stratigraphique élémentaire présente une propriété remarquable :

> « as long as the specific history of the sediment (*e. g.* sources, transport agents, environment of deposition) remains the same, the resulting deposit represent one depositional event... Each deposit represent one

---

[18] *« Tous les fouilleurs n'utilisent pas des critères sembables pour distinguer les couches naturelles. En réalité, la majorité des archéologues reconnaissent que les critères utilisés pour subdiviser les dépôts relèvent de décisions de terrain et que le choix des critères retenus est habituellement pragmatique et informel ».*

[19] *« Toutes les particules, dont les vestiges archéologiques inclus dans les dépôts archéologiques, peuvent être considérées comme des sédiments ».*

[20] *« Un corps tri-dimensionnel qui est distingué sur le terrain sur la base des variations de ses caractéristiques physiques ».*

depositional event, during which time the sources, transport agents, and environment of deposition remained the same » (Stein, *op. cit.* : 340)[21].

Ainsi définies, les dépôts - ou couches - peuvent être classés selon les principes de superposition et de recoupement.

Cette démarche se heurte à deux principales difficultés dans le cas des sites archéologiques pléistocènes. La première est l'identification du degré d'homogénéité qui permet l'individualisation des couches, étant donné que la « variation de détail » d'une unité stratigraphique peut être très importante. Cette variété de détail englobe toute variation de lithologie qui relève d'un même « épisode de sédimentation ». Or, les modèles de genèse des dépôts applicables aux sites paléolithiques font apparaître d'importantes variations de lithologie pour un « événement de dépôt » (*e. g.* Van Steijn *et al.*, 1995).
La seconde difficulté est la forte variation latérale des agents de sédimentation, fréquemment observée dans le cas des sites archéologiques, en particulier dans le cas des abris-sous-roche et des entrées de grottes (Schmidt, 1969 ; Fedele, 1976 ; Waters, 1992 ; Farrand, 2001). Comme le souligne Texier (2000 et 2001), plusieurs types de processus peuvent agir plus ou moins simultanément, individuellement ou en relais, et être à l'origine d'une juxtaposition de faciès lithologiques qui correspondent cependant à un même épisode de formation des dépôts.
C'est pourquoi, la difficulté à laquelle est confrontée le géoarchéologue lors de la reconnaissance des unités lithostratigraphiques est la distinction entre les faciès d'une même unité et les unités elles-mêmes (Farrand 2001).

Démarche suivie

Les remarques précédentes s'appliquent à certains des sites que nous avons étudiés. Face à ces problèmes, nous avons adopté une démarche qui repose sur l'identification de trois rang d'unités stratigraphiques.

Les unités de premier rang sont les **unités lithologiques élémentaires**
Cette notion est dérivée de celle d'« *elemental sediment unit* » de Fedele (1976). Ces unités correspondent à des corps tridimensionnels à caractéristiques physiques macroscopiques (textures, structure, fabrique, couleur) constantes. Selon Fedele (*op. cit.* : 34), une telle unité représente « la plus petite entité lithologiquement homogène ». Elles peuvent être déposées par un même agent de sédimentation. Ce sont alors des subdivisions de l'unité lithostratigraphique ou couche, et ne peuvent donc pas être ordonnées par les principes de superposition ou de recoupement. L'intérêt premier de l'individualisation de ces unités élémentaires est taphonomique. Par exemple, la distinction d'unités de texture différente au sein d'une même couche permet de tester l'hypothèse d'un tri granulométrique des vestiges archéologiques selon la procédure de confrontation entre fraction naturelle et anthropique (*cf.* p. 11).

Les unités de deuxième rang sont les **unités lithostratigraphiques.**
Cette unité est l'équivalent de l'unité lithologique de Gasche et Tunca :

> « une unité lithologique est un corps tridimensionnel caractérisé par la présence généralisée d'une dominante d'un certain type lithologique, ou par la combinaison de deux ou plusieurs de ces types, voire encore par la présence d'autres particularités qui confèrent à ladite unité un caractère d'homogénéité » (Gasche et Tunca, 1981 : 8).

Outre la texture, la structure, la couleur et la fabrique, les particularités qui permettent d'apprécier l'homogénéité de ces unités sont la géométrie des dépôts, les sources sédimentaires et les associations entre faciès (nature et rythmes).
Nous y retrouvons la définition du dépôt de Stein (1987, 1990). Ces unités représentent un « épisode de dépôt ». Elles sont ordonnées par les principes de superposition ou de recoupement. L'unité de rang équivalent dans la lithostratigraphie classique est la couche.
L'identification des processus qui ont conduit à la formation des faciès et à leur association pour former les unités observées est rendue possible par recours à un référentiel actualiste (*e. g.* Texier et Bertran, 1993 ; Bertran, 1994 ; Texier, 1997 ; Kervazo et Koenick, 2001).

Les unités de troisièmes rang sont les **ensembles lithostratigraphiques.**
Ces ensembles regroupent les unités lithostratigraphiques qui se sont formées dans un même environnement morphodynamique (« *paleo-land segments* » de Fedele, 1976 ; *e. g.* endokarst, dépôt de pente, plaine alluviale, etc.). Ce regroupement individualise les différents ensembles morphodynamiques qui se sont succédés au cours de l'évolution d'un site.

1.1.2. Paramètres retenus pour la caractérisation des sédiments

La caractérisation des éléments stratigraphiques, unités lithologiques élémentaires ou unités stratigraphiques, est réalisée sur le terrain. Pour chaque unité, sont ainsi décrits :

- La texture, la structure l'épaisseur et la morphologie,
- La couleur, déterminée par consultation du code Munsell de couleur (Munsell, 1954),
- La fabrique (Bertran *et al.*, 1997),
- Les organisations sédimentaires, c'est-à-dire des « *small-scale variations in either grain-size, grain shape, composition or pore space ... The kinds of structures that result from depositional events are called sedimentary structures* » (Stein, 1987 : 373-374)[22] ;
- Les limites entre unités stratigraphiques (Waters, 1992).

Des analyses en laboratoire peuvent compléter cette première caractérisation. Aucune n'est réalisée en routine, dans la mesure où toutes seront évaluées en fonction de leur aptitude à répondre aux questions soulevées par la lecture de terrain. Les principales sont :

- les analyses granulométriques (Miskowsky et Debard, 2002),

[21] *« Aussi longtemps que le mode de sédimentation (sources sédimentaires, agent de transport et environnement de dépôt) reste le même, les sédiments déposés représentent un même épisode de dépôt... Inversement, chaque dépôt ne représente qu'un épisode, pour lequel les sources, agents de transport et environnement de dépôt sont restés constants. »*

[22] *« Des variations à petite échelle soit de la taille des grains, de leur forme ou de leur composition, soit de la porosité...les structures qui se forment au cours de la mise en place du dépôt sont appelées structures sédimentaires ».*

- la lecture de lames minces de sédiment non perturbé (Courty *et al.*, 1989),
- l'identification de cortège de minéraux lourds (Tourenq, 2002),
- la détermination des espèces minéralogiques par diffraction de rayons X (Larque, 2002) et consultation des tables de références (Berry, 1974).

1.2. Méthode d'étude des ensembles de vestiges

La méthode employée pour identifier les conséquences de la formation des sites sur les ensembles de vestiges est celle de la confrontation au modèle géoarchéologique. Les techniques propres à cette démarche ont été revues dans la première partie de cet ouvrage.

Pour la recherche des tris granulométriques, la caractérisation dimensionnelle des vestiges a été réalisée selon la procédure exposée par Stahle et Dunne (1982), qui est celle de la colonne de tamis (*cf.* p. 57). Lorsque cette procédure n'a pas pu être mise en oeuvre, la largeur des objets a été mesurée et nous en avons déduit les largeurs de maille équivalentes (*cf.* p. 58).

Il ne fait aucun doute que les situations archéologiques sont plus complexes que celles reproduites dans les expériences qui nous servent de bases interprétatives (étendue des sites, nombre plus grand de vestiges, stratification des dépôts, ...). C'est pourquoi des procédures analytiques ont dû être développées pour traiter l'information particulière de chaque site. De part leur caractère singulier, le détail de ces procédures est exposé au cas par cas.

2. TOUTIFAUT

Un sondage a été conduit par A. Turq, en juin 2000, sur le site paléolithique de Toutifaut. Cette opération d'urgence nous a offert l'opportunité d'une description macroscopique de dépôts de ruissellement en contexte archéologique. Les observations de terrain, la recherche de remontages, la prise en compte des états de surface et la distribution des dimensions du matériel archéologique permettent de discuter le mode de formation des nappes de vestiges.

Le site de Toutifaut se trouve à 7 km au nord de Bergerac. Il est situé sur un plateau de quelques hectares qui coiffe une butte témoin de sables fluviatiles tertiaires (Platel, 1985). A l'image des autres sites dits « du Bergeracois » (Barbas, Canaule, Cantalouette, Troche, Usine Henri, ...), le gisement se place à proximité de gîtes de matière première que livrent les altérites du toit des calcaires mésozoïques. Ces altérites sont ici portées à l'affleurement au niveau des têtes de vallons qui encadrent la butte (figure 93).

Le site est connu par les travaux de Guichard (1976). La stratigraphie reconnue par l'auteur est résumée comme suit : « la couche moustérienne est à environ 0,70 m de profondeur, dans des graviers fins (dits « grains de sel «). Elle est surmontée par des limons, contenant vers 0,50 m du Paléolithique supérieur » (Guichard, *op. cit.* : 1061).

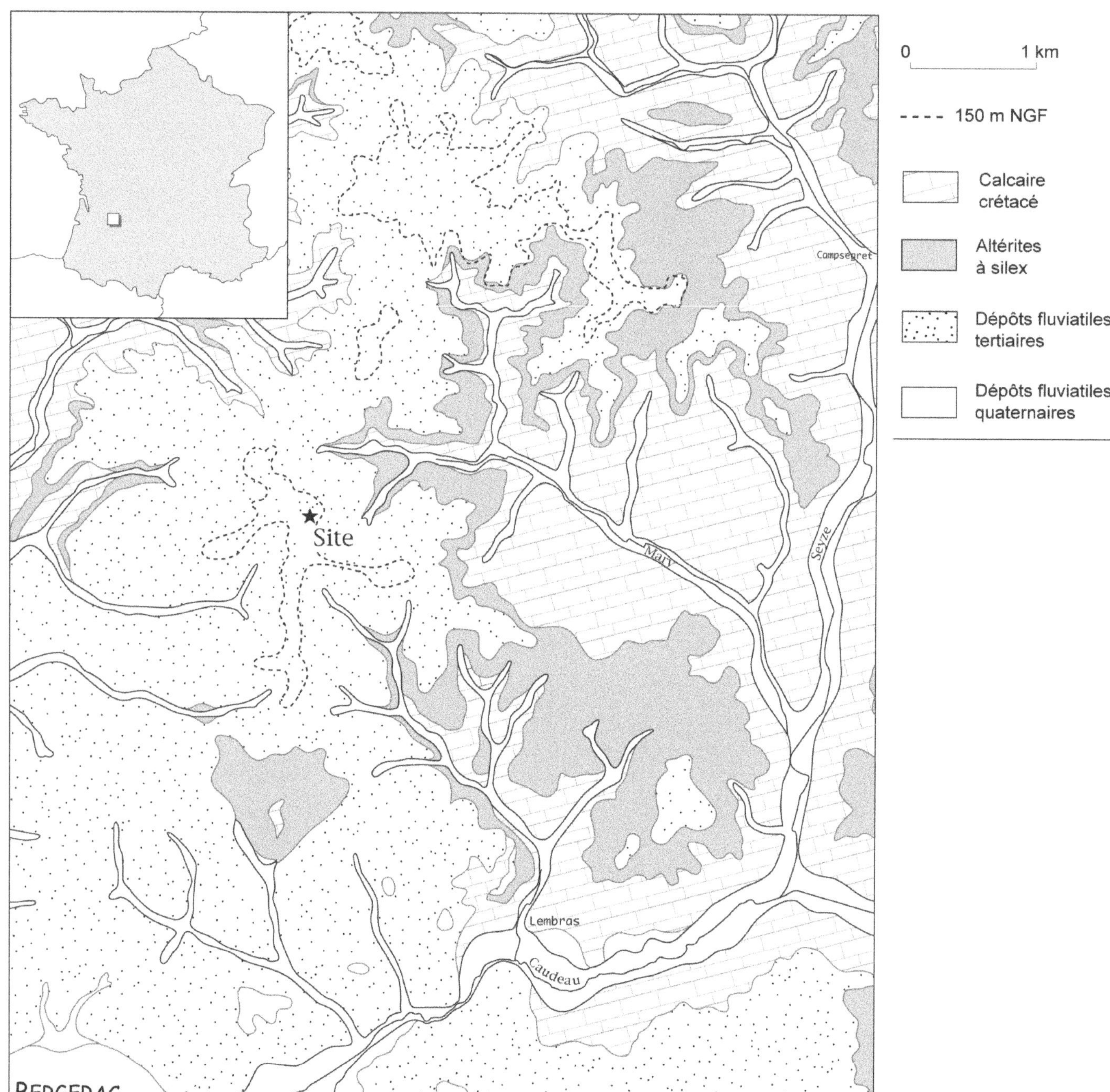

figure 93 : Toutifaut, localisation du site sur fond géologique simplifié, selon Platel (1985, modifié). Le site se place sur un point haut, à proximité des têtes de vallons qui entaillent les altérites contenant les silex du Bergeracois.

2.1. Lithostratigraphie

2.1.1. Description des dépôts

Trois profils ont été examinés. Ils s'alignent selon un axe nord-est / sud-ouest sur une distance de 20 m. Cet axe est celui de la légère pente présente en bordure du plateau. Le profil nord-est est celui du sondage archéologique. Il se place à l'extrémité d'une tranchée de la fouille Guichard, où la pente est de 3°. Les deux autres profils se placent de part et d'autre d'une fosse réalisée pour la construction d'une piscine, juste avant la rupture de pente qui partage le plateau du versant. Au droit de cette fosse, la pente moyenne est de 6°.

A partir de la description de ces profils, trois unités lithologiques sont définies (figure 94 et tableau 46) :

1. Sous la couche culturale se rencontrent des sables limono-argileux à graviers et galets épars. Leur épaisseur est variable. Elle est d'un mètre dans le sondage, et diminue rapidement pour n'être plus que d'une trentaine de centimètres au départ de la pente. La bioturbation est importante ; aucune structure sédimentaire n'est visible. La limite inférieure est progressive ; elle prend la forme d'un enrichissement en sables grossiers et en graviers sur une dizaine de centimètres d'épaisseur. Deux nappes de vestiges archéologiques ont été reconnues. Chacune est constituée de silex taillés dispersés sur une vingtaine à une trentaine de centimètres de hauteur. Une attribution à l'Aurignacien a été proposée. L'orientation et l'inclinaison des vestiges archéologiques ont été mesurées ; l'isotropie de la fabrique est marquée (figure 94).

2. Sous ces limons se rencontrent des sables grossiers et des graviers de quartz. Leur épaisseur augmente progressivement vers le sud-ouest. La limite inférieure est nette. Deux types de structures sédimentaires sont observées :
   - des lentilles décimétriques à pluridécimétriques de graviers grossiers et de galets (longueur max. 5 cm), à limite inférieure concave,
   - des lits plans, d'épaisseur supracentimétrique, de sables triés.

   Ces structures sont nombreuses et mieux exprimées à l'aval (profil sud-ouest). Des silex taillés rapportés à un Moustérien de Tradition Acheuléenne ont été recueillis au sein ou en surface de cette unité. Ils proviennent en majorité du sondage et se raréfient vers la bordure du plateau où l'unité s'épaissit.

3. À la base viennent des sables argileux feldspathiques rouges bariolés. Le sommet de cet ensemble plonge au sud-ouest. Des poches pluridécimétriques de sables incolores se rencontrent au sommet. Ce dépôt est stérile.

2.1.2. Interprétation

Les sables argileux bariolés (couche 3)

Les sables argileux feldspathiques de la base de la séquence correspondent aux dépôts du substrat oligocène (Platel, 1985). Les caractères chromiques sont attribuables à une pédogenèse fossile. L'hydromorphie révélée par les décolorations le long des faces structurales ou dans les poches de sable sans cohésion au sommet de l'ensemble est attribuée à une saturation temporaire des dépôts.

Les graviers et sables grossiers (couche 2)

Les signatures sédimentaires présentes dans les « grains de sel » sont des lentilles de matériel grossier concaves et des litages. Les lentilles de matériel grossier correspondent à des colmatages de rigoles ou de petits chenaux. Les faciès massifs représentent soit des dépôts réorganisés par la reptation pluviale, soit des zones de ruissellement concentré dans lesquelles le litage a été effacé par des phénomènes post-dépositionnels (Bertran et Texier, 1997). La présence en plus grand nombre des structures sédimentaires vers l'aval peut en effet être reliée à leur enfouissement plus rapide, qui a pu les préserver de perturbations post-dépositionnelles.

Prof. (cm)	Unités	Description	Couleur	Horizons pédologiques	Ensembles archéologiques
		Sables limono-argileux brun noir ; structure grumeleuse, débris végétaux.		LA	
10	1	Sables limono-argileux bruns foncés à structure grumeleuse, graviers et galets épars.	7,5 YR 4/4	A	Eléments historiques dispersés
		Sables limoneux bruns clairs massifs	7,5 YR 5/4	E	Deux nappes de vestiges dans le sondage nord, Aurignacien ?
30 à 105		Sables limono-argileux brun à structure polyédrique et revêtements épais brun-rouge ; quelques graviers épars.	7,5 YR 4/6	BT	
	2	Sables très grossiers et graviers peu structurés, à enrobements ferriargileux brun rouge. Lits ou lentilles convexes vers le bas d'éléments grossiers.			Vestiges dispersés, Moustérien de Tradition Acheuléenne ?
		Idem avec revêtements distribués en bandes.		BT / C	
		Sables moyens et grossiers lités dans les dépressions du contact avec l'ensemble sous-jacent.	10 YR 7/8	C	
75 à > 120	3	Sable moyen incolore en poches.	10 YR 8/2	II E	
		Sables feldspathiques argileux rouges (1) à structure prismatique et traînées décolorés (2) le long des faces structurales.	(1) 10 R 4/8 (2) 2,5 Y 7/1	II BTg	

tableau 46 : Toutifaut, caractères analytiques et interprétation pédologique des dépôts

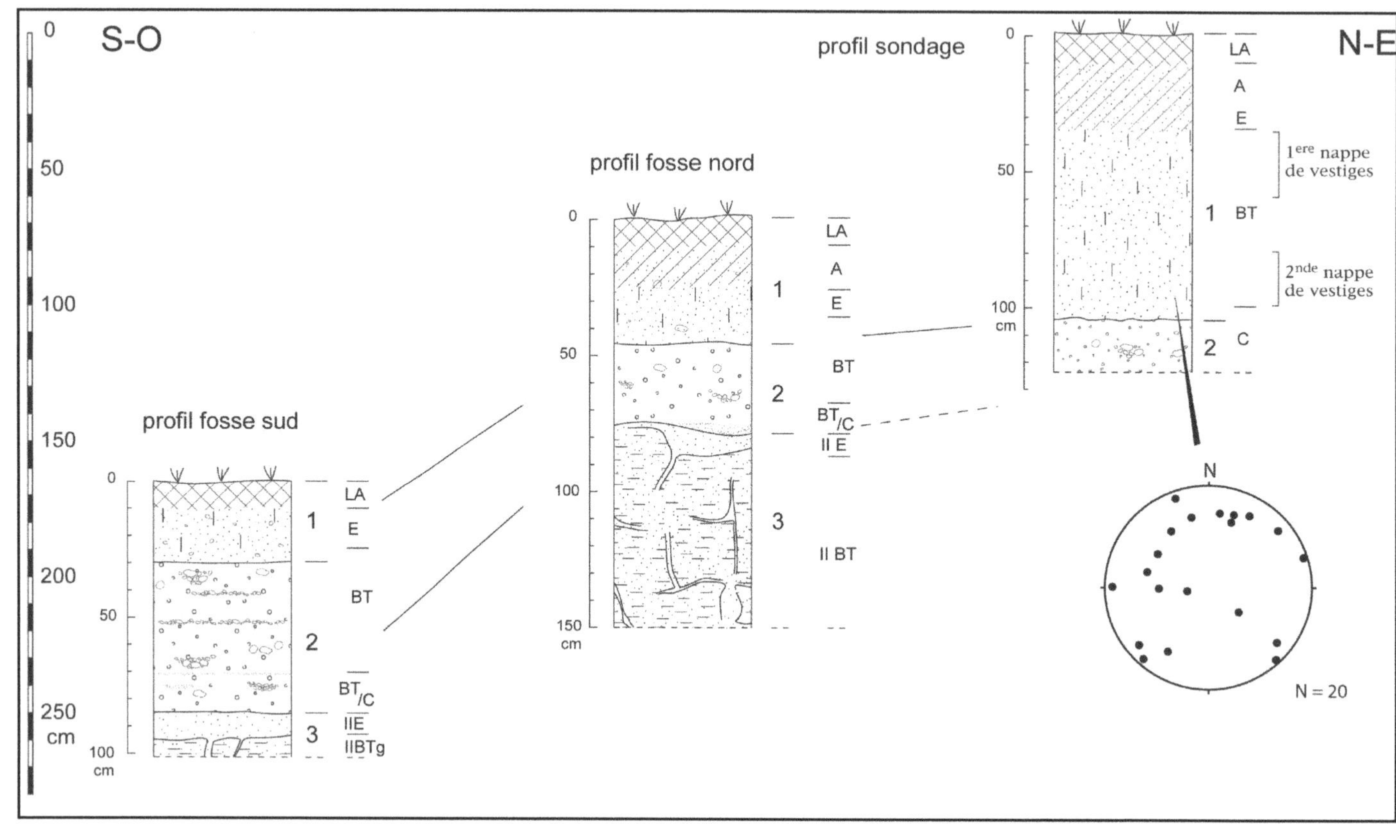

figure 94 : Toutifaut, transect stratigraphique et fabrique des vestiges de l'unité I.

Les « grains de sel » sont séparés des sables argileux qu'ils surmontent par un contact érosif. Ce dépôt présente les caractéristiques d'un horizon résiduel, c'est-à-dire une concentration de matériel grossier associée à une surface érosive. Il s'agit plus d'une « couche de cailloux » (« *stone zone* » de Johnson, 1990) que d'un pavage *sensu stricto* puisque l'épaisseur de cette unité est de loin supérieure aux éléments qui la composent. Ce faciès représente le premier terme, le plus amont, d'une séquence de dépôt de ruissellement (*cf.* p. 19).

Les colluvions supérieures (couche 1)

Les variations de couleur, de texture et les traits texturaux observés montrent que les sables limono-argileux de l'unité 1 (tableau 46) supportent une pédogenèse de type luvisol (Baize et Girard, 1992).
L'épaisseur de cette unité augmente localement : elle est de 70 cm selon Guichard (1976) et d'1 m au droit du sondage. Nous interprétons ces variations d'épaisseur comme liées au comblement des dépressions du toit de l'unité sous-jacente. La forte épaisseur de l'horizon mixte organo-minéral (30 cm) indique un horizon cumulique, probablement lié à l'aménagement de la parcelle.

J. et G. Guichard (1989) interprètent la couverture fine des plateaux aux environs de Bergerac comme des dépôts éoliens. Selon ces auteurs, Toutifaut représente toutefois un cas particulier, car les limons de plateaux y sont peu épais, et mal triés : « ... Mais, comme à Toutifaut, tantôt ils [les limons fins de plateaux] se sont, à leur base, partiellement mélangés aux « grains de sel », tantôt ils ont été partiellement évacués par ruissellement, d'où leur minceur relative » (Guichard et Guichard, *op. cit.* : 23).

Nous nous accordons avec les auteurs pour admettre que la texture de cette unité, et en particulier le tri médiocre, ne s'accorde pas avec des dépôts éoliens purs. Ce faciès entre dans la définition des colluvions de Kwaad et Mücher (1979). Il peut s'agir de dépôt de ruissellement (*cf.* p. 117) tout aussi bien que des dépôts édifiés par un autre processus, par exemple la solifluxion (Ballantyne et Harris, 1988). Dans tous les cas, les observations que nous avons recueillies ne permettent pas d'aller plus avant dans l'identification de la dynamique de mise en place de ces dépôts. Une des raisons à cette limitation est l'action de processus post-dépositionnels qui ne permet pas la préservation des signatures sédimentaires, à l'image de la fabrique des vestiges archéologiques dont le caractère isotrope reflète vraisemblablement l'action de la bioturbation (*cf.* Bertran et Lenoble, 2002) ou de la cryoturbation.

2.2. Dégradation des ensembles de vestiges

Les dépôts de l'unité 2 se sont édifiés essentiellement par ruissellements concentrés. Le sondage d'A. Turq a permis d'y recueillir soixante éclats taillés sur une surface d'1 m^2, auxquels s'ajoutent quelques pièces provenant des coupes décrites dans la tranchée de la piscine. Tous ces objets sont taillés dans le silex local, dit « du Bergeracois ». Plusieurs variétés sont présentes : silex gris, marron ou zoné.
Les techniques de fouilles mises en oeuvre pour réaliser ce sondage ont été dictées par l'urgence de l'intervention. Les objets ont été ramassés par couche et 1/4 de carré. Aucun tamisage n'a été réalisé et seuls les vestiges de longueur supérieure à 2 cm ont été recueillis. C'est pourquoi nous raisonnons ici sur les organisations remarquables et les états de surface du matériel archéologique. Les données recueillies ne permettent pas une approche quantitative des phénomènes de tri des objets.

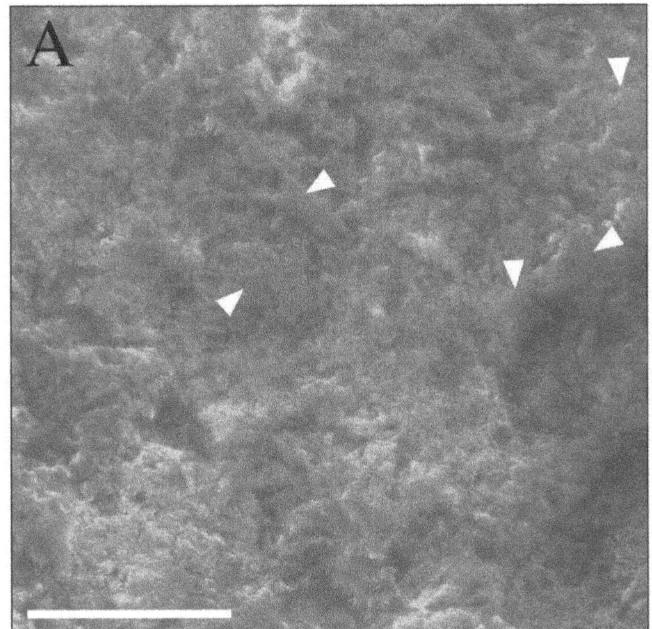

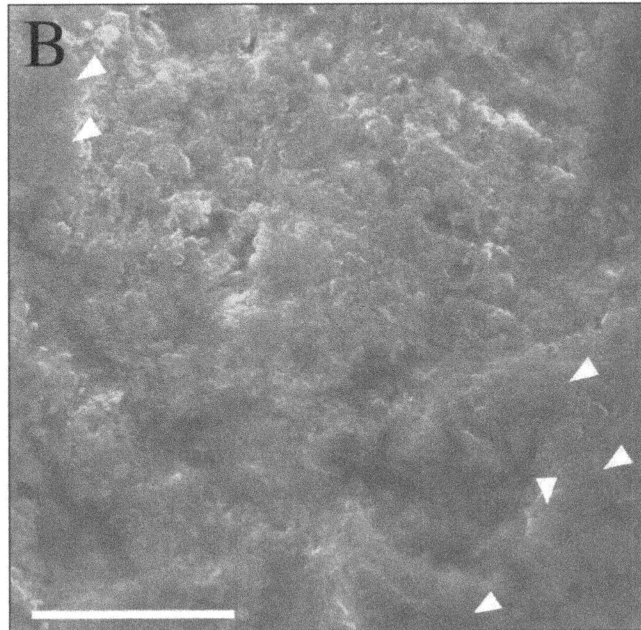

figure 90 : Toutifaut, observation de surface lustrée d'un des éclats de la série moustérienne au microscope électronique à balayage. Les flèches indiquent les sommets abrasés (comparer à la figure 82, p. 109). A - trait : 30 µm ; B - trait : 10 µm.

2.2.1. Données analytiques

Organisations remarquables

Deux organisations ont été observées.
Quelques vestiges ont été recueillis au sein des comblements de rigole dans les profils les plus au sud. La taille de ces objets est comparable à celle des éléments naturels qui comblent les rigoles.

Une concentration de vestiges a été fouillée dans le sondage. Elle est composée de 16 éclats et d'un nucléus retrouvées dans un même sous-carré de 50 x 50 cm, dans la moitié supérieure de l'unité 2. Ces objets forment un rapprochement : même grain, même couleur, même zonation sous-corticale et même cortex (« *second order refit* » de Petraglia, 1992). 12 des 17 objets rapprochés se raccordent. L'ensemble remonté forme une cupule ; certaines faces d'éclatements sont des fractures de gel. Le bloc a probablement été fracturé puis débité. Ce remontage n'est que partiel. Des petits éclats, des gélifracts et les derniers éclats détachés du nucléus sont absents. On estime que les éclats ainsi remontés et rapprochés représentent entre la moitié et les deux-tiers du volume de la cupule initiale.

Etats de surface

Deux éclats de la série sont brûlés. Les autres ne sont pas patinés (au sens de la patine blanche de Röttlander, 1975). En revanche, un grand nombre est lustré. L'observation des pièces au microscope métallographique et au M.E.B. permet d'identifier un aplatissement des aspérités du microrelief, qui confirme l'origine mécanique de ce lustre (figure 95).

Les cinquante-huit éclats non brûlés ont été classés selon leur stade d'émoussé et de lustre. Les résultats sont portés sur la figure 96. La distribution des états de surface montre des intensités d'altération variables. Les éclats à lustre léger (stade 1 à 2, *cf.* tableau 39) prédominent. Un objet se distingue ; il est particulièrement abrasé (stade 4).

Tous les éclats remontés et rapprochés appartiennent au groupe des éclats légèrement lustrés, et pour cette raison, se distinguent du reste des objets recueillis. Cette interprétation est corroborée par le test du F de Fischer (Chenorkian, 1996), qui indique que la distribution des stades d'abrasion diffère très significativement entre les éclats appartenant au rapprochement et ceux n'y appartenant pas. Plus encore, c'est parmi eux que se trouve la majorité des éclats non lustrés (stade 1). Pour comparaison, l'éclat recueilli dans une rigole, sur les coupes de la tranchée de la piscine montre une abrasion marquée (stade 3/2).
La confrontation du stade d'usure à la largeur des vestiges permet de compléter cette description (figure 97). La distribution de la taille des éclats remontés et rapprochés est étendue. On y trouve les plus grands et la majorité des plus petits objets de la série.

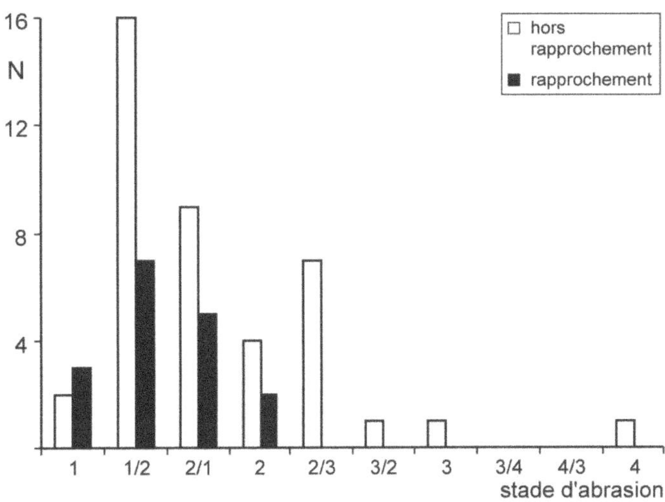

figure 96 : Toutifaut, unité II, distribution de l'abrasion.

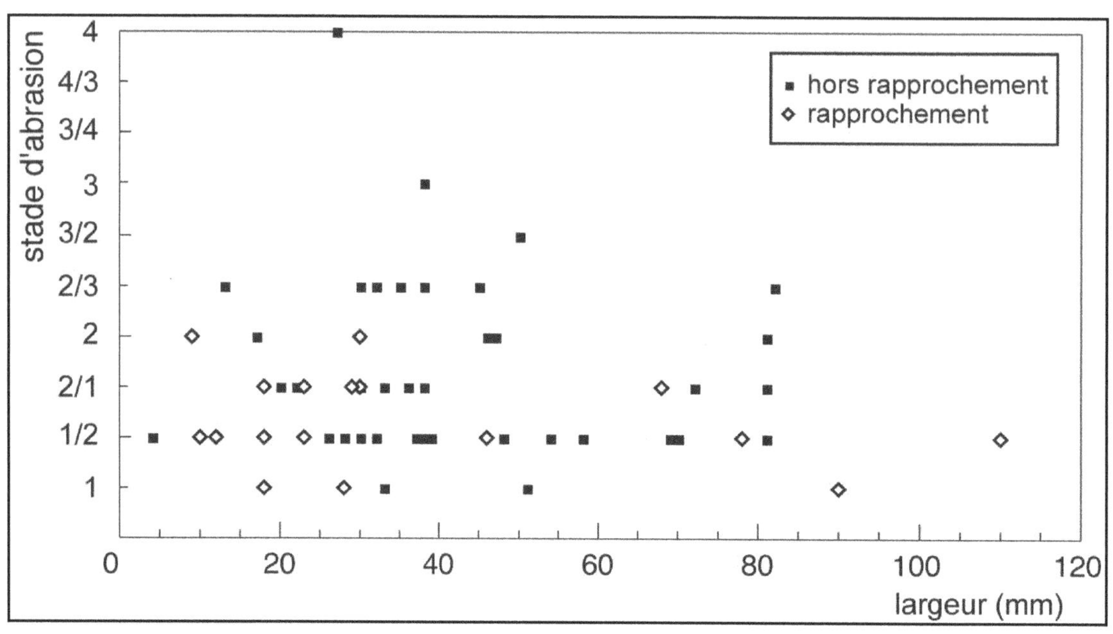

figure 97 : Toutifaut, unité II, distribution de la largeur et de l'usure des vestiges.

2.2.2. Interprétation

Le ruissellement concentré est le principal agent de sédimentation des dépôts de l'unité 2 (« grains de sel »).
La présence d'objets dans les rigoles indique qu'une partie des vestiges est en position secondaire ; le ruissellement a donc modifié les ensembles de vestiges originels.
Une partie des vestiges se distingue au sein de la série ; elle forme une concentration de matériau issu d'un même bloc et la surface de ces objets n'est jamais très altérée. Le regroupement spatial des objets, l'homogénéité de matière et les remontages réalisés permettent d'identifier un ensemble de déchets de taille. L'étendue de la taille des vestiges qui forment cette concentration soutient cette interprétation. Si le ruissellement a joué un rôle dans la constitution de la série de vestiges, l'identification d'une telle concentration permet de rejeter l'hypothèse d'un stade très avancé de dégradation (*cf.* tableau 45).
Cette concentration est cependant résiduelle, comme l'atteste la présence d'un léger lustre d'abrasion sur les pièces qui la composent. D'après les expériences que nous avons réalisées, le temps d'exposition qu'indique un tel état de surface implique une dégradation des ensembles de vestiges qui relève, au minimum, d'un stade intermédiaire. Ainsi, à l'exemple des expériences 3 et 4 du Tiple, il est très probable qu'une partie de l'ensemble initial de vestiges a disparu. C'est à ce caractère résiduel que peut être imputé le caractère partiel du remontage réalisé.
En revanche, le lustre prononcé de certaines pièces ne s'accorde pas avec un stade intermédiaire de dégradation. Nous en déduisons que la série recueillie se compose donc de deux populations. L'une correspond aux objets non déplacés au cours de l'enfouissement ; leur abrasion est faible. L'autre est formée d'objets très lustrés (stade 2 à 3) pour lesquels les présomptions de déplacement significatifs sont fortes (*cf.* tableau 45). Ces objets sont restés longtemps exposés à l'action du ruissellement. Ces éclats sont par ailleurs confectionnés dans des blocs de matière différente. Ici, le regrouepement de ces objets dans un même secteur peut n'être qu'un artefact de leur redistribution.

2.3. Conclusion

Nous interprétons la série de Toutifaut comme un assemblage doublement biaisé.
Le premier biais est la soustraction d'une partie des vestiges de l'ensemble initial.
Le second biais est l'association de pièces provenant de différents secteurs du site, éventuellement de différentes occupations. Dans ce contexte de dépôt de ruissellement concentré, toutes les éventualités peuvent être envisagées quant à l'origine de ces pièces remaniées. La redistribution de ces objets peut précéder la création de l'amas qui s'y superpose ou bien ces pièces peuvent être transportées après sa formation et être piégées par la concentration. Dans ce dernier cas, les objets remaniés peuvent être issus de la même occupation ou d'occupations antérieures, exhumées par les incisions du ruissellement concentré. Des objets d'occupations postérieures peuvent également se juxtaposer à la concentration, en comblement de rigoles qui incisent les dépôts.
C'est pourquoi, si l'identification de redistributions latérales ne remet pas en cause l'intégrité de l'ensemble de vestiges à l'échelle de l'unité stratigraphique, aucune subdivision chronologique ne semble pouvoir être faite dans ce dépôt. Les ensembles de vestiges retrouvés sont tronqués et l'organisation spatiale originelle n'est que partielle, sous la forme de concentrations résiduelles soustraites aux dégradations par effet amas.

3. LA GROTTE D'ISTURITZ, SALLE SAINT-MARTIN

L'étude de dépôts de ruissellement en contexte de grotte a été rendue possible par le suivi de la fouille des niveaux à industrie aurignacienne du site d'Isturitz, salle Saint-Martin. Le mode de formation des nappes de vestiges y est abordé par l'observation des faciès macro- et microscopiques ainsi que par la prise en compte des fabriques et de la distribution de taille du matériel archéologique.

Le site d'Isturitz se trouve à l'extrémité nord de la commune du même nom, à une dizaine de kilomètres à l'est d'Hasparren, dans la région tempérée humide des collines du bas piémont pyrénéen occidental. La cavité traverse de part en part la colline calcaire du Gatzellu, à une altitude d'environ 150 m N.G.F., soit une cinquantaine de mètres au-dessus du fond actuel de la vallée. Elle constitue la partie supérieure du réseau étagé d'Erberua-Oxocelhaya-Isturitz.
La grotte d'Isturitz est constituée principalement de deux vastes salles : la salle d'Isturitz au nord et la salle Saint-Martin au sud. Elle se complète de salles adjacentes moins volumineuses - salle des Phosphates à l'est et salle des Rhinolophes à l'ouest - ainsi que de diverticules étroits à proximité de l'entrée sud (figure 98).

La grotte a été fréquentée à toute époque et a donné lieu, à la fin du XIXe siècle, à une exploitation de phosphates au cours de laquelle ont été découverts les premiers vestiges préhistoriques (Saint-Perrier, 1930). C'est en 1913 que Passemard entrepris les premières recherches, sous la forme de sondages profonds dans chacune des salles principales. Il fut suivi par R. et S. de Saint-Perrier qui « exploitèrent » la majorité du gisement, de 1928 à 1949. Puis G. Laplace a effectué des travaux entre 1960 et 1965.
Après une interruption d'une trentaine d'années, les travaux ont été repris en 1996, sous la co-direction de C. Normand et A. Turq. Trois campagnes ont été consacrées au diagnostic du gisement. Une opération de fouille programmée, qui se poursuit actuellement, a été entreprise à la suite par C. Normand. Elle concerne les dépôts de la salle Saint-Martin (figure 98) ; son principal objectif est de détailler les techno-complexes aurignaciens, notamment les plus anciennes phases de cette culture (Normand, 2002).

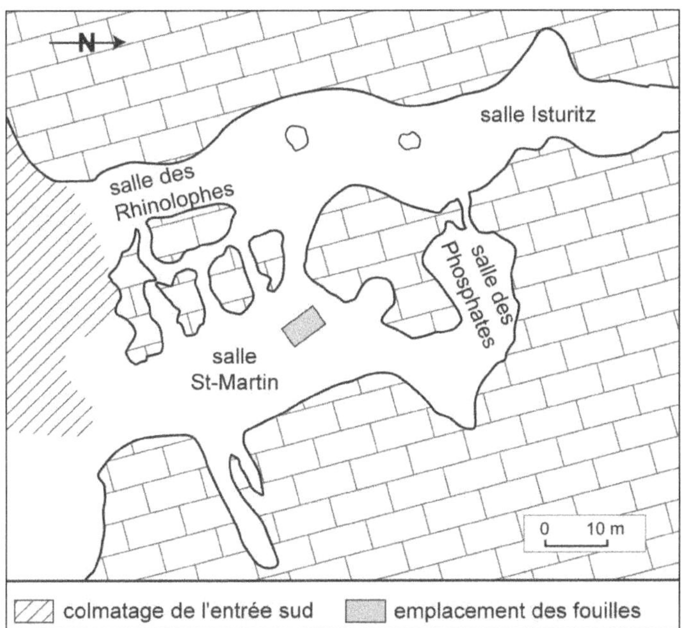

figure 98 : Isturitz, plan du réseau (d'après Normand, 2002).

3.1. Stratigraphie de la salle Saint-Martin d'après les fouilles anciennes

Les séquences archéologiques diffèrent selon les secteurs de la cavité, en particulier pour les industries du Paléolithique supérieur. Ces dernières sont bien représentées dans la salle d'Isturitz, alors qu'un hiatus important existe entre l'Aurignacien et le Magdalénien dans la salle Saint-Martin (Saint-Perrier, 1930 et 1936 ; Passemard, 1944, Saint-Perrier et Saint-Perrier, 1952).

Les fouilles de Passemard et de R et S. de Saint-Perrier dans la salle Saint-Martin se localisent devant l'entrée de la salle des phosphates et se complètent de quelques sondages ouverts dans les diverticules.

Une première description des dépôts de cette salle est donnée par Passemard (1944). L'auteur reconnaît, de haut en bas, sept unités principales (figure 99) :

- un plancher stalagmitique épais, en moyenne, de 10 cm ;
- une couche de fragments calcaires (**couche E**), qui n'est pas présente partout, mais qui peut localement atteindre 1 m. Ces éboulis contiennent l'industrie magdalénienne;
- un « niveau de limon cendreux ... gris et parfois blanchâtres » de faible épaisseur et quasi stérile (**couches x et y**).
- un « limon brun qui contient en grand nombre des fragments osseux blancs, des débris de charbons de bois, des morceaux d'ocre rouge (...), recouvert de blocs, parfois très volumineux et d'une grande quantité de pierraille ». C'est la **couche A**, dite « truffée », épaisse de 0,5 m et riche en matériel archéologique. Elle livre une industrie aurignacienne.
- une couche de 0,85 cm d'épaisseur de limons jaunes, livrant des vestiges moustérien, probablement de type Quina (**couche M**).
- Un « magma d'ossements pris dans un limon jaune », de 0,5 m d'épaisseur, que l'auteur appelle le « **niveau à Ours** ». Des silex taillés moustériens y sont inclus en petit nombre. Sa base (**couche P**) est légèrement brunâtre sur 3 cm, contient une industrie que l'auteur identifie comme étant du Vasconien (Moustérien à hachereau d'ophite et de quartz).
- La séquence s'achève par un limon contenant des ossements d'Ours, qui ont été reconnus sur plus de 5 m d'épaisseur, sans que le substratum rocheux n'ait été atteint.

Bien que faisant appel à une dénomination différente, les comptes-rendus R. et S de Saint-Perrier (1952) ne s'écartent pas significativement de cette première description, à l'exception de la base de la séquence (tableau 47). Les auteurs témoignent en effet de la présence d'un plancher stalagmitique sous le niveau à industrie vasconienne, qui surmonte « une terre sableuse mélangée de graviers ». Les travaux de G. Laplace (1966) suivent le cadre stratigraphique de R. et S. de Saint-Perrier.

Aucune de ces stratigraphiques ne donne lieu à une interprétation de la formation des dépôts.

3.2. Lithostratigraphie

3.2.1. Caractères macroscopiques

Les fouilles actuelles se localisent en limite sud de l'emplacement des fouilles anciennes (figure 98). Le cadre lithostratigraphique de ce secteur a été établi par J.-P. Texier au cours de la phase préliminaire de sondage (Texier, 1997). Il est basé sur l'observation des coupes des anciennes fouilles. Nous le complétons d'observations réalisées au cours de la fouille, qui a actuellement atteint la partie médiane des niveaux aurignaciens.
Cinq unités sont reconnues, de haut en bas (figure 100 et planche 4A) :

- Unité I (pluridécimétrique) : Plancher laminé d'épaisseur variable, dans lequel sont intercalées des lentilles d'argiles laminées brunes à brun-noir. Ces lentilles livrent quelques vestiges pré- et protohistoriques.

- Unité II (10 cm à 1 m) : Blocs et cailloux calcaires anguleux, très hétérométriques, non-orientés et plus ou moins colmatés par une matrice jaune à structure granulaire. Latéralement, ces éboulis passent à des blocs plurimétriques, formés de l'effondrement des bancs de l'encaissant (« *slab breakdown* » de White, 1988 : 229). Les éboulis hétérométriques sont présents à l'aplomb de failles karstifiées qui forment de profonds sillons dans le plafond de la cavité et le long desquels la roche est fortement fracturée. L'unité est alors bien développée et peut être subdivisée en trois niveaux :
  a. au sommet, éboulis colmaté par une argile sableuse gris foncé ; les blocs présentent un mince cortex d'altération ;
  b. au milieu, éboulis ouvert, uniquement présent au nord du témoin ;
  c. à la base, éboulis semi-ouvert à colmaté par une matrice jaune.

  Cette unité est affectée d'involutions qui se traduisent par des alignements et des redressements de cailloux à la base de l'unité. L'industrie magdalénienne rencontrée par Passemard (couche E) et R. et S. de Saint-Perrier (couche s. I) n'est pas représentée à l'emplacement des fouilles. Les vestiges qui ont été recueillis dans cette unité sont rattachés à un aurignacien, « appartenant globlement à un faciès proche de l'Aurignacien ancien » (Normand, 2002 : 98).

- Unité III (1 m) : lentilles métriques à plurimétriques, emboîtées et présentant une morphologie en berceau. Ces lentilles présentent un pendage d'une dizaine de degrés vers le nord-ouest. La limite inférieure est brutale et pend de 15° vers le nord-ouest. Ces niveaux livrent trois faciès juxtaposés :
  a. limons argileux jaunes massifs, localement laminés, présents au sommet de l'unité ;
  b. limons brun à gris foncé massifs, localement laminés. La lamination est grossière subhorizontale dans le secteur sud de la fouille (planche 4B). Les lamines se distinguent par leur couleur. Présence de lentilles concaves, comblées de pseudo-sables ou graviers triés lités, d'extension pluri-décimétrique et d'épaisseur pluricentimétrique à décimétrique. Les lits se distinguent par leur couleur jaune, rouge ou noire ;
  c éboulis non classés et non orientés à support clastique et structure fermée, plus rarement à support matriciel. Matrice limono-argileuse brune à gris foncé.

  Les faciès bruns sont riches en esquilles carbonisées et en vestiges archéologiques. En plan, ils apparaissent juxtaposés, avec un terme de transition composé de cailloutis à support matriciel (figure 101). Les vestiges recueillis dans cette unité sont rapportés à une industrie d'Aurignacien ancien, certains des niveaux distingués par l'archéostratigraphie pouvant être rattachés « à une phase ancienne à très ancienne de la séquence aurignacienne » (Normand, *op. cit.* : 26).
  Les involutions de l'unité II se prolongent au sommet de l'unité III où elles déforment la lamination (planche 4A). Ces déformations sont moyennement prononcées. Leur espacement est régulier, pluridécimétrique ; aucune figure d'injection ne témoigne de liquéfaction.

- Unité IV (30 à 60 cm) : Limons argileux jaunes massifs ou à débit polyédrique et sous-structure granulaire plus ou moins nette, contenant quelques cailloux dispersés qui peuvent présenter un cortex d'altération développé.

- Unité V (épaisseur non reconnue) : Dépôts caillouteux et graveleux à structure ouverte à semi-ouverte contenant localement des lentilles de matériau trié. Les clastes sont plus ou moins émoussés.

Les unités IV et V n'étant pas concernées par la reprise de fouille, leur contenu archéologique est connu par les anciennes fouilles. Le tableau 47 donne les équivalences entre les unités lithostratigraphiques, les subdivisions archéostratigraphiques de la fouille actuelle établies par A. Turq et C. Normand et les stratigraphies Passemard et Saint-Perrier.

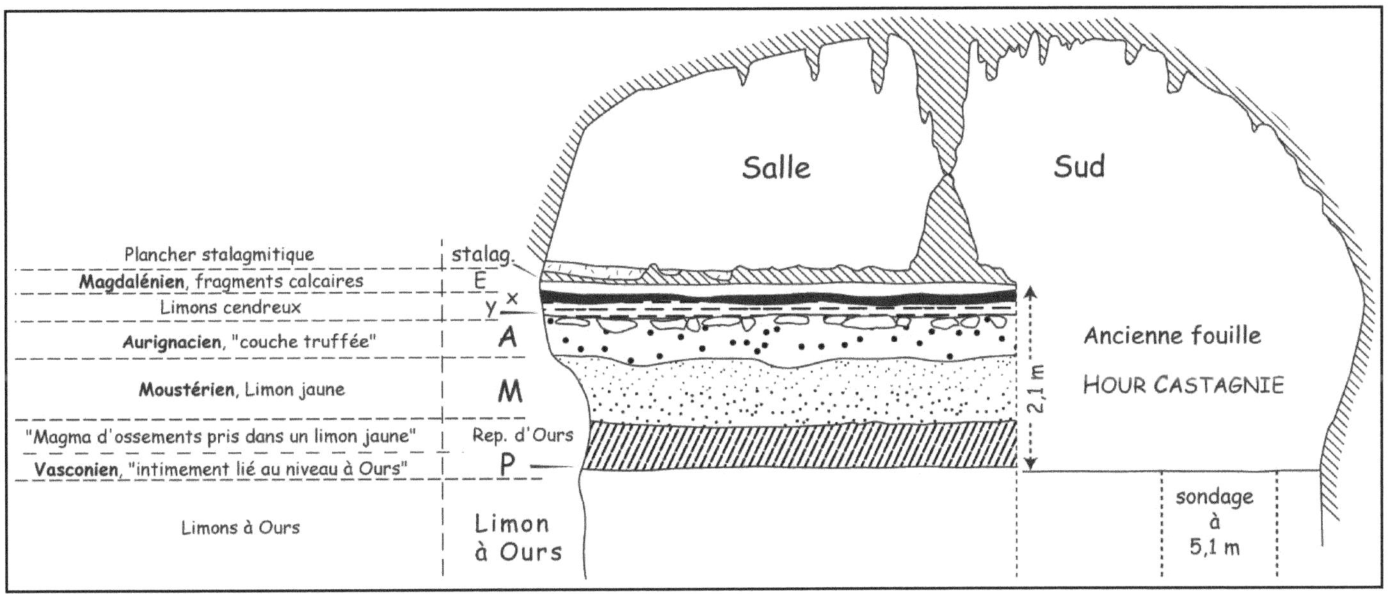

figure 94 : Isturitz, stratigraphie Passemard de la salle Saint-Martin (d'après Passemard, 1944 : 14, modifié).

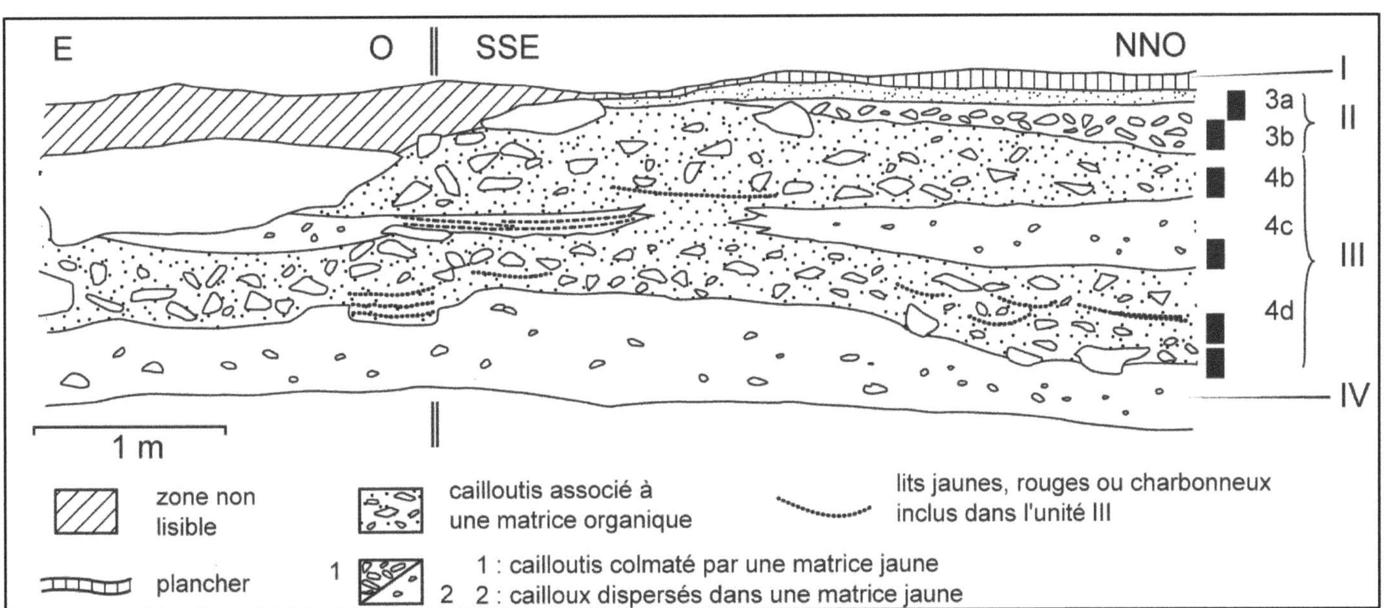

figure 95 : Isturitz, salle Saint-Martin. Stratigraphie des dépôts, selon Texier (1997 : fig.2). Les rectangles noirs indiquent la localisation stratigraphique des prélèvements micromorphologiques Une vue de la partie centrae du levée est fiurée planche 4A.

Fouilles actuelles		**Fouilles anciennes**	
Lithostratigraphie	**Archéostratigraphie**	**Couches Passemard**	**Couches Saint-Perrier**
Texier (1997)	**(Normand, 2002)**	(Passemard, 1944)	**(Saint-Perrier R. et S., 1952)**
I	c. 1 (a, b et c) c.2	Couche stalagmitique	Plancher
II	*Non représenté*	E x, y	S I S II
II / III	c. 3a et b c. 3b[base]	*Non représenté*	
III	c. 4a à c. 4d	A	S III
IV	c. 5	M	S IV
V	c. 6	Niveau à Ours	
- non observé -		Limons à Ours	Plancher « sous-plancher »

tableau 47 : Isturitz, salle Saint-Martin. Equivalences entre les différents découpages stratigraphiques.

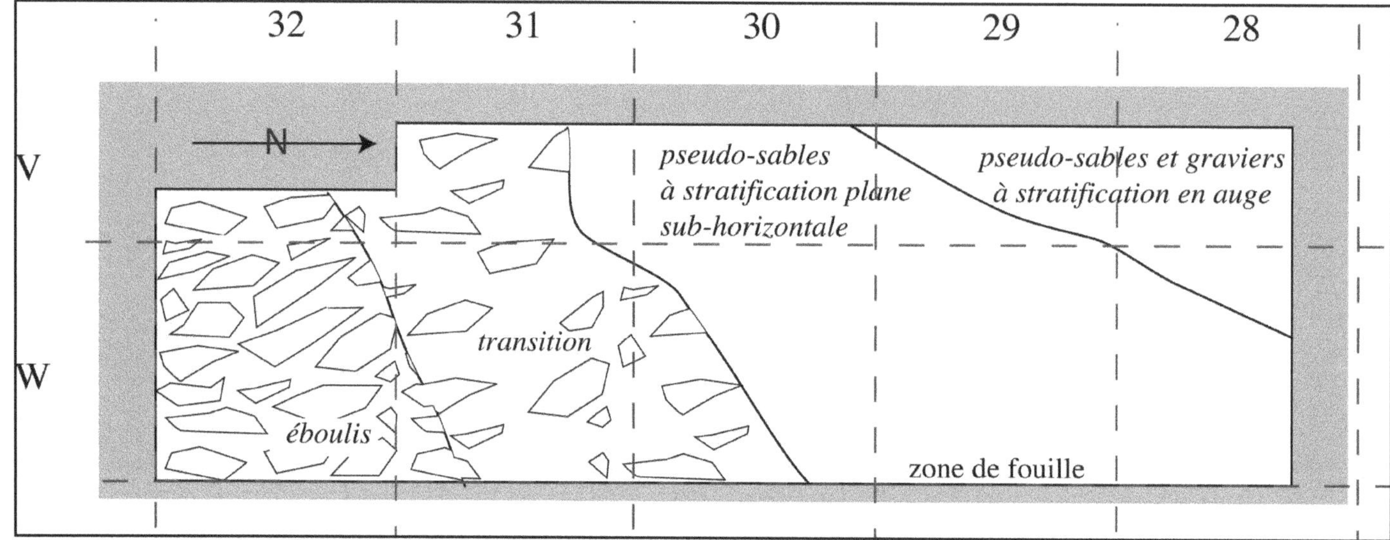

figure 101 : Isturitz, salle Saint-Martin. Juxtaposition des faciès au cours du décapage de sommet de l'unité III.

3.2.2. Résultats analytiques

L'observation en lames minces et la détermination de phosphates par diffraction RX permet de détailler la lecture macroscopique des unités II et III. La localisation stratigraphique des échantillons à partir desquels ont été taillées les lames minces est portée figure 100.

Minéralogie

Les cailloux et blocs calcaires de l'unité II et du faciès d'éboulis colmaté de l'unité III sont constitués de calcaire noir bio-oosparitique à cristaux pœlicitiques. Il contient très accessoirement des quartz. Dans l'unité II, ces cailloux présentent fréquemment, sur une partie de leur face, des cortex d'altération épais de 1 à 2 mm. Ces cortex tiennent à une micro-division et une denticulation des cristaux de sparite et à une phosphatisation de la zone altérée (Courty, 1986). Au contact entre la zone de calcaire altéré et la roche épigénisée s'observent des concentrations d'oxydes. Des cristallisations infra-millimétriques à lamination interne soulignée par des impuretés peuvent être présentes sur les parois de la porosité de dissolution. La faible teinte de biréfringence, le caractère fibreux des cristaux et l'extinction ondulante permettent d'y reconnaître de l'hydroxylapatite.
La fraction sableuse présente dans le comblement matriciel est constituée de quartz, en faible quantité, d'os et de grains phosphatés. Ces derniers sont formés d'une masse beige à jaune amorphe ; ils contiennent très occasionnellement des esquilles osseuses et plus fréquemment des sables fins quartzeux en quantité parfois importante. Par diffraction RX, il a été possible de déterminer deux types de cortèges minéralogiques au sein de ces grains phosphatés (tableau 48).

La fraction fine est formée essentiellement de limons. Les argiles sont des illites et des chlorites. Des nodules ferrugineux sont présents, en très faible quantité, au sein des limons.

Microfaciès (planches 5 et 6)

La description des différents échantillons est portée tableau 49.

3.2.3. Interprétation

La texture grossière, l'émoussé des clastes et le litage plan mal exprimé indiquent que les dépôts de l'unité V sont déposés par des écoulements turbulents de forte compétence.

La sous-structure granulaire des sédiments de l'unité IV et les alignements de grains triés de phosphates montrent que ces dépôts représentent une accumulation de pseudo-sables tranportés par ruissellement. Un gel contemporain est à l'origine de la production de ces agrégats. Cela est montré par les coiffes matricielles qui enrobent les grains (planche 5B) ; de telles coiffes se forment dans les horizons supérieurs des cryosols (Van Vliet-Lanoë, 1988). L'hypothèse d'une formation de ces pseudo-sables par simple dessiccation de matériaux fins, qui est documentée par différents exemples en milieu actuel semi-aride (Williams, 1970 ; Rust et Nanson, 1985 ; Texier, com. orale), peut donc être rejetée. Cette dynamique de redistribution d'agrégats cryogéniques a également été inférée par Bertran (1999) pour rendre compte de l'alternance de lits à structure lamellaire et des lits de pseudo-sables dans la grotte Bourgeois-Delaunay (Charente). Ces pseudo-sables proviennent de l'érosion de dépôts préexistant dans la cavité, comme l'indiquent leur minéralogie phosphatée et l'importante fraction quartzeuse associée. La présence d'apatite carbonatée et les quelques esquilles osseuses visibles dans certains grains indiquent que des fragments de coprolithes sont aussi présents (Horwitz et Goldberg, 1989).

Des alternances de gel et dégel ont également succédé au dépôt, comme en témoigne la structure lamellaire des sédiments. Ces alternances, contemporaines et postérieures, ont provoqué la fragmentation en agrégats arrondis des intercalations phosphatées ou des os et une nouvelle agrégation des matériaux (planche 5C). Ces modifications et l'homogénéité des constituants - quasi-exclusivement des pseudo-sables - rendent les microfaciès inexploitables pour l'identification des régimes d'écoulements.

Type de grains	Cortège minéralogique	Formule minéralogique
Granules jaune clair, homogènes, tendres	Quartz Hydroxylapatite Apatite carbonatée	SiO_2 $Ca_5(PO_4)_3(OH)$ $(Ca,Mg,Na)_{10}[(P,C)O_4]_6(OH,F)_2$
Grains beiges tacheté, anguleux, à porosité vésiculaire	Apatite carbonatée Hydroxylapatite Hausmanite	$(Ca,Mg,Na)_{10}[(P,C)O_4]_6(OH,F)_2$ $Ca_5(PO_4)_3(OH)$ $MnO.Mn_2O_3$

tableau 48 : Isturitz, salle Saint-Martin. Cortèges minéralogiques de grains phosphatées, identifiés par diffraction RX. Les espèces minéralogiques sont indiqués par ordre d'abondance décroissante.

Unité	*Description micromorphologique*
II	Microstructure d'entassement d'agrégats arrondis à coiffes matricielles périphériques. Les coiffes sont épaisses (500 µm) et micro-litées Les agrégats sont pour la plupart nucléiques, constitués autour d'un grain de phosphate arrondi. Localement, des plages présentent une structure d'effondrement. Au sommet de l'unité, les cailloux présentent, sous les coiffes, un cortex d'altération par dissolution de la calcite, précipitation d'oxydes de fer et phosphatisation. Cristallisation en oursin d'hydroxylapatite dans la masse contre les cailloux. Des Cristallisations de sparite équigranulaire automorphe comblent partiellement à complètement l'ensemble de la porosité au sommet de l'unité, et seulement la porosité la plus fine à la base de l'unité ; cristaux de 30 à 50 µm.
III	<u>Lentilles litées :</u> alternance de lits centimétriques à pluricentimétrique composés d'esquilles d'os brûlés et non brûlés, d'agrégats arrondis de limons quartzeux de mode 100 à 200 µm (pseudo-sables), de grains phosphatés et de rares silex et quartz. Les os sont le plus souvent émoussés. Les pseudo-sables sont parfois rubéfiés (ocre ?). Cette fraction figurée présente fréquemment des coiffes périphériques de limons, le plus souvent fines, parfois épaisses. Fragmentation *in situ* fréquente des os et des grains phosphatés. Deux types de lits : • lits composés quasi exclusivement d'esquilles osseuses, de toutes tailles, à microstructure d'entassement dense ; les os sont triés en lamines épaisses de 1-5 mm, à tri le plus souvent bon ; lentilles concaves plurimillimétriques de microagrégats triés. • lits mêlant en proportions variables pseudo-sables, grains phosphatés et esquilles d'os ; microstructure lamellaire. Les agrégats présentent eux-mêmes une structure agrégée faiblement à moyennement développée et sont formés de pseudo-sables, de grains phosphatés et d'os. Le tri est le plus souvent moyen. Alignement d'esquilles d'os, brûlés ou non, et lamination des plages préservées par l'agrégation lamellaire. <u>Pseudo-sables localement laminés :</u> Microstructure lamellaire. La taille des agrégats croît avec la profondeur : 500 µm au sommet de l'unité ; 2 mm à la base. Les agrégats présentent eux-mêmes une structure agrégée faiblement à moyennement développée et sont formés de pseudo-sables, de grains phosphatés et d'os. Les os et les grains phosphatés peuvent représenter jusqu'à 50 % du matériel. De fines coiffes périphériques de limons enrobent fréquemment les pseudo-sables, les os et les grains phosphatés. Très rares charbons végétaux, fragmentés. Des micro-particules noires (< 5 µm), apparemment des fragments d'os brûlés, sont à l'origine de la couleur brun sombre du fond matriciel. Les éléments grossiers (> 5 mm) sont alignés et disposés à plat. Fracturation *in situ* fréquente des os et grains phosphatés. Figures de compaction locales par étalement des fragments. Fines coiffes discontinues de limons fins sur les faces supérieures des fragments grossiers (> 1 cm). Alignement d'os brûlés ou de grains phosphatés. Plages à lamines de matérial trié localement préservées par la structure lamellaire à la base de l'unité.
IV	Microstructure lamellaire à lamelles épaisses et plages à microstructure d'entassement dense. Les pseudo-sables, brun-jaune, domine la fraction figurée (60%). Ils contiennent des grains phosphatés et des petits revêtements massifs plutôt non fragmentés d'argile hyaline ponctuée (100 µm). Le reste de la fraction figurée est composée d'agrégats arrondis de phosphates à fine coiffe périphérique (25%), d'os brûlés et non brûlés fréquents, de quartz peu nombreux et de très rares éclats de silex. Ces éléments sont plus ou moins triés en fonction des plages ; taille maximale d'1,5 mm. Cette fraction figurée présente fréquemment de fines coiffes périphériques de limons. Revêtements massifs d'argile hyaline ponctuée en comblement des pores les plus fins. Les pseudo-sables, les grains phosphatés et quartz fusionnent plus ou moins complètement pour former les agrégats des plages à microstructure lamellaire. De nombreuses esquilles sont fragmentées *in situ*. Présence d'intercalations phosphatés fragmentées *in situ*. Alignements de grains phosphatées triés.

tableau 49 : Isturitz, salle Saint-Martin. Caractères micromorphologiques des unités II à IV.

Le ruissellement est à l'origine ou contribue à la formation des différents faciès de l'unité III :

- Les contacts ravinant de la base de l'unité III et les lentilles concaves de matériau lité (planche 5A) permettent d'identifier des dépôts de ruissellement concentré en comblement de larges rigoles. Sous le microscope, la lamination des lits, le tri et la taille de leurs constituants (planche 5D et E) sont identiques à ceux des édifices actuels de ruissellement concentré (faciès M1 du Tiple, p. 47) et montrent que ces sédiments ont été déposés par des écoulements turbulents et compétents. L'augmentation de l'épaisseur des dépôts vers le nord et le pendage des lentilles dans la même direction indiquent, par ailleurs, que les dépôts de cette unité correspondent à un cône colluvial qui a comblé une dépression présente au nord de la salle Saint-Martin.
- La préservation locale du caractère laminé et trié du faciès de pseudo-sables (planche 6A, B et C) permet de reconnaître des sédiments déposés par des épisodes de ruissellement peu compétent, à l'image du faciès de sables limoneux laminés de la grotte XII (*cf.* p. 86). Dans ce contexte de cône colluvial, ce faciès peut représenter une accrétion par superposition de langues d'accumulation en dehors des rigoles.
- Les cailloux calcaires du faciès d'éboulis colmaté représentent une contribution de l'encaissant par éboulisation. Celle-ci est très peu active dans l'unité IV et devient significative dans l'unité III. La localisation de ces éboulis à l'aplomb des failles karstifiées, leur hétérométrie et l'orientation quelconque des débris indiquent des dépôts gravitaires. Le comblement de ces éboulis par des pseudo-sables est imputable à des percolations par ruissellement.

Tout comme pour l'unité précédente, l'action contemporaine et postérieure du gel est attestée, respectivement, par les pseudo-sables à coiffes périphériques (planche 5E) et par la microstructure lamellaire qui se surimpose au dépôt. Dans les lits constitués de fragments d'os, l'altération liée à ces deux cryosols se traduit par une fragmentation des esquilles, la texture de ces matériaux - des sables propres - ayant pour corollaire une très faible sensibilité au gel (Van Vliet-Lanoë, 1988). Dans les autres lits, la réorganisation est plus importante et explique que seules quelques figures résiduelles de tris subsistent (planche 6C) ; les traits sédimentaires sont alors essentiellement représentés par des intercalations de grains phosphatés ou d'os brûlés (planche 6A et B). Les fines coiffes discontinues présentes sur les faces supérieures des éléments grossiers (planche 6D), dans ce contexte de dépôts de ruissellement, peuvent également être interprétées comme de traits sédimentaires résiduels (*cf.* Grotte XII, p. 86). Le sédiment anthropique contenu dans les lentilles litées est déposé par ruissellement. Cela est montré par le tri et la lamination des fragments d'os, des fragments d'os brûlés et des micro-esquilles de silex.

L'unité II est formée quasi exclusivement par éboulisation. La localisation de ces éboulis, comme pour l'unité précédente, est contrôlée par la fracturation de l'encaissant : à l'aplomb des failles karstifiées. Le ruissellement tient un rôle mineur ; il occasionne des percolations qui conduisent au colmatage partiel de l'éboulis.

Un cryosol succède à l'édification de ces dépôts. L'agrégation granulaire du comblement matriciel de l'unité II (planche 7E) et l'agrégation lamellaire des dépôts sous-jacents sont toutes deux imputables à l'action de la glace de ségrégation dans le sol. L'observation de cette structure lamellaire sur un mètre d'épaisseur et les lamelles de plus en plus grossières en profondeur permettent d'y reconnaître la séquence de structuration d'un gélisol profond (Van Vliet-Lanoë, *op. cit.*). Ces alternances de gel-dégel ont conduit à une restructuration complète des sédiments de l'unité II ; le type de ruissellement qui a donné naissance au dépôt ne peut être précisé par les microfaciès.
Les involutions observées au sommet de l'unité III et dans l'unité II sont probablement liées à ce cryosol. Le faible développement de ces cryoturbations et la disposition à plat des objets allongés dans les dépôts affectés d'une structure lamellaire semblent indiquer un faible nombre de cycles de gels et dégels profonds. A l'inverse, la structure granulaire prononcée de la partie superficielle (coiffes périphériques bien formées et épaisses) implique un grand nombre d'alternances (Van Vliet-Lanoë, *op. cit.* ; Bertran, 1993) et peut être mise en relation avec une stabilisation de la surface de la cavité. Ce hiatus sédimentaire est également attesté par les cortex d'altération et la dissolution des granules calcaires (planche 6E) qui affecte les débris du sommet de cette unité (Campy, 1986).
La position stratigraphique en sommet de séquence de ce cryosol ne permet pas de le rattacher à un événement climatique particulier. Cette séquence cryogénique peut d'ailleurs représenter le bilan des variations climatiques qui succèdent aux dépôts.

L'unité I représente essentiellement l'édification d'un plancher stalagmitique. La sédimentation détritique se limite à des dépôts de décantation dans les flaques qui prennent place entre les massifs calcitiques. Ce changement radical de style de sédimentation et le matériel archéologique contenu conduisent à rapporter cette unité à l'Holocène.

En conclusion, la lecture macroscopique complétée de l'observation en lames minces montre que les dépôts des unités III et IV sont essentiellement formés par ruissellement. En particulier, l'unité III, qui contient les industries aurignaciennes, correspond à l'édification d'un cône colluvial qui se développe au fond de la salle Saint-Martin, par alternance d'épisodes de ruissellement peu compétents et d'épisodes de ruissellement concentré compétents. Ces derniers provoquent une érosion localisée des dépôts du cône sous la forme de larges rigoles. Le sédiment anthropique contenu dans ces lentilles triées est en position tertiaire, *sensu* Butzer (1982). Cette unité s'édifie sous un régime climatique froid, probablement celui d'un gélisol saisonnier. Ce gel contemporain favorise la production de sédiments et contribue à la dégradation des vestiges par la fragmentation des esquilles osseuses. Une fois ce cône édifié, la sédimentation dans la grotte devient très faible et se limite à l'accumulation des fragments de l'encaissant sur une surface stabilisée. Un gélisol profond accompagne ou succède à la mise en place de ces éboulis. Ces gélisols permettent de rattacher l'ensemble de la sédimentation détritique au Pléistocène, alors qu'à l'Holocène, la sédimentation est essentiellement chimique.

3.3. Dégradations des ensembles de vestiges

Le ruissellement concentré est le principal agent de sédimentation des dépôts de l'unité III. Son action sur les produits de l'activité humaine est démontrée par la présence de sédiment d'origine anthropique remanié dans les rigoles. L'impact de la sédimentation sur la constitution des ensembles recueillis à la fouille a été recherché au travers des tris granulométriques et des fabriques. Les objets étant patinés, les lustres d'abrasion n'ont pas été pris en compte. Par ailleurs, aucune organisation remarquable ou structure anthropique évidente n'a été observée à la fouille. Des remontages ont été réalisés au cours de l'étude archéologique (Normand, 2002), mais ils sont trop peu nombreux pour qu'il soit possible de tester l'orientation préférentielle des directions de raccords.

3.3.1. Données analytiques

Tri granulométrique

La recherche des tris granulométriques est menée à partir du matériel récolté dans deux sous-carrés de 33 x 16 cm. Pour chaque décapage, les vestiges lithiques côtés et non-côtés des unités II et III ont été dénombrés par la méthode des colonnes de tamis. Les deux sous-carrés ont été sélectionnés de façon que, en sus de l'unité II, les différents faciès de l'unité III soient représentés : le faciès d'éboulis colmaté a été fouillé dans le sous-carré V$_1$31b et le faciès de pseudo-sables dans le sous-carré V$_1$29b. L'évolution verticale des tris granulométriques est détaillé à partir de ces deux colonnes-échantillons.

Les résultats sont portés dans le tableau 50 et sur la figure 102. Deux observations principales s'en dégagent :

- une distinction majeure apparaît entre les deux unités. Les vestiges de l'unité II sont systématiquement triés, soit par absence de fraction grossière (V$_1$29b), soit par sous-représ entation de fraction fine (V$_1$31b) ;
- les proportions des différentes classes dimensionnelles de vestiges de l'unité III suivent, pour la plupart, la série géométrique décroissante des ensembles expérimentaux non triés. S'en distinguent quelques décapages, parfois par séries de deux, dans lesquels la petite fraction est sous-représentée.

Ces tris sont confrontés au référentiel expérimental par l'intermédiaire du triangle CD (figure 103).
L'interprétation des tris de l'unité II ne peut être engagée sans prendre en compte la cimentation du sédiment. Cette cimentation n'a pas toujours permis un tamisage intégral, en particulier en V$_1$31b (com. orale, C. Normand). Ainsi, les tris par sous-représentation de petits vestiges peuvent n'être qu'un artefact de fouille (déc. 6-10 en V$_1$29 et 14-15 en V$_1$31). De la même façon, les tris par absence d'éléments de grande taille (*i. e.* absence d'éléments de largeur de maille supérieure à 10 mm : déc. 6 à 9 et 10-11 de V$_1$31b) ne sauraient non plus être provoqués par une redistribution inter-rigoles, malgré ce que

Déc.	Prof.	> 2	> 4	> 10	N	Unité	Déc.	Prof.	> 2	> 4	> 10	N	Unité
Sous-carré V$_1$31b													
6	14-20	0	100	0	1	II	**17**	36-40	56,0	40,0	4,0	75	III
7	22-24	80,0	20,0	0	10		**18**	40-42	62,2	32,9	4,9	82	
8	24-26	42,9	57,1	0	7		**19**	42-44	36,1	55,6	8,3	24	
9	26-30	66,7	33,3	0	39		**20**	44-46	71,7	25,3	3,0	300	
10	28-30	31,3	68,8	0	16		**21**	46-48	53,2	41,5	5,3	94	
11	30-32	37,5	62,5	0	16		**22**	49-52	47,7	29,5	22,7	44	
12	32-34	52,8	38,9	8,3	36		**23**	52-54	62,4	33,3	4,3	93	
13	34-36	50,0	50,0	0	26		**24**	54-56	51,3	39,5	9,2	76	
14	36-38	28,0	60,0	12,0	25		**25**	56-58	48,5	37,9	13,6	66	
15	38-40	0	81,3	18,8	16		**26**	58-60	67,4	29,3	3,3	92	
16	40-42	84,8	15,2	0	46	III	**27**	60-64	74,2	21,6	4,1	97	
Sous-carré V$_1$29b													
6	22-24	50,0	50,0	0	4	II	**21**	58-60	58,6	36,9	4,5	244	III
7	24-28	25,0	66,7	8,3	12		**22**	60-66	-	-	-	-	
8	29-32	17,4	82,6	0,0	23		**23**	64-66	23,6	60,7	15,7	89	
9	32-36	35,7	50,0	14,3	42		**24**	66-68	48,5	42,4	9,1	33	
10	36-40	38,2	52,7	9,1	55		**25**	68-70	63,4	33,2	3,4	262	
11	40-46	-	-	-	-		**26**	70-72	38,4	52,1	9,6	73	
12	32-36	45,1	53,7	1,2	82	III	**27**	72-74	53,0	43,6	3,4	117	
13	40-50	62,3	34,4	3,3	61		**28**	74-76	68,0	29,1	2,9	103	
14	42-46	61,7	28,3	10,0	60		**29**	76-78	35,3	64,7	0	17	
15	46-48	53,6	39,1	7,2	69		**30**	78-80	81,4	16,3	2,3	43	
16	48-50	50,8	39,7	9,5	63		**31**	78-80	61,3	34,7	4,0	75	
17	50-54	60,2	34,4	5,4	349		**32**	76-80	61,0	30,5	8,5	82	
18	54-56	64,2	31,8	4,1	296		**33**	80-84	60,5	37,2	2,3	172	
19	52-56	68,8	27,3	3,9	128		**34**	84-88	64,8	29,6	5,6	54	
20	56-58	64,2	31,6	4,2	212								

tableau 50 : Isturitz, salle Saint-Martin. Proportions des vestiges lithiques par classes dimensionnelles pour les deux colonnes-échantillon. Les classes dimensionnelles sont exprimées en largeur de maille. Déc. = décapage ; N = nombre de vestiges récupérés (fouille et tamisage).

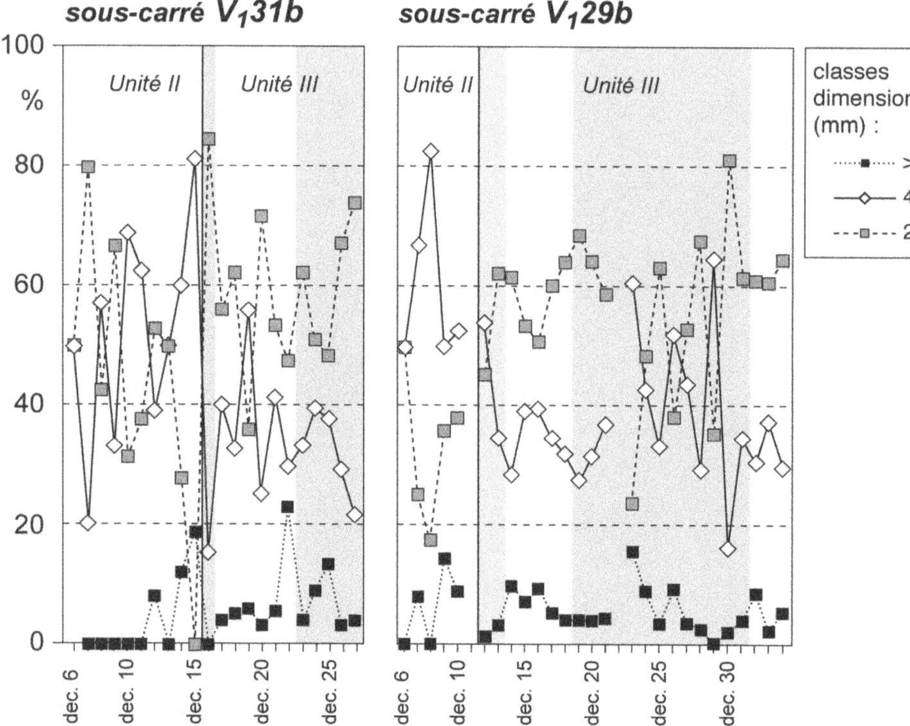

figure 102 : Isturitz, salle Saint-Martin. Tri granulométrique des vestiges des deux colonnes-échantillon. Les vestiges sont classés suivant leur largeur de maille ; déc. = décapage.

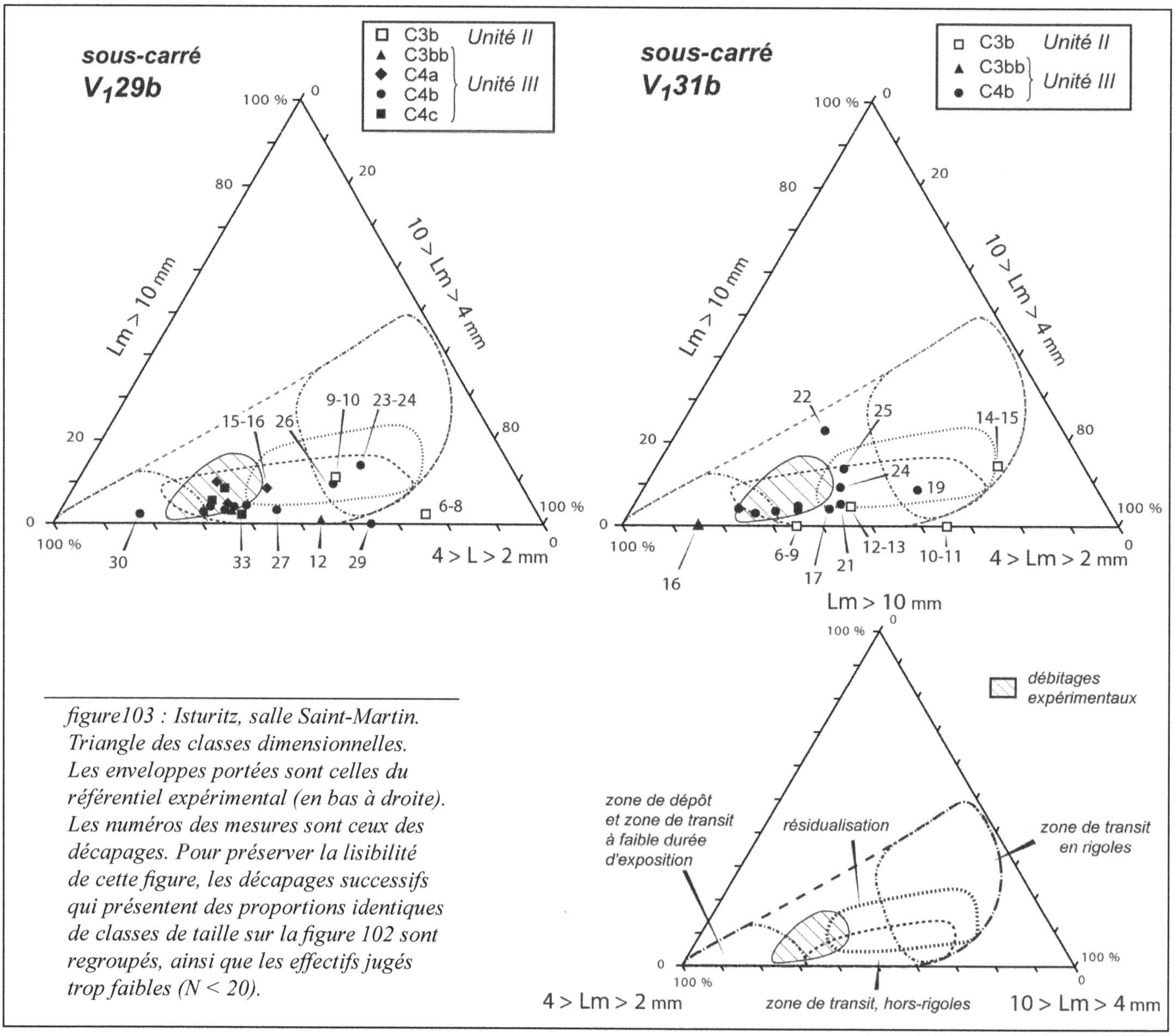

figure103 : Isturitz, salle Saint-Martin. Triangle des classes dimensionnelles. Les enveloppes portées sont celles du référentiel expérimental (en bas à droite). Les numéros des mesures sont ceux des décapages. Pour préserver la lisibilité de cette figure, les décapages successifs qui présentent des proportions identiques de classes de taille sur la figure 102 sont regroupés, ainsi que les effectifs jugés trop faibles (N < 20).

semble indiquer la position des échantillons sur le diagramme. Le *splash* est en grande partie responsable des déplacements d'objets en dehors des rigoles ; un tel processus ne saurait être inféré dans le cas d'un site en grotte. Eu égard au contexte sédimentaire de ruissellement peu compétents colmatant un éboulis, ces tris représentent très probablement des apports par ruissellement concentré en partie distale de dépôt ou à la suite d'épisodes brefs de fonctionnement. Leur position sur le triangle CD est alors liée au recueil partiel de la petite fraction qu'induit la cimentation du dépôt.
Les tris de l'unité III, en particulier ceux observés en $V_1$29b, s'accordent avec des redistributions soit par un ruissellement peu compétent en dehors des rigoles, soit par ruissellement concentré. En $V_1$31b, des épisodes de pavages résiduels peuvent également à l'origine d'une grande partie des tris observés. Dans ce carré, deux décapages du sommet de l'unité font montre d'un tri qui signe une redistribution. Le premier correspond au faciès de pseudo-sables jaunes (déc. 16). Le second se place dans une zone de transition où l'éboulis est à support matriciel, intercalés dans le faciès de pseudo-sables (déc. 19).

La confrontation entre l'évolution verticale des tris et la richesse des dépôts en matériel archéologique (figure 104) met également en évidence la distinction entre les deux unités étudiées. En particulier, au tri systématique des vestiges de l'unité II répond une pauvreté en vestiges archéologiques, qui est d'autant plus marquée que les vestiges proviennent du sommet des dépôts.

La figure 104 montre également que l'épaisseur des passées triées de l'unité III est pluricentimétrique à décimétrique, c'est-à-dire comparables à l'épaisseur des lentilles litées observées dans cette unité. Par ailleurs aucun tri n'est décelé au sein des passées les plus riches.

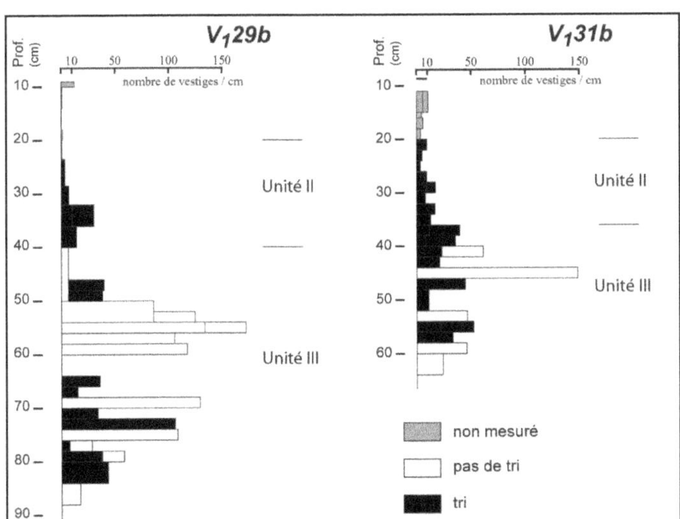

figure 104 : Isturitz, salle Saint-Martin. Evolution verticale du tri granulométrique et richesse archéologique des dépôts.

Fabriques

La fabrique des vestiges de l'unité III a été mesurée en deux endroits de la fouille : l'une au sud, dans le faciès d'éboulis colmaté (carré $W_1$32) et l'autre au nord, dans le faciès de pseudo-sables (carré $V_1$28). La fabrique des cailloux de l'éboulis colmaté a également été mesurée (tableau 51).

Aucune orientation préférentielle n'est mise en évidence, et les deux mesures réalisées au sein de l'éboulis colmaté présentent un indice d'isotropie élevé. La confrontation au référentiel expérimental confirme que ces séries ne sont pas compatibles avec celles mesurées en milieu de ruissellement, mais correspondent à celles d'éboulis gravitaires (figure 105). La faible valeur de l'indice d'élongation de la fabrique des objets contenus dans les pseudo-sables rapproche cette fabrique de celles connues pour des vestiges non perturbées ; l'isotropie est cependant un peu trop forte pour valider cette hypothèse. En revanche, cette fabrique entre dans la variabilité de celles d'objets déplacés par ruissellement.

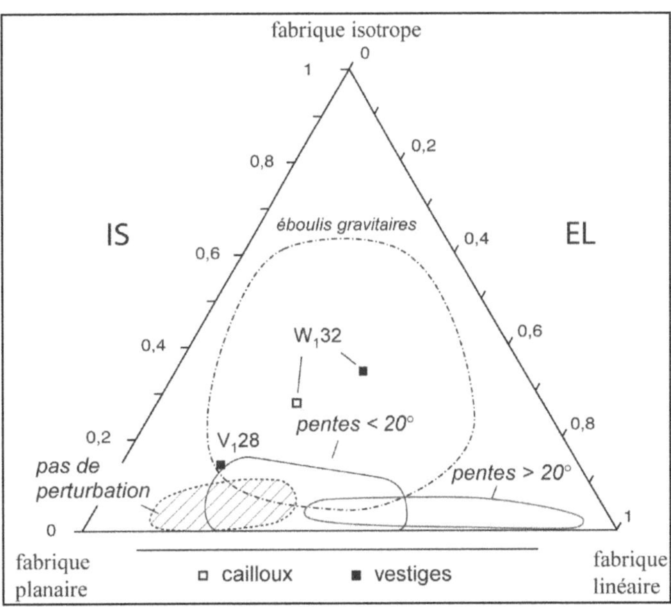

figure 105 : Isturitz, salle Saint-Martin. Fabriques de l'unité III, diagramme de Benn. En sus des courbes-enveloppes des fabriques de ruissellement et des fabriques des sites archéologiques non perturbés est portée la courbe enveloppe des éboulis gravitaires selon Bertran et Lenoble (2002).

Série	*N*	*Direction moyenne*	*Test de Rayleigh*		*Paramètres de Woodcock*			*Indices de Benn*	
			L	*p*	*E1*	*E2*	*E3*	*EL*	*IS*
Eboulis colmaté									
vestiges	38	229°E 11,5°	18,0	0,311	0,503	0,325	0,172	0,354	0,342
cailloux	36	355,9° 14,1°	13,1	0,540	0,511	0,367	0,122	0,282	0,239
Pseudo-sables laminés									
vestiges	45	30,5°E 0,4°	10,7	0,599	0,510	0,417	0,072	0,182	0,141

tableau 51 : salle Saint-Martin, unité III. Caractérisation statistique des fabriques de vestiges archéologiques.

3.3.2. Interprétation

L'unité III peut livrer une fraction anthropique abondante, sous la forme d'os, d'os brûlés, de silex taillés, etc. Cette fraction a été en partie redistribuée au cours de l'enfouissement, comme en témoigne le litage, la lamination et l'hétérogénéité des accumulations des sédiments anthropiques. Les tris granulométriques des vestiges recueillis à la fouille montrent que l'impact du ruissellement a également affecté la constitution des ensembles de vestiges.

Une distinction doit être faite entre les zones à forte éboulisation et les zones où le ruissellement est l'agent exclusif de sédimentation. Dans les éboulis, la fabrique est celle d'un dépôt gravitaire. Les gros vestiges, à l'image de ceux dont l'attitude est mesurée (longueur > 2 cm), n'ont donc pas été affectés par le ruissellement. Les tris granulométriques observés s'accordent avec cette interprétation dans la mesure où ils signent des épisodes de formation de pavages résiduels. C'est pourquoi, si les ensembles de vestiges contenus dans cet éboulis peuvent être biaisés par exportation des objets les plus petits, la position stratigraphique des objets qui y sont retrouvés ne semble pas devoir être remise en question.
En dehors des zones d'éboulis, des passées à tri prononcé par ruissellement concentré répondent aux épisodes de ruissellements compétents mis en évidence par l'étude des sédiments. Ces passées triées s'intercalent entre des passées sans tri apparent. La richesse en matériel archéologique de ces dernières peut indiquer qu'il s'agit de dépôts non redistribués par les agents naturels de sédimentation, ou refléter le caractère non-diagnostique des critères employés - le tri granulométrique -. A l'appui de cette hypothèse vient l'absence d'une structuration anthropique évidente des vestiges. Le seul emploi du tri granulométrique n'est pas ici suffisant pour résoudre cette alternative.
Dans tous les cas, les dépôts en cours de fouille dans la salle Saint-Martin livrent des passées de matériel en position secondaire. Une telle dynamique a nécessairement des conséquences sur l'enregistrement stratigraphique de la succession des occupations et donc, *a fortiori*, sur la constitution des ensembles recueillis à la fouille. Nous verrons plus loin quel schéma de distorsion de l'archéostratigraphie peut être proposé pour ce genre de configurations.

Dans l'unité II, la faible proportion de sédiments anthropiques, l'évidence de tris granulométriques et la pauvreté en matériel archéologique indiquent un apport en vestiges redistribués par ruissellement. Ces objets redistribués sont repris à l'unité III qui pouvait affleurer latéralement ou être érodés par les incisions du ruissellement. Cette interprétation est soutenue par la raréfaction en vestiges vers le sommet de l'unité, qui traduit l'enfouissement des sources de matériel archéologique, masquées par la sédimentation naturelle qui se poursuit après abandon de la salle par les Préhistoriques.

3.4. Conclusion

Les dépôts des unités II et III de la salle Saint-martin contiennent les industries aurignaciennes. Les premiers correspondent à un éboulis colmaté par ruissellement et les seconds à une accumulation de dépôts de ruissellement concentré sous la forme d'un cône qui comble la dépression présente au nord de la salle Saint-Martin.
Cette sédimentation est en étroite relation avec un gel contemporain qui favorise la production de sédiment et qui réorganise partiellement les dépôts. A cette première cause de modification s'ajoute celle de gels profonds postérieurs. Dans les horizons superficiels de la surface stabilisée, la réorganisation des sédiments liée à ces cryosols a pour corollaire la disparition des structures sédimentaires, macro- ou microscopiques. Cette réorganisation est moindre dans les niveaux profonds. Des traits sédimentaires microscopiques peuvent être identifiés en plus ou moins grand nombre en fonction de la susceptibilité des dépôts au gel, tandis que les structures sédimentaires macroscopiques sont, elles, préservées.
Les agents naturels de formation du site ont affecté les ensembles de vestiges archéologiques. L'impact des gels contemporains et postérieurs à l'édification des dépôts s'exprime par des déplacements d'amplitude limitée liés aux cryoturbations et, surtout, par la fragmentation des vestiges osseux.
En revanche, les dégradations liées au ruissellement sont importantes. Elles accompagnent l'édification du cône colluvial qui enfouit les occupations aurignaciennes. Ces modifications diffèrent selon les faciès de dépôt. Des pavages se développent dans les zones d'éboulis ruisselés, *sensu* Francou et Hétu (1989). Au sein des dépôts de ruissellement seul, des épisodes à forte compétence sont responsables des lentilles de matériel archéologique en position secondaire qui viennent perturber la séquence archéostratigraphique. Le ruissellement persiste après les occupations de la salle par les Préhistoriques et provoque une redistribution de matériel de petite taille dans les dépôts naturels du sommet de la séquence. Cette redistribution s'estompe au fur et à mesure de l'accrétion des éboulis qui coiffent la séquence, par enfouissement des sources de matériau. Il est très probable que l'ensemble de vestiges recueillis dans ces dépôts sommitaux représente pour l'essentiel un pseudo-niveau archéologique composé de pièces remaniées.

4. L'ABRI DE DIEPKLOOF

Diepkloof Cave est un site paléolithique d'Afrique du Sud, dans la province du Cap. Il se situe sur la rive gauche de la Verlorenvlei, à 18 km au sud-est de son embouchure à *Eland's Bay* (figure 106).

Cette région, à 150 km au nord de la ville du Cap, connaît un régime climatique semi-aride, de transition entre la région tempérée du Cap et les rivages plus arides de Namibie. Les précipitations, 275 mm/an, sont majoritairement hivernales. Elles sont largement inférieures au potentiel d'évapo-transpiration, évalué à plus de 1100 mm/an (Sinclair *et al.*, 1986).

L'aridité estivale est en partie compensée par les brouillards côtiers d'advection, fréquents dans cette région (Sinclair *et al.*, *op. cit.*). La végétation, éparse, est composée de buissons épineux ; elle est rattachée au biome de type *fynbos* (Parkington, 1986).
Le site lui-même est un vaste abri-sous-roche ouvert à l'est, creusé à la base d'une falaise façonnée dans une butte témoin de quartzite. Au sommet d'une pente de 25° de moyenne, le site domine la Verlorenvlei d'une quarantaine de mètres d'altitude relative.
La formation de l'abri est liée à la présence d'un banc pluridécimétrique de schistes argileux dont l'altération préférentielle est à l'origine d'une encoche très marquée (figure 107). Ce banc est karstifié ; des petits conduits pénètrent profondément le massif. Des blocs de grandes tailles barrent l'entrée, à l'exemple de nombreux abris-sous-roche creusés dans les grès de la région (*e. g.* Montagu cave, Keller 1970 ; Rose Cottage cave, Butzer et Vogel, 1979 ; Strathalan Cave, Opperman et Heydenrich, 1990 ; Howieson's Poort *name site* ; Deacon, 1995).

Le gisement a été sondé par J. Parkington en 1973 (Parkington, 1976). L'auteur a pu observer des dépôts riches en matériel archéologique sur un mètre et demi d'épaisseur, sans atteindre la base du remplissage. Celui-ci livre sur les quinze premiers centimètres une industrie de *Robberg,* qui est le premier terme de la séquence régionale du *Late Stone Age* (*LSA* ; Deacon & Deacon, 1999). En dessous se rencontrent des niveaux *Middle Stone Age (MSA)*. Ils contiennent une industrie en quartz et silcrete taillé, rattachée au faciès *Howieson's Poort* (Parkington, 1976 ; Volman, 1981).
Une description des dépôts a été faite par Butzer (1979). Cet auteur rapporte, pour les niveaux MSA, des limons « inhabituellement organiques », ainsi qu'un litage manifeste qui serait l'expression de l'empilement de foyers lenticulaires. Cette interprétation est basée sur la forte proportion d'éléments anthropiques dans les dépôts, le caractère lité des sédiments où alternent niveaux sombres et niveaux clairs, ainsi que sur la valeur élevée de potassium révélée par les analyses géochimiques (de l'ordre de 15 000 ppm), qui est interprétée comme le témoignage de dépôts cendreux (Butzer, *op. cit.* : 163). L'auteur remarque, par ailleurs, une quantité plus importante de blocs et cailloux à la base de la séquence qu'il interprète comme la manifestation d'une activité cryoclastique. Les niveaux LSA ont ensuite fait l'objet d'une fouille en planimétrie dans toute la moitié nord de l'abri. La fouille des niveaux MSA a été reprise depuis 1999 (Rigaud *et al.*, 2000 et 2001). Une zone principale a été ouverte au fond de l'abri,

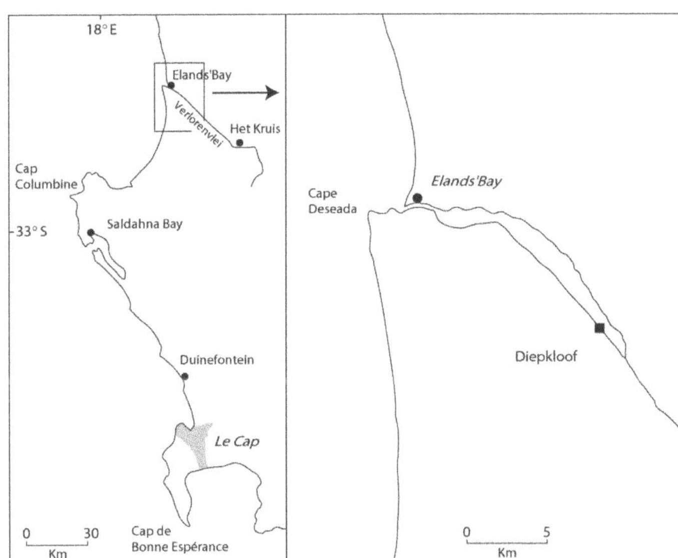

figure 106 : Abri de Diepkloof, localisation du site.

attenante au sondage Parkington (figure 107). Ce secteur couvre six mètres-carrés environ et se complète de sondages annexes. C'est à partir des travaux réalisés au cours des nouvelles fouilles qu'est conduite l'étude géoarchéologique du site.

4.1. Lithostratigraphie

4.1.1. Caractères macroscopiques

La description des dépôts se base sur celle de Texier (*in* Rigaud *et al.*, 2000) et sur nos propres observations. Elle est réalisée à partir des coupes dégagées par le sondage Parkington, nettoyé et approfondi, et des observations réalisées à la fouille. Les déterminations d'espèces minéralogiques, phosphates et sels, ont été réalisées par diffraction RX (Lenoble et Texier, *in* Rigaud *et al.*, 2001).

L'ensemble des dépôts à industries de MSA est rapporté à une unique unité lithostratigraphique.
L'homogénéité de cette unité tient au litage des dépôts (planche 4C et planche 7A). Celui-ci est constitué par la superposition de lentilles d'extension pluridécimétrique à supramétrique et d'épaisseur variant de 1 à 15 cm. Les caractéristiques lithologiques - couleur, texture et structure - sont très variables d'un lit à l'autre. Cinq types de lit sont reconnus (tableau 52).

Les lits blancs sont rares ; la majorité des sédiments est représentée par des lits gris et beige-jaune (figure 108).

La fraction anthropique est importante, constituée d'os, de matériel taillé, principalement en quartz et silcrete, et de quelques fragments de colorant (Rigaud *et al.*, 2001). Les os sont très fragmentés.

La proportion des os au sein de la fraction grossière réputée anthropique (os, silcrete, quartzite taillée) a été établie pour les différents types de lit, à partir d'une dizaine d'échantillons (*cf. infra* § 4.2.1). Exception faite du lit brun échantillonné, cette proportion ne varie pas significativement selon le type de lit (figure 109).

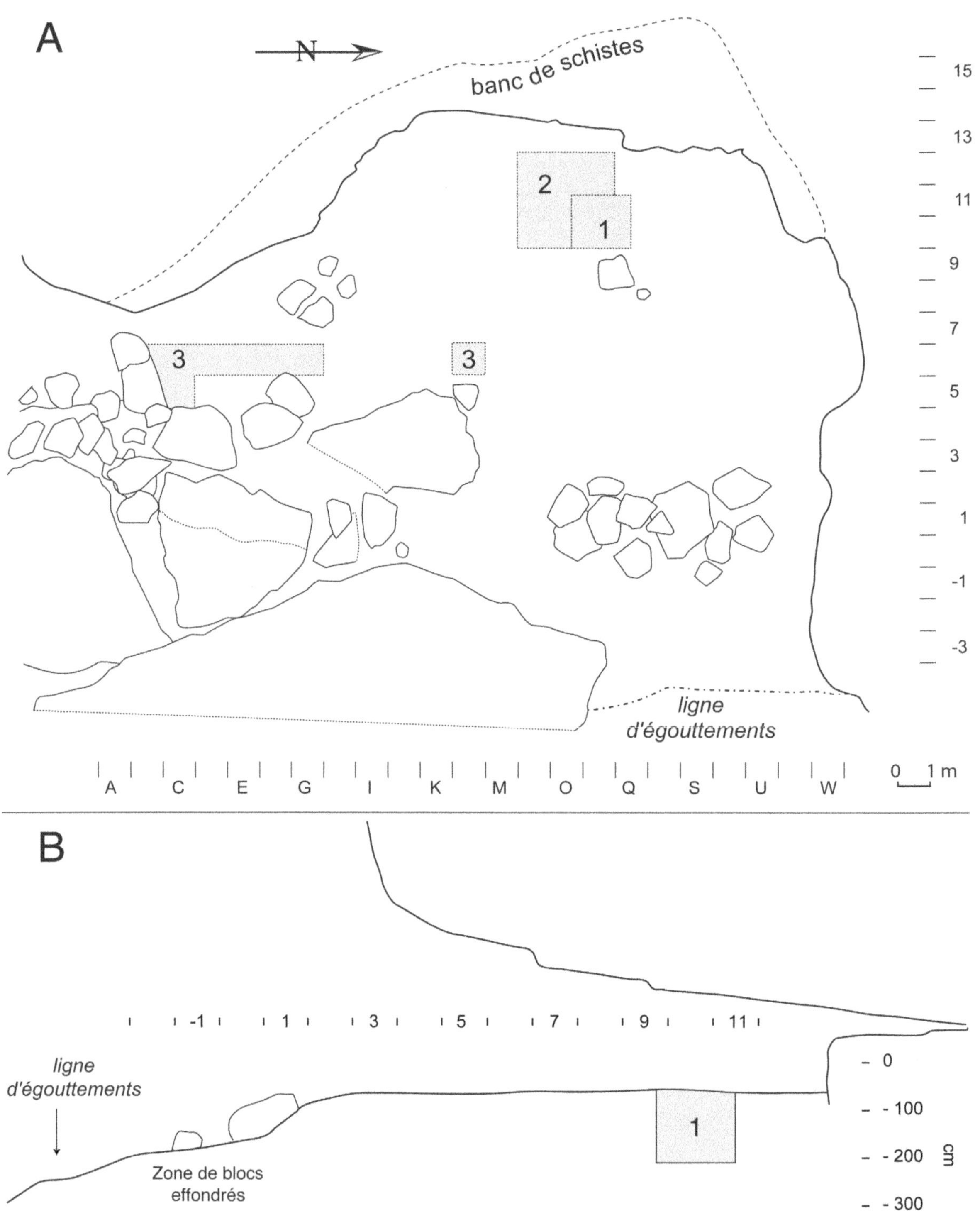

figure 107 : Abri de Diepkloof, plan du site. A - plan du site. (1 : sondage Parkington, 2 : emprise des fouilles actuelles, 3 : sondages annexes) ; B - profil de l'abri (travée S du carroyage).

	Couleur	Texture / structure	Caractères particuliers
Lits noirs	7,5 YR 2/0	Charbons dominant à structure particulaire	Certains lits sont laminés. Quelques rares lentilles ne sont composées que de charbons.
Lits gris	7,5 YR 3/0 10 YR 2/1	Sables limoneux à structure particulaire	En lits plutôt épais
Lits bruns à bruns rouges	5 YR 2/2 5 YR 3/4	Sables limoneux à structure massive à micro-agrégée	Lits plus épais à la base du sondage.
Lits beiges à brun-jaune	7,5 YR 6/4 10 YR 8/3	Sables limoneux massifs	En lits ou lentilles
Lits blancs	10 YR 8/1	Sables limoneux massifs	En lentilles épaisses, présentant des intercalations de lits gris ; effervescence à l'acide acétique.

tableau 52 : Abri de Diepkloof, types de lit des dépôts à industrie du Middle Stone Age.

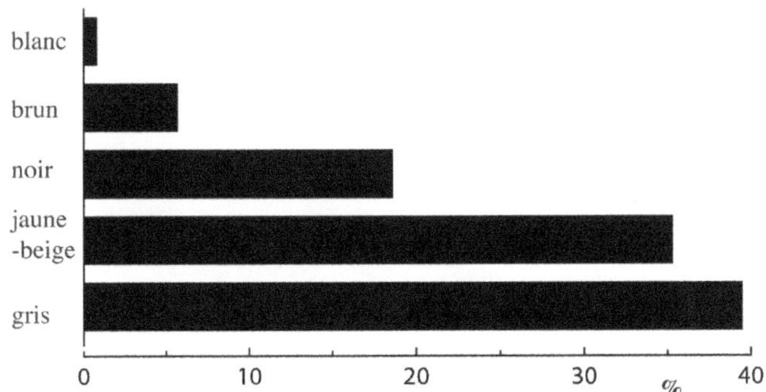

figure 108 : Abri de Diepkloof, abondance relative des différents types de lit. La proportion des lits est quantifiée à partir du levé de coupe de la figure 111.

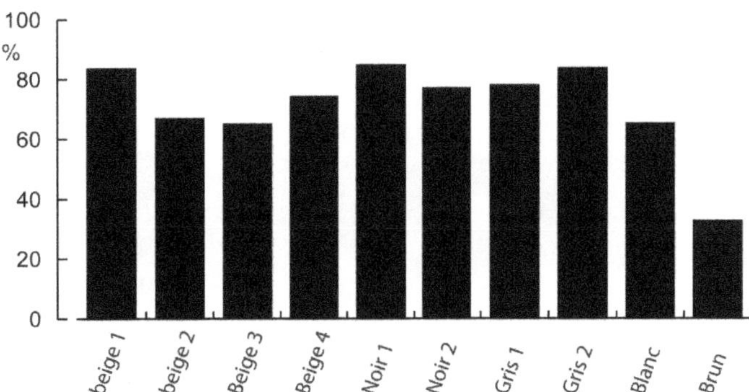

figure 109 : Abri de Diepkloof, proportion pondérale des os au sein de la fraction anthropique pour les différents types de lit.

La fraction minérale est composée de quartz et de cailloux et écailles de quartzites dispersés dans le sédiment. Cette fraction grossière est un peu plus abondante à la base des dépôts (figure 111). Mais le plus souvent, le quartzite de l'encaissant est présent sous la forme de plaquettes, centimétriques à pluricentimétriques.
Plusieurs traits cristallins sont distingués :

- des cristallisations fibreuses de gypse sont présentes dans les discontinuités sédimentaires ;
- des imprégnations de halite et de gypse forment des croûtes d'extension pluridécimétriques et épaisses de quelques centimètres. Ces indurations peuvent affecter plusieurs lits, quel que soit leur type. Leur disposition est plutôt conforme au plan de stratification.
- des tâches centimétriques blanches de gypse, aux contours irréguliers, sont dispersées dans la masse.

Les contacts des lits sont le plus souvent abrupts, rarement progressifs. Les formes sont régulières, à l'exception des limites ondulées de certains des lits indurés par la halite.
Une variation importante de géométrie des dépôts apparaît sur les sections que dégagent les nouvelles fouilles. Ainsi, dans la moitié ouest de l'emprise, c'est-à-dire à proximité de la paroi, les lits sont sub-horizontaux : ils pendent de quelques degrés vers le nord-est. En revanche, leur pendage s'accentue très sensiblement à partir de la rangée 11, pour atteindre 17°, toujours vers le nord-est, dans la moitié est. Dans cette même zone, on note une diminution progressive du pendage des lits vers le sommet des dépôts (figure 111).
Par ailleurs, la forme des lits diffère suivant la section selon laquelle ils sont observés. En coupe sagittale (de l'entrée vers le fond de l'abri), l'extension des lits atteint 1 à 1,5 m (figure 111) et l'empilement est plutôt régulier. Seules quelques structures décimétriques concaves interrompent le litage. En coupe frontale, en revanche, les lits atteignent tout au plus 60 cm. Mais surtout, le litage est formé de l'emboîtement de lentilles concaves. La base de ces lentilles est érosive et leur épaisseur est plus importante au centre que sur les bords (planche 7B). Cette stratification entrecroisée est d'autant plus manifeste que les lits sont observés dans la zone où leur pente est prononcée (mur est du sondage).

Deux autres types de structures sédimentaires ont été observées à l'examen des coupes :

- la première est la lamination des sédiments. Elle est parallèle plane dans le cas des lits, et parallèle concave dans le cas des petites lentilles concaves à limite inférieure érosive.
- La deuxième est la concentration de la fraction grossière. Cette fraction mêle des éléments naturels (plaquettes) ou anthropiques (os, silcrete ou quartz taillés). Elle forme la base ou la totalité du comblement de certaines lentilles concaves, ce qui nous permet de les interpréter comme des pavages de fond de rigole. Des concentrations d'éléments centimétriques à pluricentimétriques sont également observées sous la forme d'alignements conformes au plan de stratification (figure 111). Nous y reconnaissons des pavages résiduels.

Ces concentrations d'éléments grossiers sur une même surface ont été observées de nombreuses fois à la fouille. Leur extension est, tout au plus, métrique. Elles sont composées de fragments grossiers, plaquettes de quartzite et fragments de plastron et de carapace de tortues. Le sédiment interstitiel est un sable grossier délavé. Ces pavages reposent en discordance sur les dépôts sous-jacents. En particulier, il est fréquent de rencontrer, une fois ces pavages dégagés, des lentilles peu épaisses de charbons piégées dans les dépressions de la topographie (figure 110). Ces lentilles charbonneuses livrent des amas de brindilles carbonisées. Le matériel archéologique associé est systématiquement brûlé.

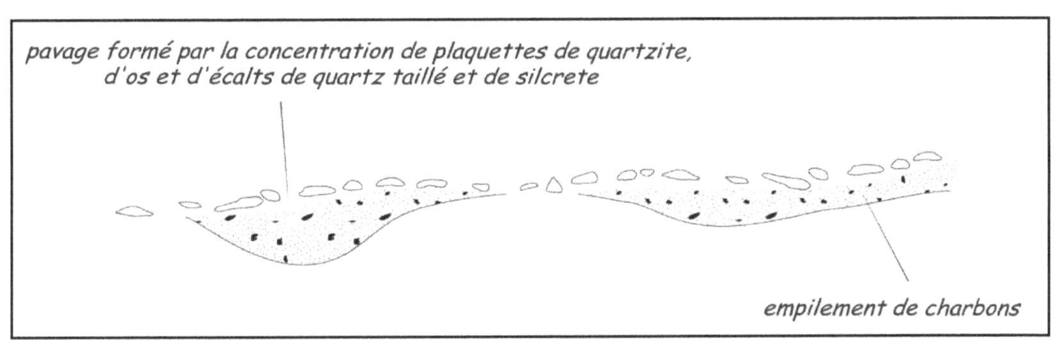

figure 110 : Abri de Diepkloof, forme et nature des contacts des concentrations résiduelles de charbons vues en section.

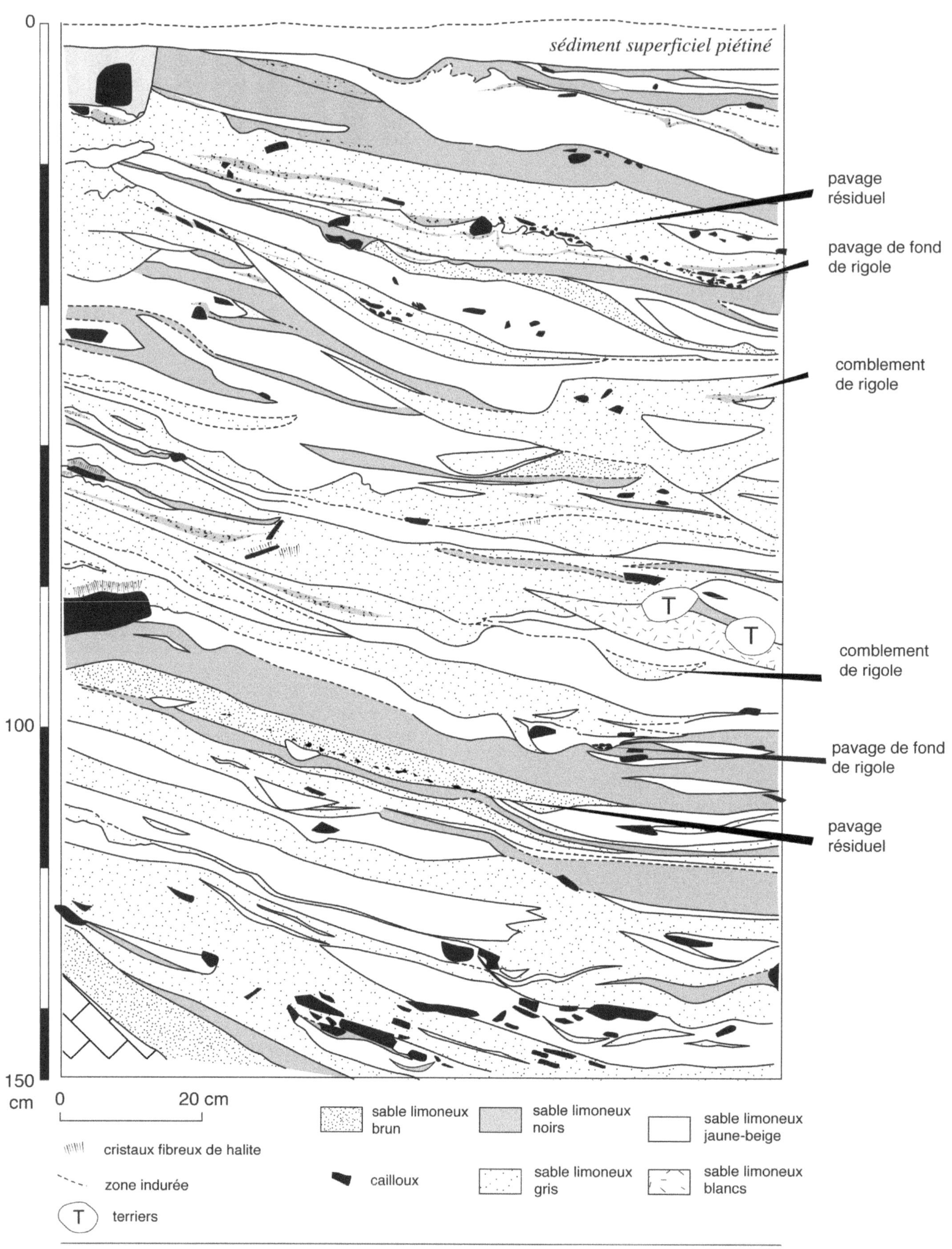

figure 111 : Abri de Diepkloof, relevé de la section nord-est du sondage et exemples de figures sédimentaires reconnues

4.1.2. Caractères microscopiques (tableau 53, planche 7C à E et planche 8)

Cinq échantillons ont été prélevés à partir des coupes du sondage Parkington ; les différents types de lits reconnus y sont représentés (Texier, *in* Rigaud *et al.*, 2000). Des prélèvements ont également été réalisés lors de la fouille ; ils ont permis de prélever spécifiquement les niveaux indurés par les sels (Lenoble et Texier, *in* Rigaud *et al.*, 2001).

La description des différents types de lits est portée tableau 53. Certains caractères sont communs aux différents lits. Ainsi, les objets allongés sont systématiquement à plat. Ou encore, les faciès microlités témoignent d'un tri granulométrique des plus gros éléments (planche 7C).

Deux espèces minéralogiques de phosphates en proportion équivalente sont identifiées par diffraction RX dans les lits beiges-jaunes et bruns : l'hydroxylapatite et la whitlockite.

Des traits remarquables ont été observés. Un amas de diatomées a été reconnu dans un lit gris, où il forme une intercalation conforme au plan de stratification. Les deux valves des frustules sont en position anatomique. Deux genres sont reconnus, *Epithemia* et *Rhopalodia* (détermination M. Coste, Cemagref, Cestas-Gazinet), qui sont habituellement associés à des suintements le long d'affleurements rocheux. Enfin des fragments allongés sont formés de cristaux palissadiques de sélénite à fine lamination interne organique disposée perpendiculairement à l'axe de croissance cristalline. Ce sont des fragments de croûte biogénique qui se forme dans des flaques salées (Ricci Lucchi, 1995).

Des figures de compaction ont également été reconnues. Elles sont présentes dans les plages de matériel compacté à porosité fissurale. Ce sont des figures de poinçonnement ou des figures d'aplatissement.

Lits	*Description micromorphologique*
Lits noirs	Microstructure d'entassement dense. La fraction figurée est composée majoritairement de charbons de toutes tailles, de grains de quartz en plus ou moins grand nombre et de très rares os jaunes à rouges ; cristallisations de gypse en « bouquet », associées aux charbons les plus gros et provoquant leur éclatement. Des lentilles d'épaisseur, au plus, centimétrique sont composées quasi exclusivement de charbons. Certains sont fragmentés *in situ* (feuilles ou brindilles ?). Parmi les charbons, des lambeaux de parenchyme assimilateur attestent de la combustion de feuilles. Des brindilles sont reconnaissables par la présence de moelle au centre des sections. Des pétioles sont également présents. Les lits indurés sont généralement cimentés par des phénocristaux palissadiques de gypse qui « englobe » le matériel sédimentaire.
Lits bruns à bruns rouges	Microstructure agrégée. Grains de quartz nombreux ; quelques charbons et fragments d'os ; agrégats de 20 à 50 µm composés de résidus végétaux brunifiés et de microcharbons ; présence de phosphates amorphes dans le fond matriciel ; phytolitaires nombreux ; entassement dense ; rares pseudomorphoses d'oxalate de calcium en calcite (POCC). Les plages indurées livrent des cristallisations de phosphates et de halite et un entassement lâche des agrégats.
Lits brun-jaune à beiges	Microstructure agrégée. Entassement dense de grains de quartz nombreux, de fragments d'os plus ou moins nombreux, de phytolitaires siliceux nombreux et de micro-agrégats composés de résidus végétaux brunifiés et d'une masse fine poussiéreuse jaune phosphatée. Les lits indurés sont cimentés par des cristaux de faible relief, incolores et cubiques de halite, et présentent un entassement lâche ; présence de calcite en comblement de la porosité résiduelle. Les os sont en majorité décolorés, et présentent une auto-fluorescence hétérogène en lumière bleue, par juxtaposition de plages non fluorescentes et de plages fortement fluorescentes.
Lits gris	Microstructure agrégée. Fraction grossière composée de grains de quartz et de charbons en plus ou moins grande proportion, d'esquilles d'os brûlés jaune à rouge plus ou moins biréfringentes. Fraction fine composée de micro-agrégats brunifiés. Porosité d'entassement compact ; présence de phytolitaires siliceux. Tri de la fraction figurée supérieure à 1 mm. Certains lits présentent des cristaux de calcite dispersés dans le fond matriciel. Localement, structure microlitée.
Lits blancs	Distribution porphyrique à espacement simple ; Fraction grossière composée essentiellement de grains de quartz, de quelques fragments d'os brûlés jaune pâle à jaunes orange plus ou moins biréfringentes et de charbons de bois peu nombreux ; fraction fine composée de POCC de calcite et d'une masse fine phosphatée ; intercalations de POCC purs ; intercalations concaves de traits phosphatés alternant avec des lamines de rhomboèdres de calcite ; présence d'agrégats arrondis ou aplatis de rhomboèdres de calcite enrobés dans une enveloppe micritique et d'agrégats de rhomboèdres associés à un squelette de charbons témoignant d'une structure végétale. Quelques chambres colmatés d'une masse fine phosphaté beige. Cristallisation de gypse dans la porosité des os, provoquant leur fragmentation. Lits subhorizontaux d'épaisseur plurimillimétrique à limite inférieure nette et fraction grossière moyennement à bien triée ; nombreux charbons et os brûlés jaune à rouges moyennement biréfringents : quelques os beiges quasi isotropes et à auto-fluorescence faible à nulle, éclats taillés de silcrete.

tableau 53 : Abri de Diepkloof, description des caractères micromorphologiques des dépôts.

4.1.3. Interprétation

Origine du matériel sédimentaire

Le sédiment qui forme les dépôts à industrie du *Middle Stone Age* présente trois origines distinctes.

Fraction anthropique

Une des caractéristiques des sédiments produits par les activités anthropiques est de livrer en abondance des éléments qui ne se rencontrent naturellement pas à de telles concentrations (Brochier, 2002). Cette caractéristique est celle des concentrations quasi-pures de charbons qui forment les lits noirs, tout autant que des POCC qui forment l'essentiel du squelette des lits blancs. L'origine des charbons a parfois pu être précisée (tableau 53). Ils indiquent alors la combustion de végétaux ligneux, en majorité de feuilles, ce que montre également la présence en grand nombre des POCC (Brochier, *op. cit.*).
Ce matériel, charbons et cendres, est d'origine anthropique. Il témoigne des activités de combustion qui ont eu lieu au cours des occupations de l'abri par les Préhistoriques.

Fraction d'origine végétale ou animale

D'autres particules sédimentaires sont d'origine végétale. C'est le cas des phytolitaires siliceux dispersés dans les lits beige-jaune et bruns, et dans une moindre mesure dans les lits gris. Mais, la combustion de ces phytolitaires n'est pas avérée et leur concentration est bien moindre que celle des POCC dans les lits blancs ou des charbons dans les lits noirs. C'est pourquoi leur origine anthropique est sujette à caution.
L'observation du fonctionnement actuel des abris environnants permet d'identifier quatre processus d'accumulation des débris végétaux :

- le transport par le vent,
- le démantèlement des nids d'oiseaux,
- la croissance de plantes dans les parties éclairées des abris humides,
- les déjections d'animaux herbivores. Par exemple, le daman des rochers (*Procavia capensis*) est un habitant endémique de la région qui est à l'origine d'importantes accumulations d'excréments dans les abris-sous-roche environnants (*e. g.* Scott, 1990).

La concentration limitée de ces phytolitaires dans le sédiment et les hypothèses alternatives d'accumulation par des processus naturels ne permettent pas d'inclure ces restes végétaux dans la fraction anthropique telle que la définit Brochier (2002). En revanche, les lits riches en phytolitaires présentent une structure micro-agrégée où abondent des restes organiques brunifiés. Qu'elle résulte de l'accumulation de déjections de la mésofaune du sol (Mücher *et al.*, 1972 ; Babel et Vogel, 1989) ou d'une activité bactérienne (Courty et Fédoroff, 2002), une telle structure est d'origine biogénique. C'est pourquoi l'association de restes végétaux non brûlés à ces faciès micro-agrégés peut être simplement imputée à une activité naturelle.

Les phosphates observés en abondance dans les dépôts sont une autre composante biogénique. Leur origine peut être multiple, à l'image de la whitlockite qui est une espèce minérale connue pour se rencontrer dans les os (Driessens, 1980), se former à partir d'urines (Boistelle *et al.*, 1993) ou encore être issue du lessivage de guano (Hill et Forti, 1997 ; Baker *et al.*, 1998). La première alternative est corroborée par la présence d'os altérés dans lits riches en phosphates. Cette altération est attestée par la décoloration et la fluorescence peu prononcée et hétérogène d'une partie des os des lits beige-jaune (Jenkins, 1994 ; Macphail et Goldberg, 2000). Selon Karkanas *et alli* (2002), ces propriétés optiques en lumière bleue sont à imputer à la coexistence de différentes phases d'apatite non-stœchiométrique ; cette coexistence caractérise les premières étapes de la solubilisation de la phase phosphatée des ossements (Karkanas *et al., op. cit.*). Mais cette dégradation des os ne joue qu'un rôle partiel : elle ne concerne qu'une minorité des fragments osseux et n'affecte pas la proportion d'os dans les lits riches en phosphates (lits beige-jaune). C'est pourquoi nous imputons d'abord l'abondance de ce minéral dans les dépôts à des apports biogéniques, comme de l'urine de damans ou des guanos d'oiseaux, encore présents aujourd'hui dans l'abri.

Fraction naturelle non-biogénique

Une fraction naturelle non-biogénique contribue également au dépôt. Il s'agit tout d'abord de sables, qui sont imputables à une désagrégation granulaire des parois. Toutefois, comme l'a suggéré Butzer (1979), une partie de cette fraction peut être apportée par le vent, d'autant plus que le paysage enregistre plusieurs phases d'activité éolienne passées (Lancaster, 1987).
La détente et l'haloclastie qui s'observent aujourd'hui rendent compte des plaquettes et des blocs de quartzite disséminés dans les dépôts (Texier, *in* Rigaud *et al.* 2000). En revanche, aucun caractère spécifique n'évoque l'action de la cryoclastie.
Une fraction naturelle importante est représentée par des sels déposés par les brumes côtières. Il est actuellement possible d'observer ces dépôts de sels par condensation des brumes sur les parois de l'abri et au sol. Leur présence dans les dépôts est liée à un *upwelling* côtier qui contrôle la formation des brouillards salés d'advection (Viers et Vigneau, 1994).

Agents de sédimentation

A l'exception des lentilles de charbons purs visibles dans certains lits noirs, la présence d'une fraction naturelle toujours importante au sein des sédiments ne permet pas d'y reconnaître des sédiments anthropiques primaires (*sensu* Butzer, 1982, *cf.* p. 21).
En revanche, l'organisation des dépôts et les structures sédimentaires sont rapportables à l'action du ruissellement. Le litage de dépôts, à stratification plane dans le plan longitudinal et entrecroisée dans le plan transverse, caractérise un transport hydrique (Reineck et Singh, 1980), ce que corrobore la lamination des lits. L'observation en lames minces confirme la prééminence du ruissellement dans la formation des lits : laminations, granoclassement de la fraction figurée, agrégats arrondis de cendres, nombreuses intercalations microlitées. Les structures concaves érosives marquent des incisions liées au fonctionnement de rigoles, pour les plus petites, et de chenaux larges et peu profonds, pour les plus grandes. Les pavages de plaquettes et d'os jointifs correspondent à une concentration d'éléments grossiers sur une surface d'érosion. Nous y reconnaissons des pavages résiduels formés par ruissellement diffus.

Les dépôts observés correspondent à un cône de déjection, comme l'indiquent la forte pente des lits, leur épaisseur plus grande à la base de l'unité et la diminution du pendage des lits vers le sommet de l'unité. Le pendage des lits montre que ce cône s'accroît depuis le fond vers l'entrée de l'abri. Cette direction d'accroissement désigne les conduits karstiques qui s'ouvrent dans la paroi comme la source des écoulements.

Plusieurs informations permettent d'aborder la nature des flux à l'origine de la mise en place des dépôts. Les cristaux de sélénite à lamination organique et les diatomées témoignent de zones momentanément humides dans l'abri. Mais le caractère anecdotique de ces observations ne permet pas d'en déduire une ambiance générale des conditions climatiques de la cavité. En revanche, deux déductions permettent de préciser le régime des précipitations à l'origine de la sédimentation. L'existence de croûtes de halite indique que les dépôts n'ont pas connu de phases prolongées d'humidification, ce minéral étant particulièrement labile (Watson, 1989 ; Pariente, 2001). Aussi, si elles ne sont ni longues, ni fréquentes, les averses devaient être violentes pour provoquer les débits susceptibles d'aboutir à un ruissellement concentré dans l'abri. Nous en déduisons que les dépôts observés se sont formés suite à des événements peu fréquents et violents. Ce type de précipitations s'accorde avec un régime climatique semi-aride qu'indique l'existence d'un *upwelling* côtier montré par de la présence de halite dans les dépôts.

Diagenèse

La préservation des caractères synsédimentaires indique que les perturbations post-dépositionnelles (« *post-burial disturbance* » de Butzer) sont faibles ; elles se limitent à de rares terriers observés en section.

Les modifications bio-géochimiques qui succèdent à l'enfouissement sont faibles à nulles. Cela est montré par la préservation des croûtes de halite et la préservation des organisations synsédimentaires. A l'appui de cette interprétation vient l'absence de traits illuviaux de phosphates et, surtout, la préservation de lits de cendres carbonatées intercalés avec des lits phosphatés. Cette observation montre sans ambiguïté que l'altération des lits par des solutions phosphatées précède l'enfouissement. En effet, les POCC sont des formes cristallines labiles qui n'auraient pas survécu aux solutions acides qu'impliquent les cristallisations d'hydroxylapatite et de whitlockite.

Certains lits, en particulier les lits beige-jaune et bruns, ont subi des modifications bio-géochimiques importantes avant leur enfouissement. Cela est montré par la dégradation d'une partie des ossements de ces lits. Cette altération nécessite une décarbonatation des sédiments (Karkanas, 2000), qui est localement attestée par des carbonates secondaires (sparite) piégés dans les croûtes de sels. Cette décarbonatation implique la dégradation des cendres carbonatées en surface. Cette interprétation est supportée par la très faible proportion des couches de cendres blanches par rapport à la quantité de charbons présents dans les lits gris et noirs.

Les lits blancs observés ne sont donc pas représentatifs de la préservation générale des dépôts. Ils sont vraisemblablement liés à des épisodes de sédimentation qui succèdent de peu la formation des cendres. Mais la plus grande partie des dépôts est restée assez longtemps exposée en surface pour permettre une accumulation significative de phosphates et une structuration des sédiments par l'action de la méso- ou microfaune du sol.

4.2. Dégradation des ensembles de vestiges

Le ruissellement, en particulier le ruissellement concentré, est le principal agent de sédimentation de l'unité contenant les industries du *Middle Stone Age*. La reconnaissance de matériel archéologique trié en comblement de rigole démontre que cet agent de sédimentation a eu une incidence sur la constitution des ensembles de vestiges. Pour autant, la place tenue par ces redistributions dans les ensembles recueillis à la fouille reste à préciser. En particulier, l'importance des redistributions des vestiges archéologiques n'est pas connue, ni leurs conséquences sur la formation des ensembles recueillis à la fouille.

Peu d'informations autres que la lecture stratigraphique sont disponibles pour traiter cette question. Les objets allongés sont en nombre insuffisant pour permettre une analyse des fabriques. Le traitement et l'étude du matériel issu des nouvelles fouilles est en cours ; il n'est pas actuellement disponible pour aborder ces questions.
Face à ce constat, nous avons adapté une procédure d'échantillonnage et de traitement spécifique. Elle vise deux objectifs :

- détailler la nature et l'abondance de la fraction grossière (> 2 mm) par types de lits ;
- rechercher les tris granulométriques des fractions grossières archéologiques et naturelles et les comparer à notre modèle de redistribution en contexte de dépôt par ruissellement concentré (*cf.* tableau 45 p. 127).

4.2.1. Échantillonnage et traitement des données

L'échantillonnage a été effectué au cours de la campagne 2001. Les différents types de lits sont prélevés à volume constant de 1 l. Dix lits ont ainsi été échantillonnés. La couleur est notée et le sédiment est tamisé à une maille de 2 mm. Le refus est lavé, puis trié selon les différentes catégories de matériel.

Ces différentes catégories se classent en :

- composants d'origine anthropique : silcrete, quartz taillé, os et charbons,
- composants d'origine naturelle : quartzite et quartz non taillés.

S'y ajoutent les fragments de schiste argileux. Leur statut (anthropique *versus* naturel) est incertain. Ils peuvent provenir de la désagrégation du banc qui forme l'encoche de fond d'abri, ou être lié à la production des blocs de colorants facettés et striés retrouvés à la fouille (Rigaud, 2001).
Les valeurs pondérales des différentes catégories de vestiges recueillis sont portées dans le tableau 54.

La recherche d'association entre les différentes catégories de vestiges pour chaque type de lits est traitée par le biais d'Analyses en Composantes Principales (ACP). La recherche des tris granulométriques est réalisée par le dénombrement des différentes catégories de vestiges pour chacune des classes dimensionnelles retenues (maille de 2, 4 et 10 mm). Sont exclus des décomptes numériques les os et charbons, ces matériaux ayant subi une importante fracturation post-dépositionnelle (*cf. supra, caractères microscopiques des dépôts*).

4.2.2. Résultats

Association des différentes composantes

Le traitement des catégories de refus par type de lit en ACP prend en compte les proportions de vestiges, ainsi que la masse totale de refus (*figure 112*).

Cette analyse fait apparaître deux relations entre types de lits et composants :

- Le premier axe exprime le lien entre fraction (naturelle *versus* anthropique) et le type de lit. La moitié des échantillons montre la prédominance d'une des deux fractions considérées. Ainsi, le lit blanc et certains lits beige-jaune livrent essentiellement des vestiges anthropiques. À l'inverse, le lit brun et l'un des lits beige-jaune (BJ2) contiennent quasi-exclusivement des débris naturels. Les autres lits, en particuliers les lits gris et noirs se caractérisent par un mélange des deux fractions. Ils peuvent être qualifiés de mixtes.
- Le second axe exprime le lien entre la proportion de charbon et la quantité totale du refus, à savoir que la masse du refus des lits riches en charbons (lits gris et noirs) est systématiquement importante, composée de plaquettes de quartzite et d'os (tableau 54).

De notre point de vue, l'association entre les lits riches en charbons - noirs et gris - et la masse importante de débris reflète l'association entre ces faciès et les pavages résiduels (*cf.* figure 110). On remarque également que les lits beiges-jaunes qui ont été interprétés comme des cendres (*cf.* p. 149) présentent un contenu très variable d'un lit à l'autre, tantôt dominé par les vestiges anthropiques, tantôt dominé par les débris naturels, tantôt mixte.

Tri granulométrique

Les résultats sont portés sur la figure 113.

Deux informations se dégagent de ce graphique :

- Peu de variabilité apparaît entre les proportions dimensionnelles des différents échantillons. La majorité montre une forte représentation de la fraction la plus petite. Deux échantillons se distinguent par une forte représentation de la fraction moyenne.
- A l'exception d'un des lits beige-jaune (Bj2), une corrélation très nette existe entre les proportions dimensionnelles de la fraction naturelle et anthropique.

La confrontation de ces valeurs au référentiel expérimental (figure 114) permet de discuter l'origine de ces tris. Le peu de variabilité des proportions dimensionnelles et la similitude d'équilibre granulométrique entre fraction naturelle et anthropique sont également exprimées par cette représentation graphique.

En outre, cette figure montre que les profils granulométriques de la fraction grossière sont tous compatibles avec l'hypothèse d'une redistribution par ruissellement, soit par brefs épisodes de ruissellement, soit par apport de matériel de petites dimensions. Les deux échantillons qui se distinguent par la sous-représentation des petits vestiges (Bl et Br) s'accordent, quant à eux, avec une redistribution par des ruissellements peu compétents sur de plus longues durées de fonctionnement.

Organisations remarquables

Outre la préservation des lentilles de charbons pures dont il a été fait mention précédemment, une organisation remarquable a été observée à la fouille. Il s'agit d'un petit amas d'éclats de toutes tailles comblant une dépression d'une vingtaine de centimètres de large. Les limites de cet amas sont nettes. Tous ces objets sont taillés dans la même variété de silcrete ; ils désignent un remontage de second ordre au sens de Petraglia (1992).

Les dimensions réduites de cet amas, les limites nettes et la superposition des objets à une dépression du sol nous conduisent à identifier une concentration résiduelle telles

Nom	*Type de lit*	*Localisation*	*Couleur*	*Composantes*							*Total*
				Quartzite	Schiste	Quartz naturel	Quartz taillé	Silcrete	Os	Charbon	
BJ1	Beige-jaune	O11c *OB2*	10 YR 6/4	30,41	2,73	0,32	5,34	3,11	44,28	0,13	86,32
BJ2		P12d *OB2*	7,5 YR 5/4	68,86	4,38	5,76	0,98	2,28	6,79	0,08	89,13
BJ3		O11c *OB2*	7,5 YR 5/4	36,39	2,16	1,51	11,41	6,72	34,09	0,18	92,46
BJ4		Coupe N	10 YR 5/2	94,00	3,44	0,31	3,56	7,51	32,71	0,27	141,80
N1	Noir	Coupe N	2,5 YR 1/0	121,78	0,41	0,49	0,47	2,83	40,52	3,87	170,37
N2		O11c *OB2*	5 YR 2/0	75,38	1,85	2,83	3,45	7,04	57,93	6,67	155,15
G1	Gris	O11c *OB2*	5 YR 2/2	63,75	1,14	3,27	8,16	4,21	49,85	1,71	132,09
G2		O11c *OB2*	2,5 YR 2/2	52,20	0,88	0,21	4,49	4,61	70,86	4,49	137,74
Bl	Blanc	Coupe S	10 YR 8/2	32,95	0,47	0,17	2,28	13,82	30,31	0,00	80,00
Br	Brun	Coupe N	5 YR 3/4	117,69	4,84	1,89	2,03	1,56	3,15	2,87	133,82

tableau 54 : Abri de Diepkloof, valeurs pondérales des différentes catégories de la fraction figurée (> 2 mm), en g.

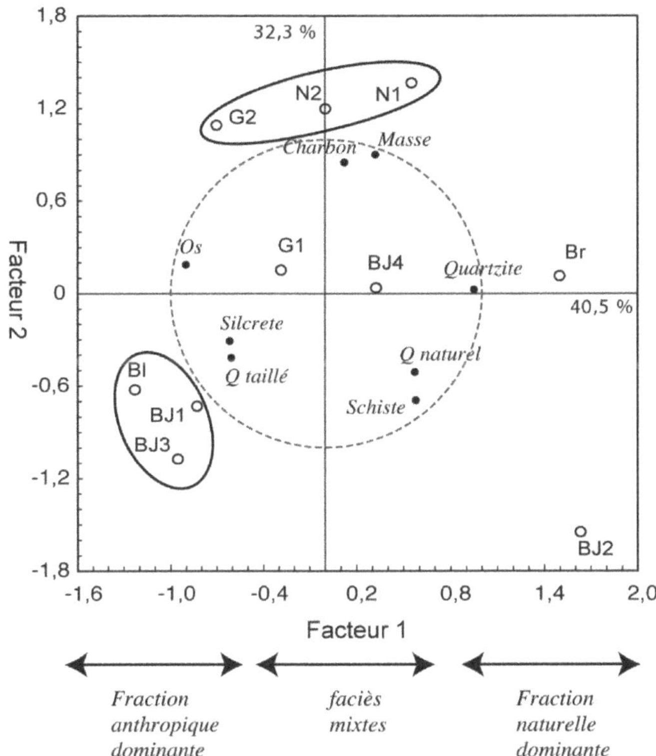

figure 112 : Abri de Diepkloof, ACP, composants (proportion) et masse totale de refus. La dénomination des échantillons est celle du tableau 54.

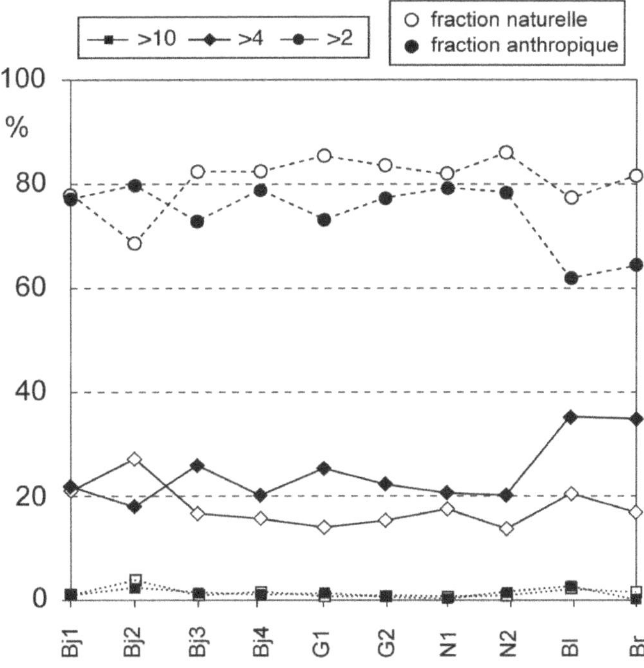

figure 113 : Abri de Diepkloof, confrontation des proportions dimensionnelles de la fraction anthropique et naturelle des différents types de lits. Les classes dimensionnelles sont exprimées en largeur de maille et en mm. La dénomination des échantillons est celle du tableau 54.

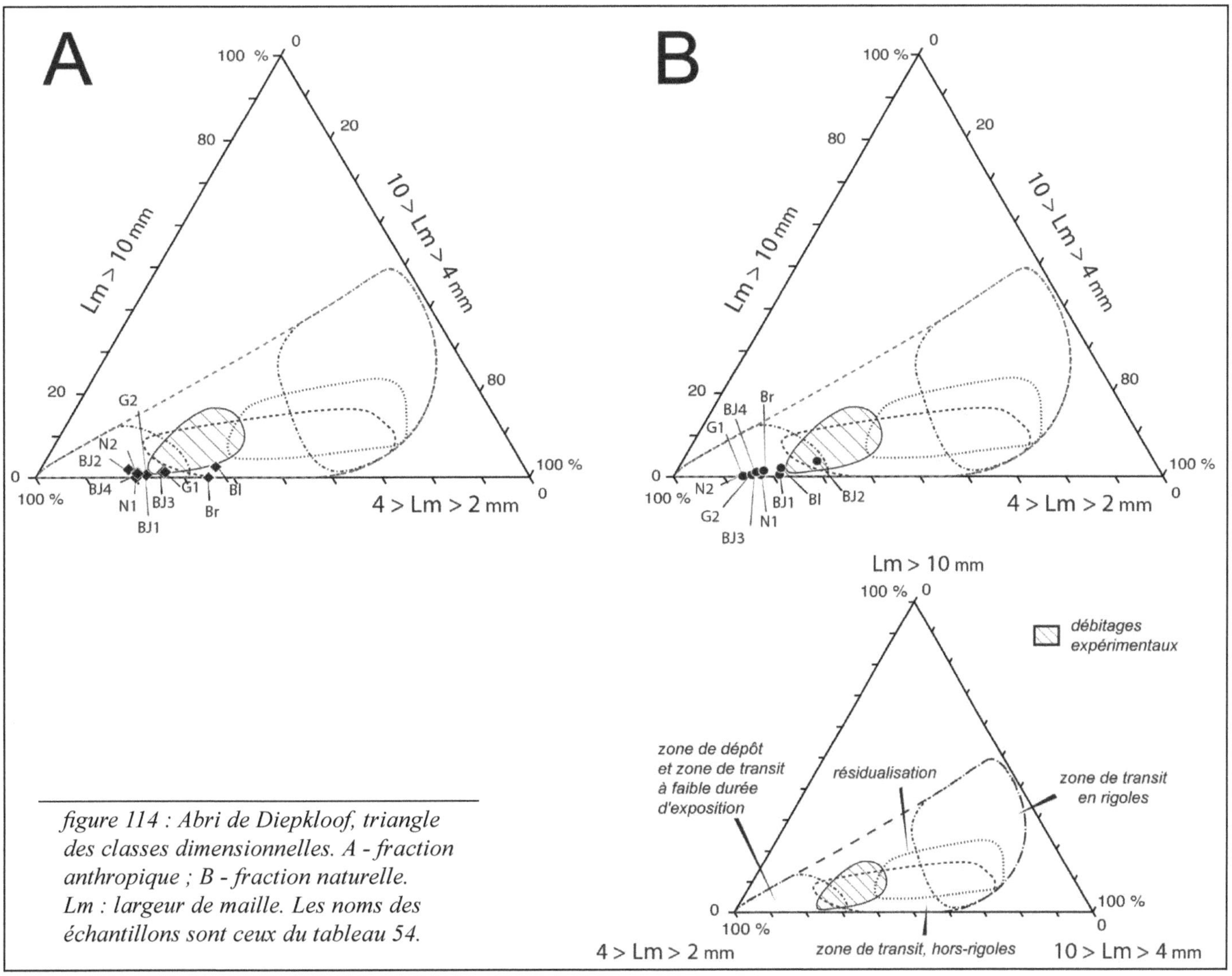

figure 114 : Abri de Diepkloof, triangle des classes dimensionnelles. A - fraction anthropique ; B - fraction naturelle. Lm : largeur de maille. Les noms des échantillons sont ceux du tableau 54.

qu'elles se rencontrent dans les stades intermédiaires de dégradation (*cf.* tableau 45 p. 128).

4.2.3. Interprétation

Le tri granulométrique des vestiges et le caractère mixte des constituants de la fraction grossière d'une grande partie des lits indiquent que le ruissellement a eu un impact important sur les ensembles archéologiques recueillis à la fouille.

Cette dégradation prend deux formes :

1/ Une redistribution de matériel au sein de rigoles. Elle est attestée par les pavages de fond de rigoles qui sont à l'origine des accumulations caillouteuses observées en section et à la fouille.

2/ Une érosion avec concentration de la fraction grossière sur une même surface qui donne naissance à des pavages résiduels. Le matériel qui forme ces pavages est celui des lits noirs. Cela est attesté par les pavages reconnus au sommet de ces lits à la lecture des coupes. Cela est également montré par la concentration en vestiges qu'indique la masse importante des refus de tamis de ces lits.

Ces pavages et ces rigoles sont nombreux dans la partie amont du cône. En section, ils se rencontrent surtout dans la partie sommitale des dépôts.
La partie distale du cône forme, en section, la base des dépôts ; les lits gris y sont nombreux. Ces lits sont riches en fraction grossière (> 2 mm), aussi bien naturelle qu'anthropique et, sur cette base, peuvent être rapprochés des lits noirs. Mais aucun pavage n'est identifié dans ces lits à la lecture des coupes. C'est pourquoi nous y reconnaissons des accumulations d'éléments de pavages redistribués.

Les lits blancs s'observent également dans la moitié inférieure des dépôts et sont interprétés, comme des lentilles de cendres redistribuées. La bonne préservation des cendres carbonatées dans ces lentilles, qui contraste avec les dégradations biogéochimiques reconnues dans les autres lits, indique une mise en place et un enfouissement rapide. Le tri granulométrique des vestiges du lit blanc échantillonné corrobore cette interprétation.

Le tri des vestiges est systématique, par sur-représentation des éléments de petite taille. Un tel tri s'accorde avec une redistribution des objets par de brefs épisodes de fonctionnement dans la partie distale du cône. En revanche, ce tri ne soutient pas l'interprétation de pavages résiduels que nous avons avancée pour rendre compte des caractéristiques des lits noirs dans la partie proximale du cône. Cette interprétation se base cependant par l'identification de pavages sur le terrain.
Cette distorsion entre les données expérimentales et fossiles peut avoir deux origines :

- Le matériel qui compose le cône est enrichi en matériel de petite taille prélevé à l'amont, d'où leur abondance dans les pavages ;
- Ici, comme pour la grotte d'Isturitz, l'absence de *splash* ne permet pas la mobilisation des éclats de petite taille en dehors des rigoles. Les pavages se forment alors sans tri manifeste de la fraction supérieure à 2 mm.

Dans tous les cas, deux zones peuvent être distinguées au sein du cône :

- Une partie proximale, formée de lentilles peu épaisses et subhorizontales ; elle livre des pavages résiduels entaillés de rigoles, ainsi que des amas résiduels.
- Une partie distale, formée de lentilles épaisses et inclinées. Cette partie contient des lits de matériel redistribué et trié.

Les conséquences de ces dégradations sont doubles. Elles concernent l'organisation de l'espace habité, d'une part, et l'enregistrement stratigraphique, d'autre part.

Dégradation de l'espace habité

La mise en évidence de redistributions significatives et l'observation d'amas résiduels contenus dans des dépressions de la microtopographie nous conduit à identifier un stade intermédiaire de dégradation des ensembles de vestiges (*cf.* tableau 45). Le tri granulométrique, par enrichissement en fraction fine redistribuée depuis l'amont, s'accorde avec cette interprétation.
L'exemple de l'expérience 4 de notre référentiel (*cf.* pp. 71-75), comparable par le contexte morpho-sédimentaire de cône colluvial, nous informe qu'à ce stade de dégradation, les structures résiduelles peuvent ne représenter qu'1/5e des ensembles initiaux. Ces redistributions significatives rendent le site de Diepkloof comparables à ceux que décrit Brochier (1999). Selon cet auteur, « le matériel [...] plus ou moins déplacé par colluvionnement ou alluvio-colluvionnement [...] n'est pas exploitable pour l'étude de l'espace habité » (Brochier, *op. cit.* : 21).
Pour notre part, nous pensons que les structures résiduelles qui caractérisent cet état de modification intermédiaire sont des éléments qui peuvent guider l'interprétation de la structuration de l'espace par les Préhistoriques, gardant à l'esprit qu'une partie importante du matériel non associé à ces structures a pu être naturellement déplacé.

Enregistrement stratigraphique

Raisonner sur la succession chronologique du matériel contenu dans les différents lits se heurte à la remarque de Stein (1987 : 344) selon laquelle : « *the law of superposition applies only to deposits, and not to the sedimentary particles they contains* ». Le transfert du principe de superposition des dépôts à leur contenu fait en effet appel à l'hypothèse implicite que le contenu des sédiments n'est pas issu de dépôts plus anciens, érodés (Hedberg, 1979).

Cette hypothèse est ici mise en défaut par deux observations :

- Les rigoles recoupent plusieurs lits (planche 7B). Le matériel érodé a alors pu être associé aux vestiges des occupations postérieures (figure 115A et B).
- Des éléments de pavages ont été redistribués et ont donné naissance aux lits gris. Ce matériel en position secondaire peut être à l'origine d'inversions stratigraphiques locales. En effet, des vestiges peuvent être enfouis dans la partie distale du cône alors que les pavages qui se forment dans la partie amont exhument et associent des vestiges de différentes occupations. Lorsque les pavages sont redistribués, ces vestiges

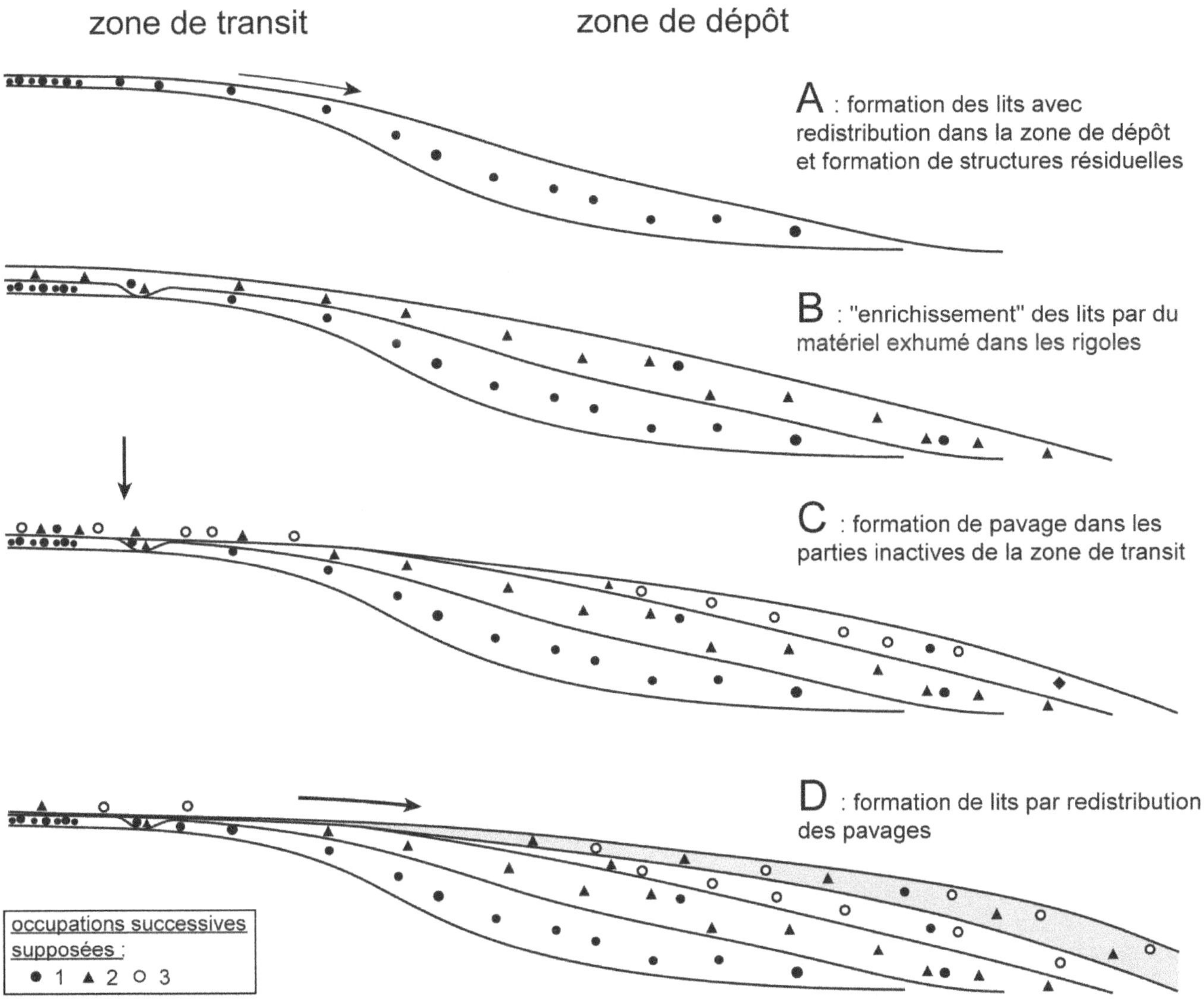

zone de transit
zone de dépôt
A : formation des lits avec redistribution dans la zone de dépôt et formation de structures résiduelles
B : "enrichissement" des lits par du matériel exhumé dans les rigoles
C : formation de pavage dans les parties inactives de la zone de transit
D : formation de lits par redistribution des pavages
occupations successives supposées :
● 1 ▲ 2 ○ 3

figure 115 : Abri de Diepkloof, perturbations reconnues.

II
I
zone de transit
A
I II III IV V
zone de dépôt
occupations
● 1 ▲ 2 ○ 3 △ 4
lit constitué d'éléments de pavages redistribués
B
nappes de vestiges
IV
III
II
I
C1
II
I
C2
V
IV
III
II
I

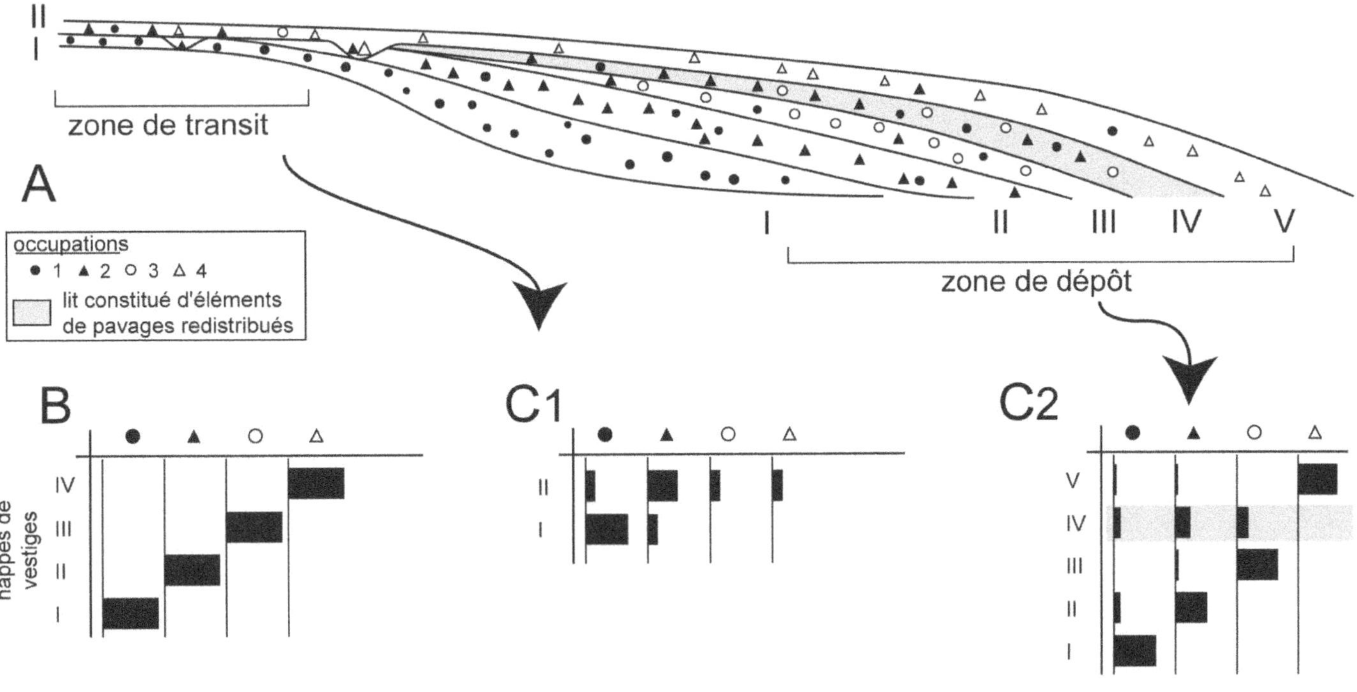

figure 116 : Abri de Diepkloof, qualité de l'enregistrement stratigraphique A - schéma stratigraphique, B - composition des nappes de vestiges dans le cas d'un enregistrement stratigraphique idéal, C - composition supposée des nappes de vestiges, dans la zone de transit (C1) et dans la zone de dépôt (C2).

exhumés d'anciennes occupations surmontent ceux des occupations plus récentes (figure 115C et D).

A l'inverse, deux observations attestent qu'une information stratigraphique est préservée dans les dépôts de cette unité :

- les structures dégradées, mais *in situ*, montrent qu'une partie du matériel archéologique est en position stratigraphique normale ;
- dans ce contexte de dépôts à accrétion progressive, le matériel ne peut être redistribué que dans des lits juxtaposés ou sus-jacents, ce qui implique qu'à une échelle suffisamment petite, le principe de superposition peut être appliqué.

On représente schématiquement sur la figure 116 les biais de l'enregistrement de la séquence archéologique pour chacune des deux zones de dépôts reconnues.

Selon ce schéma, les propriétés d'enregistrement stratigraphique des deux zones du système morpho-sédimentaire sont les suivantes :

1/ La zone de transit, formée par le toit du cône, offre une séquence contractée. Les vestiges de différentes occupations peuvent être condensés sur une même surface, où ils forment des pavages résiduels. Lorsque les redistributions latérales qui accompagnent la formation de ces pavages restent modérées, des structures originelles résiduelles peuvent être préservées.

2/ La partie distale du cône livre une séquence dilatée, du fait d'un taux de sédimentation plus important. L'enregistrement sédimentaire mêle des ensembles à redistribution latérale dominante (cas des lits de cendres blanches), mais en position stratigraphique normale, à de pavages en position secondaire, représentés par les lits gris riches en fraction grossière. La forte proportion de ces lits gris atteste de l'importance de ce matériel en position anormale qui vient perturber l'enregistrement stratigraphique.

Ces perturbations tiennent donc à la contamination des ensembles de vestiges en cours d'enfouissement par du matériel soustrait à des dépôts plus anciens ; elles sont comparables à celles que décrivent Hughes et Lampert (1977) pour le piétinement d'un sédiment sableux meuble. C'est pourquoi nous reprenons à ces auteurs la qualification de l'enregistrement stratigraphique dans de tels dépôts :

« *such sites [...] may be expected to give only vague depth/age relationships* »[23] (Hughes et Lampert, *op. cit.* : 139).

4.3. Conclusion

La succession des lits qui est à l'origine du caractère stratifié des dépôts à industrie du *Middle Stone Age* est essentiellement produit par la superposition de dépôts redistribués par ruissellement lors d'averses importantes et peu fréquentes. Cette sédimentation reprend des sédiments plus ou moins longtemps exposés en surface. L'exposition des sédiments en surface s'accompagne d'une résidualisation des dépôts, d'une diagenèse par enrichissement en phosphates et par dissolution des éléments carbonatés, notamment des cendres. Ainsi, la quasi-totalité des lits clairs observés en section sont formés de sédiments enrichis en phosphates, tandis que les lits sombres sont riches en charbons, concentrés par résidualisation pour la plupart.

Cette sédimentation donne naissance à un cône colluvial. Deux zones, aux propriétés de fossilisation différentes, y sont identifiées. La première est une zone de transit des sédiments qui correspond à la moitié ouest de l'emprise des fouilles. L'accrétion sédimentaire s'y est faite par alternance du couple sédimentation-érosion, cette dernière prenant la forme soit d'une érosion en rigoles, soit de la formation de pavages résiduels. Cette zone livre un enregistrement stratigraphique contracté et partiel. La préservation de faits culturels y est possible sous la forme de traits résiduels. La seconde est une zone de dépôt. La séquence sédimentaire y est plus dilatée, mais elle est en partie composée de lits de matériel remanié. Dans les deux cas, la relation entre l'âge des vestiges et leur profondeur d'enfouissement n'est que grossière.

Cette proposition se place dans le cadre d'une étude diagnostique préliminaire. Le référentiel est ici utilisé pour inférer, à partir des signatures sédimentaires, des organisations remarquables et de tris granulométriques, un degré de modification des ensembles de vestiges et les redistributions latérales et verticales associées. Celles-ci permettent de suggérer les distorsions de la succession des occupations en fonction des zones de sédimentation. Cette interprétation aura à être vérifiée et précisée par l'étude complète des ensembles archéologiques.

En outre, l'étude que nous avons menée montre que le rôle prééminent du ruissellement dans la formation du site n'a pas été perçu par les premières lectures stratigraphiques (Butzer, 1979) et, en particulier que le site ne représente pas un simple empilement d'aires de combustion comme l'a proposé cet auteur. Cela est d'autant plus surprenant qu'aucun processus post-depositionnel n'est venu altérer les signatures sédimentaires diagnostiques. Ce défaut d'appréciation est très probablement à imputer à la faible accessibilité des coupes dont rend compte Butzer (*op. cit.* : 163). Il n'en demeure pas moins que cet exemple soulève la question de la juste appréciation du ruissellement dans la formation des sites archéologiques pléistocènes.

[23] *« dans de tels sites, la corrélation grossière entre la profondeur et l'âge des vestiges n'est que grossière ».*

5. L'ABRI CAMINADE

Le gisement paléolithique de Caminade est situé sur la commune de Sarlat, à 3 km au sud-est de l'agglomération. Le site s'étend au pied d'un abrupt rocheux qui porte à l'affleurement les calcaires gréseux coniaciens, à mi-hauteur d'une forte pente qui forme le flanc sud-ouest d'une colline calcaire.

L'érosion de la colline a exploité un réseau karstique dont il ne subsiste aujourd'hui qu'une petite grotte ; ce recul a dégagé une terrasse qui constitue la partie ouest du site. La partie Est est formée de deux replats calcaires étagés qui courent le long de la paroi sur une vingtaine de mètres (figure 117). Une ravine qui draine le versant sépare ces deux secteurs.

Le site a été découvert en 1948 par B. Mortureux. Celui-ci entreprit la fouille du secteur ouest de la station, où ont été mis au jour deux niveaux d'industries aurignaciennes (Sonneville-Bordes et Mortureux, 1955). Les travaux ont ensuite été étendus à la partie est du gisement par D. de Sonneville-Bordes (figure 117). Dans cette zone, quatre niveaux aurignaciens ont été distingués au-dessus des industries moustériennes. Les niveaux G et F sont deux épisodes d'Aurignacien ancien et la couche D2, d'Aurignacien supérieur, est subdivisée en deux niveaux, D2i et D2s (Sonneville-Bordes, 1970).

Le niveau G de Caminade-Est est l'une des trois industries, avec les niveaux 5d de La Rochette et E' de La Ferrassie, sur lesquelles se base H. Delporte (1964) pour reconnaître une phase très ancienne d'Aurignacien dans le sud-ouest de la France, dénommée Aurignacien 0. Selon Bordes (2000), les mélanges entre les deux niveaux d'Aurignacien ancien de Caminade-Est rendent non pertinente l'individualisation d'une industrie originale à la base de cette séquence. Cette proposition est argumentée par plusieurs observations, au premier titre desquelles les nombreux raccords entre les deux couches d'Aurignacien ancien. Par ailleurs, l'observation d'une orientation préférentielle des liaisons conduit l'auteur à proposer l'hypothèse de « phénomènes post-dépositionnels » qui expliqueraient « les mélanges entre ces niveaux » (Bordes, *op. cit.* : 387).

A la suite de ces travaux, deux questions se posent quant à la séquence archéologique du gisement :

1/ L'action des processus naturels au cours de la formation du site peut-elle être avancée pour expliquer une contamination entre les deux niveaux de la base de la séquence aurignacienne ?

2/ La dégradation de l'enregistrement archéologique se limite-elle à la base de la séquence aurignacienne ?

Ainsi, l'étude de ce site nous permet de tester la capacité du référentiel établi à répondre aux questions soulevées par l'étude des raccords et remontages d'intérêt stratigraphique (Bordes, *op. cit.*).

Pour cela, des travaux ont été repris sur le gisement par J.G. Bordes et nous-même, ayant à notre charge l'identification des agents de sédimentation et de leur rôle dans la formation du site. Trois campagnes de terrain y ont été consacrées (Lenoble et Bordes, 1999 et 2000 ; Bordes et Lenoble, 2001). Elles ont permis la relecture des coupes et la fouille de cinq témoins respectés par les investigations précédentes (figure 117).

5.1. Les observations d'H. Laville

Une étude sédimentologique de la partie est du site a été menée par H. Laville (Laville et Sonneville-Bordes, 1967 ; Laville, 1975). Cette étude s'appuie sur les variations de texture et de composition de la terre fine, ainsi que sur les variations de granulométrie et d'altération de la fraction grossière caillouteuse. Deux principaux modes de sédimentation sont reconnus : le ruissellement et l'accumulation de débris cryoclastiques. Des horizons paléopédologiques sont identifiés et distingués des accumulations de cailloux calcaires. Une interprétation climatique est proposée (tableau 55 et figure 118).

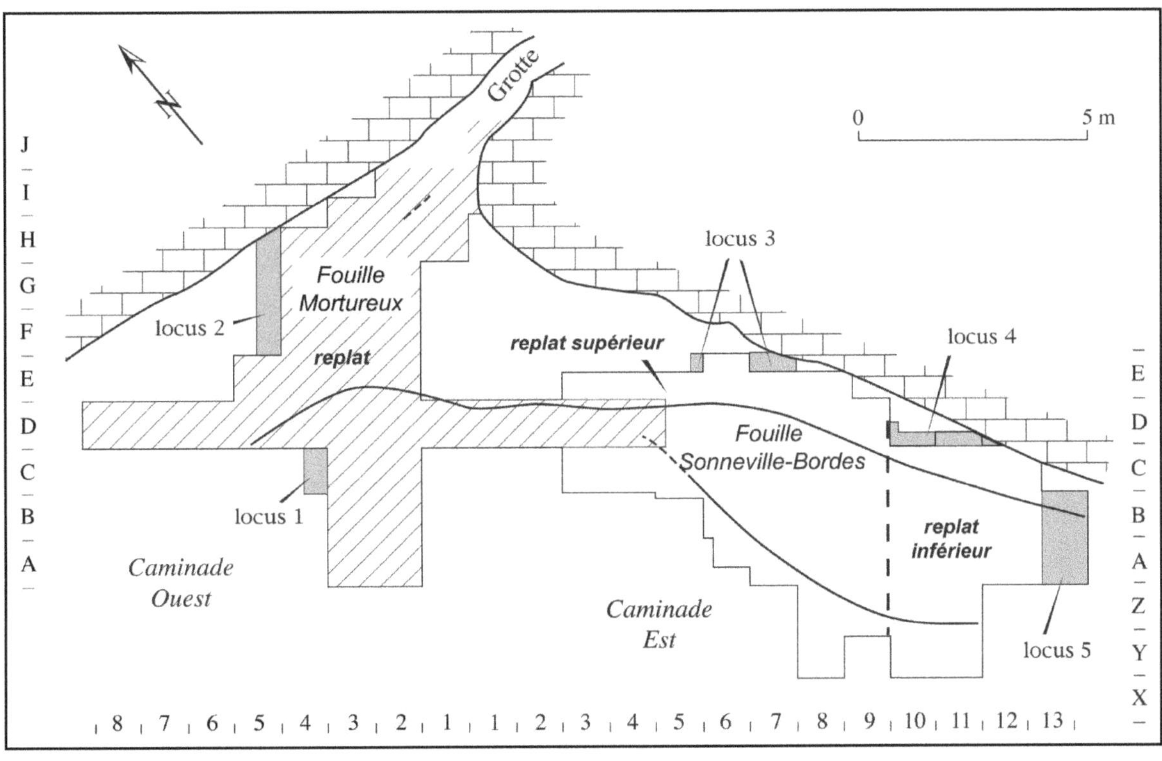

figure 117 : Abri Caminade, plan du site et localisation des différentes fouilles. Les replats calcaires de la partie est du site sont représentés. Le trait en tirés indique l'emplacement de la coupe représentée figure 118.

Couche	Lithologie	N°	Processus inféré	Interprétation climatique	Industrie
M1	Granules calcaires émoussés ; ciment sablo-argileux jaune-rouge à structure particulaire	1	Cryoturbation et solifluxion	élévation de température dans un contexte rigoureux. Ultime prolongement de conditions climatiques adoucies	Moustérien
M1s	Petit éboulis à ciment sablo-argileux jaune-rouge ; structure grumeleuse	2	cryoclastie	Conditions nettement plus froides	
M2	Sable argileux rouge jaune à structure anguleuse	3	Horizon d'accumulation (illuviation)	Période humide et plus douce	
M3b -base	Eboulis de fortes dimensions et matrice sablo-argileuse rouge-jaune	4	Cryoclastie Pas de lessivage	Période froide. Légère variation climatique caractérisée par une faible diminution des actions de gélivation (m3b)	
M3b	Eboulis calcaire dispersé dans un sable argileux rouge-jaune	5			
M3s	Eboulis calcaire altéré au sommet à matrice sablo-argileuse rouge-jaune	6			
		7	Altération et developpement d'un sol lessivé	Episode climatique tempéré et humide	-
hiatus		8	érosion		
		9	Recul de l'abri	période plus froide et humide	Pointes de Châtelperron
G et base de F	Eboulis anguleux et matrice sableuse rouge-jaune à structure particulaire	10	Cryoclastie	Conditions froides et sèches	Aurignacien ancien
Sommet de F	Sable argileux brun à structure sub-anguleuse ; «fantômes» d'éléments calcaires. Latéralement, granules calcaires émoussés à matrice argileuse.	11	Solifluxion et cryoturbation	Conditions plus douces et plus humides	
D2	Sable argileux brun à structure sub-anguleuse à anguleuse ; graviers exogènes Plaquettes disposées en cuvettes	12	Ruissellement, ravinement au sommet	Episode climatique tempéré et humide	Aurignacien récent
Remplissage stérile	Sables argileux brun rouge à nombreuses concrétions calcaires	13	Décarbonatation	Pédogenèse, érosion et plusieurs phases de dépôt	-

tableau 55 : Abri Caminade, lithostratigraphie et interprétation climatique de H. Laville (d'après Laville, 1975 et Laville et al., *1980).*

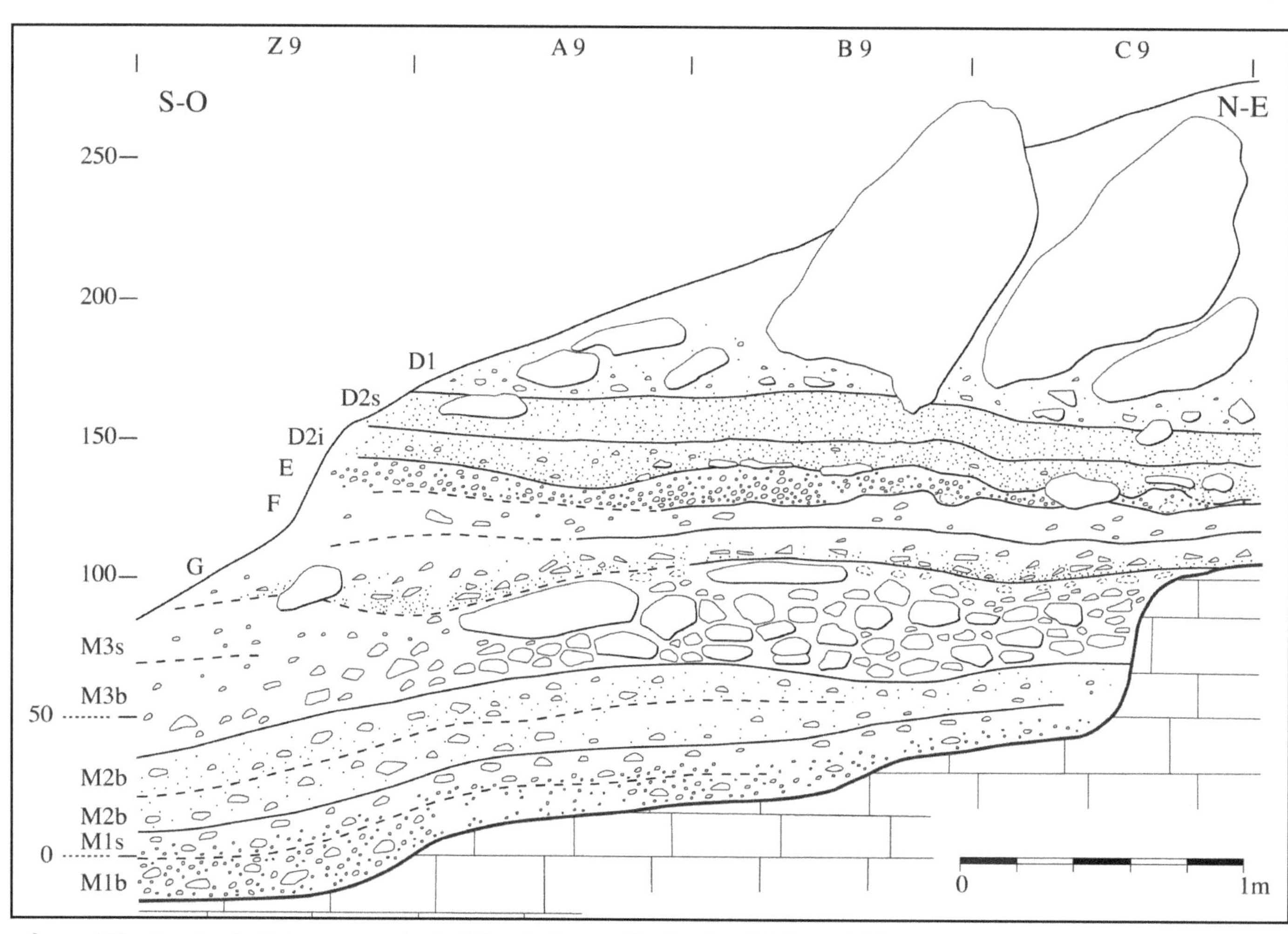

figure 118 : Caminade-Est, coupe sagittale (d'après Sonneville-Bordes, 1970, modifié).

5.2. Lithostratigraphie

Les locus fouillés et les coupes nettoyées permettent de prendre en compte l'ensemble des dépôts du site, à l'exception de la partie supérieure du remplissage de Caminade-Est (remplissage stérile de Laville), dont il ne subsiste aucun témoin.

5.2.1. Description des dépôts

La lecture de terrain se complète d'analyses de laboratoire dont le détail a été exposé ailleurs (Lenoble et Bordes, 2000 ; Bordes et Lenoble, 2001). Cette lecture donne lieu à un nouveau découpage stratigraphique qui prend en compte la totalité des dépôts du site.
Quatre unités lithostratigraphiques sont reconnues, de haut en bas :

- Unité I (remplissage stérile de Laville)
Actuellement, cette unité est visible sur les coupes de Caminade-Ouest. Sous 20 cm de déblais se rencontre un sable moyen à grossier limoneux à structure grumeleuse brun-rouge sombre (5 Y/R 3/3) contenant quelques blocs calcaires épars. Les sédiments sont bioturbés et aérés. Ces caractères s'estompent progressivement en profondeur pour laisser place à un sable limoneux rouge jaunâtre (5 Y/R 4/8) à structure massive. Cette unité est plus épaisse à Caminade-Est, où 1,5 m de dépôts de sables stériles brun-rouge ont été reconnus sous le sol actuel (Laville et Sonneville-Bordes, 1967).

- Unité II (base du remplissage stérile de Laville, couche D1 de Sonneville-Bordes)
Cette unité est épaisse de 0,5 m. Elle se suit sur l'ensemble du site et atteint 1 m de puissance à Caminade-Est, d'après les relevés de Sonneville-Bordes. Cette unité est caractérisée par une abondance de blocs et cailloux calcaires décimétriques à métriques. Le support est matriciel, la matrice étant formée de sables argileux brun-rouge. Dans la partie ouest du gisement, les blocs présentent, sur certaines de leurs faces, une altération en petites cupules alignées (« *etchpits* » de White, 1988). A Caminade-Ouest (rangées 1/-1 du carroyage), ces blocs comblent une poche large d'un mètre environ qui pénètre par un contact érosif l'unité sous-jacente. Les vides d'entassement sont colmatés par des sables et des granules moyennement triés, localement granoclassés, à litage sub-horizontal.

- Unité III (couche D2, E et pour partie F de Laville)
Elle est formée de 0,5 à 1 m de sables bruns micacés à structure massive. A Caminade-Ouest, cette unité représente la totalité des dépôts présents sous l'éboulis. A Caminade-Est, elle est particulièrement bien développée à l'arrière de l'abri. Ces sables argileux contiennent des « fantômes » de cailloux calcaires et des concrétions carbonatées, d'autant plus nombreuses que la paroi est proche. En lames minces, ces concrétions prennent la forme d'hyporevêtements de calcite le long de la porosité biologique ou de cellules de racines calcifiées (Becze-Deak *et al.*, 1997). De nombreux chenaux plurimillimétriques contenant parfois des agrégats fécaux et les plages de sédiment à entassement lâche témoignent également d'une bioturbation des sédiments par la faune du sol, en particulier par les vers de terre.
Ces sables reposent sur le substratum à Caminade-Ouest et le long du replat supérieur de Caminade-Est et, dans la partie est du site, surmontent l'éboulis de l'unité IV en s'éloignant de la paroi. Le contact entre ces deux unités prend la forme d'une surface oblique irrégulière inclinée vers le fond de l'abri (figure 119).
Cette unité contient les industries d'Aurignacien récent et, à Caminade-Ouest et à proximité de la paroi de Caminade-Est, les industries d'Aurignacien ancien.

- Unité IV (couches M1 à M3, G et base de F de Laville)
Cette unité repose sur le replat inférieur de la partie est du site. Elle est épaisse de 0,5 à 1 m et s'amenuise progressivement vers l'ouest. Les dépôts présentent une pente générale d'une dizaine de degrés vers l'ouest et leur forme est convexe en section transverse nord-est / sud-ouest. Ces sédiments contiennent les industries moustériennes et, au sommet de l'unité, les industries d'Aurignacien ancien.
Globalement, cette unité se caractérise par des « blocailles et cailloutis [...] noyés dans un sable argileux rougeâtre » (Laville et Sonneville-Bordes, *op. cit.*). Dans le détail, de nombreuses variations apparaissent. L'ensemble est constitué de l'emboîtement de lentilles métriques à plurimétriques, conformes aux limites de l'unité. Ces lentilles présentent des distributions relatives variables de fraction fine et grossière, depuis des sables argileux brun-rouge à cailloux calcaires épars très altérés jusqu'à des accumulations de cailloux et blocs à structure semi-ouverte (figure 119). Le litage est lenticulaire en section transverse nord-est / sud-ouest et plan subhorizontal en section longitudinale nord-ouest / sud-est.

Trois subdivisions peuvent être faites, de haut en bas :

1/ La moitié supérieure de l'unité est formée de lentilles essentiellement caillouteuses, à faible extension latérale (niveaux Fbase, G et M3 de Laville). Les lentilles à support clastique montrent des granoclassements verticaux et latéraux. La fabrique des débris calcaires est nettement anisotrope (figure 120) et témoigne d'une orientation préférentielle des objets vers le nord-ouest. Les granoclassements verticaux sont le plus souvent inverses. En plan, les éléments grossiers se concentrent en bordure des lentilles caillouteuses où ils sont disposés de champ et fortement orientés (figure 121). Les fronts caillouteux ainsi formés marquent le contact entre cette unité et l'unité III ; de tels fronts ont été observés à l'extrémité est (locus 5) et dans la partie médiane du site (locus 3). A cet endroit, les dépôts de l'unité IV s'étendent sur le ressaut supérieur et le front caillouteux qui limite l'unité est épais (50 cm) et redressé (60°). Sous le microscope, deux types de traits pédologiques résiduels peuvent être observés : (1) des fragments de coiffes cryogéniques grossièrement litées et épaisses (200 µm) sont présentes autour des gravillons et cailloux calcaires ; (2) une structure lamellaire est localement observable sous la forme d'une alternance de bandes infra-millimétriques tantôt pauvres en matrice (distribution relative de type géfurique à simple enrobement des grains), tantôt riches (distribution relative de type géfurique à ponts).

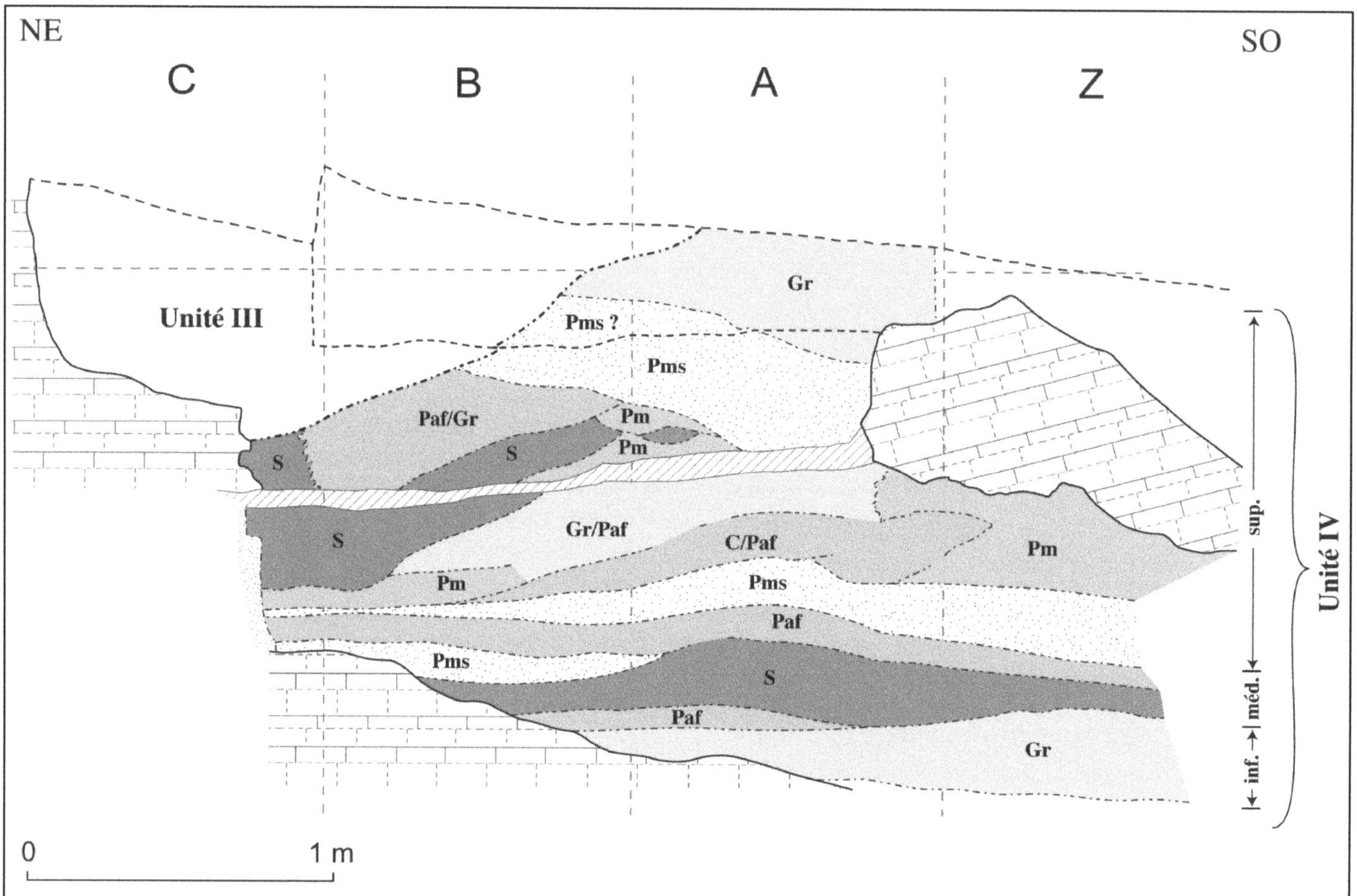

Faciès	Description
S	Sables argileux brun-rouge à graviers et plaquettes calcaires épars altérées
Gr	Granules calcaires émoussés à support clastique, colmatés d'une matrice sableuse brun jaune
Pms	Plaquettes et cailloux calcaires à support matriciel. Matrice de sables argileux brun-rouge
Pm	Plaquettes et cailloux calcaires à fabrique isotrope, colmatés de sables argileux rouge
Paf	graviers et plaquettes calcaires orientés, colmatés de sables brun-jaune ; présence de blocs (C/Paf)

figure 119 : Caminade-Est, agencement des unités lithologiques élémentaires de l'unité IV en section transverse. La partie inférieure de la section est la section 11-12 du carroyage, et la partie supérieure la section 12-13. Inf. : partie inférieure ; méd. : partie médiane et sup. : partie supérieure.

2/ Une couche de sables argileux rouge d'une vingtaine de centimètres d'épaisseur s'étend sur l'ensemble du replat (niveau M2 de Laville). La fabrique des vestiges archéologiques contenus dans cette couche témoigne également d'une orientation préférentielle vers l'ouest, bien que de moindre intensité. Le cortège de minéraux lourds de cette couche la rapproche des altérites colluviées prélevées au-dessus du site. Ce caractère distingue cette couche des autres dépôts du site qui livrent l'assemblage minéralogique du substratum coniacien.

3/ La base de l'unité correspond à une accumulation de 10 à 15 cm d'épaisseur de granules centimétriques et de petites plaquettes calcaires corrodés. Ces éléments présentent un granoclassement vertical inverse. Laville et Sonneville-Bordes (1967 : 42) rapportent la présence d'une mince lentille argileuse sous ces dépôts en avant de l'abri.

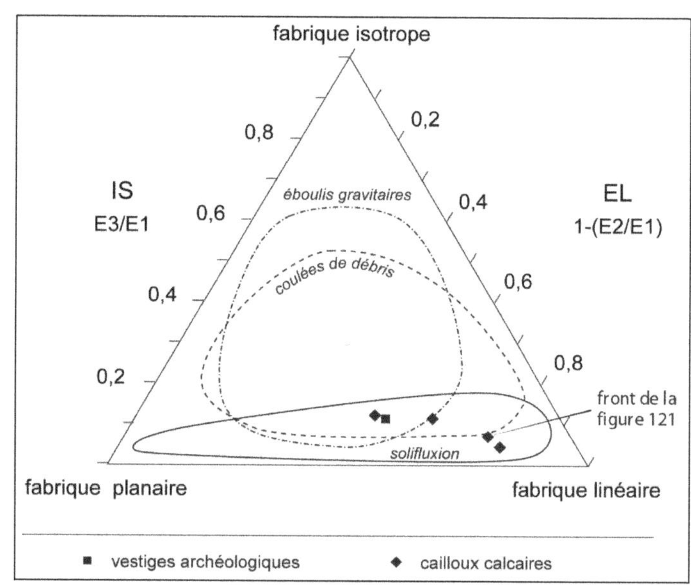

figure 120 : Caminade-Est, fabriques des dépôts du sommet de l'unité IV. Les courbes-enveloppes des dépôts de pentes sont reprises à Bertran et Lenoble (2002).

figure 121 : Caminade-Est, vue du décapage d'une lentille caillouteuse du sommet de l'unité IV. Noter le granoclassement vertical (sur la coupe) et latéral des cailloux, ainsi que leur fabrique. La boussole donne l'échelle.

5.2.2. Interprétation

L'interprétation qui est faite de la mise en place des dépôts est la suivante :

L'unité IV représente la partie distale d'un cône colluvial présent à l'extrémité est du site. Ces dépôts sont redistribués dans le centre du gisement où ils se mêlent aux produits d'éboulisation de l'auvent. Sur la base des organisations observées, de la texture et de la fabrique des dépôts, la solifluxion est reconnue comme le principal processus de redistribution des débris sur le cône. Cet agent de transport est identifié dans la moitié supérieure de l'unité par les fronts caillouteux dégagés à la fouille et, à la base de l'unité, par le granoclassement inverse des débris calcaires. Ce type de dynamique - solifluxion à fronts pierreux - implique un climat périglaciaire (Bertran *et al.*, 1995), ce qu'indiquent également les vestiges de structure lamellaire observés sous le microscope. La partie médiane de l'unité est interprétée, sur la base de sa texture et de sa structure (diamicton), comme des dépôts de coulée de débris (Van Steijn *et al.*, 1995).
Le sol rocheux de l'abri qui n'est pas couvert par les dépôts de l'unité IV contenant de l'industrie moustérienne est fortement altéré. Cette altération est montrée par les nombreuses fissures parallèles à la paroi qui débitent la roche saine en plaquettes. Nous nous accordons avec Laville (1975) pour penser que cette fracturation est le témoignage d'une phase de recul de l'abri qui précède les occupations aurignaciennes. Toutefois, aucune trace du hiatus inféré par H. Laville (*op. cit.* : 218) n'apparaît à l'examen des coupes ; le sommet de l'unité IV, qu'il contienne des industries moustériennes ou aurignaciennes, relève du même agent de mise en place : la solifluxion à front pierreux.

L'unité III est mise en place par ruissellement. Cette interprétation est celle de H. Laville (1975 : 219). Nous la partageons dans la mesure où elle rend compte de la texture (sables argileux), de la structure - quelques cailloux dispersés - et de la géométrie des dépôts - les sédiments s'accumulent principalement dans le sillon qui court le long de l'abri, en arrière du cône détritique -. Toutefois, aucune signature sédimentaire (litage ou figure de tri) ne vient supporter cette interprétation. La bioturbation importante par les racines et la faune du sol, dont témoigne l'observation sous le microscope, est probablement en partie responsable de l'absence de traits sédimentaires dans cette unité. L'édification de la base de cette unité est contemporaine des derniers épisodes de fonctionnement de l'unité précédente ; cela se traduit sur les coupes par un contact oblique formé de fronts caillouteux (figure 122). Cette unité peut d'ailleurs être en partie nourrie du lessivage latéral du sommet des dépôts de l'unité IV, juxtaposés.

L'unité II est une phase de démantèlement de l'abrupt par éboulisation. A Caminade-Ouest, cette phase de démantèlement exploite le réseau karstique, comme en témoigne les marques de corrosion de l'éboulis. A Caminade-Est, les blocs nombreux et volumineux qui ont été extraits pour étendre la fouille (notes manuscrites de D. de Sonnevilles-Bordes) représentent les débris d'un ancien auvent aujourd'hui disparu. Cette interprétation est soutenue par la fracturation du sol rocheux parallèle à la paroi, provoquée par la progression du front de gel qui a creusé l'abri. Cette unité scelle les dépôts ; elle est probablement responsable de leur fossilisation.

L'unité I correspond à l'accumulation postérieure de colluvions. Des épisodes sub-actuels de sédimentation peuvent y être inclus, la couverture forestière actuelle n'ayant pas plus de quelques décennies.

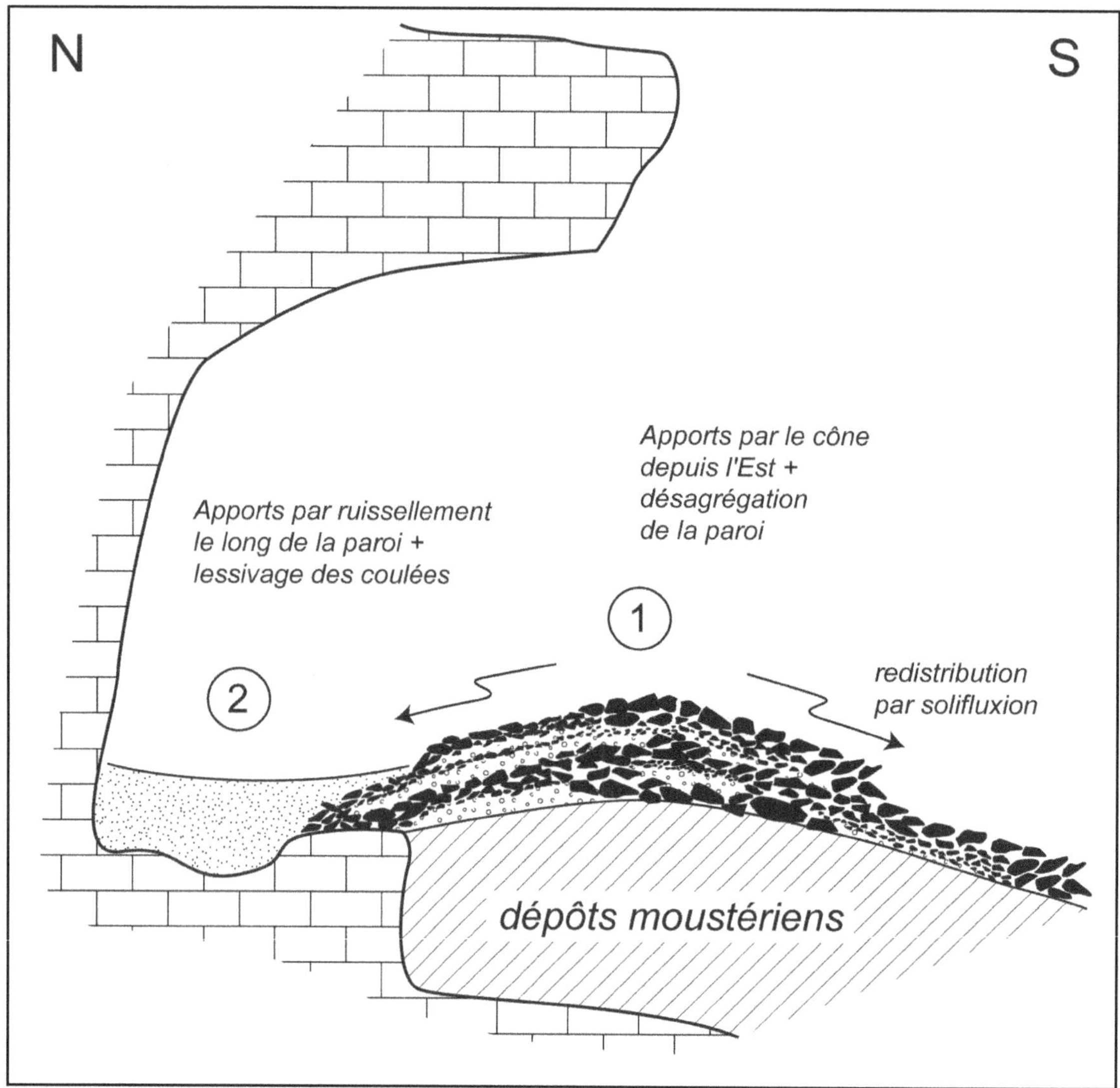

figure 122 : Caminade-Est, reconstitution du fonctionnement de l'abri au cours des occupations d'Aurignacien ancien. Le sommet de l'unité IV (1 : éboulis redistribués par solifluxion à front pierreux) est contemporain de la base de l'unité III (2 : sables argileux déposés par ruissellement).

L'interprétation que nous faisons des dépôts du site ne retrouve pas les événements climatiques inférés par H. Laville. Cette absence d'enregistrement climatique détaillé est soutenue par la lecture en lames minces. En particulier, aucun trait textural attribuable à des paléosols lessivés contemporains d'une période tempérée ou seulement d'un radoucissement climatique n'a été observé.

5.3. Dégradations des ensembles de vestiges

Les sédiments de l'unité III sont déposés par ruissellement. Ces dépôts sont documentés par la fouille des locus 2, 3 et 4 ainsi que par les carnets des fouilles anciennes, où sont consignées les coordonnées cartésiennes des objets de longueur supérieure à 2 cm. Ces sédiments contiennent la totalité des industries d'Aurignacien récent, les industries d'Aurignacien ancien de la partie ouest du site et les industries d'Aurignacien ancien recueillies à l'arrière de l'abri dans la partie est du gisement.

5.3.1. Paléotopographie

Deux nappes de vestiges sont distinguées par les fouilles récentes, séparées par quelques centimètres de sédiment stérile (Bordes et Lenoble, 2002). La nappe inférieure contient les industries d'Aurignacien ancien ; elle se raccorde aux couches F et G de D. de Sonneville-Bordes et c.2 de B. Mortureux. La nappe supérieure livre des vestiges d'Aurignacien récent dans le prolongement des couches D2i et D2s des fouilles anciennes (figure 123).

La géométrie de ces nappes est documentée par les différentes projections et par la cartographie des courbes de niveaux de la base de ces nappes.

Ces courbes de niveau ont été établies en considérant, pour chaque sous-carré de 25 cm de côté, l'altitude du plus bas vestige côté, tant que cette valeur reste comprise dans les limites intérieures de la distribution d'altitudes[24]. Ce truchement permet d'exclure les vestiges qui s'écartent trop de la nappe de vestiges ; seuls les sous-carrés présentant plus de cinq vestiges côtés sont pris en compte.

Selon ces documents, les éléments qui structure la topographie du site au moment de la mise en place des vestiges aurignaciens sont les suivants (figure 123) :

- Le cône détritique qui entre depuis la terminaison est du site forme un replat à l'avant de l'abri.
- Entre ce replat et la paroi court une dépression linéaire qui rejoint la pente du coteau par un seuil très marqué dans les rangées -4 / -5.

[24] Les limites intérieures a_1 et a_3 d'une distribution sont définies telles que a_1 = 1er quartile - (1,5 IQ) et a_3 = 3ème quartile + (1,5 IQ), IQ étant l'intervalle interquartile (Dodge, 2001 : 113).

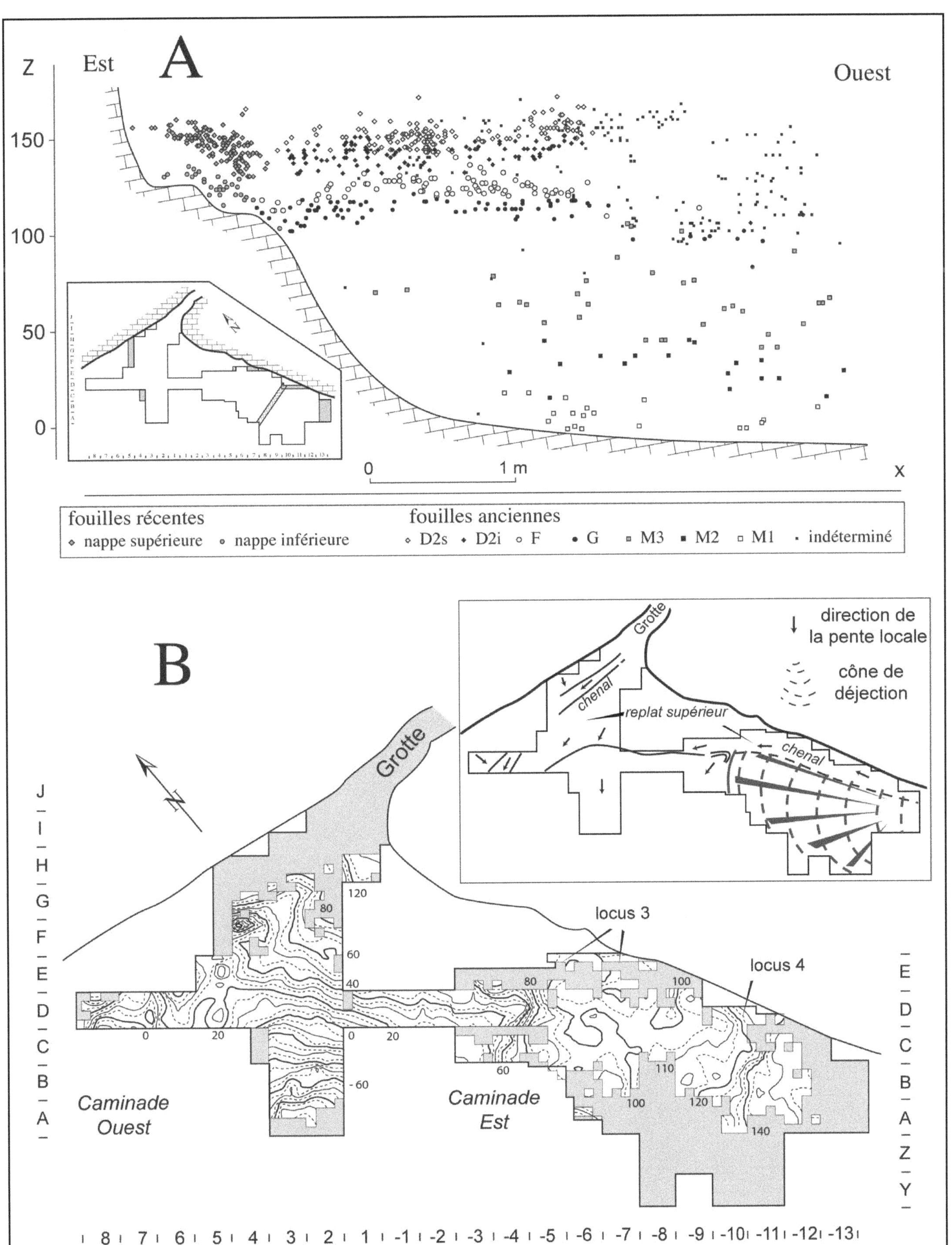

figure 123 : Abri Caminade. Géométrie des nappes de vestiges. A - projection oblique des vestiges côtés lors de fouilles anciennes et récentes. La localisation de la bande sélectionnée est portée en noir dans le plan en encart. Les deux nappes distinguées par les fouilles récentes se raccordent aux quatre niveaux de D. de Sonneville-Bordes. B - courbes de niveaux de la base de la nappe de vestiges d'Aurignacien ancien. Les courbes sont étiquetées en cm. Les altitudes sont établies par rapport à une altitude arbitraire. La lecture de la paléotopographie au moment de la mise en place des vestiges aurignaciens est portée en encart.

- À Caminade-Ouest, une dépression linéaire existe également ; elle se place dans le prolongement de la cavité et ses flancs livrent un relief de dissolution. Ces caractéristiques permettent d'y reconnaître un héritage de la morphologie karstique.

Cette lecture topographique autorise plusieurs hypothèses sur la nature et les directions des écoulements qui sont à l'origine de l'unité III :

- A Caminade-Est, les écoulements associés à l'enfouissement des nappes de vestiges ont pu se concentrer le long de la paroi. La direction de ces écoulements varie entre N 325°E et N 350°E pour le locus 4 et entre N 310 et N 330°E pour le locus 3. La largeur de la forme qui concentre les écoulements atteint, tout au plus, 1 m.
- A Caminade-Ouest, la partie nord du replat est structurée par le chenal hérité de la morphologie karstique. L'encaissement de cette forme est propice à des écoulements concentrés. La partie sud est contrôlée par la pente du coteau.

5.3.2. Caractéristiques des ensembles de vestiges

La caractérisation des ensembles de vestiges se base sur les observations faites à la fouille, ainsi que sur la distribution verticale des vestiges, leur fabrique, leur tri granulométrique et les orientations de raccords. Ces procédures analytiques ont été réalisées pour la partie est du gisement. Les qu elques lambeaux révélés par la fouille du locus 2 ont été jugés insuffisants pour utiliser ces procédures dans la partie ouest du gisement. Les silex taillés récoltés à la fouille étant patinés, aucun lustre d'abrasion n'a été recherché.

Distribution verticale des objets

Les variations verticales de nappes de vestiges sont appréciées à partir de la projection des objets côtés - longueur supérieure à 2 cm - et des variations pondérales des vestiges recueillis au tamisage -longueur inférieure à 2 cm -.

Celles-ci ont été établies pour trois colonnes-échantillon représentant la fouille d'un 1/20ᵉ de m² sur toute l'épaisseur de l'unité III. La colonne E-6y se situe dans le locus 3 et les colonnes D-10k et D-10y dans le locus 4.

Comme le montre la figure 121, à la remarque de D. de Sonneville-Bordes (1970) selon laquelle « la distinction [entre D2i et D21s] était parfois difficile à établir » (Sonneville-Bordes, *op. cit.* : 79) répond une continuité dans la distribution verticale des vestiges. Celle-ci n'est ponctuée que par des augmentations locales, sur de faibles épaisseurs, du nombre de pièces retrouvées.
La composition de la nappe inférieure est plus hétérogène. Lorsque cette nappe se dilate dans une forte épaisseur de sédiment, plusieurs horizons peuvent y être distingués : trois, par exemple, dans le cas du locus 3. Latéralement, ces horizons se mêlent en un ensemble indivisible, à l'exemple du locus 4 (figure 124).

Organisations remarquables

Une structure de combustion a été observée à la fouille du locus 3 (Lenoble et Bordes, 2000). Cette structure se place au droit de la dépression du substratum présente en E-5 où les horizons de la nappe inférieure sont déprimés. La fouille de l'un d'eux (z = 95 cm) a livré une riche lentille de charbons d'os et de silex brûlés reposant sur un horizon millimétrique rubéfié. La limite supérieure de cet horizon est nette, et la limite inférieure diffuse. Ces caractères sont, selon Wattez (1992), ceux d'un front de combustion. La superposition de matériel brûlé sur ce front permet d'y reconnaître une structure de combustion *in situ*.

Deux types d'organisations remarquables qui caractérisent une redistribution d'objets par ruissellement ont également été identifiées (figure 125) :

- A Caminade-Ouest, une figure d'affouillement, à remplissage de sables grossiers a été mise au jour dans le comblement du chenal (locus 2). Cet affouillement est long d'une vingtaine de centimètres et profond de 3 à 4 cm. Il se place dans le prolongement d'un chicot calcaire préservé par la corrosion du substratum. Des vestiges

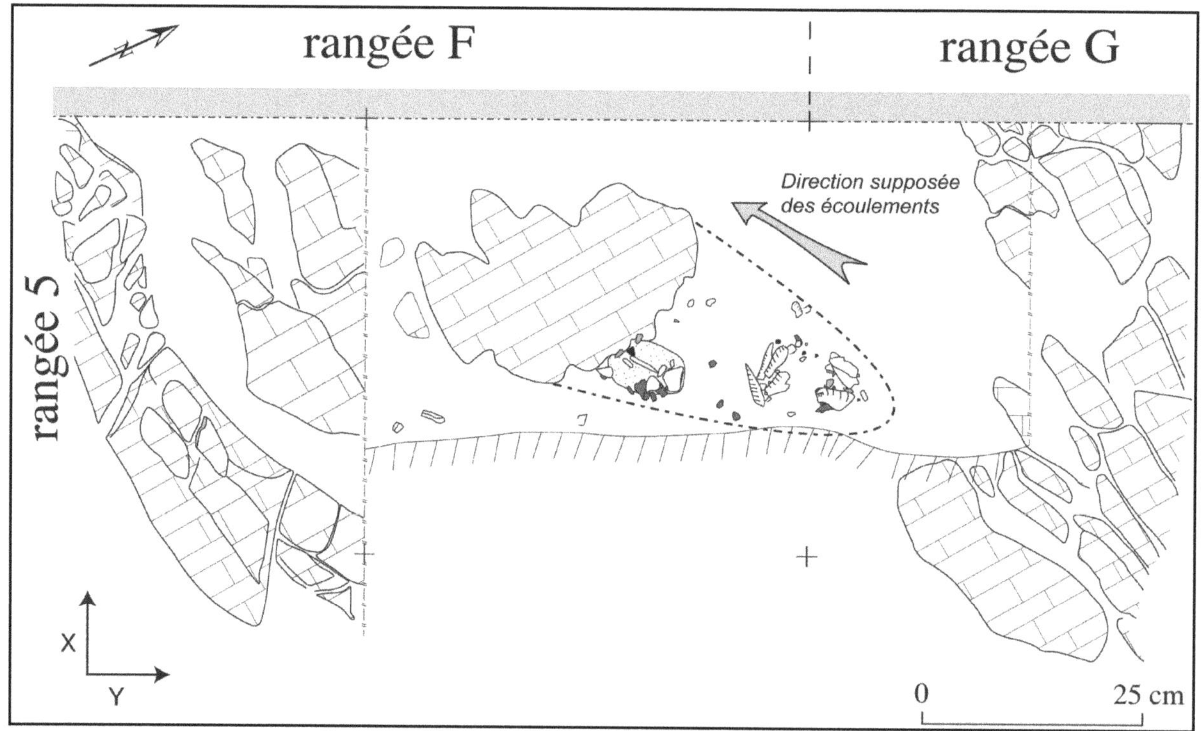

figure 125 : Caminade-Ouest, unité III, regroupements de vestiges archéologiques piégés dans un affouillement en arrière d'un obstacle.

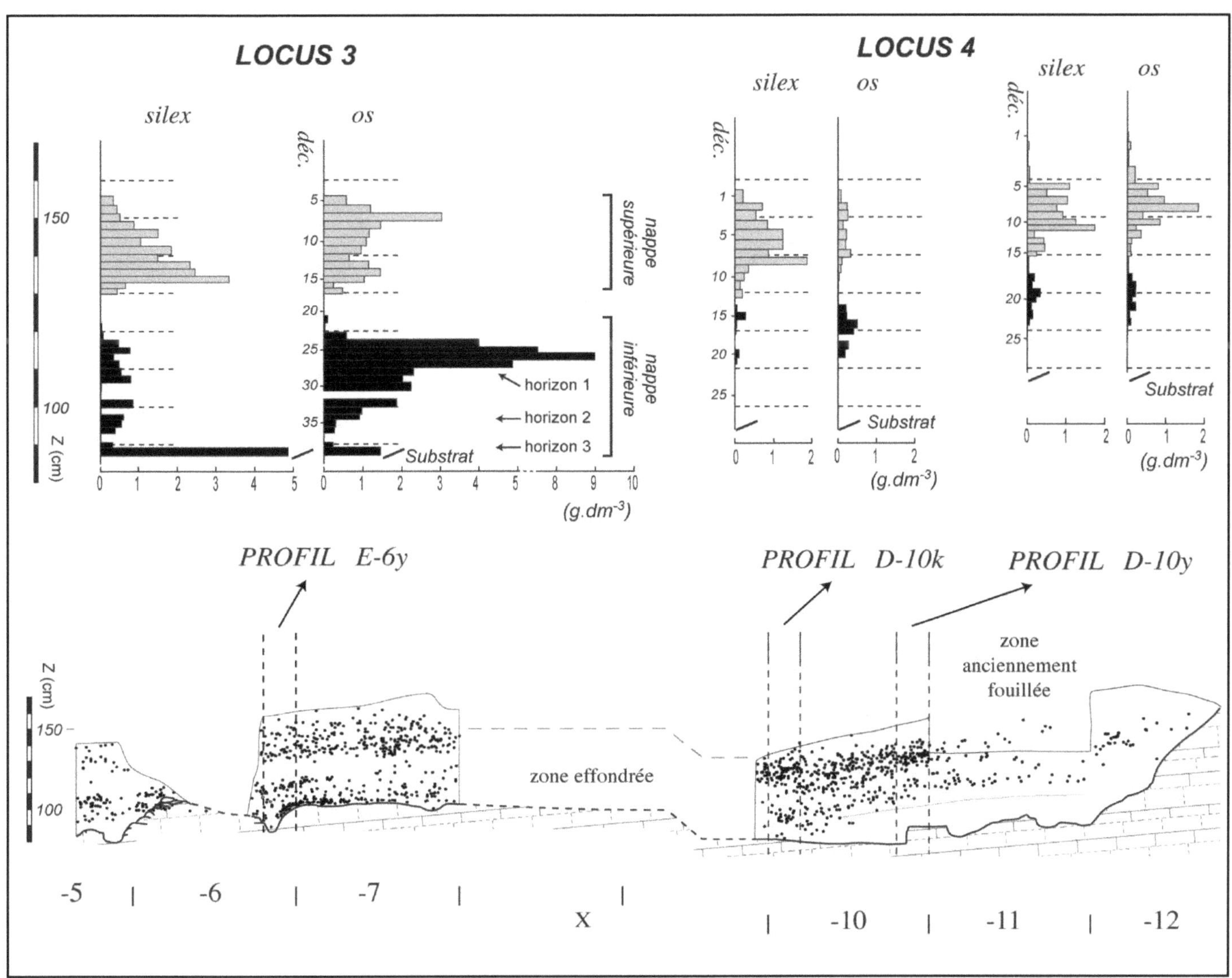

figure 124 : Caminade-Est, unité III fouilles récentes, projection frontale des pièces coordonnées des locus 3 et 4 et distribution verticale par catégorie de vestiges de la masse des refus de tamis. En gris : nappe supérieure ; en noir : nappe inférieure.

Série		*N*	*Direction moyenne*	*Test de Rayleigh*		*Paramètres de Woodcock*			*Indices de Benn*	
				L	*p*	*E1*	*E2*	*E3*	*EL*	*IS*
Locus 3										
Nappe sup.		75	288°E 7,8°	13,4	0,261	0,527	0,418	0,055	0,217	0,104
Nappe inf.	Haut	42	123,3°E 3,7°	29,3	**0,027**	0,622	0,337	0,041	0,458	0,066
	Bas	41	316,1°E 5,2°	26,7	0,054	0,589	0,341	0,07	0,421	0,119
Locus 4										
Nappe sup.	Haut	43	308,9°E 10,3	11,2	0,585	0,512	0,403	0,085	0,213	0,166
	Milieu	44	322,6°E 8,6°	34,0	**0,006**	0,653	0,317	0,030	0,515	0,046
	Bas	43	347,9°E 2,7°	14,6	0,401	0,542	0,396	0,061	0,269	0,113
Nappe inf.		41	296,1° E14,3°	17,89	0,269	0,558	0,373	0,069	0,332	0,124

tableau 56 : Abri Caminade, caractérisation statistique des fabriques des vestiges archéologiques des locus 3 et 4. Les valeurs du test de Rayleigh statistiquement significatives sont en gras.

archéologiques atteignant 5 cm de longueur y sont piégés. Les plus gros sont regroupés en figures de blocage.

- A Caminade-Est, locus 4, les objets archéologiques de la nappe inférieure forment des figures de blocage, c'est-à-dire des regroupements d'objets de taille comparable, qui sont parfois alignés, à l'image d'objets redistribués dans une rigole. Les objets qui composent ces figures sont des outils, des éclats et des blocs qui sont parmi les plus gros objets côtés à la fouille.

Dans le premier cas, ces figures sont connues pour se former à l'amont des obstacles (Reineck et Singh, 1980). Dans le second cas, l'inclinaison de la surface sur laquelle repose les objets est utilisée pour identifier le sens de l'écoulement qui a généré ces regroupements. Dans les deux cas, les directions d'écoulement déduites de ces figures sont semblables à celles inférées de la lecture paléotopographique.

Fabriques

Le nombre élevé de vestiges mesurés dans la nappe supérieure de Caminade-Est permet d'observer en détail l'évolution verticale de la fabrique. Le calcul des paramètres L et p de Curray (1956) sur des séries de quarante objets se succédant dans l'ordre stratigraphique[25] met en évidence des variations importantes (figure 126).
Selon cette figure, l'orientation des vestiges de la nappe supérieure du locus 3 ne présente aucune orientation préférentielle. En revanche, cette même nappe supérieure peut, dans le locus 4, être subdivisée en trois ensembles (figure 126B) :

- les tiers supérieur et inférieur de cette nappe sont composés de vestiges pour lesquels la distribution des orientations est aléatoire ;
- le tiers médian regroupe des objets dont l'orientation préférentielle est très significative, selon la direction moyenne N 322°E, c'est-à-dire conformément à la direction supposée des écoulements.

Cette partition des ensembles de vestiges selon leur fabrique se lit sur le diagramme de Benn (figure 127). Un premier groupe correspond aux fabriques planaires, qui sont semblables ou s'approchent de celles des nappes de vestiges non perturbées. Un second groupe est formé des fabriques intermédiaires entre les pôles planaire et linéaire, dont l'orientation préférentielle est statistiquement significative et qui ne sont comparables qu'à celles d'objets redistribués par ruissellement (nappe inférieure du locus 3 et tiers intermédiaire de la nappe supérieure du locus 4, tableau 56). Les fabriques corroborent donc l'hypothèse d'une redistribution d'une partie des vestiges au cours de l'enfouissement.

Orientation des raccords

Les raccords réalisés par Bordes (2000) permettent de procéder au test d'une orientation préférentielle en fonction de la distance de liaison, comme nous l'avons proposé à la suite de nos expériences (*cf.* p. 126).

De la lecture paléotopographique réalisée, nous faisons l'hypothèse d'une redistribution de vestiges par ruissellement dans le chenal qui longe la paroi et dont la largeur est estimée à 1 m (figure 123A). Le test est réalisé en considérant les raccords de distance supérieure et inférieure à 1,5 fois la largeur de la structure reconnue soit, ici, 1,5 m. Les paramètres de Curray sont établis pour ces deux catégories de liaisons.

Les résultats montrent que (figure 128) :

1/ les liaisons à grande distance sont significativement orientées, à la différence des liaisons courtes ;

2/ l'orientation des liaisons à grande distance est conforme à celle du chenal. Une différence entre la direction moyenne des grandes liaisons révélée par le vecteur moyen de Curray (115°) et celle du chenal (140°-160°) apparaît. Mais cette différence est à imputer à quelques raccords mettant en jeu des pièces situées à l'avant de l'abri (figure 128C).

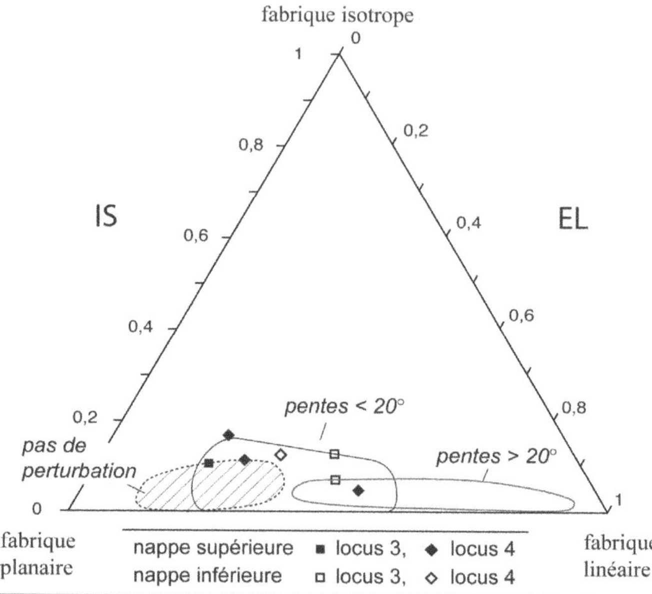

figure 127 : Abri Caminade, unité III, fabriques des différentes séries des locus 3 et 4 confrontées au référentiel expérimental.

L'orientation des liaisons des vestiges d'Aurignacien ancien de Caminade-Est s'accorde donc avec une redistribution des objets par ruissellement concentré dans le chenal qui longe la paroi.

Tris granulométriques

La recherche de tri granulométrique a été systématique pour les échantillons à partir desquels a été décrit la distribution verticale des vestiges. Pour cela, les vestiges lithiques côtés et non-côtés de chaque décapage ont été dénombrés, par la méthode des colonnes de tamis. Les résultats sont compilés dans le tableau 57 et portés sur la figure 129.

Comme le montre cette figure, les proportions des différentes catégories dimensionnelles varient fortement au sein des trois colonnes. Cette variation additionne deux composantes :

- Les zones pauvres en vestiges, c'est-à-dire les passées entre les deux nappes de vestiges ou entre les différents horizons de chaque nappe, livrent quelques objets de petites dimensions seulement.
- Au sein des nappes de vestiges elles-mêmes, des variations importantes sont mises en évidence. Elles sont différentes entre les deux locus échantillonnés. Pour le locus 4, et en particulier D10y, ces variations de proportions de classes dimensionnelles s'expriment par une sous-représentation de la petite fraction. Dans le cas du locus 3, ces variations tiennent soit à des enrichissement en fraction de petite taille, soit à un enrichissement en fraction la plus grossière, ce dernier cas étant observé au sein de la nappe inférieure.

Ces tris sont confrontés au référentiel expérimental par l'intermédiaire du triangle CD (figure 130). Les spécificités de chaque locus - petits vestiges sur-représentés dans le locus 3 et sous-représentés dans le locus 4 - y sont également mises en évidence.

[25] L'ordination des objets mesurés se fait de haut en bas, conformément au pendage des nappes. L et p sont établis pour la série des quarantes premiers vestiges (1-40). La seconde série est constituée en soutrayant l'objet le plus haut et en ajoutant l'objet placé à la suite des quarantes premiers (2-41) et L et p sont de nouveau établis. Cette procédure est répétée jusqu'à ce que l'objet le plus bas soit pris en compte.

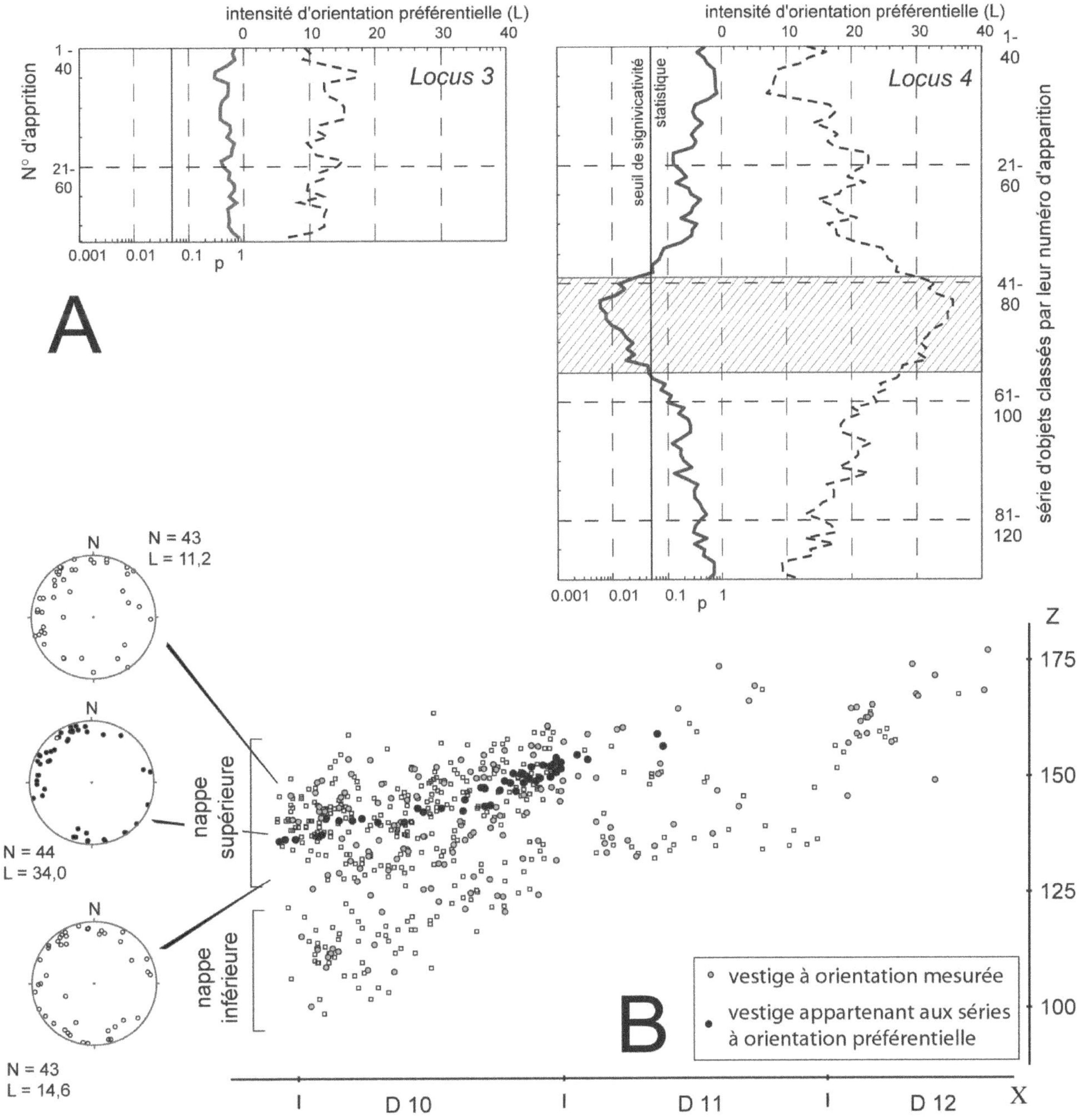

figure 126 : Abri Caminade, unité III, fabriques des nappes de vestiges d'Aurignacien récent. A - évolution verticale des paramètres L et p de Curray (1956), locus 3 et locus 4 ; la zone hachurée correspond aux séries pour lesquelles une orientation aléatoire est rejetée. B - localisation des séries de mesures à orientation préférentielle sur la projection frontale des vestiges côtés du locus 4.

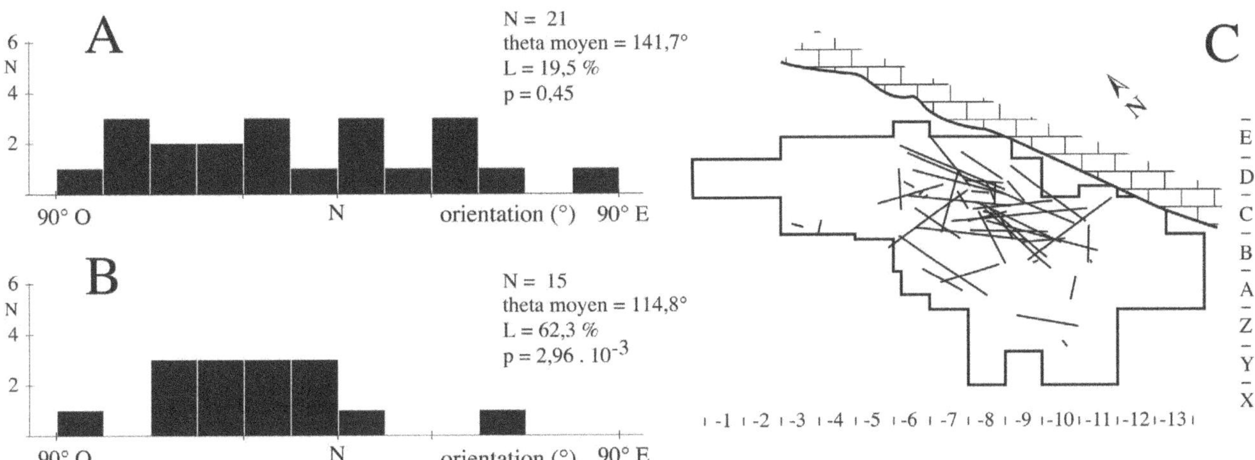

figure 128 : Caminade-Est, Orientation des raccords en fonction de la distance de liaison. A - liaisons courtes (d < 1,5 m) ; B - liaisons longues (d > 1,5 m). C - distribution spatiale des liaisons, selon Bordes (2000 : fig. 9).

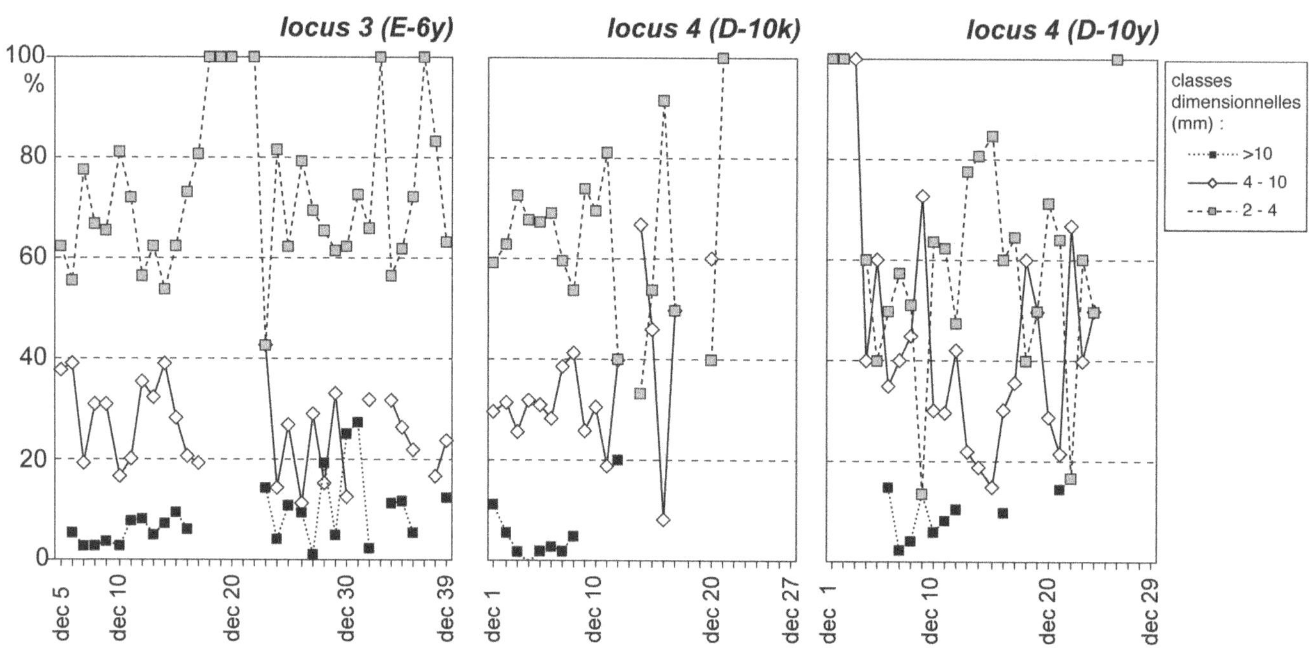

figure 129 : Abri Caminade, unité III. Tri granulométrique des vestiges des trois colonnes-échantillons. déc. : décapage.

Déc.	> 2	> 4	> 10	N	nappe	Déc.	> 2	> 4	> 10	N	nappe	Déc.	> 2	> 4	> 10	N	nappe
Locus 3 (E-6y)																	
5	62,5	37,5	-	8		**17**	80,9	19,1	0	47		**29**	61,5	33,3	5,1	39	
6	55,6	38,9	5,6	18		**18**	100,0	0	0	1	**Sup**	**30**	62,5	12,5	25,0	8	
7	77,8	19,4	2,8	36		**19**	100,0	0	0	1		**31**	72,7	0	27,3	11	
8	66,7	30,8	2,6	39		**20**	100,0	0	0	1		**32**	65,9	31,7	2,4	82	
9	65,5	31,0	3,4	58		**21**	-	-	-	0		**33**	100,0	0	0	9	
10	81,0	16,5	2,5	79		**22**	100,0	0	0	6		**34**	56,6	32,1	11,3	53	**IInf**
11	72,0	20,4	7,5	93	**Sup**	**23**	42,9	42,9	14,3	7		**35**	61,8	26,5	11,8	34	
12	56,5	35,5	8,1	62		**24**	81,6	14,3	4,1	49	**Inf**	**36**	72,2	22,2	5,6	18	
13	62,5	32,5	5,0	120		**25**	62,5	26,8	10,7	56		**37**	100,0	0	0	3	
14	54,0	38,9	7,1	113		**26**	79,2	11,3	9,4	53		**38**	83,3	16,7	0	12	
15	62,3	28,3	9,4	106		**27**	69,6	29,1	1,3	79		**39**	63,3	23,9	12,8	180	
16	72,9	20,8	6,3	48		**28**	65,4	15,4	19,2	26							
Locus 4 (D-10k)																	
1	59,3	29,6	11,1	27		**10**	69,6	30,4	0	23		**19**	-	-	-	0	
2	62,9	31,4	5,7	35		**11**	81,3	18,8	0	16	**Sup**	**20**	40,0	60,0	0	5	
3	72,9	25,4	1,7	59		**12**	40,0	40,0	20,0	5		**21**	100,0	0	0	5	
4	67,9	32,1	0	81		**13**	-	-	-	0		**22**	-	-	-	0	
5	67,3	30,8	1,9	104	**Sup**	**14**	33,3	66,7	0	3		**23**	-	-	-	0	**Inf**
6	69,0	28,4	2,6	116		**15**	53,8	46,2	0	13	**Inf**	**24**	-	-	-	0	
7	59,6	38,5	1,9	52		**16**	91,7	8,3	0	12		**25**	-	-	-	0	
8	53,7	41,5	4,9	41		**17**	50,0	50,0	0	6		**26**	-	-	-	0	
9	74,1	25,9	0	27		**18**	-	-	-	0		**27**	-	-	-	0	
Locus 4 (D-10y)																	
1	100,0	0	0	1		**11**	62,3	29,5	8,2	61		**21**	64,3	21,4	14,3	14	
2	100,0	0	0	2		**12**	47,4	42,1	10,5	19		**22**	16,7	66,7	16,7	6	
3	0	100,0	0	2		**13**	77,8	22,2	0	27	**Sup**	**23**	60,0	40,0	0	5	
4	60,0	40,0	0	10		**14**	81,0	19,0	0	21		**24**	50,0	50,0	0	2	
5	40,0	60,0	0	20		**15**	85,0	15,0	0	20		**25**	-	-	-	0	
6	50,0	35,0	15,0	20	**Sup**	**16**	60,0	30,0	10,0	10		**26**	100,0	0	0	1	**Inf**
7	57,5	40,0	2,5	40		**17**	64,7	35,3	0	17		**27**	-	-	-	0	
8	51,1	44,7	4,3	47		**18**	40,0	60,0	0	10	**Inf**	**28**	-	-	-	0	
9	13,6	72,7	13,6	22		**19**	50,0	50,0	0	12		**29**	-	-	-	0	
10	63,6	30,3	6,1	66		**20**	71,4	28,6	0	14							

tableau 57 : Abri Caminade, proportions des vestiges lithiques par classes dimensionnelles pour les trois colonnes-échantillon. Les classes dimensionnelles sont exprimées en largeur de maille. Déc. = décapage ; N = nombre de vestiges récupérés (fouille et tamisage) ; Sup. = nappe de vestiges supérieure ; Inf. = nappe de vestiges inférieure.

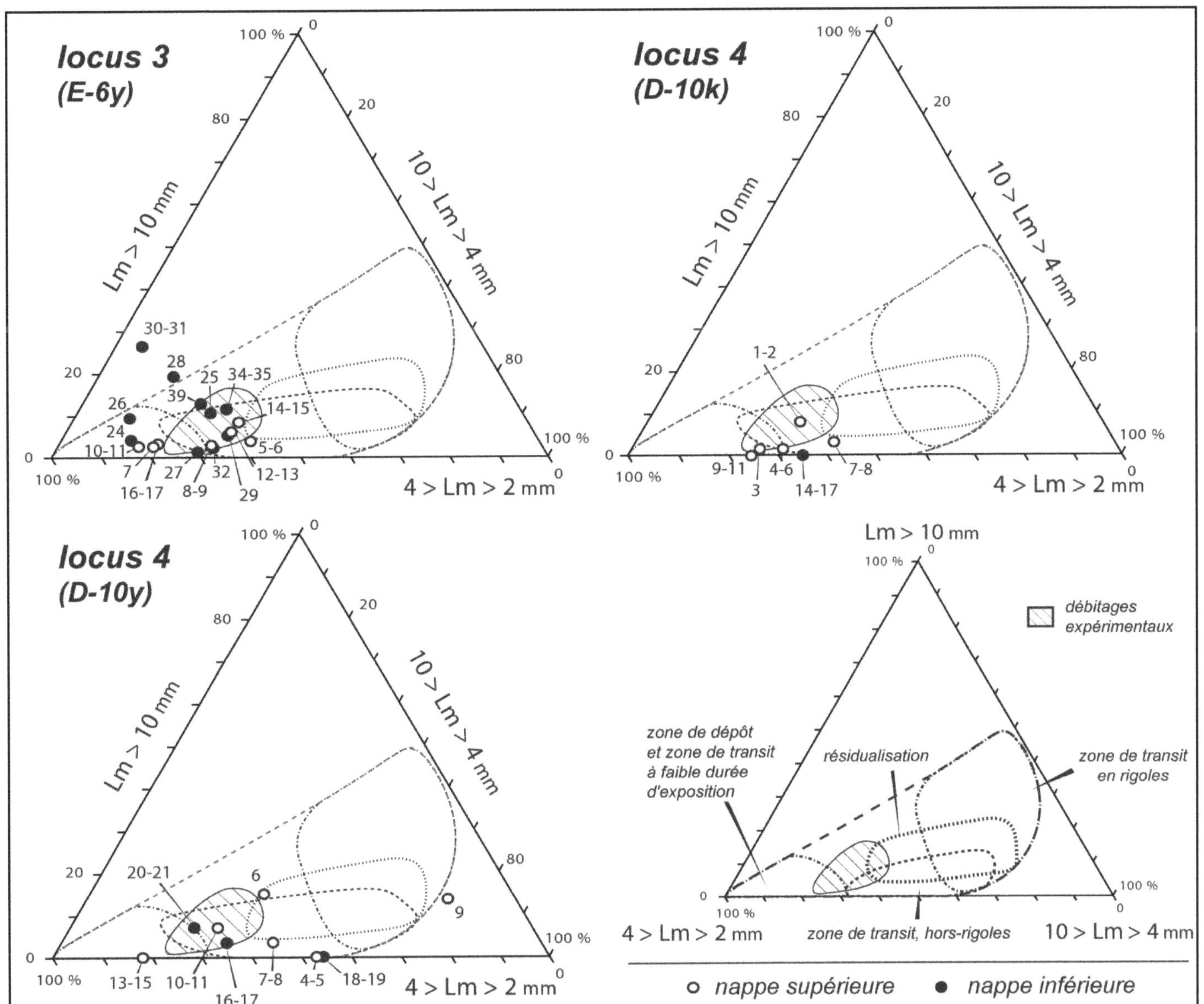

figure 130 : Abri Caminade, unité III. Triangle des classes dimensionnelles. Les numéros portés sont ceux des décapages. Les décapages successifs qui présentent des proportions identiques de classes de taille sur la figure 129 sont regroupés. Les effectifs jugés trop faibles (N < 20) ne sont pas reportés sur cette figure.

En outre, la déplétion en éléments fins, observée pour la colonne D10y, est compatible avec une action prolongée du ruissellement concentré (déc. 9) ou d'un ruissellement inter-rigoles (déc. 4-5, 7-8 et 18-19). Des épisodes de résidualisation ont aussi pu marquer l'assemblage (déc. 6), tandis que certains des vestiges de la nappe inférieure peuvent correspondre à l'accumulation de produit redistribués (déc. 13-15). Ces caractères sont moins marqués dans la colonne-échantillon D-10k, située plus en recul vers la paroi. L'équilibre entre les différentes composantes de l'assemblage dimensionnel est cependant compatible avec une action de ruissellements diffus (déc. 7-8), en particulier pour les quelques vestiges de la nappe inférieure (14-17).
Par ailleurs, les tris granulométriques du locus 3 (colonne E-6y) sont comparables à ceux que livrent les ensembles redistribués dans les zones de sédimentation ou redistribués au cours d'une exposition peu prolongée à l'action de ruissellement.

Enfin, deux mesures s'écartent des exemples expérimentaux que nous avons recueillis (E-6y : déc. 28 et 30-31). Cela est dû à la sur-représentation simultanée de la plus grosse et plus petite fraction. Ce tri est observé dans des dépôts de ruissellement où l'action de cet agent sur les vestiges est attestée par leur fabrique. C'est pourquoi nous faisons l'hypothèse qu'il correspond à une configuration de l'action du ruissellement qui n'a pas été observée au cours de nos expériences. Les expériences de redistribution d'ossements en milieu fluviatile indiquent qu'un ensemble, qui mêle ainsi la fraction la plus mobile et la fraction la moins mobile, représente l'association des produits redistribués de deux sources éloignées, à l'amont l'une de l'autre (Aslan et Berhensmeyer, 1996). Par analogie, nous interprétons ce tri par l'association d'éléments provenant de deux secteurs différents du site.

5.3.3. Interprétation

Une partie de vestiges retrouvés dans l'unité III de Caminade a été redistribuée par ruissellement, aussi bien dans la nappe inférieure que dans la nappe supérieure de vestiges. La convergence de critères diagnostiques - organisations remarquables, distribution de l'orientation des liaisons longues ou courtes, fabriques et tri granulométrique - le prouve.

Ces modifications sont différentes selon les secteurs du site. Dans le chenal qui longe la paroi, la dégradation des ensembles de vestiges peut être importante. Les redistributions sont significatives, en ce sens que des vestiges de toutes tailles ont été déplacés sur des distances de plusieurs mètres, voire emportés hors de l'abri. Cela est mis en évidence par les figures de blocage alignées qui sont observées dans le locus 4. Le référentiel établi atteste que ces figures se forment par l'immobilisation des objets au sein de rigoles. Comme les objets qui composent ces figures sont parmi les plus gros retrouvés à la fouille, des vestiges de toutes tailles ont été redistribués par ruissellement concentré dans ce secteur. Ces redistributions s'accompagnent d'une action prolongée du ruissellement concentré, qui est attestée par les tris granulométriques. Nous en déduisons que le chenal a favorisé la concentration d'écoulements assez compétents pour prendre en charge l'ensemble des vestiges présents à cet endroit. Cette interprétation est corroborée par l'orientation préférentielle des liaisons à grande distance.
En bordure de chenal, en particulier dans sa partie distale, la dégradation des ensembles de vestiges est moindre. La redistribution de matériel se traduit par un apport en enrichissement d'objets de petite taille, qui peut se rencontrer soit par des actions brèves de ruissellement, soit par redistribution dans une zone de sédimentation. Cette dernière alternative est la plus probable, eu égard à la dilatation des nappes de vestiges dans ce secteur. Des structures résiduelles sont localement préservées, à la faveur d'un microrelief qui favorise un enfouissement rapide des vestiges, comme le montre la stricte superposition de la structure de combustion identifiée à une zone déprimée.

Finalement, à partir de l'association de structures résiduelles et d'objets redistribués dans le locus 3, nous reconnaissons un stade de dégradation modérée dans le secteur de sédimentation qui se place sur le replat supérieur au-delà de la terminaison du cône. A partir de l'évidence d'une redistribution de vestiges de toutes dimensions dans le locus 4, de l'observation de tris granulométriques qui attestent d'une exposition prolongée et de fabriques à orientation préférentielle, nous identifions un stade avancé de dégradation dans le secteur de transit formé par le chenal qui court entre le cône et la paroi.

L'interprétation qui peut être faite de la constitution des nappes est alors la suivante :

- Des occupations sont à l'origine du dépôt de vestiges sur la structure d'accueil que forme la plate-forme qui s'étale au pied de l'abri (figure 131A).
- Le cône, qui évolue par apports de débris et redistribution de ces débris par solifluxion, contraint et détourne les écoulements vers le fond de l'abri. Les vestiges présents sur le tracé des écoulements concentrés sont résidualisés ou redistribués, tandis que les vestiges abandonnés dans les zones de sédimentation sont enfouis. Dans ces zones de sédimentation se déposent également les objets transportés depuis les autres secteurs du site. Ces redistributions peuvent donner naissance à certains des horizons de la nappe de vestiges (figure 131B).
- Ces modifications se répètent après chaque occupation. Elles conduisent à des nappes contenant pour partie du matériel remanié juxtaposé à des structures anthropiques dégradées dans les zones de sédimentation et à des nappes condensées où les différentes occupations ne peuvent plus être distingués dans les zones de transit (figure 131C et D).

Selon ce schéma, les remontages entre couches peuvent avoir deux origines :

1/ La redistribution latérale de vestiges conduit, dans les zones à accrétion rapide, à la superposition d'horizons contenant des objets issus de la même occupation.

2/ La superposition directe des différents niveaux, dans les zones de faible sédimentation, ne permet pas la distinction des sous-ensembles de chaque nappe de vestiges. La volonté de subdiviser, au cours des fouilles anciennes,

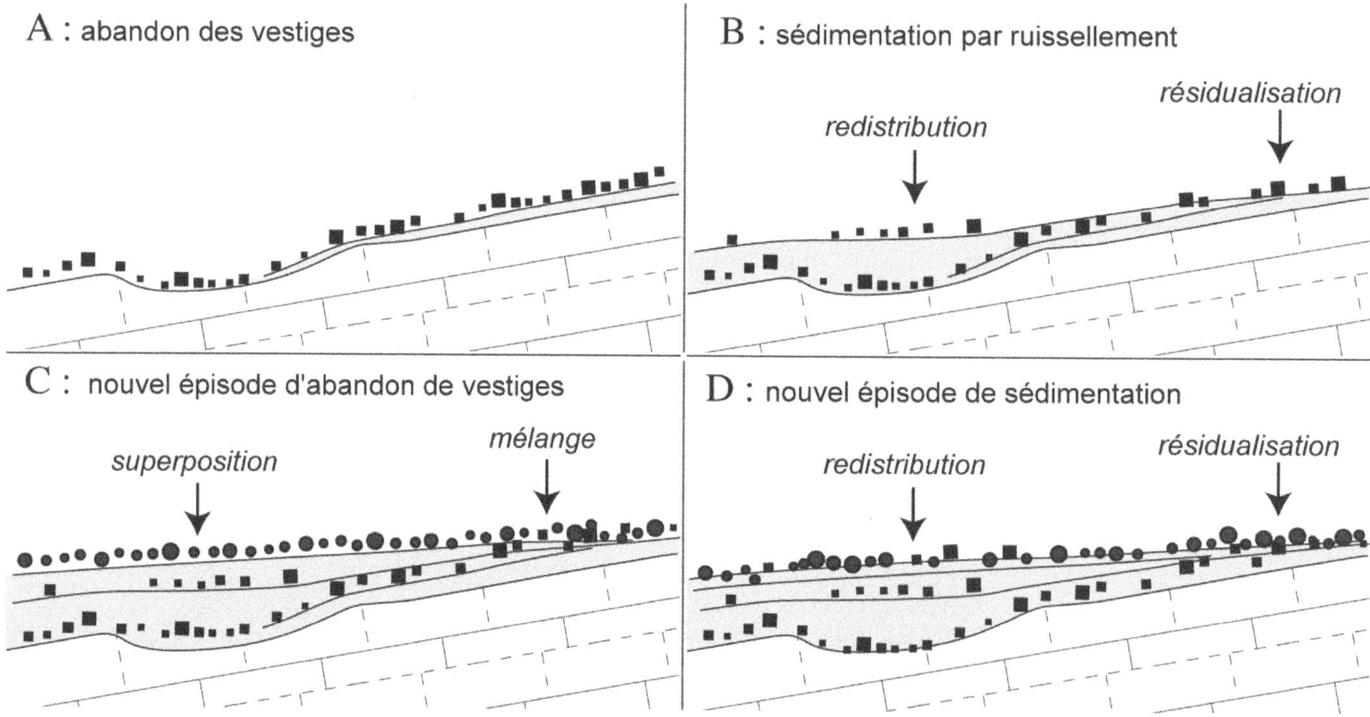

figure 131 : Abri Caminade, hypothèse de formation des nappes de vestiges contenues dans l'unité III.

les deux nappes de vestiges en sous-ensembles qui ne sont pas partout séparés par des surfaces isochrones est à l'origine des mélanges « inter-couches ».

5.4. Conclusion

Le comblement du gisement est d'abord provoqué par la progression d'un cône détritique dans l'abri. Sur ce cône, la solifluxion redistribue les produits d'éboulisation de la paroi et les mêle aux apports de pente. Des épisodes de coulées de débris participent également à l'édification de ces dépôts. Cette dynamique est à l'origine de l'enfouissement des industries moustériennes et d'une partie des premières industries aurignaciennes. La topographie liée à ce cône favorise la pénétration des écoulements dans le site. Ces écoulements sont à l'origine de la séd imentation le long de la paroi. La sédimentation par ruissellement prend progressivement le relais des apports détritiques grossiers. Elle se poursuit jusqu'à la disparition de l'abri par effondrement de l'auvent.
Cette interprétation se base sur les caractères macro- et microscopique des dépôts et s'appuie sur les travaux récents de genèse des faciès des dépôts de pente (Francou, 1989 et 1990 ; Bertran *et al.*, 1993 et 1995 ; Van Steijn *et al.*, 1995). Les résultats ainsi acquis, à la différence des précédents travaux d'H. Laville, concluent à l'absence d'un enregistrement climatique détaillé. Tout au plus, la solifluxion à front pierreux indique-t-elle une ambiance froide au moment des premières et des dernières occupations moustériennes dans l'abri, ainsi qu'au cours des occupations d'Aurignacien ancien.

Les dépôts de ruissellement sont massifs. Ce caractère massif n'est ici que très partiellement expliqué par l'action postérieure de la flore et faune du sol, dans la mesure où la préservation du front de combustion associé à la concentration d'os brûlés atteste d'une absence d'un brassage des sédiments. Si aucun trait sédimentaire relique n'est identifié, cela doit d'abord être imputé à une sédimentation de matériel agrégé à agrégation peu stable.

La prise en compte des seuls objets archéologiques et l'interprétation des organisations et fabriques des vestiges par recours à un référentiel actualiste permet de compenser la maigre information que livre le seul examen des coupes. C'est ainsi que les affouillements et les regroupements observés, corroborés par les tris granulométriques et les fabriques, attestent que le ruissellement est effectivement l'agent de sédimentation responsable de l'édification des dépôts massifs de la partie supérieure du comblement de l'abri.

La sédimentation par ruissellement s'est accompagnée d'une modification des ensembles de vestiges. Les organisations remarquables, le tri granulométrique, la fabrique et les orientations de remontages des objets archéologiques permettent d'identifier l'importance de ces modifications dans les différents secteurs du site. Les zones de sédimentation présentes sur le replat rocheux au-delà de la terminaison du cône sont des secteurs de dégradation modérée avec préservation partielle des structures anthropiques, tandis que les secteurs plus à l'est ont subi une dégradation avancée.
Dans ce contexte, l'absence de contact entre les deux nappes de vestiges aurignaciens, anciens et récents, est une garantie de l'intégrité de chaque ensemble. En revanche, aucune subdivision ne serait pertinente au sein de chaque nappe de vestiges. D'une part, il n'existe pas de surface isochrone d'extension suffisante pour les subdiviser. D'autre part les ensembles qui seraient alors récupérés seraient pour partie composés d'objets remaniés des ensembles sous-jacents.

L'étude menée montre ainsi que l'action des processus naturels au cours de la formation du site peut être avancée pour expliquer une contamination entre les deux niveaux de la base de la séquence aurignacienne qui a été mise en évidence par la réalisation de remontages « inter-couches ». Elle montre également que la dégradation de l'enregistrement archéologique ne se limite pas à la base de la séquence aurignacienne. Elle affecte également la partie supérieure de la séquence, à industries d'Aurignacien récent.

6. BILAN À L'APPLICATION DU RÉFÉRENTIEL AUX SITES ARCHÉOLOGIQUES

La participation du ruissellement à l'édification des dépôts et à la constitution des ensembles de vestiges a été identifiée dans chacun des sites étudiés.

A Toutifaut, la texture des dépôts et les figures reconnues, les comblements de rigoles et le litage, montrent que l'industrie moustérienne est contenue dans des sédiments déposés par ruissellement concentré. Les états de surface des éclats taillés attestent d'une exposition variable et parfois prolongée aux effets du ruissellement. Les autres critères d'une action du ruissellement ne peuvent être documentés. Mais le recours au référentiel actualiste suggère que les éclats qui forment un rapprochement ou se remontent représentent une concentration résiduelle, auxquelles se mêlent des débris redistribués qui se distinguent de par leur lustre d'abrasion prononcé. Ces deux caractéristiques s'accordent aux états intermédiaires de dégradation que nous avons identifiés expérimentalement et permettent d'en déduire les perturbations qui ont accompagné la formation du site : érosion partielle et enrichissement en éléments remaniés.

A Isturitz, le ruissellement contemporain d'un cryosol a conduit à l'accumulation de pseudo-sables sous la forme d'un cône colluvial. Celui-ci comble le fond de la salle Saint-Martin. Les signatures sédimentaires, en particulier microscopiques, sont dégradées par les gels contemporains et postérieurs. Les traits résiduels attestent de la reprise des sédiments anthropiques. La fabrique des vestiges et la confrontation de tris granulométriques au référentiel expérimental montrent que les industries aurignaciennes enfouies dans les dépôts de ruissellement ont été affectées par cet agent de sédimentation. En particulier, la redistribution dans de larges rigoles est à l'origine de passées de vestiges remaniés qui s'intercalent dans la séquence archéologique. Ces dégradations sont moins importantes dans les éboulis colmatés juxtaposés. La sédimentation par ruissellement se poursuit après l'occupation de la salle par les Aurignaciens. Des vestiges y sont également redistribués ; ils forment des pseudo-niveaux archéologiques.

A Diepkloof, la remarquable préservation des sédiments anthropiques pléistocènes ne saurait être mise en avant pour ignorer l'action des agents naturels d'enfouissement. La reconnaissance systématique, sous le microscope, d'éléments anthropiques redistribués au sein des organisations synsédimentaires atteste, selon la terminologie proposée par Butzer (1982), de sédiments anthropiques tertiaires. Ces sédiments redistribués construisent un cône colluvial nourri par les écoulements karstiques qui pénétraient dans l'abri à la suite de violentes averses. Un *upwelling* côtier est déduit de la présence de halite dans les dépôts ; il témoigne du climat semi-aride sous lequels s'est édifié le dépôt. Les tris granulométriques des vestiges archéologiques, systématiques, corroborent l'hypothèse d'une participation du ruissellement dans la constitution des ensembles de vestiges. La prise en considération du référentiel montre qu'un tel tri est le fait d'un enrichissement en fraction archéologique de petite taille, redistribuée dans cette zone de dépôt. L'identification d'organisations anthropiques résiduelles dispersées dans les dépôts montre que ces modifications alternent avec les occupations successives de l'abri.

La prise en compte de la nature et de la quantité des débris recueillis et de la structure des différents lits permet d'identifier une redistribution fréquente des vestiges archéologiques de la partie amont vers la partie aval du cône. En conséquence, les perturbations associées aux différents secteurs sont caractérisées. Cette caractérisation conduit à détailler la qualité de l'enregistrement stratigraphique des occupations préhistoriques selon les différentes zones du site. Cet enregistrement est contracté vers le fond de l'abri, tandis qu'il est dilaté, enrichi de lits de matériel en position secondaire, au centre du site.

A Caminade, l'analyse a porté sur la partie est du gisement. La paléotopographie du site lors des occupations aurignaciennes montre que les ruissellements se sont concentrés le long de la paroi. Le ruissellement est d'abord pénécontemporain de la solifluxion à front pierreux, puis devient le principal agent de sédimentation. Les dépôts sont massifs ; cela est d'abord le fait de la faible stabilité du sédiment, ainsi que de gels contemporains de l'édification des dépôts et, dans une moindre mesure, d'une bioturbation sub-actuelle.

La fabrique des vestiges et la procédure adaptée pour détailler ses variations verticales, les tris granulométriques et les organisations remarquables identifiées attestent de l'action de ce mode de sédimentation sur la formation des ensembles de vestiges. L'interprétation des caractères de ces ensembles repose sur la confrontation à la lecture paléotopographique et s'appuie sur le référentiel expérimental établi. Deux zones juxtaposées, où les modifications synsédimentaires sont plus ou moins importantes, sont identifiées. Une zone de transit est reconnue dans le chenal qui longe la paroi. La séquence archéologique y est contractée et les vestiges recueillis dans la nappe inférieure ont été déplacés par les écoulements, ainsi qu'une partie de ceux contenus dans la nappe supérieure d'Aurignacien récent. Latéralement, sur le replat calcaire, une zone de sédimentation s'y juxtapose. Elle permet la préservation locale de structures anthropiques plus ou moins dégradées.

QUATRIÈME PARTIE :

SYNTHÈSE ET CONCLUSION

1. SYNTHÈSE

Cette étude vise à documenter le rôle du ruissellement dans les sites préhistoriques.

Elle s'appuie sur l'idée que les vestiges inclus dans les sites archéologiques ne sont pas directement représentatif des sociétés du passé. Comme le constate Yellen (1996), « *Paleolithic Pompei are unknown* ».

La revue des travaux a montré l'insuffisance des connaissances pour apprécier le rôle du ruissellement dans la constitution des sites préhistoriques. La caractérisation de cet agent de sédimentation s'est donc imposée. Un programme expérimental a été conçu à cette fin. Nous présentons l'apport de ce travail à la connaissance du rôle du ruissellement dans la formation des sites. Deux volets ont ainsi été documentés : la genèse des faciès sédimentaires et la dégradation des ensembles de vestiges. Sur la base des études de cas menées, les traits saillants de l'action du ruissellement dans l'édification des sites stratifiés sont ensuite exposés.

1.1. Résultats expérimentaux

Des résultats ont été acquis aussi bien dans la documentation des faciès sédimentaires que dans la connaissance de la dégradation des ensembles de vestiges.

1.1.1. Faciès sédimentaires

Les dépôts de ruissellement en milieu naturel ont été décrits aux échelles macroscopiques et microscopiques. Leur interprétation s'est appuyée sur l'observation du fonctionnement des environnements actuels. Nos investigations permettent de compléter les connaissances acquises sur la formation des dépôts de ruissellement, qui sont essentiellement basées sur des expériences en enceinte. Celles-ci portent sur le lien entre les mécanismes de transport et les faciès de dépôts décrits à l'échelle microscopique, pour des accumulations sur pente faible (< 4°) dérivées d'un matériau lœssique (Mücher et De Ploey, 1977 ; Mücher *et al.*, 1981). Dans de telles conditions, l'observation des microfaciès permet de distinguer les dépôts de ruissellement sans *splash* des dépôts de ruissellement pluvial ou de *splash* seul. L'étude que nous avons menée permet d'aborder deux points particuliers : la variabilité des dépôts liées à une sédimentation en milieu naturel, d'une part, et le lien entre faciès et toposéquence, d'autre part.

Les faciès décrits à partir d'expériences en enceinte ont été retrouvés dans les édifices naturels construits par ruissellement. La description de ces faciès a été complétée par la prise en compte des dépôts de micro-deltas et de comblement de mare, ainsi que de celle des faciès qui peuvent être observés dans le cas d'un matériau parent à granulométrie étendue[26]. La représentativité des différents faciès a ainsi pu être appréciée et leur position dans la toposéquence précisée.
Les dépôts de comblement de mare et de flaque se caractérisent par l'association de la charge de fond et de la fraction transportée en suspension. Les microfaciès diffèrent selon le mode de transport. Dans le cas d'un transport par *splash* et ruissellement diffus, la fraction déplacée par *saltation* sous l'impact des gouttes se mêle aux produits de décantation pour donner naissance à des faciès de sables mal triés, colmatés par des argiles organisées en bandes. Ce faciès peut se rencontrer en comblement de dépressions peu étendues (flaques). Dans le cas d'un transport par ruissellement concentré, des micro-deltas se développent dans les mares. Ces accumulations sont constituées typiquement des sables grossièrement laminés à fins revêtements, dans lesquels s'intercalent des limons et des argiles de décantation très bien triés.
L'étude menée à partir d'un matériau parent à granulométrie étendue nous a conduit à reconnaître les faciès spécifiques de la reptation par *splash*. Ces faciès se caractérisent par un squelette de graviers plus ou moins colmatés des produits sablo-limoneux de rejaillissement piégés (*cf.* figure 34, p. 53). Ils constituent les termes proximaux des dépôts inter-rigoles ou accompagnent le développement des croûtes de battance érosives.

Les particularités d'une sédimentation en milieu naturel ont été déterminées. Le rôle des croûtes de battance, notamment, a pu être apprécié. Celles-ci se développent au cours des intempéries dans les secteurs des édifices sédimentaires temporairement abandonnés par le ruissellement. Leur présence, au sein des dépôts, favorise l'expression du litage, aussi bien dans les accumulations dues au ruissellement concentré que dans celles liées au *splash*. Le développement de ces états de surface peut aussi être concomitant de la sédimentation dans les secteurs à faible accrétion et conduire à un faciès original de sables argileux bien laminés (*cf.* figure 34, p. 53).
Le rôle du cycle saisonnier dans le contrôle des modalités d'érosion a été mis en évidence très tôt (Schumm, 1967). Son influence sur les faciès de dépôt est principalement liée au développement et la destruction des croûtes de battance par des gels hivernaux. Ces gels déterminent la disponibilité des agrégats livrés à l'érosion, tout comme la perméabilité des horizons superficiels du sol et, en conséquence, le type de ruissellement. Il en résulte, typiquement, des lits riches en pseudo-sables formés au cours des épisodes printaniers de sédimentation qui se distinguent des lits de sables presque purs qui s'édifient au cours de l'été et de l'automne.

La position et la succession des faciès dans la toposéquence a été déterminée (faciès proximaux, médiaux ou distaux) La superposition de ces faciès nous a conduit à identifier des séquences qui caractérisent l'édification et l'accroissement des cônes colluviaux, en plein air ou en entrée de grotte.
Ce positionnement en séquence longitudinale permet d'insérer les faciès observés dans le cadre théorique défini par Moss et Walker (1978). Celui-ci met en relation la texture et la structure des particules qui composent les dépôts avec le mode de transport et la pente (*cf.* p. 18). Les faciès spécifiques prédits par cette approche pour les pentes importantes (> 4°) ont été retrouvés au cours de l'étude de la grotte XII sous la forme de dépôts grossièrement lités, le litage étant induit par des lentilles de petits cailloux dispersés dans un fond massif.
Cette démarche permet de situer les dépôts fossiles dans une série d'enchaînement latéral de faciès. Le lien entre les différentes composantes du dépôt peut alors être reconnu et, en conséquence, le système sédimentaire qui les a générés.

Au final, l'étude menée contribue à préciser le rôle des différents facteurs dans la genèse des faciès.

---

26 Eu égard à lacharge transportée par ruissellement, cela représente un matériau livrant des particules dont la taille va des argiles aux petits galets.

1.1.2. Dégradation des ensembles de vestiges

Toutes les expériences ont montré une modification de l'organisation des vestiges. Ces transformations sont variables et vont d'une légère réorganisation des objets à une déstructuration complète de l'organisation originelle. Deux facteurs priment sur l'intensité des dégradations observées : l'environnement sédimentaire et le temps d'exposition.

Le lien entre le temps d'exposition et la dégradation est direct dans un environnement inter-rigoles où les modifications sont liées à la répétition d'un grand nombre d'événements qui sont individuellement peu efficaces. Il est indirect dans le cas de l'érosion en rigoles. Chaque intempérie ne déclenche pas un ruissellement alors qu'un unique événement peut conduire à des modifications sensibles. Le lien entre l'intensité de modification et la durée d'exposition tient alors à la probabilité d'événements efficaces, qui augmente lorsque la durée d'exposition s'accroît. Cependant, à durée d'exposition égale, les modifications observées au cours des expériences ont toujours été plus importantes lorsqu'elles ont été provoquées par le ruissellement concentré.

Même si elle nécessite des temps d'exposition différents, la transformation des ensembles qui en résulte offre, en revanche, de nombreuses similitudes entre les deux environnements. Les modalités de ces transformations sont :

1. une modification plus ou moins progressive des ensembles de vestiges selon le mode de distribution spatiale des objets ;
2. une déformation anisotrope des structures conforme à la pente ;
3. une redistribution de la quasi-totalité des objets archéologiques. Cette redistribution est plus ou moins rapide selon le mode de déplacement des objets (*cf. infra*) ;
4. une dilatation des nappes de vestiges au cours de leur enfouissement.

Les modifications documentées par les différentes expériences sont détaillées dans le bilan du référentiel expérimental (2ème partie-§ 7). Nous en rappelons les principaux éléments en détaillant chacune des modalités énoncées.

Modalité de réorganisation *in situ* des vestiges

L'évolution d'un ensemble de vestiges est en premier lieu contrôlée par leur disposition. Lorsque les objets forment un amas, une interaction se produit entre cette concentration et la dynamique sédimentaire. Cette interaction est appelée l'« effet amas ».

En milieu inter-rigoles, cette disposition des artefacts protège le sol d'un détachement des particules par les impacts de gouttes. L'érosion se limite aux bordures de la concentration. Si le ruissellement est concentré, les rigoles sont déviées et contournent l'amas. Dans les deux cas, seuls les vestiges situés en périphérie de la structure sont mobilisés. Ce mécanisme est itératif : la soustraction des objets situés en périphérie engendre de nouvelles limites à la concentration.
La principale conséquence de cet « effet amas » est de différer la mise en mouvement des objets situés dans les concentrations. Ce fonctionnement est qualifié de redistribution par réduction progressive des structures. Dans ce modèle, les étapes intermédiaires de dégradation se caractérisent par la juxtaposition de vestiges redistribués et de concentrations résiduelles composées d'objets non déplacés.
Ce dernier point montre que l'observation d'amas de vestiges, qui est un argument parfois avancé pour attester d'une absence de dégradation, ne peut à lui seul fonder un diagnostic sur l'état de préservation d'un niveau archéologique.

Modalité de déformation

La redistribution progressive des objets à partir d'une même concentration provoque un étirement de cette dernière dans la pente. Selon le micro-environnement sédimentaire, les directions de déplacement peuvent s'écarter légèrement de celle de la pente. Il en résulte une dispersion latérale des vestiges redistribués, d'autant plus prononcée que les déplacements sont importants.

Eu égard à cette dispersion, deux cas de figures peuvent être distingués :

- ✓ une redistribution linéaire, dans les zones de transit du ruissellement concentré ;
- ✓ une redistribution « en éventail ». Ce dernier cas est observé dans les zones de dépôt du ruissellement concentré (*i. e.* cônes colluviaux) ainsi qu'en milieu inter-rigoles.

Modalité de redistribution des vestiges

Les expériences menées montrent que la quasi-totalité des vestiges archéologiques est susceptible d'être redistribuée par le ruissellement.

Dans les rigoles, les objets se déplacent par charriage sur le fond. Les artefacts sont redistribués selon leur masse et leur forme. Les objets allongés en forme de baguettes se déplacent facilement par roulement, et pour cette raison, parcourent des distances importantes (*cf.* p. 69). L'expérience menée à l'archéodrome de Beaune a également montré qu'un fort aplatissement favorisait les brefs épisodes de déplacement (*cf.* p. 96). Ainsi, à poids égal, les objets très peu ou très aplatis se déplacent le plus loin. Cette influence de la morphologie des objets peut avoir pour conséquence un tri dimensionnel moyennement exprimé. Par ailleurs, des pièces peuvent être arrêtées par des obstacles ou par des irrégularités topographiques au cours du transport. Cela donne naissance, typiquement, à l'alignement de petites concentrations.

Entre les rigoles, les plus petits objets se déplacent par saltation (*saltation par splash*), les objets de taille moyenne par glissement sous l'impact des gouttes (*reptation par splash*) et les plus gros à la suite de l'effondrement ou de la liquéfaction des monticules qui se forment au-dessous (*reptation pluviale* au sens de De Ploey et Moeyersons, 1975). La vitesse moyenne de déplacement diffère entre les trois processus. Elle décroît respectivement selon les processus sus-dits. Il en résulte un morcellement de l'ensemble de vestiges en trois fractions.

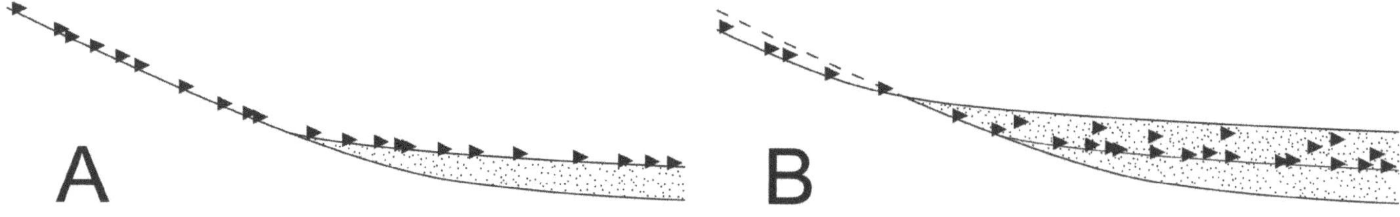

figure 132 : représentation schématique de la dilatation d'une nappe de vestiges au cours de son enfouissement. A - nappe de vestiges avant l'enfouissement. B - nappe de vestiges après enfouissement.

Modalité d'enfouissement d'un ensemble de vestiges

Les modalités qui accompagnent l'enfouissement des vestiges tiennent à la juxtaposition des zones d'érosion et de dépôt. La redistribution progressive des vestiges conduit à leur dispersion dans le dépôt et peut avoir pour conséquence une dilatation verticale de la nappe de vestiges (figure 132). Eu égard à la succession sur de courtes distances des zones de dépôt et de sédimentation dans un même site, ce mécanisme a pu de nombreuses fois se produire lors de la formation des sites.

On conçoit que ces modifications qui accompagnent l'enfouissement deviennent problématiques lorsque les épisodes de sédimentation et d'occupations se succèdent ou lorsque le développement de pavages résiduels dans les secteurs érodés conduit à la contraction sur le même plan de vestiges d'occupations différentes, comme cela a été illustré par l'expérience menée à l'Archéodrome de Beaune (*cf.* figure 66, p. 93).
Nous revenons sur ces aspects en discutant de l'action du ruissellement sur les sites stratifiés (*cf.* § 1.2.2).

1.1.3. Critères de diagnose d'une modification par ruissellement

Un des objectifs du programme expérimental était d'identifier des critères diagnostiques des différentes étapes de dégradation et d'élaborer des procédures analytiques applicables aux séries archéologiques. Les différents critères documentés sont le tri granulométrique, le lustre d'abrasion mécanique, la fabrique, l'orientation des remontages et les organisations remarquables de vestiges.
Les procédures élaborées l'ont été pour tester, par la prise en compte des vestiges archéologiques, les hypothèses énoncées suite à l'étude des dépôts. A cette fin, la relation entre l'expression d'un critère et le milieu de dépôt a été précisée.

Des organisations remarquables de vestiges qui accompagnent la transformation des sites par ruissellement ont été identifiées. La signification de ces figures a été établie. Il est en particulier possible de déterminer si les vestiges sont ou non redistribués et, dans ce dernier cas, s'ils ont été déplacés par ruissellement concentré ou par *splash*. Il convient de prêter une attention particulière à de telles figures au cours de la fouille. Ce sont des éléments probants : leur observation atteste sans ambiguïté de l'existence de modifications. Leur reconnaissance peut également compléter l'étude sédimentologique, en, particulier lorsque les faciès de dépôt ne sont pas discriminants. Ainsi, à Caminade, l'identification de figures de blocage et d'affouillement atteste la participation du ruissellement concentré dans l'édification des dépôts, alors que le faciès de sables argileux massifs dans lequel elles ont été retrouvées n'est pas discriminant. Il peut représenter aussi bien des dépôts de ruissellement concentré au litage effacé que des dépôts de ruissellement diffus, voire des dépôts édifiés par d'autres agents de sédimentation.

L'orientation des remontages est habituellement utilisée pour corroborer soit l'hypothèse d'une redistribution des vestiges (cas d'une orientation préférentielle) soit l'hypothèse inverse d'une absence de dégradation (cas d'une distribution aléatoire des orientations). En décrivant le lien entre les modalités de déformation et la distribution des orientations, nous avons montré que la signification de cette orientation n'est pas aussi élémentaire. Une orientation préférentielle accompagne effectivement une redistribution linéaire. Mais une redistribution en éventail peut n'admettre aucune orientation préférentielle des raccords. Dans les deux cas, la distribution des orientations est corrélée à la distance entre les pièces raccordées. Cette propriété permet de tester l'hypothèse d'une redistribution par ruissellement concentré. Dans ce cas, en effet, les liaisons sont orientées si la distance de raccord dépasse une fois et demi la largeur de la rigole dans laquelle les vestiges sont redistribués (*cf.* p. 126).

Il est apparu qu'un lustre d'abrasion des éclats de silex pouvait être produit en milieu de ruissellement. Ce lustre procède de l'usure des parties hautes du microrelief. Cette usure est présente sur toute la pièce et s'accompagne typiquement d'un gradient d'intensité entre les parties saillantes et les parties déprimées. Des stades de développement de cette abrasion ont été identifiés. La présence de ce lustre dans les séries fossiles implique une dégradation prononcée des ensembles de vestiges. En effet, le développement d'un lustre, même faible, nécessite un long temps d'exposition. Dans les expériences que nous avons menées, les premières manifestations d'un tel lustre sont apparues après un an d'exposition à des ruissellements concentrés, durée après laquelle une grande partie des vestiges a d'ores et déjà été redistribuée et réorientée.

Les fabriques d'objets déplacés par ruissellement forment une série continue depuis les fabriques de type ceinture jusqu'aux fabriques de type groupé. L'orientation préférentielle qu'expriment ces dernières est celle de la pente. Elle est bien exprimée lorsque la pente dépasse 20°. Pour des pentes plus faibles, l'intensité d'orientation de Curray (1956) reste modérée, inférieure à 40 %. Ces faibles valeurs sont favorisées si des objets sont arrêtés par des obstacles car ces derniers restent orientés perpendiculairement à l'écoulement. Le test de Rayleigh atteste d'une orientation préférentielle tant que ces objets orientés transversalement à la pente restent minoritaires. Nous avons montré que le cas particulier d'une bimodalité symétrique peut être testé en réalisant ce même test sur la série initiale de mesures et sur la série de mesures doublées (*cf.* pp. 113-114). Des fabriques planaires non bimodales peuvent également être observées. Ces dernières fabriques offrent des formes de convergence avec celles connues pour les sites non-perturbés. Dans ce cas, les ensembles de vestiges redistribués ou *in situ* ne peuvent pas être distingués par la seule prise en compte de leur fabrique.

Les différentes manifestations du tri dimensionnel des vestiges qui peuvent être obtenues en milieu de ruissellement ont été identifiées. Les paramètres qui expriment la variabilité de ces séries de mesures ont été identifiées. Ce sont les proportions de trois classes dimensionnelles, formées respectivement des objets arrêtés par les tamis 10, 4 et 2 mm. Les séries de vestiges triés par ruissellement se caractérisent, en effet, par la présence, en quantité toujours importante (> 50%), des vestiges très ou moyennement mobiles (ceux qui passent au travers le tamis 10 mm). Cette caractéristique distingue ces tris de ceux produits par des écoulements hydrauliques plus compétents (de type torrentiel ou fluviatile).
Ce tri dimensionnel suit un schéma différent entre la fraction redistribuée et la fraction résidualisée. Le tri des vestiges redistribués existe dès les premières modifications. Les éléments les plus mobiles (ceux qui passent au travers le tamis de maille 10 mm) sont alors sur-représentés. Une durée d'exposition plus importante permet la distinction entre la fraction la plus mobile qui atteint les zones de dépôt, tandis que la fraction moyennement mobile (arrêtée par le tamis de maille 4 mm) se concentre dans les zones de transit. Là où les vestiges ont été abandonnés, aucun tri n'apparaît lors des premières étapes de modification. La distribution géométrique décroissante des classes de taille persiste aussi longtemps que des structures résiduelles sont présentes. Ce n'est que lorsque les plus gros vestiges ont en majorité été déplacés, ne serait-ce que de quelques centimètres, qu'un tri des objets apparaît.
Une représentation graphique - le triangle CD – a été proposée. Les séries de mesures y sont distinguées selon les micro-environnements et les durées d'exposition (*cf.* figure 91, p. 124). La confrontation entre ces différents cas de figures et les distributions qui sont connues pour les ensembles de vestiges non-perturbés met également en évidence les configurations discriminantes.

1.1.4. Applicabilité du référentiel

L'étude de sites fossiles a permis de tester la pertinence des procédures d'études élaborées à partir de nos expériences. Cette évaluation porte sur trois points en particulier :

- ✓ la préservation des signatures,
- ✓ l'aptitude du référentiel élaboré à partir de situations simplifiées à rendre compte de situations archéologiques plus complexes,
- ✓ l'apport de cette approche pour la compréhension du site.

Tous les critères reconnus ont été utilisés au cours des études d'ensemble de vestiges inclus dans des dépôts de ruissellement :

- ✓ des organisations remarquables de vestiges ont été observées à Toutifaut et à l'abri de Diepkloof (comblement de rigoles), ainsi qu'à l'abri Caminade (figures de blocage, affouillement) ;
- ✓ les éclats de taille moustériens de Toutifaut présentent un lustre d'abrasion.
- ✓ des fabriques corroborant une redistribution des vestiges ont été retrouvées à Isturitz et l'abri Caminade.
- ✓ des tris granulométriques concernant les fractions redistribuées ou résidualisées ont été mis en évidence à Isturitz, à l'abri Caminade et à l'abri de Diepkloof.
- ✓ l'orientation des remontages a contribué à démontrer les redistributions par ruissellement dans les niveaux d'Aurignacien ancien de l'abri Caminade.

Du point de vue de leur applicabilité, les critères documentés par le référentiel sont donc pertinents puisqu'ils se rencontrent dans le fossile. Il nous faut remarquer, cependant, que ces critères n'ont jamais été identifiés tout à la fois dans un même site. Cela s'explique, dans le cas du lustre d'abrasion, par des conditions d'observation - l'absence de patine - peu fréquentes. Mais cela est également dû aux techniques de fouille utilisées, qui n'ont pas toujours été conçues pour documenter les critères retenus. Ainsi, la quantification de la fabrique nécessite des mesures spécifiques tandis que la recherche d'un tri granulométrique implique un tamisage à l'eau des sédiments.

Le référentiel a permis d'engager l'interprétation quant à la formation des sites étudiés. Au cours de l'étude de l'abri Caminade, une configuration qui n'est pas documentée par nos expériences a été mise en évidence. Il s'agit d'un tri granulométrique qui se caractérise par la sous-représentation des éléments de taille moyenne. Ce tri a été interprété, par analogie avec les résultats d'expériences réalisées en milieu fluviatile, comme l'association de plusieurs populations de vestiges triés. Cette interprétation pourra être vérifiée par une expérience qui complètera le référentiel élaboré.

L'apport de l'approche géoarchéologique dans la compréhension des gisements préhistoriques est illustré par l'étude de l'abri Caminade. Ce site présente la particularité d'avoir bénéficié d'une réévaluation critique de l'archéostratigraphie sur la base de la cohérence des assemblages et des remontages inter-couches (Bordes, 2002). Les travaux géoarchéologiques ont permis de démontrer l'existence de modifications des assemblages au cours de l'enfouissement, inférées par la première étude. Il s'agit de redistributions d'une partie des vestiges. Le corollaire est un enregistrement stratigraphique des occupations préhistoriques qui est variable selon les secteurs du site. Ces modifications rendent compte des mélanges entre couches qu'a mis en évidence la première étude. L'étude que nous avons menée a également montré que ces perturbations ne se limitaient pas à aux seuls niveaux d'Aurignacien ancien précédemment réévalués, mais concernaient aussi les deux niveaux d'Aurignacien récent. Les résultats ainsi obtenus permettent de jeter les bases d'un nouveau découpage archéostratigraphique. Cet exemple illustre, par ailleurs, la complémentarité de l'approche géoarchéologique et de la prise en compte de la cohérence des assemblages dans la compréhension de la genèse des sites préhistoriques.

1.2. Impact du ruissellement sur les sites stratifiés

Ce travail de recherche est essentiellement méthodologique. Il a pour principal objectif d'améliorer nos connaissances concernant les processus de formation des sites archéologiques. Les études de cas exposées dans la troisième partie de ce mémoire ont montré l'importance des modifications subies par les gisements paléolithiques soumis au ruissellement. Bien que cette approche ne permette pas de dresser un bilan général de l'impact de ce processus dans la genèse des sites paléolithiques, eu égard au faible nombre de sites étudiés, elle montre néanmoins que le ruissellement a eu des effets comparables dans des gisements qui n'ont entre eux que très peu de points communs. Ce constat nous a conduit à proposer un schéma général concernant les transformations subies par les sites archéologiques lorsqu'ils sont affectés par ce processus. Il s'agit avant tout d'une hypothèse de travail qui devra être confrontée à d'autres études de cas pour être validée.

1.2.1. Résultats communs aux sites archéologiques étudiés

Les résultats comparables entre les différents sites étudiés sont les suivants :

1. Les ensembles de vestiges contenus dans des dépôts de ruissellement ont tous subi des dégradations au cours de leur enfouissement. Ces dégradations correspondent à une redistribution des vestiges ou à une concentration des artefacts dans un même plan (résidualisation). Elles se marquent par la présence de tri granulométriques, d'une réorientation des vestiges, d'organisation remarquables et de lustres d'abrasion.
2. Ces témoignages de dégradation coexistent avec des évidences de préservation. Ces dernières sont représentées par des amas de vestiges (Toutifaut, abri de Diepkloof) ou par des structures de combustion (abri Caminade). Ces structures anthropiques sont partielles. Elles sont liées à la topographie, à l'exemple de la structure de combustion de Caminade ou de l'amas de silex de Diepkloof, toutes deux strictement contenues dans une dépression du sol. Ces structures sont interprétées, à la lumière du modèle de la soustraction par réduction progressive des structures (*cf.* p. 123), comme des formes résiduelles qui caractérisent les étapes intermédiaires de dégradation.
3. A Diepkloof, à Caminade et à Isturitz, l'importance des dégradations varie latéralement. Des zones juxtaposées et reliées à une toposéquence ont été reconnues. Les épisodes de résidualisation dominent dans les zones de transit, tandis que les accumulations d'objets redistribués caractérisent les zones de dépôt.

En outre, à Caminade et à Diepkloof, des structures anthropiques résiduelles s'intercalent dans des horizons où le matériel archéologique est mélangé. Cette observation est interprétée comme la succession d'occupations et de périodes d'abandon durant lesquelles les dégradations prennent place. A Isturitz, la succession de niveaux où les critères retenus ne corroborent pas l'existence de dégradation et de niveau où des modifications sont avérées conduit à envisager un fonctionnement similaire.

1.2.2. Enregistrement de la succession des occupations

Un premier schéma a été proposé au cours de l'étude du site de Diepkloof (*cf.* p. 159). Sur la base des caractéristiques communes aux différents sites étudiés, ce schéma peut être généralisé (figure 133).

Ce schéma se base sur les modalités d'enfouissement des ensembles de vestiges reconnus au cours de nos expériences (*cf. supra*). En particulier, la redistribution d'objets exhumés par les incisions liées au ruissellement conduit à la formation de pseudo-niveaux archéologiques (figure 133A). Ce mécanisme a été identifié au sommet de la séquence d'Isturitz. La caractéristique des ensembles de vestiges ainsi formés est la diminution de quantité de matériel qui accompagne l'accrétion des dépôts et conduit à la dispersion des vestiges dans une matrice de sédiments naturels.

Ces perturbations conduisent à un schéma plus complexe lorsque plusieurs épisodes de sédimentation et d'occupation se succèdent, comme cela est observé dans les dépôts de l'abri Caminade et de l'abri de Diepkloof et comme cela est probablement le cas dans les niveaux riches en sédiment anthropique de la grotte d'Isturitz (figure 133B). Deux situations peuvent être distinguées.
Dans les zones de transit, la succession de périodes de dépôt et de périodes de formation de pavages, voire d'érosion, est à l'origine d'une double distorsion. Premièrement, une partie des objets est exportée. Deuxièmement, les vestiges initialement contenus dans des niveaux différents sont concentrés sur une même surface. Ces deux mécanismes conduisent à une contraction de l'enregistrement archéologique.
Dans les zones de dépôt, l'enfouissement s'accompagne d'une certaine redistribution des vestiges. Celle-ci se traduit soit par un enrichissement des couches archéologiques initiales, soit par la constitution de pseudo-niveaux. Ces derniers ont été reconnus au sein de l'ensemble Aurignacien ancien de Caminade. Comme on l'a montré à Diepkloof, la richesse de ces pseudo-niveaux en produits anthropiques n'est contrôlée que par la durée qui sépare les épisodes de ruissellement des occupations préhistoriques. Ce critère ne permet donc pas de les distinguer des niveaux non remaniés. En revanche, d'autres caractères peuvent être utilisés pour les identifier sans ambiguïté : 1) l'aspect lité et trié des sédiments examinés au microscope ; 2) la fabrique et le granoclassement des objets archéologiques ainsi qu'un certain nombre d'organisations remarquables (*cf.* § 1.1.3).

Dans les deux cas, il en résulte une diffusion du matériel de chaque occupation dans les niveaux sus-jacents.

Comme l'illustre la figure 133B, les industries recueillies dans des dépôts dus au ruissellement peuvent donner l'illusion de la persistance d'un trait culturel, alors qu'il ne s'agit que d'éléments redistribués. D'une façon plus générale, les modifications qui accompagnent la formation d'un site sont susceptibles de masquer les changements culturels abrupts aussi bien que les périodes d'abandon.

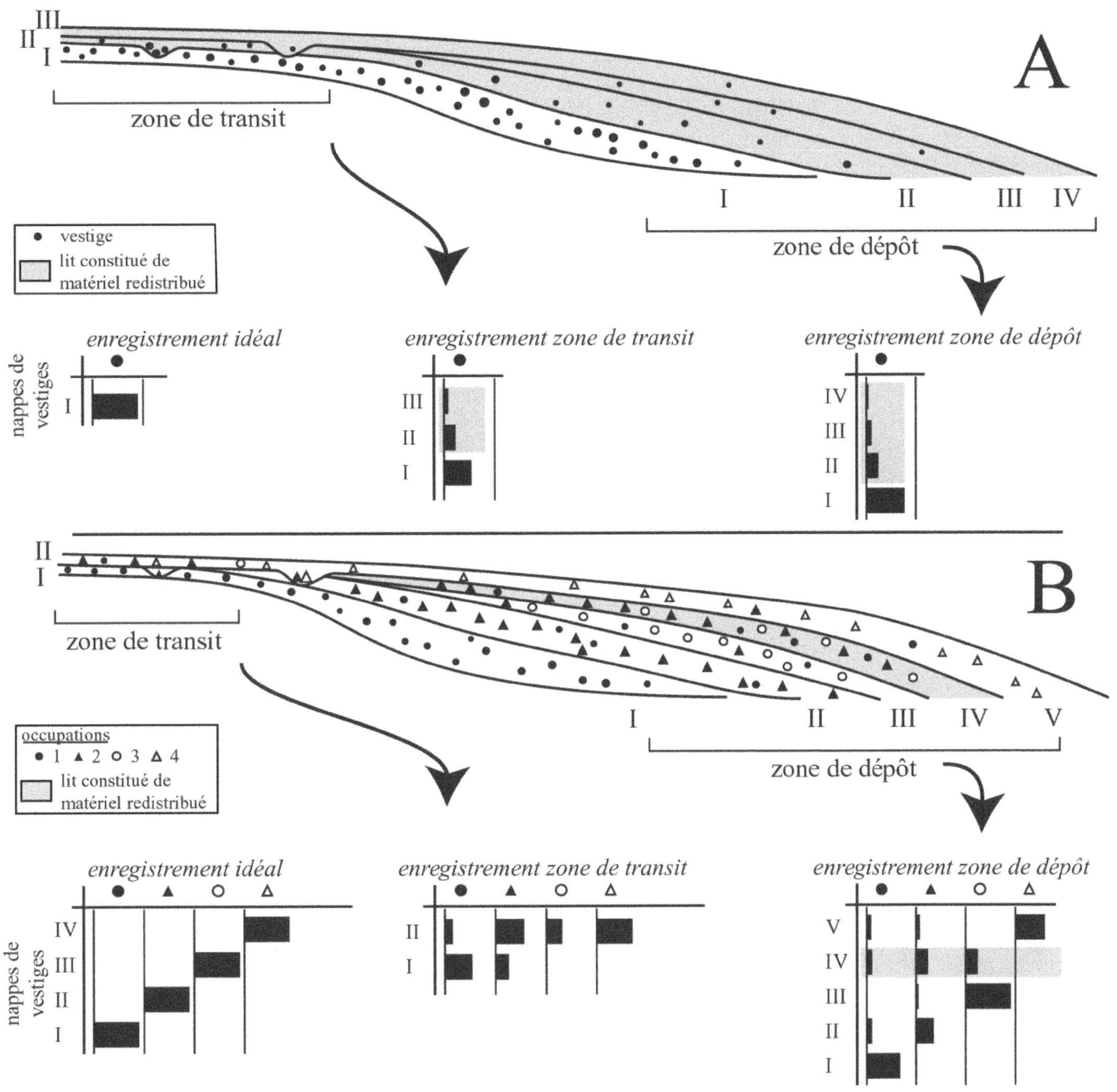

figure 133 : biais de l'enregistrement stratigraphique associés à une sédimentation par ruissellement. A - cas d'une occupation unique ; B - cas d'une succession d'occupations.

Des conclusions similaires ont été obtenues par Stockton (1973) à la suite de son expérience de piétinement, bien que les deux schémas s'appliquent à des sites différents. Le travail de Stockton a été réalisé pour rendre compte de l'enregistrement stratigraphique des dépôts sableux secs holocènes qui forment fréquemment le remplissage des abris-sous-roche gréseux d'Australie. Le schéma que nous proposons vise à rendre compte des sites pléistocènes contenus dans des dépôts de pente, aussi bien en abris-sous-roche, qu'en entrée de grotte ou en pieds de pente.

2. CONCLUSION

Le travail réalisé montre que le ruissellement joue un rôle important dans la genèse des sites préhistoriques. Cet agent de sédimentation concourt à modifier l'organisation primitive des vestiges et entraîne une perte d'information qui biaise de façon plus ou moins importante la lecture du matériel archéologique.
Les expériences menées ont conduit à identifier les modalités de ces dégradations et à proposer un modèle où les différentes étapes de ce processus sont décrites.
Les procédures analytiques élaborées permettent le diagnostic de chacune de ces étapes. Les critères documentés ont pour but de permettre la reconnaissance du rôle de cet agent de sédimentation dans les dépôts fossiles et d'évaluer le degré de transformation de chaque site ou série. La reconnaissance de ces transformations contribue à asseoir l'interprétation des sites préhistoriques puisqu'elle conduit à identifier la part non-anthropique de leur contenu.

La mise au point de ces procédures analytiques vise à faciliter l'étude des agents de sédimentation au cours d'une phase préliminaire des travaux de terrain et participer à l'élaboration des stratégies et des méthodes de fouille. Elle peut également être conduite lors d'une réévaluation de gisements déjà fouillés. Ces réévaluations peuvent être menées à partir de la lecture des témoins du remplissage de ces sites, de l'élaboration d'hypothèses qui peuvent en être faites à la suite, et de la recherche des critères diagnostiques sur les ensembles de vestiges. Les études de cas que nous avons menées montrent que le rôle du ruissellement a pu être sous-estimé par les anciens travaux. Cela concerne aussi bien sa participation à l'édification des dépôts (*e. g.* abri de Diepkloof) que son rôle dans la constitution des ensembles de vestiges (*e. g.* Abri Caminade). Ce constat conduit donc à s'interroger légitimement sur les interprétations qui ont été faites des industries contenues dans de tels dépôts.
En outre, nous proposons un schéma de l'enregistrement stratigraphique des occupations préhistoriques enfouies dans des dépôts de ruissellement où sont identifiés les principaux biais que peut induire une sédimentation par ruissellement. Ce modèle doit faciliter l'élaboration d'hypothèses qui peuvent être testées sur les séries archéologiques. Toutefois, cette proposition ne repose que sur l'examen d'un nombre limité de sites. C'est pourquoi elle devra être étayée et précisée par la prise en compte d'un plus grand nombre d'études.
Ainsi, les outils analytiques et les références interprétatives réunies dans ce travail peuvent êtres utilisés en compléments des études taphonomiques traditionnelles pour augmenter et affiner notre compréhension de la constitution des sites préhistoriques.

Le travail que nous avons mené montre que les modifications qui accompagnent la constitution des sites préhistoriques sont sous-estimées. Leur juste appréciation nécessite une connaissance approfondie des mécanismes de sédimentation, d'une part, et des modalités de dégradation des ensembles de vestiges pour les différents types de dépôts dans lesquels sont inclus les sites préhistoriques, d'autre part.
Un important travail reste à faire dans ce domaine. Identifier les modalités de transformation des ensembles archéologiques est une première étape. Il est souhaitable, de ce point de vue, de compléter la connaissance de l'action des autres agents de sédimentation qui participent à l'édification des dépôts de pente. La finalité est l'élaboration de modèles de dégradation spécifiques aux sites archéologiques et aux différents environnements sédimentaires. C'est à partir de cette deuxième étape que peut être engagée un dialogue avec les autres disciplines qui contribuent à interpréter la signification des vestiges contenus dans les sites.
A une échelle plus large, l'élaboration de modèles de transformation pour les différents environnements sédimentaires et l'identification de ces modifications dans les dépôts fossiles doit permettre de caractériser la constitution des sites archéologiques dans les différents milieux fréquentés par l'Homme préhistorique. Cette approche peut permettre d'aboutir, à terme, à des modèles régionaux de formation des sites. Les implications de ces modèles, aussi bien sur les aspects de peuplement que de modalité des occupations ou de succession des cultures, pourront alors être discutés.

PLANCHES

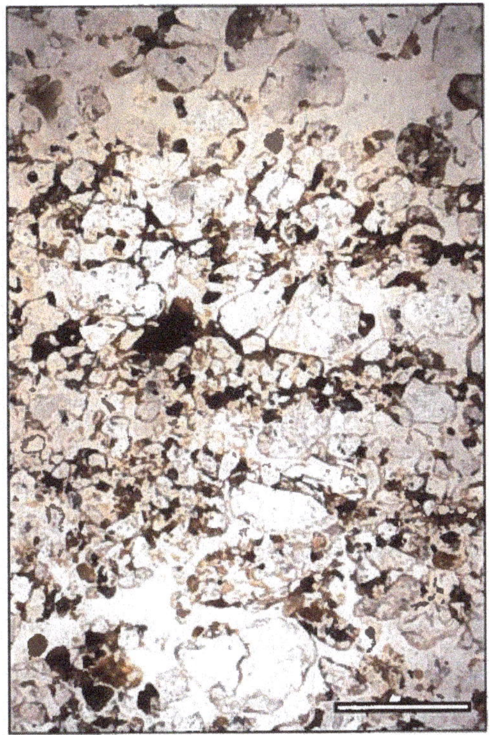

A : sables fins et moyens grossièrement laminés. Les lamines de sables fins contiennent de nombreux micro-agrégats limoneux et fragments de revêtements argileux (cône de l'expérience 2, LN, trait : 1 mm).

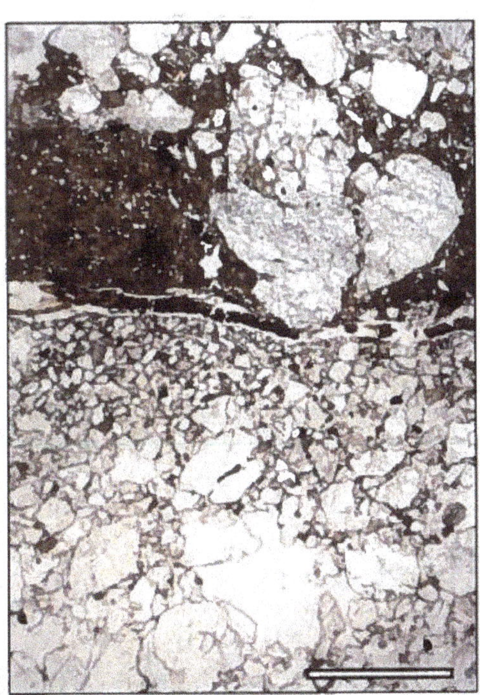

D : lit de sables surmonté d'un lit d'agrégats limoneux. Le lit de sables présente un entassement dense au sommet. Un reste de feuille souligne le contact et témoigne de l'ambiance hivernale de la mise en place du lit d'agrégats (cône de l'expérience 4, LN, trait : 1 mm).

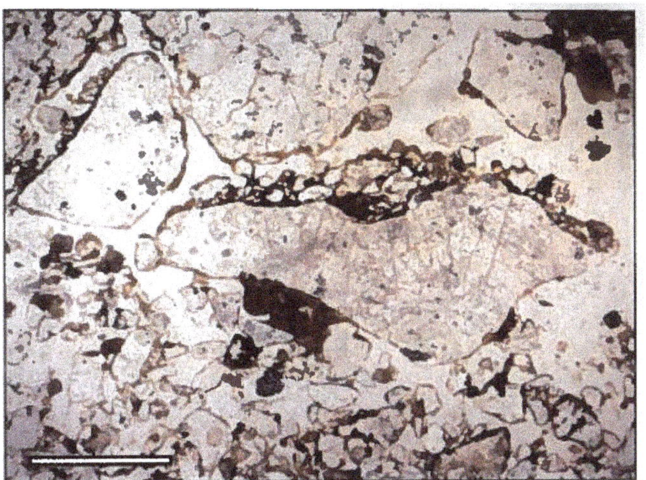

B : lit de gravillons. Les coiffes grossières à tri inverse mal exprimé sont fréquentes (cône de l'expérience 2, LN, trait : 1 mm).

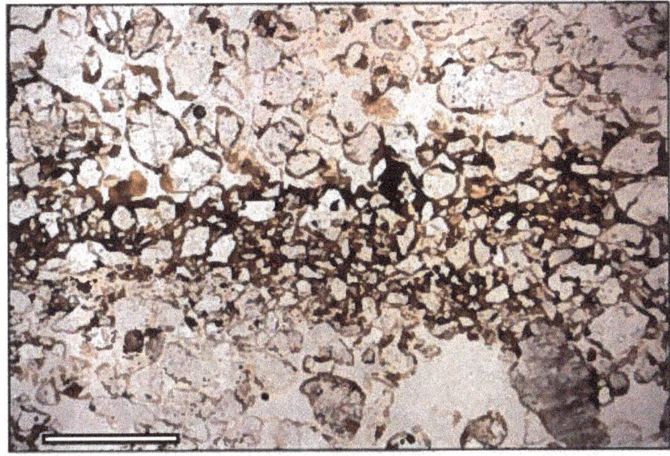

C : accumulations texturales disposées en ligne et surmontant un lit de sables fins. Dans le secteur 1, ces accumulations sont formées de revêtements argileux plutôt isopaques (cône de l'expérience 2, LN, trait : 1 mm).

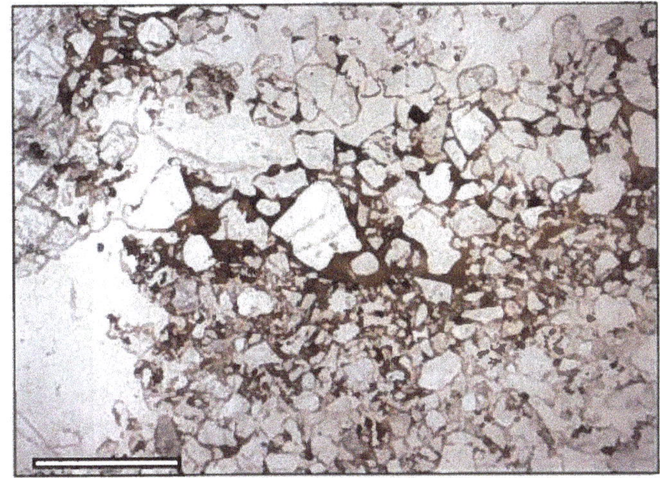

E : accumulations texturales disposées en ligne et surmontant un horizon à structure effondrée. Dans le secteur 2, ces accumulations sont formées de revêtements limoneux microlaminés en croissant (cône de l'expérience 4, LN, trait : 1 mm).

planche 1 : site expérimental du Tiple, microfaciès de ruissellement concentré .

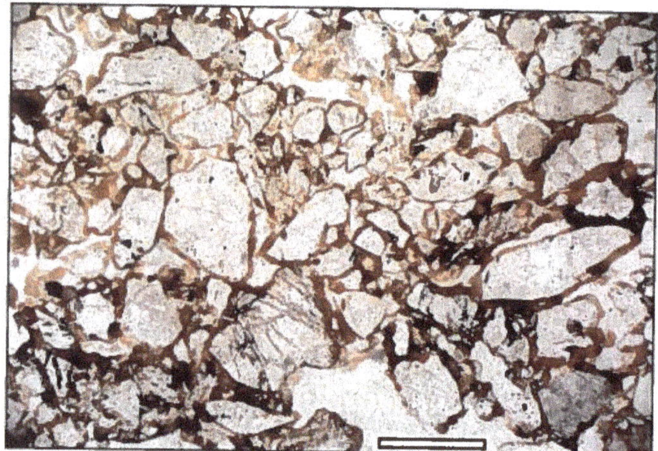

A : sables mal triés partiellement colmatés par des revêtements argileux massifs isopaques (secteur 2, LN, trait : 500 μm).

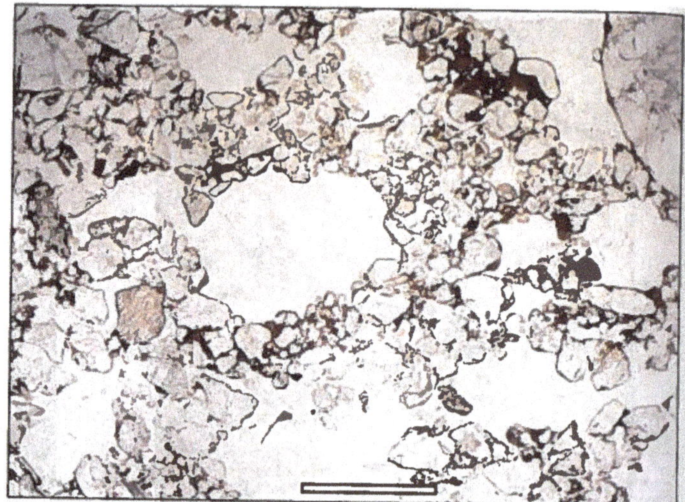

B : sables moyens à porosité vésiculaire dans une accumulation de ruissellement concentré (secteur 1, LN, trait : 1 mm).

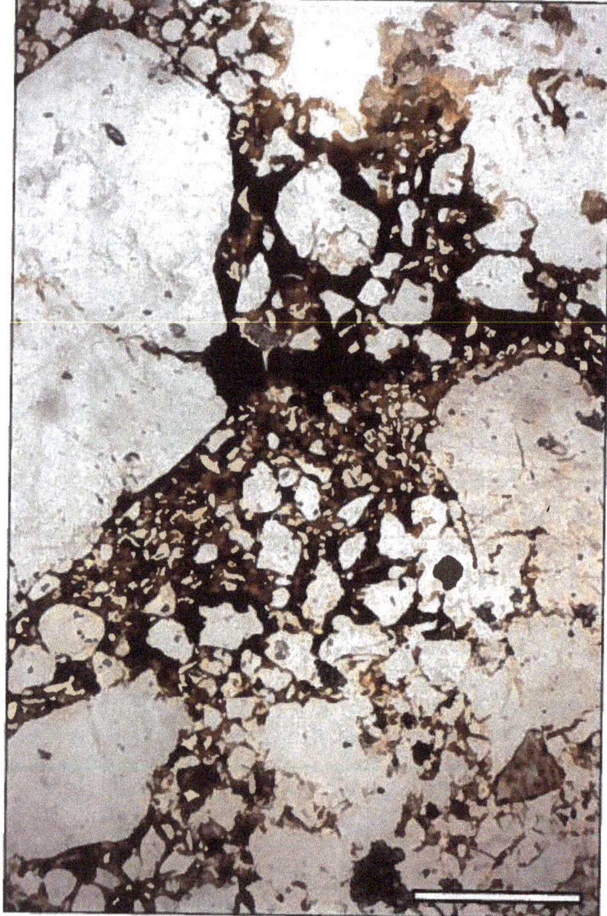

C : contact entre deux lits de sables argileux du toît d'un micro-delta. Le lit inférieur s'achève par des sables fins, des micro-agrégats limoneux et des fragments de revêtements argileux granoclassés. La base du lit supérieur est colmatée par des argiles (micro-delta, secteur 1, LN, trait : 1 mm).

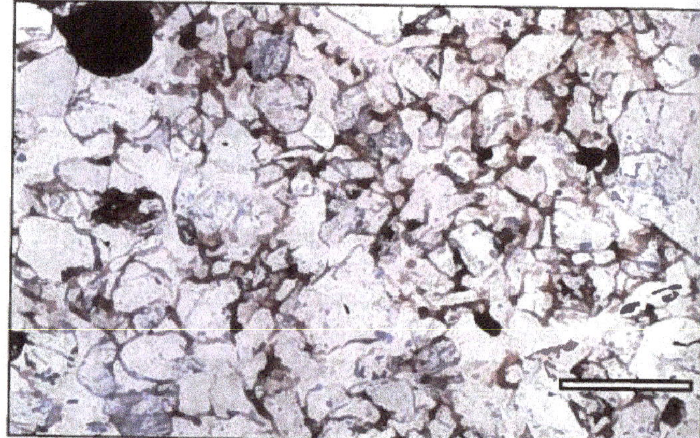

D : sables légèrement argileux d'un cône microdelta (secteur 2, LN, trait : 500 μm).

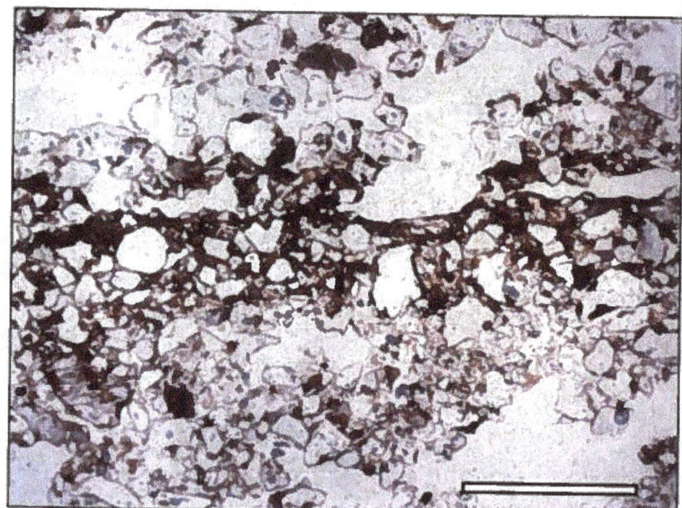

E : sables fins et moyens mal triés à porosité vésiculaire. Un horizon plasmique souligne un contact entre deux lits de sables. Un horizon intermédiaire à vides polyconcaves est sous-jacent à l'horizon plasmique (pied de talus, secteur 1, LN, trait : 1 mm).

planche 2 : site expérimental du Tiple, microfaciès.

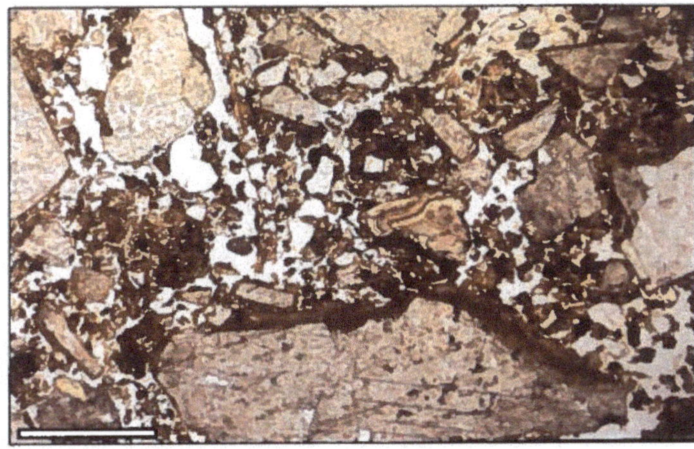

A : Graviers et sables limono-argileux massifs. Le fond matriciel est composé d'un matériel organo-minéral agrégé. Noter la coiffe grossière à tri granulométrique inverse (sondage 1, LN, trait : 1 mm).

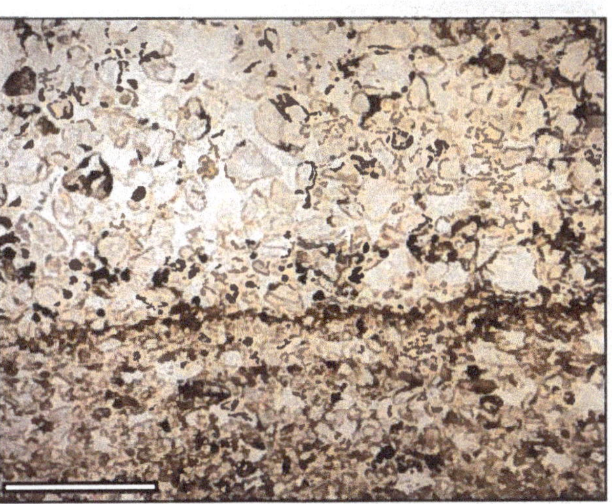

B : Eboulis colmaté. Litage plan horizontal de sables lavés triés (sondage 2, LN, trait : 1 mm).

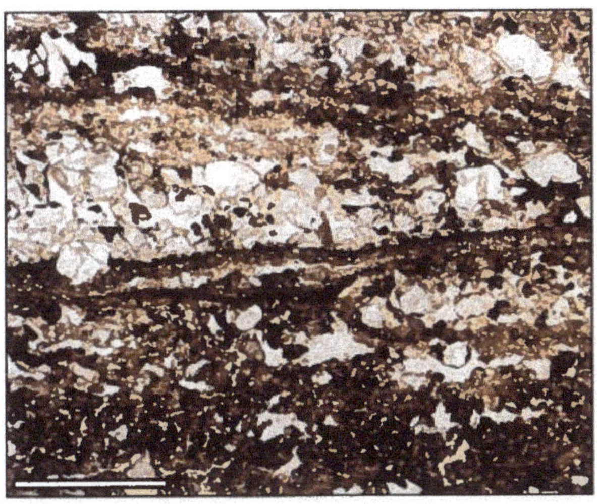

C : Eboulis colmaté. Sables, limons et agrégats laminés (sondage 2, LN, trait : 1 mm).

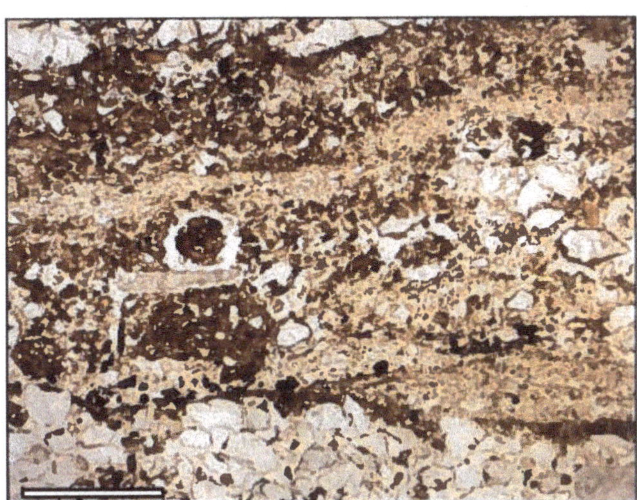

D : Eboulis colmaté. Alternance de lits de sables moyens, fins et de lits de microagrégats. Quelques agrégats fécaux témoignent d'une bioturbation modérée (sondage 2, LN, trait : 1 mm).

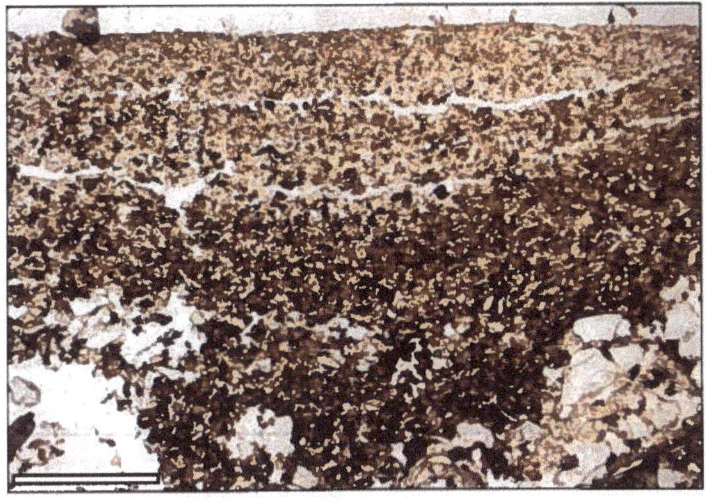

E : Eboulis colmaté. Sables et microagrégats granoclassés (sondage 2, LN, trait : 1 mm).

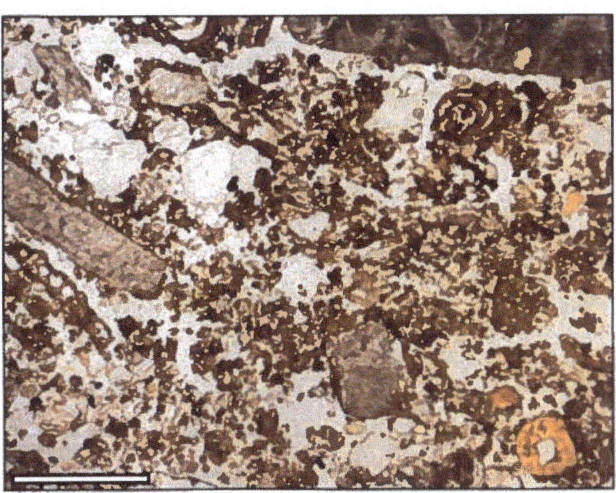

F : Eboulis colmaté. Lits à structure micro-agrégée (sondage 2, LN, trait : 1 mm).

planche 3 : Grotte XII, microfaciès.

A : Isturitz, salle Saint-Martin. Vue de la section dégagée par les fouilles

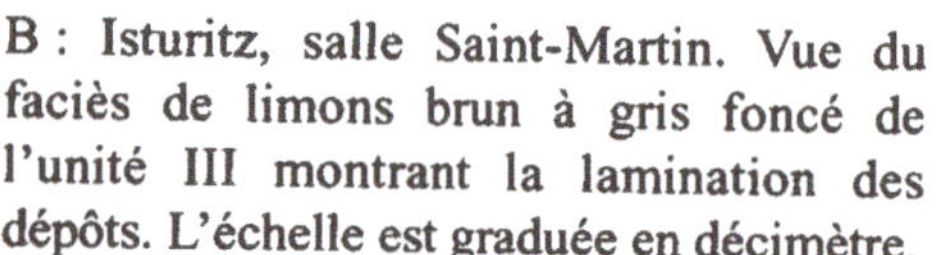
B : Isturitz, salle Saint-Martin. Vue du faciès de limons brun à gris foncé de l'unité III montrant la lamination des dépôts. L'échelle est graduée en décimètre.

C : Abri de Diepkloof, vue des dépôts *Middle Stone Age* livrés par la section nord-est du sondage Parkington.

planche 4 : Faciès sédimentaires des sites étudiés.

A : vue d'une lame mince taillée dans les dépôts du contact entre les unités III et IV. Noter le litage des sédiments de la partie supérieure de la lame (base de l'unité III), à fraction anthropique importante (échelle 1/1). L'emplacement de la vue D est indiqué par le cercle.

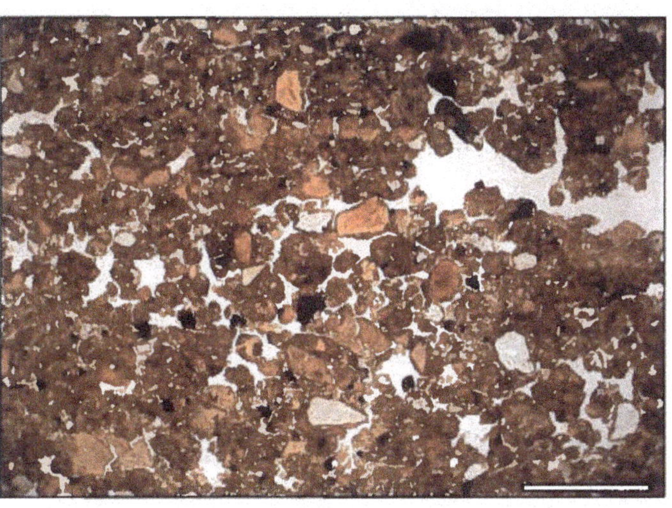

B : unité IV, sommet. Faciès de pseudo-sables et granules phosphatés (LN, trait : 1 mm).

C : unité IV, sommet. Intercalation fragmentée de phosphates (LN, trait : 1 mm).

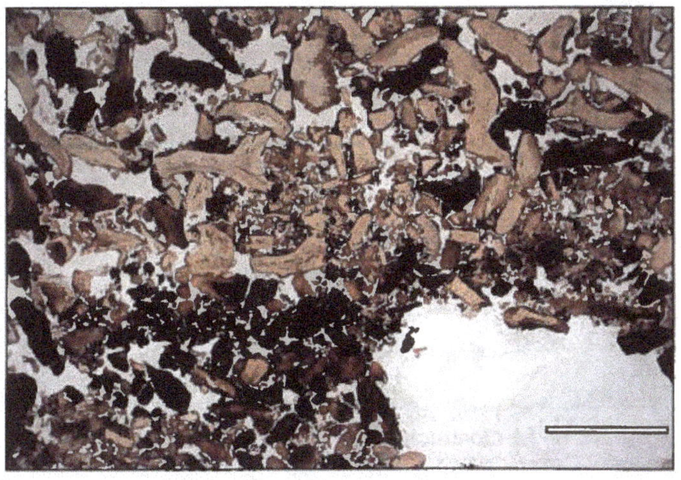

D : unité III, base. Détail d'une lentille litée concave : lamines d'os carbonisés et non brûlés triés (LN, trait : 1 mm).

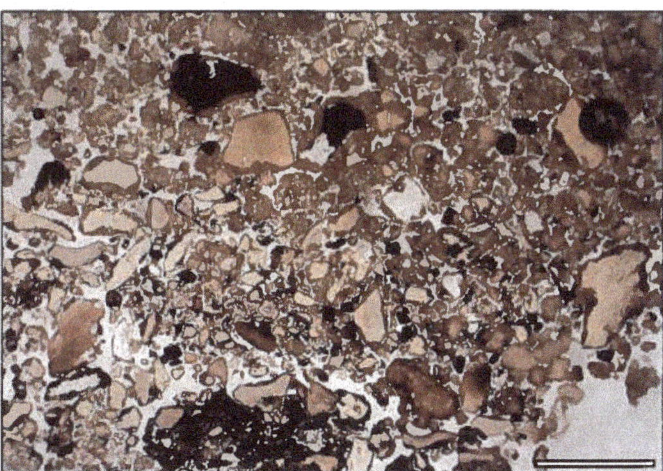

E : unité III, base. Détail d'une lentille litée concave : pseudo-sables et sables phopshatés triés grossièrement laminés. Noter l'abondance des agrégats arrondis à coiffe périphérique (LN, trait : 1 mm).

planche 5 : Isturitz, salle Saint-Martin, microfaciès des unités III et IV.

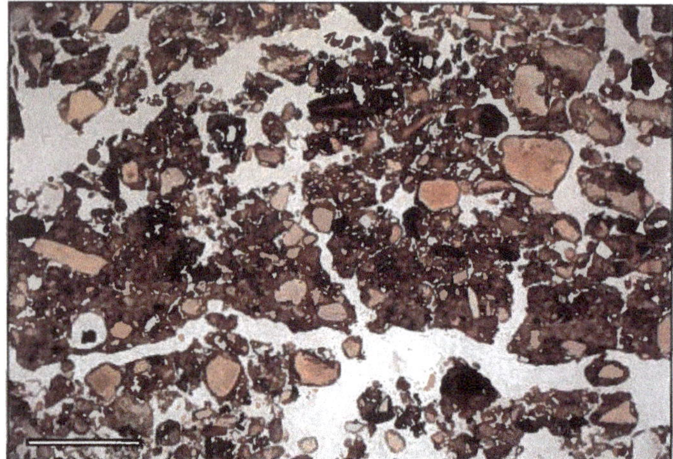

A : unité III. Trait sédimentaire résiduel (sables phosphatés et limons grossièrement laminés) respecté par la structure lamellaire (LN, trait : 1 mm).

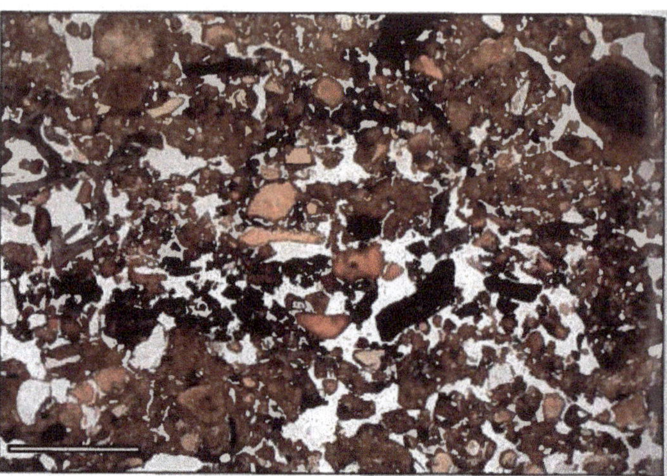

B : unité III. Lamine d'os carbonisés et de pseudo-sables (LN, trait : 1 mm).

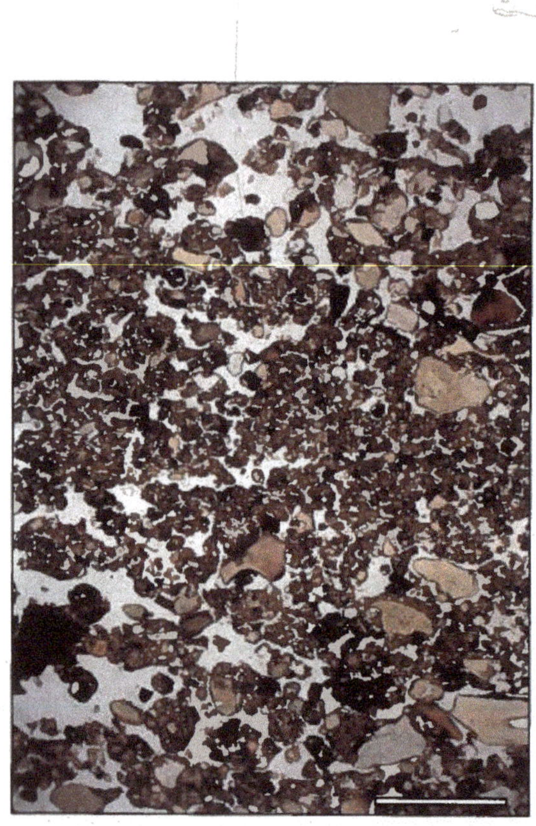

C : unité III. Vue partielle d'une structure concave comblée de microagrégats et de sables phosphatés triés (LN, trait : 1 mm).

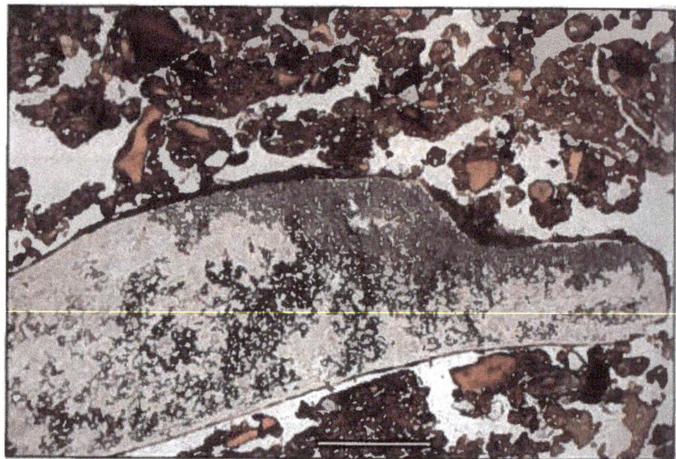

D : unité III, fine coiffe discontinue de limons grossiers (LN, trait : 1 mm).

E : unité II. Microstructure agrégée de la matrice. Noter les coiffes périphériques bien développées, l'altération du gravier calcaire sous sa coiffe, ainsi que la sparite équigranulaire dans la fine porosité inter-agrégats (LN, trait : 1 mm).

planche 6 : Isturitz, salle Saint-Martin, microfaciès des unités II et III.

A : vue partielle de la coupe frontale (SE) du sondage Parkington. Le litage est constitué de l'emboitement de lentilles concaves à contact érosif, plus épaisses au centre que sur les bords.

B : détail d'une structure concave érosive. Cette structure recoupe des lits subhorizontaux de même composition sédimentaire. Son comblement est lité.

C : lit blanc, vue générale de la lame mince. Noter les lits gris intercalés, à limites inférieures nettes. La structure est massive. La porosité fissurale est en grande partie un artefact de fabrication (échelle 1/1).

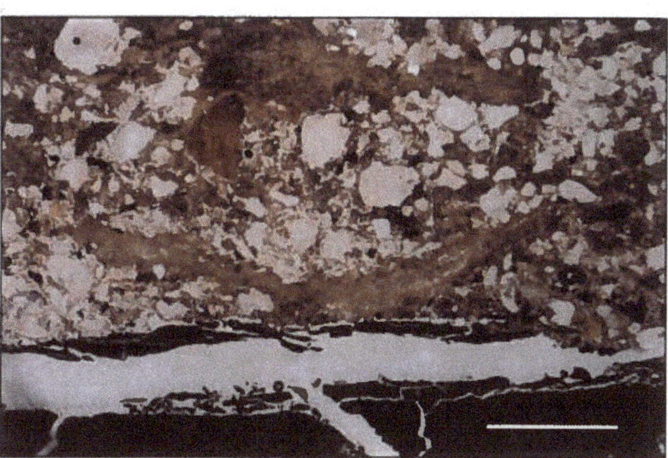

D : lit blanc, intercalation microlitée de pseudomorphoses d'oxalates de calcium en calcite (POCC) et de phosphates dans une plage sableuse (LN, trait : 1 mm).

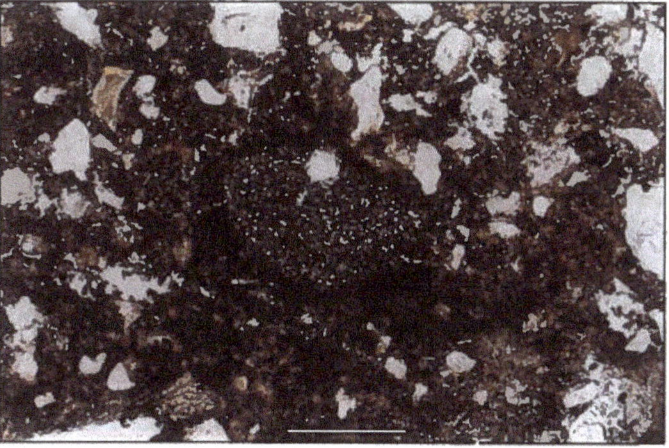

E : lit blanc, agrégat arrondis de POCC. Les cristaux de cendres carbonatées sont enrobés dans une enveloppe micritique (LN, trait : 500 µm).

planche 7 : Diepkloof, structures sédimentaires (A, B et C) et microfaciès (D et E).

A : lit blanc, cendres carbonatées. PPOC dans un fond phosphaté (LN, trait : 200 μm).

B : lentille charbonneuse dans un lit noir. Un reste carbonisé, probablement une feuille, marque la base de la lentille charbonneuse (LN, trait : 1 mm).

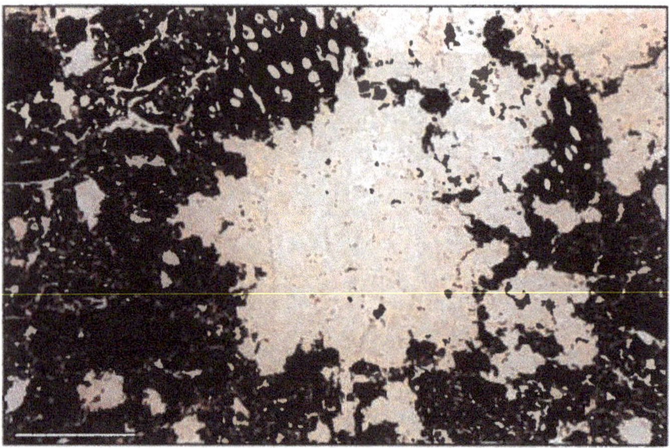

C : lit gris, fragmentation des charbons par croisssance des cristaux de gypse (LN, trait : 1 mm).

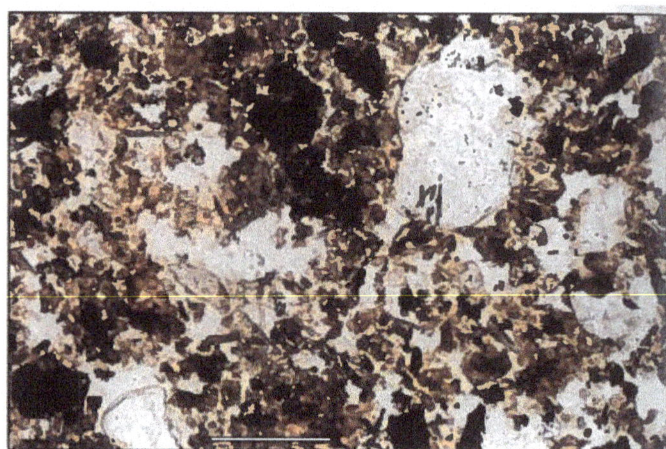

D : lit brun, grains de quartz dispersés dans un fond pousssiéreux jaune brun microagrégé riche en phytolites et en microcharbons (LN, trait : 100 μm).

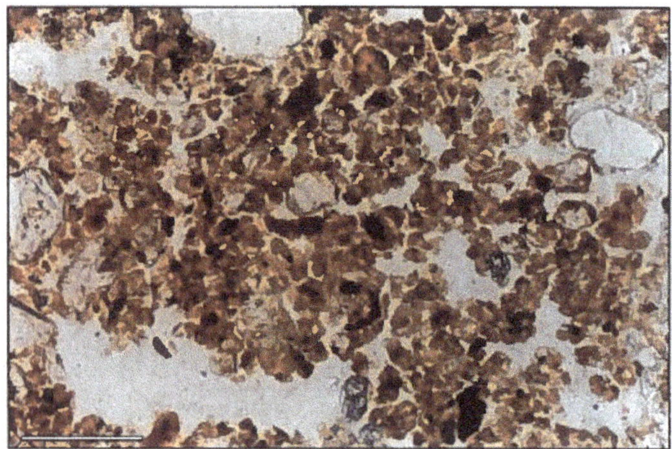

E : lit beige, organisation microagrégée du fond (LN, trait : 200 μm).

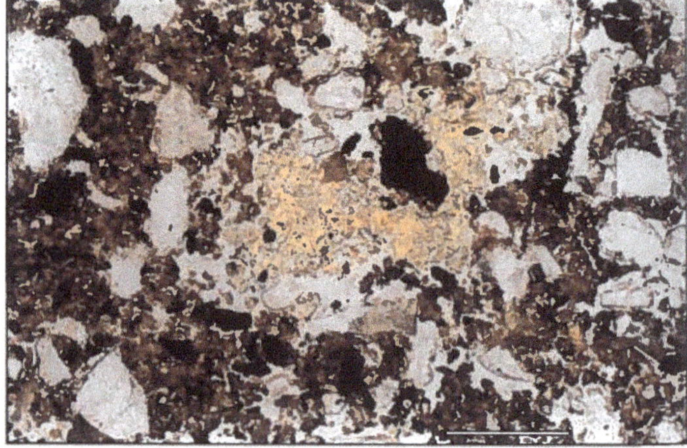

F: lit brun, cristallisation de halite associée à des phosphates jaunes amorphes (LN, trait : 1 mm).

planche 8 : Diepkloof, microfaciès.

RÉFÉRENCES BIBLIOGRAPHIQUES

LISTE DES FIGURES, PLANCHES ET TABLEAUX

TABLE DES MATIÈRES

RÉFÉRENCES BIBLIOGRAPHIQUES

Abrahams A. D. 1987. Hydraulic processes in the formation of debris slopes in the Mojave desert, California. *Processus et mesures de l'érosion.* Ed. du CNRS, Paris : 187-198.

Abrahams A. D., Parsons A. J. et Hirsh P. J. 1985. Hillslope gradient-particle size relations : evidence for the formation of debris slopes by hydraulic processes in the Mojave Desert. *Journal of Geology*, 93 : 347-357.

Abrahams A. D., Soltyka N., Parsons A. J. et Hersch P. J. 1990. Fabric analysis of a desert debris slope : Bell mountain, California. *Journal of Geology*, 98 : 264-272.

Alberts E. E., Moldenhauer W. C. et Foster G. R. 1980. Soil aggregates and primary particles transported in rill and interill flow. *Soil Science Society of America Journal*, 44 : 590-595.

Allen J. R. L. 1982. *Developments in sedimentology.* Elsevier, Amsterdam : 593 p.

Allen M. J. 1992. Products of erosion and the prehistoric land-use of the Wessex Chalk. *Past and present soil erosion*, M. Bell et J. Boardman (Eds.). Oxbow Monograph, Oxford : 37-52.

Altemüller H.-J. et Van Vliet-Lanoë B. 1990. Soil thin section fluorescence microscopy. *Soil micromorphology : a basic and applied science.* L. A. Douglas (Ed.). Elsevier, Amsterdam : 565-579.

Anderson-Gerfaud P. 1981. *Contribution méthodologique à l'analyse des micro-traces d'utilisation sur les outils préhistoriques.* Thèse de 3eme cycle, Université Bordeaux I.

André M.-F. 2001. Pour le réexamen de la hiérarchie des processus opérant en milieu périglaciaire. *Bulletin de l'Association Française du périglaciaire*, 8 : 2-19.

Andrews P. 1995. Experiments in taphonomy. *Journal of Archaeological Science*, 22 : 147-153.

Angelucci D. E. 2003. The geoarchaeological context. *Portrait of the artist as a child. The gravettian human skeleton from the Abrigo do Lagar Velho and its archaeological context*, J. Zilhao et E. Trinkaus (Eds.). Trabalhos de Arqueologia, 22, Lisbonne : 58-91.

Armour-Chelu M. et Andrews P. 1994. Some effects of bioturbation by earthworms (Oligochaeta) on archaeological sites. *Journal of Archaeological Science*, 21 : 433-443.

Ascher R. 1968. Time's arrow and the archaeology of a contemporary community. *Settlement in archaeology*, K. C. Chang (Ed.). National Press Book, Palo Alto : 43-52.

Aslan A. et Berhensmeyer A. K. 1996. Taphonomy and time resolution of bone assemblages in a contemporary fluvial system : the East Fork River. *Palaios*, 11 : 411-421.

Aubry M. P. 1975. Recherches sur la nannopétrographie des roches siliceuses. *Bulletin de la Société Géologique de Normandie et Amis du Museum du Havre*, LXII : 7-34.

Babel U. et Vogel H. J. 1989. Zur beurteilung der Enchyträen- und Collembolen-aktivität mit hilfe von bodenünnschliffen. *Pedobiologia*, 33 : 167-172.

Baize D. et Girard M. C. 1992. *Référentiel pédologique 1992 : principaux sols d'Europe.* INRA, Paris : 222 p.

Baker J. C., Jell J. S., Hacker J. L. F. et Baubly K. A. 1998. Origin of recent insular phosphate rock on a coral cay - Raine Island, Northern Great Barrier Reef, Australia. *Journal of Sedimentary Research*, 68 : 1001-1008.

Balek C. L. 2002. Buried artifacts in stable upland sites and the role of bioturbation : a review. *Geoarchaeology*, 17 : 41-51.

Ballantyne C. K. et Harris C. 1994. *The periglaciation of Great Britain.* Cambridge University Press, Cambridge : 330 p.

Barton R. N. E. et Bergman C. A. 1982. Hunters at Hengistbury : some evidence from experimental archaeology. *World archaeology*, 14 : 237-248.

Bartram L. et Villa P. 1998. The archaeological excavation of prehistoric hyena dens : why bother ? *Economie préhistorique : les comportements de subsistance au Paléolithique moyen*, J. P. Brugal, L. Meignen et M. Patou-Mathis (Eds.). Edtitions EPDCA, Sophia Antipolis : 15-30.

Baschelet E. 1981. *Circular statistics in biology.* Academic Press, Londres : 374 p.

Becze-Deak J., Langhor R. et Verrecchia E. P. 1997. Small scale secondary CaCO3 accumulations in selected sections of the European lœs belt. Morphological forms and potential for paleoenvironmental reconstruction. *Geoderma*, 76 : 221-252.

Behrensmeyer A. K. 1975. The taphonomy and palaecology of plio-pleistocene vertebrate assemblages east of Lake Rudolf, Kenya. *Bulletin of Comparative Zoology*, 146 : 473-578.

Behrensmeyer A. K. 1991. Terrestrial vertebrate accumulations. *Taphonomy : releasing the data locked in the fossil record*, P. A. Allison et D. E. G. Briggs (Eds.). Plenum Press, New York : 291-335.

Benedict J. B. 1976. Forst creep and gelifluxion features : a review. *Quaternary Research*, 6 : 55-76.

Benn D. I. 1994. Fabric shape and the interpretation of sedimentary fabric data. *Journal of sedimentary Research*, 64 : 910-915.

Berry L. G. (ed.) **1974.** *Selected powder diffraction data for minerals.* JCPDS, Philadelphia : 833 p.

Bertran P. 1993. Deformation-induced microstructures in soils affected by mass movements. *Earth Surface Processes and Landforms*, 18 : 645-660.

Bertran P. 1994. Dégradation des niveaux d'occupation paléolithiques en contexte périglaciaire et implications archéologiques. *Paléo*, 6 : 285-302.

Bertran P. 1999. Dynamique des dépôts de la grotte Bourgeois-Delaunay (La Chaise-de-Vouthon, Charente) : apport de la micromorphologie. *Paléo*, 11 : 9-18.

Bertran P., Francou B. et Pech P. 1993. Stratogenèse assistée à la dynamique des coulées à front pierreux en milieu alpin, La Mortice, Alpes méridoniales, France. *Géographie Physique et Quaternaire*, 47 : 93-100.

Bertran P., Francou B. et Texier J.-P. 1995. Stratified slope deposits : the stone-banked sheets and lobes model. *Steepland Geomorphology*, O. Slaymaker (Ed.). Wiley & Sons, London : 147-169.

Bertran P., Hétu B., Texier J.-P. et Van Steijn H. 1997. Fabric characteristics of subaerial slope deposits. *Sedimentology*, 44 : 1-16.

Bertran P. et Jomelli V. 2000. Post-glacial colluvium in western Norway : depositional processes, facies and palaeoclimatic record. *Sedimentology*, 47 : 1053-1068.

Bertran P., Le Bissonnais Y. et Texier J.-P. sous presse. Ruissellement. *Dépôts de pente continentaux : dynamique et faciès*, P. Bertran (Ed.). Editions du BRGM, Orléans.

Bertran P. et Lenoble A. 2002. Fabriques des niveaux archéologiques : méthode et premier bilan des apports à l'étude taphonomique des sites paléolithiques. *Paléo*, 14 : 13-28.

Bertran P., Nourissat S., Best C. et Franc O. 1998. Rôle des processus naturels dans la constitution du site épipaléolithique, mésolithique et néolithique de la Duchère à Vaise (Rhône). *Paléo*, 10 : 211-232.

Bertran P. et Texier J.-P. 1995. Fabric analysis : application to paleolithic sites. *Journal of Archaeological Science*, 22 : 521-535.

Bertran P. et Texier J.-P. 1997. Géoarchéologie des versants : les dépôts de pente. *Dynamique du paysage : entretiens de géoarchologie*, J. P. Bravard et M. Presteau (Eds.). Documents d'Archéologie en Rhône-Alpes, Châtillon-sur-Chalaronne : 59-86.

Bertran P. et Texier J.-P. 1999. Facies and microfacies of slope deposits. *Catena*, 35 : 99-121.

Beuselinck L., Steege A., Govers G., Nachtergaele J., Takken I. et Poesen J. 2000. Characteristics of sediment deposits formed by intense rainfall events in small catchments in the Belgian Loam Belt. *Geomorphology*, 32 : 69-82.

Binford L. 1977. General introduction. *For theory building in archaeology*, L. Binford (Ed.). Academic Press, New-York : 1-10.

Binford L. 1981. Behavorial archaeology and the "Pompei premise". *Journal of Anthropological Research*, 37 : 195-208.

Blair T. C. 1987. Sedimentary Processes, vertical stratification sequences, and geomorphology of the Roaring River alluvial fan, Rocky Moutain National Park, Colorado. *Journal of Sedimentary Petrology*, 57 : 1-18.

Blair T. C. 1999. Cause of dominance by sheetflood *versus* debris-flow processes on two adjoining alluvial fans, Death Valley, California. *Sedimentology*, 46 : 1015-1028.

Blikra L. H. et Nemec W. 1998. Postglacial colluvium in western Norway : depositional processes, facies and palaeoclimatic record. *Sedimentology*, 45 : 909-959.

Blikra L. H. et Nemec W. 2000. Post-glacial colluvium in western Norway : depositional processes, facies and palaeoclimatic record. Reply to Bertran P. & Jomelli V. *Sedimentology*, 47 : 1058-1068.

Blob R. W. 1997. Relative hydrodynamic dispersal potentials of soft-shelled turtle elements : implications for interpreting skeletal sorting in assemblages of non-mammalian terrestrial vertebrates. *Palaios*, 12 : 151-164.

Boaz N. T. et Behrensmeyer A. K. 1976. Hominid taphonomy : transport of human skeletal parts in an artificial fluviatile environment. *American Journal of Physical Anthropology*, 45 : 53-60.

Boëda E. et Pellegrin J. 1985. Approche expérimentale des amas de Marsangy. *Archéologie expérimentale. Les amas lithiques de la zone N19 du gisement magdalénien de Marsangy : approche méthodologique par l'expérimentation.* Association pour la promotion de l'archéologie de Bourgogne, Archéodrome : 19-36.

Boistelle R., Lopez-Valero I. et Abbona F. 1993. Crystallization of calcium phosphate in the presence of magnesium. *Nephrologie*, 14 : 265-269.

Bonifay E. 1981. Les plus anciens habitats sous grotte découverts à Lunel-Viel / Hérault. *Archéologia*, 150 : 30-42.

Bordes F. et Bourgon M. 1951. Le complexe moustérien : Moustérien, Levalloisien et Tayacien. *L'Anthropologie*, 55 : 1-23.

Bordes J.-G. 2000. La séquence aurignacienne de Caminade revisitée : l'apport des raccords d'intérêt stratigraphique. *Paléo*, 12 : 387-407.

Bordes J.-G. et Lenoble A. 2001. *Caminade (Sarlat, Dordogne).* Rapport de fouille programmée. Service Régionale d'Archéologie d'Aquitaine, Bordeaux : 66 p.

Bordes J.-G. et Lenoble A. 2002. La «lamelle Caminade» : un nouvel outil lithique aurignacien ? *Bulletin de la Société Préhistorique Française*, 99 : 735-749.

Bowers P. M., Bonnichsen R. et Hoch D. M. 1983. Flake dispersal experiments : non-cultural transformation of the archaeological record. *Antiquity*, 48 : 553-572.

Boyer C. et Roy G. 1991. Morphologie du lit autour d'un obstacle soumis à un écoulement en couche mince. *Géographie Physique et Quaternaire*, 45 : 91-99.

Bracco J.-P. 1994. Formation, déformations et informations d'une couche archéologique : La Roche à Tavernat, locus I. *Préhistoire Anthropologie Méditerranéennes*, 3 : 25-37.

Bradley R. et Clayton C. 1987. The influence of flint microstructure on the formation of microwear polishes. *The human use of flint and chert*, G. De Sieveking et M. H. Newcomer (Eds.). Cambridge University Press, Cambridge : 81-89.

Brayshaw A. C., Frostrick L. E. et Reid I. 1983. The hydrodynamics of particle clusters and sediment entairtenment in coarse alluvial channels. *Sedimentology*, 30 : 137-143.

Bresson L. M. et Boiffin J. 1990. Morphological characterization of soil crust development stages on an experimental field. *Geoderma*, 47 : 301-325.

Brochier J.-E. 1997. Contexte morphodynamique et habitat humain de la moyenne vallée du Rhône au cours de la préhistoire récente. *Dynamique du paysage : entretiens de géoarchologie*, J. P. Bravard et M. Presteau (Eds.). Documents d'Archéologie en Rhône-Alpes, Châtillon-sur-Chalaronne : 87-102.

Brochier J.-E. 2002. Les sédiments anthropiques. *Géologie de la Préhistoire*, J. C. Miskovsky (Ed.). Presses universitaires de Perpignan, Gap : 453-477.

Brochier J.-L. 1999. Taphonomie de sites : fossilisation et conservation de l'espace habité. *Préhistoire de l'espace habité en France du Sud et Actualité de la Recherche*, A. Beeching et J. Vital (Eds.). Travaux du centre d'archéologie préhistorique de Valence, Valence : 19-28.

Bryan R. B. 2000. Soil erodibility and processes of water erosion on hillslope. *Geomorphology*, 32 : 385-415.

Buck B. J., Steiner R. L., Burgett G. et Monger H. C. 1999. Artifact distribution and its relationship to microtopographic geomorphic features in an eolian environment, Chihuahuan Desert. *Geoarchaeology*, 15 : 735-754.

Bullock P., Fedoroff N., Jongerius A., Stoops G. et Tursina T. 1985. *Handbook for soil thin section description.* Waine Research, Albrighton : 152 p.

Bunn H. T., Harris J. W. K., Isaac G., Kaufulu Z., Kroll E., Schick K., Toth N. et Behrensmeyer A. K. 1980. FxJj50 : An early peistocene site in Northern Kenya. *World Archaeology*, 12 : 109-136.

Burroni D., Donahue R. E., Pollard A. M. et Mussi M. 2002. The surface alteration features of flint artefacts as a record of environmental processes. *Journal of Archaeological Science*, 29 : 1277-1287.

Butzer K. 1979. Geomorphology and geo-archaeology at Elandsbaai, western Cape, South Africa. *Catena*, 6 : 157-166.

Butzer K. 1982. *Archaeology as human ecology.* Cambridge University Press, Cambridge : 364 p.

Butzer K. et Vogel J. C. 1979. *Archeo-sedomentological sequences from the submontane interior of South Africa : Rose Cottage Cave, Heuningneskrans, and Bushman Rock Shelter.* SAAA Upper Pleistocene Symposium, Stellenbosch, 27-29 juin.

Byers D. A. 2002. Taphonomic analysis, associational integrity, and depositional history of the Fetterman Mammoth, eastern Wyoming, U.S.A. *Geoarchaeology*, 17 : 417-440.

Cahen D. et Moeyersons J. 1977. Subsurface movements of stone artefacts and their implications for the prehistory of Central Africa. *Nature*, 266 : 812-815.

Cailleux A. et Tricart J. 1963. *Initiation à l'étude des sables et des galets.* Société d'édition de l'enseignement supérieur, Paris : 369 p.

Caine N. 1981. A source of biais in rates of surface soil movement as estimated from marked particles. *Earth Surface Processes and Landforms*, 6 : 69-75.

Campbell I. 1989. Badlands and badland gullies. *Arid zone geomorphology*, D. S. G. Thomas (Ed.). Belhaven Press, London : 159-183.

Campy M. 1986. Les cortex d'altération des éléments calcaires dans les remplissages de porche. Implictions dynamiques et chronologiques. *Bulletin A.F.E.Q.*, 3-4 : 271-280.

Casenave A. et Valentin C. 1989. *Les états de surface de la zone sahélienne. Influence sur l'infiltration.* ORSTOM, Paris : 229 p.

Chadelle J.-P. 2000. Le gisement de Champ-Parel 3 à Bergerac (Dordogne, France). *Paléo*, 12 : 409-412.

Chase P. G., Armand D., Debenath A., Dibble H. et Jelinek A. J. 1994. Taphonomy and zooarchaeology of a mousterian faunal assemblage from La Quina, Charente, France. *Journal of Field Archaeology*, 21 : 289-305.

Chenorkian R. 1996. *Pratique archéologique statistique et graphique.* Errance - Adam, Paris : 162 p.

Chodzko J. et Lecompte M. 1992. *Ravinement dans les Baronnies. Suivi expérimental.* Travaux du laboratoire de géographie physique, géodynamique externe et environnement. Université de Paris 7, Paris : 111 p.

Clark J. D. et Kleindienst M. R. 1974. The stone age cultural sequence : terminology, typology and raw material. *Kalambo Falls Prehistoric Site II : the later prehistoric cultures*, J. D. Clark (Ed.). Cambridge University Press, Cambridge : 71-106.

Coard R. 1999. One bone, two bones, wet bones, dry bones : transport potentials under experimental conditions. *Journal of Archaeological Science*, 26 : 1369-1375.

Coard R. et Dennel R. W. 1995. Taphonomy of some articulated skeletal remains : transport potential in a artificial environment. *Journal of Archaeological Science*, 22 : 441-448.

Colcutt S. N., Barton N. R. E. et Bergman C. A. 1990. Reffiting in context : a taphonomic case study from a late Upper Palaeolithic site in sands on Hengistburry Head, Dorset, Great Britain. *The Big Puzzle*, E. Ciesla, S. Eickhoff, N. Arts et D. Winter (Eds.), Bonn : 219-235.

Courty M.-A. 1986. Quelques faciès d'altération de fragments de roches carbonatées en grottes et abris-sous-roche. *Bulletin A.F.E.Q.*, 27-28 : 281-289.

Courty M.-A. et Fedoroff N. 2002. Micromorphologie des sols et sédiments archéologiques. *Géologie de la Préhistoire*, J. C. Miskovsky (Ed.). Presses universitaires de Perpignan, Gap : 511-554.

Courty M.-A., Goldberg P. et Macphail R. 1989. *Soils and micromorphology in archaeology.* Cambrige University Press, Cambridge : 344 p.

Coussot P. et Ancey C. 1999. Rheophysical classification of concentrated suspensions and granular pastes. *Physical Review E*, 59 : 4445-4457.

Coutard J.-P. et Mücher H. J. 1985. Deformations of laminated silt loam due to repeated freezing and thawing cycles. *Earth Surface Processes and Landforms*, 10 : 309-319.

Coventry R. J., Moss A. J. et Verster E. 1988. Thin surface soil layers attribuable to rain-flow transportation on low-angle slopes : an example from semi-arid tropical Queensland, Australia. *Earth Surface Processes and Landforms*, 13 : 421-430.

Crouch R. J. 1990. Erosion processes and rates for gullies in granitic soils - Bathurst, New South Wales, Australia. *Earth Surface Processes and Landforms*, 15 : 169-173.

Curray J. R. 1956. The analysis of two-dimensional orientation data. *Journal of Geology*, 64 : 117-131.

Dabas M. 1999. Contribution de la prospection géophysique à large maille et de la géostatistique à l'étude des tracés autoroutiers. Application aux ferriers de la Bussière sur l'A77. *Revue d'Archéométrie*, 23 : 17-32.

De Ploey J. 1971. Liquefaction and rainwash erosion. *Zeitschrift für Geomorphologie*, 15 : 491-496.

De Ploey J. 1977. Some experimental data on slopewash and wind action with reference to quaternary morphogenesis in Belgium. *Earth Surface Processes*, 2 : 101-115.

De Ploey J. et Moyersons J. 1975. Runoff creep of coarse debris : experimental data and some field observations. *Catena*, 2 : 275-288.

De Ploey J. et Paulissen E. 1988. Processus géomorphologiques, formes du relief et interprétations des paléo-environements quaternaires. *Bulletin de l'Association Géographique Française*, 1 : 65-78.

De Ploey J. et Poesen J. 1985. Aggregate stability, runoff generation and interrill erosion. *Geomorphology and soils*, S. A. El-Swaify, W. C. Moldenhauer et A. Lo (Eds.). Allen & Uwin, London : 99-120.

Deacon H. J. et Deacon J. 1999. *Human Beginnigs in South Africa.* David Philip, Cap Town : 214 p.

Deacon J. 1995. An unsolved mystery at the Howieson's Poort name site. *South African Journal of Science*, 50 : 110-120.

Delporte H. 1964. Les niveaux aurignaciens de la Rochette. *Bulletin de la Société d'Etudes et de Recherches Préhistoriques, Les Eyzies*, 13 : 1-24.

Derruau M. 1988. *Précis de Géomorphologie.* Masson, Paris : 533 p.

Dibble H., Chase P., McPherron S. et Tuffreau A. 1997. Testing the reality of a «Living Floor» with archaeological data. *American Antiquity*, 62 : 629-651.

Dodge Y. 2001. *Premiers pas en statistiques.* Springer-Verlag, Paris : 427 p.

Dodson P. 1973. The signifiance of small bones in palaeocological interpretation. *University of Wyoming Contributions to Geology*, 12 : 15-19.

Donahue J. et Adovasio J. M. 1990. Evolution of sandstone rockshelters in eastern North America : a geoarcheological perspective. *Archaeological Geology of North America*, N. P. Lasca et J. Donahue (Eds.). Geological Society of America, Centennial Special volume 4, Boulder : 231-251.

Driessens C. 1980. probable phase composition of the mineral in bone. *Zeitschrift für Naturforschung*, 35 : 357-362.

Ebisemiju F. S. 1989. A morphometric approch to gully analysis. *Zeitschrift für Geomorphologie*, 33 : 307-322.

Efremov I. 1940. Taphonomy : a new branch of paleontology. *Panamerican Geologist*, 74 : 431-440.

Engelen G. B. 1973. Runoff processes and slope development in Badlands National Monuments, South Dakota. *Journal of Hydrology*, 18 : 55-79.

Erlandson J. M. 1984. A case study in faunalturbation : delineating the effects of the burrowing Pocket Gopher on the distribution of archaeological materials. *American Antiquity*, 49 : 785-790.

Evenari M., Yaalon D. et Gutterman Y. 1974. Note on soils with vesicular structure in deserts. *Zeitschrift für Geomorphologie N.F.*, 18 : 162-172.

Fanning P. et Holdaway S. 2001. Stone artifacts scatters in western NSW, Australia : geomorphic controls on artifacts size and distribution. *Geoarchaeology*, 16 : 667-686.

Farenhorst A. et Bryan R. B. 1995. Particle size distribution of sediment tranported by shallow flow. *Catena*, 25 : 47-62.

Farrand W. R. 2001. Sediments and stratigraphy in rockshelters and caves : a personal perspective on principles and pragmatics. *Geoarchaeology*, 16 : 537-557.

Faury O. 1990. L'érosion anthropique actuelle sur les hautes chaumes des Monts de Forez : mesures de suivi. *Bulletin Rhodanien de Géomorphologie*, 25-26 : 45-65.

Fedele F. G. 1976. Sediments as palaeo-land segments : the excavation side of the study. *Geoarchaeology : Earth science and the past*, D. A. Davidson et M. L. Shackley (Eds.). Duckworth, London : 24-48.

Fedoroff N. et Courty M.-A. 1987. Morphology and distribution of textural features in arid and semi-arid regions. *Micromorphologie des sols*, N. Fedoroff, L. M. Bresson et M. A. Courty (Eds.). Association Française de l'Etude du Quaternaire, Paris : 213-219.

Ferrier C. et Kervazo B. 2001. Signification dynamique et environnementale de la séquence solutréenne et badegoulienne du gisement du Placard (Charente). *Bulletin de l'Association Française du Périglaciaire*, 8 : 112-117.

Foucault A. et Raoult J.-F. 1995. *Dictionnaire de géologie.* Masson, Paris. 4eme ed. : 324 p.

Fourment N. 2002. *La question des sols et niveaux d'habitat du paléolithique supérieur au mésolithique : développement d'approches méthodologiques pour l'analyse spatiale de quatre sites entre Massif Central et Pyrénées.* Thèse d'Université, Université Toulouse-Le Mirail : 527 p.

Francou B. 1989. La stratogenèse dans les formations de pente soumises à l'action du gel. Une nouvelle conception du problème. *Bulletin A.F.E.Q.* (4) : 185-199.

Francou B. 1990. Stratification mechanisms in slope deposits in high subequatorail mountains. *Permafrost and Periglacial Processes*, 1 : 249-263.

Francou B. 1991. Pentes, granulométrie et mobilité des matériaux le long d'un talus d'éboulis en milieu alpin. *Permafrost and periglacial processes*, 2 : 175-186.

Francou B. et Hétu B. 1989. Eboulis et autres formation de pente hétérométriques. Contribution à une terminologie géomorphologique. *Notes et Comptes-Rendus du Groupe de Travail 'Régionalisation du Périglaciaire'*, 14 : 11-69.

Franzi L. 2002. On the variability of the sediment concentration in currents on steep slopes : a simplified approach ? *Physics and Chemistry of the Earth*, 27 : 1551-1555.

Franzi L. et Bianco G. 2000. The dispersive stresses range width as an indicator of debris flows and bed load. *Debris flows hazards mitigation : mechanics, prediction and assessment*, G. F. Wieczorek et N. D. Naeser (Eds.). Balkema, Rotterdam : 351-359.

Frison G. C. et Tood L. C. 1986. *The Colby Mammoth site : taphonomy and archaeology of a Clovis kill in Northern Wyoming.* University of New Mexico Press, Albuberque : 238 p.

Frostick L. E. et Reid I. 1982. Talluvial processes, mass wasting and slope evolution in arid environments. *Zeitschrift für Geomorphologie N.F.*, 44 : 53-67.

Frostick L. E. et Reid I. 1983. Taphonomic signifiance of sub-aerial transport of vertebrate fossils on steep semi-arid slopes. *Lethaia*, 16 : 157-164.

Fuchs C., Kaufman D. et Ronen A. 1977. Erosion and artifact distribution in open-air Epi-Palaeolithic sites on the Coastal Plain of Israel. *Journal of Field Archaeology*, 4 : 171-179.

Gasche H. et Tunca Ö. 1981. *Guide de classification et de terminologie archéostratigraphiques : définition et principes.* PICG 146, Groupe de Travail 2 : 54 p.

Gerits J., Imeson A. C., M. Verstraten J. et Bryan R. B. 1987. Rill development and badland regolith properties. *Rill erosion : processes and signifiance*, R. B. Bryan (Ed.). Catena suppl. 8, Braunschweig : 141-160.

Gifford-Gonzales D., Damrosch D. B., Damrosch D. R., Pryor J. et Thunen R. L. 1985. The third dimension in site structure : an experiment in trampling and vertical dispersal. *American Antiquity*, 50 : 803-818.

Gifford-Gonzales D. 1978. Ethnoarchaeological observations of natural processes affecting cultural materials. *Explorations in ethnoarchaeology*, R. Gould (Ed.). University of New Mexico Press, Albuquerque : 77-101.

Gladfelter B. G. 1977. Geoarchaeology : the geomorphologist and archaeology. *American Antiquity*, 42 : 519-538.

Goldberg P. 2000. Micromorphology and site formation at Die Kelders cave I, South Africa. *Journal of Human Evolution*, 38 : 43-90.

Goldberg P. 2001. Some micromorphological aspects of prehistoric cave deposits. *Cahiers d'archéologie du CELAT*, 10 : 161-175.

Goldberg P. et Arpin T. L. 1999. Micromorphological analysis of sediments from Meadowcroft rockshelter, Pennsylvania : implications for radiocarbon dating. *Journal of Field Archaeology*, 26 : 325-342.

Goldberg P. et Bar-Yosef O. 1998. Site formation processes in Kebara and Hayonim caves and their signifiance in levantine prehistoric caves. *Neandertals and Modern Humans*, T. Akasawa, K. Aoki et O. Bar-Yosef (Eds.). Plenum Press, New York : 107-125.

Goldberg P. et Laville H. 1991. Etude géologique des dépôts de la grotte de Kébara (Mont-Carmel) : campagnes 1982-1984. *Le squelette moustérien de Kébara 2*. Cahiers de Paléoanthropologie. Editions du CNRS, Paris : 29-41.

Goldberg P. et Sherwood S. C. 1994. Micromorphology of Dust Cave sediments : some preliminary results. *Alabama Archaeology*, 40 : 56-64.

Goldberg P., Weiner S., Bar-Yosef O., Xu Q. et Liu Z. 2001. Site formation processes at Zoukhoudian. *Journal of Human Evolution*, 41 : 483-530.

Govers G. 1985. Selectivity and transport capacity of thin flows in relation to rill erosion. *Catena*, 12 : 35-40.

Govers G. 1987. Spatial and temporal variability in rill development ant the Huildenberg experimental site. *Rill erosion : processes and signifiance*, R. B. Bryan (Ed.). Catena suppl. 8, Braunschweig : 17-33.

Govers G. et Rauws G. 1986. Transporting capacity of overland flow on plane and irregular beds. *Earth Surface Processes and Landforms*, 11 : 505-524.

Guichard J. 1976. Les civilisations du Paléolithique moyen en Bergeracois. *La Préhistoire Française*, H. De Lumley (Ed.). Editions du CNRS, Paris : 1053-1056.

Guichard J. et Guichard G. 1989. A propos de Canaule et Barbas : une approche des dépôts lœssiques du Bergeracois. *Documents d'archéologie périgourdine*, 4 : 21-28.

Hansen P. V. et Madsen B. 1983. Flint axe manufacture in the Neolithic. An experimental investigation of a flint axe manufacture site at Hasprup Vaenget, East Zealand. *Journal of Danish Arcaheology*, 2 : 43-59.

Hanson B. C. 1980. Fluvial taphonomic processes : models and experiments. *Fossils in the making*, A. K. Berensmeyer et A. P . Hill (Eds.). University of Chicago Press, Chicago : 156-181.

Harding P., Gibbard P. L., Lewin J., Macklin M. G. et Moss E. H. 1987. The transport and abrasion of flint handaxes in a gravel-bed river. *The human uses of flint and chert*, G. de G. Sieveking et M. H. Newcomer (Eds.). Cambridge University Press, Cambridge : 115-126.

Harvey A. M. 1974. Gully erosion and sediment yield in the Howgill Fells, Westmorland. *Fluvial processes in intrumented watersheds*, K. J. Gregory et D. E. Walling (Eds.). Inst. Brit. Geogr. Special Publication, 6 : 45-58.

Harvey A. M. 1987. Seasonality of processes on eroding gullies : a twelve-year record of erosion rates. *Processus et mesures de l'érosion*. Ed. du CNRS, Paris : 439-454.

Hazelhof L., Van Hoof P., Imeson A. C. et Kwaad F. J. P. M. 1981. The exposure of forest soil to erosion by earthworms. *Earth Surface Processes and Landforms*, 6 : 235-250.

Hedberg H. 1979. *Guide stratigraphique international : classification, terminologie et règles de procédures*. Dion, Paris : 233 p.

Hempel C. 1996. *Eléments d'episémologie*. Armand Collin, Paris. Réed. : 184 p.

Hewlett J. D. 1961. *Soil moisture as a source of base flow from steep moutain*. United States Department of Agriculture, SE Forest Experimental Station Paper No.132 : 10 p.

Hill C. et Forti P. 1997. *Cave minerals of the world*. National Speleology Society, Huntsville. 2nd ed. : 464 p.

Hodges W. K. 1982. Hydraulic characteristics of a badland pseudo-pediment slope system during simulated rainfall experiments. *Badlands Geomorphology and Piping*, R. B. Bryan et A. Yair (Eds.). Geo Books, Norwich : 127-152.

Hofman J. L. 1986. Vertical movement of artifacts in alluvial and stratified deposits. *Current Anthropology*, 27 : 163-171.

Horton R. E. 1933. The role of infiltration in the hydrologic cycle. *Transactions of the American Geophysical Union*, 141 : 446-460.

Horwitz L. K. et Goldberg P. 1989. A study of pleistocene and holocene hyena coprolites. *Journal of Archaeological Science*, 16 : 71-94.

Hughes P. et Lampert R. 1977. Occupational distubance and types of archaeological deposits. *Journal of Archaeological Science*, 4 : 135-140.

Inbar M., Tamir M. et Wittenberg L. 1998. Runoff and erosion processes after a forest fire in Mount Carmel, a mediterranean area. *Geomorphology*, 24 : 17-33.

Isaac G. 1967. Towards the interpretation of occupation debris : some experiments and observations. *Kroeber Anthropological Society Papers*, 37 : 31-57.

Jenkins D. A. 1994. Interpretation of interglacial cave sediments from a hominid site in North Wales : translocation of Ca-Fe phosphates. *Soil micromorphology : studies in management and genesis*, A. J. Ringose-Voase et G. S. Humphreys (Eds.). Elsevier, Amsterdam : 293-305.

Johnson D. L. 1989. Subsurface stone lines, stone zones, artifact-manuport layers, and biomantles produced by bioturbation via Pocket Gophers (Thomnomys bottae). *American Antiquity*, 54 : 370-389.

Johnson D. L. 1990. Biomantle evolution and the redistribution of hearth materials and artifacts. *Soil Science*, 149 : 84-102.

Johnson D. L. 2002. Darwin would be proud : bioturbation, dynamic denudation, and the power of theory in science. *Geoarchaeology*, 17 : 7-40.

Karkanas P. 2001. Site formation processes in Theopetra Cave : a record of climatic change during the late Pleistocene and early Holocene in site formation processes in Theopetra Cave. *Geoarchaeology*, 16 : 373-399.

Karkanas P., Rigaud J.-P., Simek J. F., Albert R. M. et Weiner S. 2002. Ash bones and guano : a study of the minerals ans phytolits in the sediments of grotte XVI, Dordogne, France. *Journal of Archaeological Science*, 29 : 721-732.

Kaufulu Z. 1987. Formation and preservation of some earlier Stone Age sites at Koobi Fora, northern Kenya. *South African Archaeological Bulletin*, 42 : 23-33.

Keller C. M. 1970. Montagu Cave : a preliminary report. *Quaternaria*, XIII : 187-203.

Kervazo B. et Koenick S. 2001. Etude géologique du site. *Un site moustérien de type Quina dans la vallée du Célé : Pailhès à Espagnac-Sainte-Eulalie*, J. Jaubert (Ed.). Gallia Préhistoire, 43 : 11-22.

Kessler J. et Chambreaud A. 1990. *Météo de la France : tous les climats localité par localité.* Lattès, Paris : 392 p.

Kiernan K., Jones R. et Ranson D. 1983. New evidence from Fraser Cave for glacial age man in south-west Tasmania. *Nature*, 301 : 28-30.

Kirkby A. et Kirkby M. J. 1974. Surface wash at the semi-arid break in slope. *Zeitschrift für Geomorphologie N.F.*, suppl. 21 : 151-176.

Kirkby M. J. 1978. Implications for sediment transport. *Hillslope hydrology*, M. J. Kirkby (Ed.). Wiley, Chichester : 325-363.

Kluskens S. 1995. Archaeological taphonomy of Combe-Capelle bas from artifact orientation and density analysis. *The Middle Paleolithic Site of Combe-Capelle bas (France)*, H. L. Dibble et M. Lenoir (Eds.). University museum press, Philadelphie : 199-243.

Korth W. W. 1979. Taphonomy of microvertebrate fossil assemblages. *Annals of Carnegie Museum*, 48 : 235-285.

Koulinski V. 1994. *Etude de la formation d'un lit torrentiel.* Cemagref, Saint-Martin-d'Hérès : 538 p.

Kroll E. M. et Isaac G. 1984. Configurations of artifacts and bones at early pleistocene sites in East Africa. *Intrasite spatial analysis in archaeology*, H. Hietale (Ed.). Cambridge University Press, Cambridge : 4-31.

Kwaad F. J. 1977. Measurments of rainsplash erosion and the formation of colluvium beneath deciduous woodland in the Luxembourg Ardennes. *Earth Surface Processes*, 2 : 161-173.

Kwaad F. J. et Mücher H. J. 1979. Formation and evolution of colluvium on arable land in northern Luxembourg. *Geoderma*, 22.

Lancaster N. 1987. Dynamics and origins of deflation hollows in the Eland's Bay area, Cape province, South Africa. *Papers in the prehistory of the Western Cape, Southern Africa*, J. Parkington et M. Hall (Eds.). B.A.R. international Series, 332. British Archaeological Reports, Oxford : 78-96.

Laplace G. 1966. *Recherches sur l'origine et l'évolution des complexes leptolithiques.* Mélanges d'Archéologie et d'Histoire, 4. Ecole française de Rome : 586 p.

Larkin N. R., Alexander J. et Lewis M. D. 2000. Using experimental studies of recent faecal material to examine hyena coprolithes from the West Runton Freshmwater Bed, Norfolk, U.K. *Journal of Archaeological Science*, 27 : 19-31.

Larque P. 2002. Diffractométrie - minéralogie de la fraction argileuse. *Géologie de la Préhistoire*, J.-C. Miskovsky (Ed.). Presses universitaires de Perpignan, Gap : 601-613.

Laville H. 1975. *Climatologie et chronologie du Paléolithique en Périgord.* Editions du Laboratoire de Paléontologie Humaine et de Préhistoire. Université de Provence, Marseille : 422 p.

Laville H., Rigaud J.-P. et Sackett J. 1980. *Rock shelters of the Perigord : geological stratigraphy and archaeological succession.* Academic Press, New York : 371 p.

Laville H. et Sonneville-Bordes D. de. 1967. Sédimentologie des niveaux moustériens et aurignaciens de Caminade-Est. *Bulletin de la Société Préhistorique Française*, 64 : 35-52.

Laws J. O. 1941. Measurment of the fall-velocity of water-drops and raindrops. *Hydrology*, 22 : 709-721.

Le Grand Y. 1994. *Approche méthodologique et technologique d'un site d'habitat du Pléistocène moyen. La grotte n°1 du Mas des Caves (Lunel-Viel, Hérault).* Thèse d'Université, Université de Provence : 263 p.

Leakey M. 1971. *Olduvai Gorge.* Cambridge University Press, Cambridge.

Lecompte M., Lhenaff R. et Marre A. 1998. Huit ans de mesures de ravinement des marnes dans les Baronnies méridionales (Préalpes françaises du Sud). *Géomorphologie : relief, processus, environnement*, 4 : 351-374.

Lenoble A. et Bordes J.-G. 1999. *Caminade (Sarlat, Dordogne).* Rapport de sondage. Service Régionale d'Archéologie d'Aquitaine, Bordeaux : 69 p.

Lenoble A. et Bordes J.-G. 2000. *Caminade (Sarlat, Dordogne).* Rapport de fouille programmée. Service Régionale d'Archéologie d'Aquitaine, Bordeaux : 20 p.

Lenoble A. et Bordes J.-G. 2001. Une expérience de piétinement et de réisualisation par ruissellement. *Préhistoire et approche expérimentale*, L. Bourguignon, I. Ortega et M. C. Frère-Sautot (Eds.). M. Mergoil, Montagnac : 295-311.

Lenoble A., Bourguignon L. et Ortega I. 2000. Processus de formation du site moustérien de Champs-de-Bossuet (Gironde). *Paléo*, 12 : 413-425.

Leopold L. B., Emmet W. W. et Myrick R. M. 1966. Channel and hillslope processes in a semiarid area, New Mexico. *Geological Survey Professional Paper*, 352-G.

Leroi-Gourhan A. et Brezillon M. 1972. *Fouilles de Pincevent : essai d'analyse ethnographique d'un habitat magdalénien.* CNRS, Paris : 331 p.

Lévêque F. 2002. Méthodes de fouilles. *Géologie de la Préhistoire*, J. C. Miskovsky (Ed.). Presses universitaires de Perpignan, Gap : 415-423.

Levi-Sala I. 1986. Use-wear and post-depositonal surface modification : a word of caution. *Journal of Archaeological Science*, 13 : 229-244.

Lyman R. L. 1994. *Vertebrate taphonomy.* Cambridge University Press, Cambridge : 524 p.

Macphail R. I. et Goldberg P. 1999. The soil micromorphological investigation : Westbury-sub-Mendip, Somerset. *Westburry cave : the natural history museum excavations 1976-1984*, P. Andrews, C. B. Stringer et A. Currant (Eds.). Western Academic and Specialist Press, Bristol : 59-86.

Macphail R. I. et Goldberg P. 2000. Geoarcheological investigation of sediments from Gorham's and Vanguard Caves, Gibraltar : Microstratigraphical (soil micromorphological and chemical) signatures. *Neanderthals on the Edge*, C. B. Stringer, R. N. E. Barton et J. C. Finlayson (Eds.). Oxbow Books, Gibraltar : 183-200.

Mandel R. D. et Simmons A. H. 1997. Geoarchaeology of the Akrotiri *Aetokremnos* rockshleter, southern Cyprus. *Geoarchaeology*, 12 : 567-605.

Mansur-Franchomme M. E. 1986. *Microscopie du matériel lithique préhistorique : traces d'utilisation, altérations naturelles, accidentelles et technologiques.* Ed. du CNRS, Paris : 286 p.

Marceaux J. et Taboulot S. 1994. *Atlas climatique de Côte-d'Or*. Météofrance : 128 p.

Martin C., Allée P., Beguin E., Kuzucuoglu C. et Levant M. 1997. Mesure de l'érosion mécanique des sols après un incendie de forêt dans le massif des Maures. *Géomorphologie : relief, processus, environnement*, 2 : 133-142.

Mc Intyre D. S. 1958. Soil splash and the formation of surface crusts by raindrop impact. *Soil Science*, 85 : 261-266.

McEachrean D. B. 1990. *Stereo, the stereographic projection programme.* Apple Macintosh Computer software, version 1.3.

McPherron S., Chase P., Debenath A., Dibble H. et Ellwood B. 1999. *The Fontéchevade Fossils : a reanalysis of their archaeological context based on new excavations.* Annual American Association of Physical Anthropologist meetings, Columbus, April 1999.

Mercader J., Marti R., Martinez J. L. et Brooks A. 2002. The nature of 'stone-lines' in the african quaternary record : archaeological resolution at the rainforest site of Mosume, Equatorial Guinea. *Quaternary International*, 89 : 71-96.

Mercier D. 2001. Le poids des dynamiques paraglaciaires dans l'évolution des versants arctiques. *Bulletin de l'Association Française du Périglaciaire*, 8 : 70-84.

Mermut A., Luk S., Römkens M. et Poesen J. 1997. Soil loss by splash and wash during rainfall from two lœss soils. *Geoderma*, 75 : 203-214.

Merrit E. 1984. The identification of four stages during micro-rill development. *Earth Surface Processes and Landforms*, 9 : 493-497.

Meunier M. et Bertran P. sous presse. Charriage torrentiel. *Dépôts de pente continentaux : dynamique et faciès*, P. Bertran (Ed.). Editions du BRGM, Orléans.

Mietton M., Ballais J. L. et Marre A. 1998. L'érosion hydrique mécanique et les mouvements de terrain sur les versants et dans les bassins-versants. *L'érosion entre nature et société*, Y. Veyret (Ed.). SEDES, Saint-Just-La-Pendue : 57-107.

Milne G. 1936. Normal erosion as a factor in soil profil development. *Nature*, 138 : 548-549.

Miskowsky J.-C. et Debard E. 2002. Granulométrie des sédiments et étude de leur fraction grossière. *Géologie de la Préhistoire*, J.-C. Miskovsky (Ed.). Presses universitaires de Perpignan, Gap : 558-569.

Moeyersons J. 1975. An experimental field study on granite gruss. *Catena*, 2 : 289-308.

Moeyersons J. 1978. The behaviour of Stones and Stone implements, buried in consolidating and creeping Kalahari sands. *Earth Surface Processes*, 3 : 115-128.

Moeyersons J. 1983. Measurments of splash-saltation fluxes under oblique rain. *Rainfall simulation, runoff and soil erosion*, J. De Ploey (Ed.). Catena suppl. 4, Braunschweig : 19-31.

Moeyersons J. 1997. Geomorphological processes and their palaeoenvironmental signifiance at the Shum Laka Cave (Bamenda, western Cameroon). *Palaeogeography, Palaeoclimatology, Palaeoecology*, 133 : 103-116.

Moeyersons J. et De Ploey J. 1976. Quantitative data on splash erosion, simulated on unvegetated slopes. *Zeitschrift für Geomorphologie N.F.*, suppl. 25 : 120-131.

Moss A. J. et Walker P. H. 1978. Particle transport by continental water flows in relation to erosion, deposition, soils and human activities. *Sedimentary Geology*, 20 : 81-139.

Mücher H. J. 1974. Micromorphology of slope deposits : the necessity of a classification. *Soil Microscopy*, G. K. Rutherford (Ed.). Proceedings on the Fourth International Working-meeting on Soil Micromorphology, Kingston : 553-556.

Mücher H. J., Carballas T., Guitian Ojea F., Jungerius P. D., Kroonenberg S. B. et Villar M. C. 1972. Micromorphological analysis of effects of alterning phases of landscape stability and instability on two soil profiles in Galicia, N. W. Spain. *Geoderma*, 8 : 241-266.

Mücher H. J. et De Ploey J. 1977. Experimental and micromorphological investigation of erosion and redeposition of lœss by water. *Earth Surface Processes*, 2 : 117-124.

Mücher H. J. et De Ploey J. 1984. Formation of afterflow silt loam deposits and structural modification due to drying and warm conditions : an experimental and micromorphological approach. *Earth Surface Processes and Landforms*, 9 : 523-531.

Mücher H. J., De Ploey J. et Savat J. 1981. Response of lœss materials to simulated translocation by water : micromorphological observations. *Earth Surface Processes and Landforms*, 6 : 331-336.

Munsell Inc. 1954. *Soil Chart Color.* Munsell Color Company Inc., Baltimore.

Nash D. 1991. Distinguishing stone artifacts from naturefacts created by rockfall processes. *Formation processes in archaeological context*, P. Goldberg, D. T. Nash et M. Petraglia (Eds.). Prehistory Press, Madison : 125-138.

Nash D. et Petraglia M. 1987. *Natural formation processes and the archaeological record.* BAR International Series, 352. British Archaeological Reports, Oxford : 204 p.

Nemec W. et Kazanci N. 1999. Quaternary colluvium in west-central Anatolia : sedimentary facies and palaeoclimatic signifiance. *Sedimentology*, 46 : 139-170.

Newcomer M. H. et Sieveking G. de G. 1980. Experimental flake scatter-patterns : a new interpretative technique. *Journal of Field Archaeology*, 7 : 345-352.

Nicolas A. 1989. *Principes de tectoniques.* Masson, Paris. 2nd éd. : 223 p.

Normand C. 2002. *Grotte d'Isturitz , salle de Saint-Martin (Commune de Saint-Martin d'Arberoue).* Rapport final de fouilles programmées triannuelles. Service Régional de l'Archéologie, Bordeaux : 115 p.

Oostwoud Wijdenes D. J. et Ergenzinger P. 1998. Erosion and sediment transport on steep marly hillslopes, Draix, Haute-Provence, France : an experimental field study. *Catena*, 33 : 179-200.

Opperman H. et Heydenrich B. 1990. A 22 000 year-old middle stone age camp site with plant food remains from the North-Eastern Cape. *South African Archaeological Bulletin*, 45 : 93-99.

Pappu S. 1999. A study of natural site formation processes in the Kortallayar Basin, Tamil Nadu, South India. *Geoarchaeology*, 14 : 127-150.

Pariente S. 2001. Soluble salts dynamics in the soil under different climatic conditions. *Catena*, 43 : 307-321.

Parkington J. 1976. *Follow the San : an analysis of seasonality in the prehistory of the South-Western Cape, South Africa.* Unpublished doctoral thesis, Cambridge University : 252 p.

Parkington J. 1986. Landscape and subsistence changes since the last glacial maximum along the Western Cape coast. *The end of the Palaeolithic in the Old World*, L. G. Strauss (Ed.). B.A.R. international series, 284. British Archaeological Reports, Oxford : 201-227.

Parsons A. J., Abrahams A. D. et Luk S. H. 1991. Size characteristics of sediment in interill overland flow on a semi-arid hillslope, southern Arizona. *Earth Surface Processes and Landforms*, 16 : 143-152.

Passemard E. 1944. *La grotte d'Isturitz.* Presses universitaires, Paris : 95 p.

Petraglia M. D. 1992. Stone artifact refitting and formation processes at the abri Dufaure, a palaeolithic site in Southwest France. *Piecing together the Past : applications of refitting studies in archaeology*, J. L. Hofman et J. G. Enloe (Eds.). B.A.R. international series, 578. British Archaeological Reports, Oxford : 163-178.

Petraglia M. D. 1995. Processus de formation du gisement. *Les derniers chasseurs de Rennes du monde pyrénéen : L'Abri Dufaure, un gisement tardiglaciaire en Gascogne*, L. G. Strauss (Ed.). Mémoire de la Société Préhistorique Française, Paris : 57-73.

Petraglia M. D. et Nash D. T. 1987. The impact of fluvial processes on experimental sites. *Natural formation processes and the archaeological record*, D. Nash et M. Petraglia (Eds.). B.A.R. international series, 352. British Archaeological Reports, Oxford : 108-130.

Petraglia M. D. et Potts R. 1994. Water flow and the formation of early pleistocene artifact sites in Olduvai Gorge, Tanzania. *Journal of Anthropological Archaeology*, 13 : 228-254.

Pierson T. C. et Costa J. E. 1987. A rheological classification of subaerial sediment-water flows. *Debris flows / Avalanches ; process, recognition and mitigation*, J. E. Costa et G. F. Wieczorek (Eds.). Geological Society of America Reviews in Engineering Geology : 1-12.

Pigeot N. 1987. *Magdaléniens d'Etioles : économie de débitage et organisation sociale (l'unité d'habitation U5).* Ed. du CNRS, Paris : 168 p.

Pinto Llona A. C. et Andrews P. 1999. Amphibien taphonomy and its application to the fossil record of Dolina (middle Pleistocene, Attapuerca, Spain). *Palaeogeography, Palaeoclimatology, Palaeoecology*, 149 : 411-429.

Planchon O., Frotsch E. et Valentin C. 1987. Rill development in a wet savannah environment. *Rill erosion : processes and signifiance*, R. B. Bryan (Ed.). Catena suppl. 8, Braunschweig : 55-70.

Platel J.-P. 1983. *Carte géologique de la France au 1/50 000e, feuille de Fumel.* Editions du BRGM, Orléans.

Platel J.-P. 1985. *Carte géologique de la France au 1/50 000e, feuille de Bergerac.* Editions du BRGM, Orléans.

Plisson H. 1985. *Etude fonctionelle d'outillages lithiques préhistoriques par l'analyse des micro-usures : recherche méthodologiques et archéologiques.* Thèse d'Université, Université de Paris I-Sorbonne : 396 p.

Poesen J. 1985. An improved splash model. *Zeitschrift für Geomorphologie*, 29 : 193-211.

Poesen J. 1987. Transport of rock fragments by rill flow - a field study. *Rill erosion : processes and signifiance*, R. B. Bryan (Ed.). Catena suppl. 8, Braunschweig : 35-54.

Poesen J. et Bryan R. B. 1989-90. Influence de la longueur de la pente sur le ruissellement : rôle de la formation de rigoles et de croûtes de sédimentation. *Cahiers ORSTOM, série Pédologie*, XXXV : 71-80.

Poesen J. et Hooke J. M. 1997. Erosion, flooding and channel management in mediterranean environments of southern Europe. *Progresses in Physical Geography*, 21 : 157-199.

Poesen J. et Torri D. 1989. Mechanims governing incipient motion of ellipsoidal rock fragments in concentrated overland flow. *Earth Surface Processes and Landforms*, 14 : 469-480.

Poesen J., Torri D. et Bunte K. 1994. Effects of rock fragments on soil erosion by water at different scales : a review. *Catena*, 23 : 141-166.

Poesen J., Van Wesemael B., Bunte K. et Benet A. S. 1998. Variation of rock fragment cover and size along semi-arid hillslopes : a case-study from Southeast Spain. *Geomorphology*, 23 : 323-335.

Puigdefabregas J., Del Barrio G., Boer M. M., Gutierrez L. et Sole A. 1998. Differential response of hillslopes and channel elements to rainfall events in semi-arid area. *Geomorphology*, 23 : 337-351.

Rapp G. R. et Hill C. L. 1998. *Geoarchaeology : the Earth science approach to archaeological interpretation.* Yale University Press, New Haven : 274 p.

Reid I. et Frostick L. E. 1985. Arid zone slope and their archaeological materials. *Themes in geomorphology*, A. E. Pitty (Ed.). Croom Helm, Beckenham : 141-157.

Reineck H.-E. et Singh I. B. 1980. *Depositional sedimentary environments.* Springer-Verlag, Berlin. 2nd : 551 p.

Ricci Lucchi F. 1995. *Sedimentographica.* Columbia University Press, New York : 255 p.

Rick J. 1976. Downslope movement and archaeological intrasite spatial analysis. *American Antiquity*, 41 : 133-144.

Rigaud J.-P. 1982. *Le paléolithique en Périgord : les données du Sud-Ouest Sarladais et leurs implications.* Thèse d'Etat, Université de Bordeaux-Sciences : 493 p.

Rigaud J.-P. 1994. L'évaluation contextuelle préalable à l'analyse de la répartition spatiale des vestiges. *Préhistoire Anthropologie Méditerranéennes*, 3 : 25-39.

Rigaud J.-P., Costamagno S., Lenoble A., Texier J.-P., Texier P.-J., Tribolo C., Allenet G., Leroyer C. et Lacrampe F. 2001. *Rapport sur le travaux effectués au cours de la campagne 2001 dans l'abri de Diepkloof (Province du Cap, Afrique du Sud).* Ministère des Affaires Etrangères et de la Coopération, Paris : 61 p.

Rigaud J.-P., Texier J.-P. et Texier P.-J. 2000. *Diepkloof (Province du Cap, Afrique du Sud) : rapport sur les travaux réalisés au cours de la campagne 1999/2000.* Ministère des Affaires Etrangères et de la Coopération, Paris : 16 p.

Rolfsen P. 1980. Disturbance of archaeological layers by processes in the soil. *Norwegian Archaeological Review*, 13 : 110-118.

Romero-Diaz M. A., Lopez-Bermudez F., Thornes J. B., Francis C. F. et Fisher G. C. 1988. Variability of overland flow erosion rates in semi-arid mediterranean environment under matorral Cover, Murcia, Spain. *Geomorphic Processes, environments with strong seasonal contrasts*, A.M. Harvey et M. Sala (Eds.), 2 : 1-11.

Röttlander R. 1975. The formation of patina on flint. *Archaeometry*, 17 : 106-110.

Rougier C. 1985. *Altération, pédogenèse et paléopédogensère sur le massif granitique du Zaërs (Maroc central).* Thèse d'université, Université Bordeaux I : 208 p.

Rubio J. L., Forteza J., Andreu V. et Cerni R. 1997. Soil profil characteristics influencing runoff and soil erosion after forest fire : a case study (Valencia, Spain). *Soil Technology*, 11 : 67-78.

Ruhe R. V. 1959. Stone lines in soils. *Soil Science*, 87 : 223-231.

Rust B. R. et Nanson G. C. 1985. Bedload transport of mud as pedogenic aggregates in modern and ancien rivers. *Sedimentology*, 36 : 291-306.

Saint-Perrier R. de 1930. *La grotte d'Isturitz I : le Magdalénien de la grotte Saint-Martin.* Archives de l'institut de Paléontologie Humaine, 11. Masson, Paris : 124 p.

Saint-Perrier R. de 1936. *La grotte d'Isturitz II : le Magdalénien de la Grande Salle.* Archives de l'institut de Paléontologie Humaine, 17. Masson, Paris : 139 p.

Saint-Perrier R. et S. de 1952. *La grotte d'Isturitz III : les Solutréens, les Aurignaciens et les Moustériens.* Archives de l'institut de Paléontologie Humaine, 25. Masson, Paris : 310 p.

Salvayre L. 2002. *Le climat en Lot-et-Garonne.* CDM 47, Agen : 2 p.

Savat J. 1982. Common and uncommon selectivity in the process of fluid transportation : field observations and laboratory experiments on bare surface. *Catena*, suppl. 1 : 139-160.

Savat J. et De Ploey J. 1982. Sheetwash and rill development by surface flow. *Badlands geomorphology and piping*, R. B. Bryan et A. Yair (Eds.). Geobooks, Norwich : 113-126.

Schick K. 1986. *Stone Age in the making : experiments in the formation and transformation of archaeological occurences.* B.A.R. international series, 319. British Archaeological Reports, Oxford : 313 p.

Schick K. 1987. Experimental-derived criteria for assessing hydrologic disturbance of archeological sites. *Natural formation processes and the archaeological record*, D. Nash et M. Petraglia (Eds.). B.A.R. international series, 352. British Archaeological Reports, Oxford : 86-107.

Schick K. 1991. On making behavorial inferences from early archaeological sites. *Cultural Beginnings*, J. D. Clark (Ed.). Dr Rudolph Habelt GMBH, Bonn : 79-107.

Schick K. 1992. Geoarchaeology analysis of an acheulean site at Kalambo Falls, Zambia. *Geoarchaeology*, 7 : 1-26.

Schick K., Toth N. et Daeschler E. 1989. An early paleontological assemblage as a archaeological test case. *Bone Modification*, R. Bonnichsen et M. H. Sorg (Eds.). Center fot the study of the First Americans, Orono : 121-138.

Schiffer M. B. 1972. Archaeological context and systemic context. *American Antiquity*, 37 : 156-165.

Schiffer M. B. 1975. Archaeology as a behavorial science. *American Anthropology*, 77 : 836-846.

Schiffer M. B. 1983. Toward the identification of site formation processes. *American Antiquity*, 48 : 675-706.

Schiffer M. B. 1987. *Formation processes of the archaeological record.* University of New Mexico Press, Albuberque : 427 p.

Schmider B. et Croisset E. de. 1985. La structure centrale (N19) du campement magdalénien de Marsangy (Yonne) : données archéologiques. *Archéologie expérimentale. Les amas lithiques de la zone N19 du gisement magdalénien de Marsangy : approche méthodologique par l'expérimentation.* Association pour la promotion de l'archéologie de Bourgogne, Archéodrome : 3-18.

Schmidt E. 1969. Cave sediment and prehistory. *Science in archaeology : a survey of progress and research*, D. Brothwell et E. Higgs (Eds.). Thames & H, London : 151-166.

Schuldenrein J. 1986. Paleaoenvironment, prehistory and accelerated slope erosion along the Central Israeli Coastal Plain (Palmahim) : a geoarchaeological case study. *Geoarchaeology*, 1 : 61-81.

Schumm S. A. 1956. Evolution of drainage systems and slopes in badlands at Perth Amboy, New Jersey. *Bulletin of the geological society of America*, 67 : 597-646.

Schumm S. A. 1962. Erosion on miniature pediments in Badlands National Monument, South Dakota. *Geological Society of American Bulletin*, 73 : 719-724.

Schumm S. A. 1964. Seasonal variations of erosion rates and processes on hillslopes in western Colorado. *Zeitschrift für Geomorphologie*, suppl. Bd. 5 : 215-238.

Schumm S. A. 1967. Rates of superficial rock creep on hillsplopes in western Colorado. *Science*, 155 : 560-561.

Scoging H. 1982. Spatial variations in infiltration, runoff and erosion on hillslopes in semi-arid Spain. *Badlands Geomorphology and Piping*, R. B. Bryan et A. Yair (Eds.). Geo Books, Norwich : 259-277.

Scoging H. 1989. Runoff generation and sediment mobilisation by water. *Arid Zone Geomorphology*, D. S. G. Thomas (Ed.). Belhaven Press, London : 87-116.

Scott L. 1990. Hyrax (Procaviidae) and Dassie Rat (Petromuridae) middens in paleoenvironmental studies in Africa. *Packrat Middens : the last 40 000 years of biotic change*, J. Betancourt, T. R. van Devender et P. S. Martin (Eds.). The University of Arizona Press, Tucson : 398-407.

Selby M. J. 1994. Hillsope sediment transport and deposition. *Sediment transport and depositional processes*, K. Pyle (Ed.). Blackwell Scientific Publications, Oxford : 61-87.

Sellami F., Tessandier N. et Taha M. 2001. Dynamique du sol et fossilisation des ensembles archéologiques sur les sites de plein air. Données expérimentales sur l'organisation des micro-artefacts et des traits pédo-sédimentaires. *Préhistoire et approche expérimentale*, L. Bourguignon, I. Ortega et M. C. Frère-Sautot (Eds.). M. Mergoil, Montagnac : 313-324.

Séronie-Vivien M. et Séronie-Vivien M.-R. 1987. *Les silex du Mésozoïque nord-aquitain.* Société Linnéenne de Bordeaux, Bordeaux : 136 p.

Shackley M. L. 1974. Stream abrasion of flint implements. *Nature*, 248 : 501-502.

Shaw C. 1929. Erosion pavement. *Geography review*, 19 : 638-641.

Shea J. J. 1999. Artifact abrasion, fluvial processes, and living floors from the Early Paleolithic site of Ubeidiya (Jordan Valley, Israel). *Geoarchaeology*, 14 : 191-207.

Shipman P. et Rose J. 1983. Early hominid hunting, butchering and carcass-processing behaviors : approaches to the fossil record. *Journal of Anthropological Archaeology*, 2 : 57-98.

Simanton J. R., Renad K. G., Christiaensen C. M. et Lane L. J. 1994. Spatial distribution of surface rock fragments along catenas in semi-arid Arizona and Nevada, USA. *Catena*, 23 : 29-42.

Sinclair S. A., Lane S. B. et Grinley J. R. 1986. *Verlorenvlei.* CSIR Research Report. National Research Institute for Oceanology, Stellenbosch : 95 p.

Singer R., Wymer J., Gladfelter B. G. et Wolff R. G. 1973. Excavation of the clactonian industry at the Golf Course, Clacton-On-Sea, Essex. *Proceedings of the Prehistoric Society*, 39 : 6-74.

Sonneville-Bordes D. de et Mortureux B. 1955. L'abri Caminade, commune de la Canéda (Dordogne) : étude préliminaire. *Bulletin de la Société Préhistorique Française*, 52 : 608-619.

Sonneville-Bordes D. de. 1969. Menues observations palethnologiques à l'abri Caminade (Dordogne). *Bulletin de la Société Historique et Archéologique du Périgord*, 97 : 1-11.

Sonneville-Bordes D. de. 1970. Les industries aurignaciennes de l'abri de Caminade-Est, commune de la Canéda (Dordogne). *Quarternaria*, 13 : 77-131.

Stahle D. W. et Dunn J. E. 1982. An analysis and application of the size distribution of waste flakes from the manufacture of bifacial stone tools. *World Archaeology*, 14 : 84-97.

Statham I. 1976. A scree slope rockfall model. *Earth Surface Processes*, 1 : 43-62.

Stein J. K. 1987. Deposits for archaeologists. *Advances for archaeological method and theory*, M. B. Schiffer (Ed.), 11. Academic Press, New York : 337-395.

Stein J. K. 1990. Archaeological stratigraphy. *Archaeological Geology of North America*, N. P. Lasca et J. Donahue (Eds.). Geological Society of America, Boulder : 513-523.

Stockton E. D. 1973. Shaw's Creek shelter : human displacement of artifacts and its signifiance. *Mankind*, 9 : 112-117.

Tappen M., Adler D. S., Ferring C. R., Gabiuna M., Vekua A. et Swisher III C. C. 2002. Akhalkalaki : the taphonomy of an early pleistocene locality in the Republic of Georgia. *Journal of Archaeological Science*, 29 : 1367-1391.

Texier J.-P 1997. Les dépôts du site magdalénien de Gandil à Bruniquel (Tarn-et-Garonne) : dynamique sédimentaire, signification paléoenvironnementale, lithostratigraphie et implications archéologiques. *Paléo*, 9 : 263-277.

Texier J.-P 1997. Rapport de l'étude géologique réalisée au cours de la campagne de fouille de 1997. *Isturitz. Rapport de fouilles diagnostiques*, Turq A. et Normand C. (Eds.). Service régionale de l'Archéologie, Bordeaux : 10 p.

Texier J.-P. 2000. A propos des processus de formation des sites préhistoriques. *Paléo*, 12 : 379-386.

Texier J.-P. 2001. Sédimentogenèse des sites préhistoriques et représentativité des datations numériques. *Datation, XXIe rencontres internationales d'archéologie et d'histoire d'Antibes*, J.-N. Barrandon, P. Guibert et V. Michel (Eds.). Editions APDCA, Antibes : 159-175.

Texier J.-P., Bertran P., Coutard J.-C., Francou B., Gabert P., Guadelli J.-L., Ozouf J.-C., Plisson H., Raynal J.-P. et Vivent D. 1998. TRANSIT, an experimental archaeological program in periglacial environment : problematic, methodology, first results. *Geoarchaeology*, 13 : 433-473.

Texier J.-P. et Meireles J. 2003. Relict moutain slope deposits of northern Portugal : facies, sedimentogenesis and environmental implications. *Journal of Quaternary Science*, 18 : 133-150.

Texier J.-P. et Bertran P. 1993. Nouvelle interprétation paléoenvironnementale et chrono-stratigraphique du site paléolithique de la Micoque (Dordogne). Implications archéologiques. *Comptes-Rendus de l'Académie des Sciences*, 316 : 1611-1617.

Tixier J., Inizan M.-L. et Roche H. 1980. *Préhistoire de la pierre taillée : 1- terminologie et technologie.* Cercle de recherches et d'études préhistoriques, Valbonne : 120 p.

Tixier J. et Réduron M. 1991. Et passez au pays des silex : rapportez-nous des lames ! *25 ans d'études technologiques en préhistoire. Bilan et perspectives*. A. P. D. C. A., Juan-Les-Pins : 235-243.

Torri D. et Poesen J. 1988. Incipient motion conditions for single rock fragments in simulated rill flow. *Earth surface processes and landforms*, 13 : 225-237.

Torri D., Slafanga M. et Chisci G. 1987. Threshold conditions for incipient rilling. *Rill erosion : processes and signifiance*, R. B. Bryan (Ed.). Catena suppl. 8, Braunschweig : 97-105.

Tourenq J. 2002. Minéraux lourds. *Géologie de la Préhistoire*, J.-C. Miskovsky (Ed.). Presses universitaires de Perpignan, Gap : 558-569.

Trapani J. 1998. Hydrodynamic sorting of avian skeletal remains. *Journal of Archaeological Science*, 25 : 477-487.

Trauth N., Astruc G., Archanjo J., Dubreuilh J., Martin P., Cauliez N. et Fauconnier D. 1985. Géodynamique des altérations ferralitiques sur roches sédimentaires, en bordure sud-ouest crétacée du Massif Central : paysages sidérolithiques en Quercy Blanc, Haut Agenais, Bouriane et Périgord Noir. *Géologie de la France* : 151-160.

Valentin C. 1991. Surface crusting in two alluvial soils of northern Niger. *Geoderma*, 48 : 201-222.

Valentin C. et Bresson L. M. 1992. Morphology, genesis and classification of surface crusts in loamy and sandy soils. *Geoderma*, 55 : 225-245.

Vallverdu J., Courty M.-A., Carbonell E., Canals A. et Burjachs F. 2001. Les sédiments d'*Homo Antecessor* de Gran Dolina (Sierra de Atapuerca, Burgos, Espagne). Interprétation micromorphologique des processus de formation et enregistrement paléoenvironemental des sédiments. *L'Anthropologie*, 105 : 45-49.

Van Noten F. 1978. *Les chasseurs de Meer.* De Tempel, Bruge : 108 p.

Van Steijn H., Bertran P., Francou B., Hétu B. et Texier J.-P. 1995. Models for the genetic and environmental interpretation of stratified slope deposits : a review. *Permafrost and periglacial processes*, 6 : 125-146.

Van Vliet-Lanoë B. 1987. Dynamique périglaciaire actuelle et passée : apport de l'étude micromorphologique et de l'expérimentation. *Bulletin A. F. E. Q.* (1-2) : 113-132.

Van Vliet-Lanoë B. 1988. *Le rôle de la glace de ségrégation dans les formations superficielles de l'Europe de l'Ouest. Processus et héritages.* Thèse d'Etat, Université de Paris I - Sorbonne : 854 p.

Van Vliet-Lanoë B., Coutard J.-P. et Pissart A. 1984. Structures caused by repeated freezing and thawing in various loamy sediments : a comparison of active, fossil and experimental data. *Earth Surface Processes and Landforms*, 9 : 553-565.

Vandekerckhove L., Poesen J., Oostwoud Wijdenes D. J. et Figueiredo T. de 1998. Topographical thresholds for ephemeral gully initiation in intensively cultivated areas of the Mediterranean. *Catena*, 33 : 271-292.

Viers G. et Vigneau J. P. 1994. *Elements de climatologie.* Nathan, Paris : 224 p.

Villa P. 1977. Sols et niveaux d'habitat du Paléolithique inférieur en Europe et au Proche-Orient. *Quaternaria*, 19 : 107-134.

Villa P. et Soressi M. 2000. Stone tools in carnivores sites : the case of Bois-Roche. *Journal of Anthropological Research*, 56 : 187-215.

Volman T. P. 1981. *The Middle Stone Age in the southern Cape.* Thèse de Doctorat (PhD), University of Chicago : 496 p.

Voorhies M. R. 1969. *Taphonomy and population dynamics of an early Pliocene vertebrate fauna, Knox County, Nebraska.* University of Wyoming Contributions to geology Special Paper N°1, Laramie : 69 p.

Vreeken W. J. et Mücher H. J. 1981. (Re)deposition of lœss in southern Limbourg, the netherlands : 1. Field evidence for conditions of deposition of the Lower Silt Loam complex. *Earth Surface Processes and Landforms*, 6 : 337-354.

Wainwright J. 1992. Assessing the impact of erosion on semi-arid archaeological sites. *Past and present soil erosion*, M. Bell et J. Boardman (Eds.). Oxbow Monograph, Oxford : 228-241.

Wainwright J. 1994. Erosion of archaeological sites : results and implications of a site simulation model. *Geoarchaeology*, 9 : 173-202.

Wainwright J. et Thornes J. B. 1991. Computer and hardware modelling of archaeological sediment transport on hillslopes. *Computer applications and quantitative methods in archaeology*, K. Lockyear et S. Rahtz (Eds.). B.A.R. international series, 565. British Archaeological Reports, Oxford : 183-194.

Wandsnider L. 1987. Natural formation processes exprimentation and archaeological analysis. *Natural Formation Processes and the Archaeological Record*, D. Nash et M. D. Petraglia (Eds.). B.A.R. international series, 352. British Archaeological Reports, Oxford : 150-185.

Waters M. R. 1992. *Principles of geoarchaeology.* The University of Arizona Press, Tucson : 399 p.

Waters M. R. et Kuehn D. D. 1996. The geoarchaeology of place : the effect of geological processes on the preservation and interpretation of the archaeological record. *American Antiquity*, 61 : 483-497.

Watson A. 1989. Desert crusts and rock varnish. *Arid Zone Geomorphology*, D. S. G. Thomas (Ed.). Belhaven Press, London : 25-55.

Wattez J. 1992. *Dynamique de formation des structures de combustion de la fin du paléolithique au néolithique moyen. Approche méthodologique et implications culturelles.* Thèse d'université, Université de Paris I : 438 p.

Weiner S., Xu Q., Goldberg P., Lui J. et Bar-Yosef O. 1998. Evidence or the use of fire at Zhoukoudian, China. *Science*, 281 : 251-253.

Whipkey R. Z. et Kirkby M. J. 1979. Flow within the soil. *Hillslope hydrology*, M. J. Kirkby (Ed.). Wiley, Chichester : 121-144.

White W. B. 1988. *Geomorphology and hydrology of karst terrains.* Oxford University Press, New York : 464 p.

Williams G. E. 1970. Piedmont sedimentation and the late Quaternary chronology in the Biskra region of the Northern Sahara. *Zeitschrift für Geomorphologie, Suppl. 10* : 40-63.

Wood W. R. et Johnson D. L. 1978. A survey of disturbance processes in archaeological site formation. *Advances in Archaeological Method and Theory*, 1 : 315-381.

Woodcock N.H. 1977. Specification of fabric shapes using an eigenvalue method. *Geological Society of American Bulletin*, 88 : 1231-1236.

Wymer J. J. 1976. The interpretation of palaeolithic cultural and faunal material found in pleistocene sediments.

Geoarchaeology : Earth science and the past, D. A. Davidson et M. L. Shackley (Eds.). Duckworth, London : 327-334.

Yair A. et Lavee H. 1974. Areal contribution to runoff on scree slopes in an extreme arid environment - a simulated rainstorm experiment. *Zeitschrift für Geomorphologie N.F.*, suppl. Bd. 21 : 106-121.

Yar B. et Dubois P. 1991. *Les structures d'habitat au Paléolithique en France.* M. Mergoil, Montagnac : 240 p.

Yellen J. 1996. Behavioural and taphonomic patterning at Katanga 9 : a Middle Stone Age site, Kivu Province, Zaire. *Journal of Archaeological Science*, 23 : 915-932.

Zhu T. X., Luk S. H. et Cai Q. G. 2002. Tunnel erosion and sediment production in the hilly lœss region, north China. *Journal of Hydrology*, 257 : 78-90.

Zingg T. 1935. Beitrage zur schtteranalyse. *Schweizerische Mineralogische Petrographische Mitt.*, 15 : 39-140.

LISTE DES FIGURES

LISTE DES TABLEAUX

LISTE DES PLANCHES

TABLE DES MATIÈRES

TROISIÈME PARTIE : ETUDE DES SITES

QUATRIÈME PARTIE : SYNTHÈSE ET CONCLUSION

www.ingramcontent.com/pod-product-compliance
Lightning Source LLC
LaVergne TN
LVHW070940230826
846093LV00015B/525

* 9 7 8 1 8 4 1 7 1 3 9 9 1 *